中国基础研究
竞争力报告2022

China's Basic Research
Competitiveness Report 2022

中国科学院武汉文献情报中心
科技大数据湖北省重点实验室 ◎研发

钟永恒 刘 佳 孙 源 等◎著

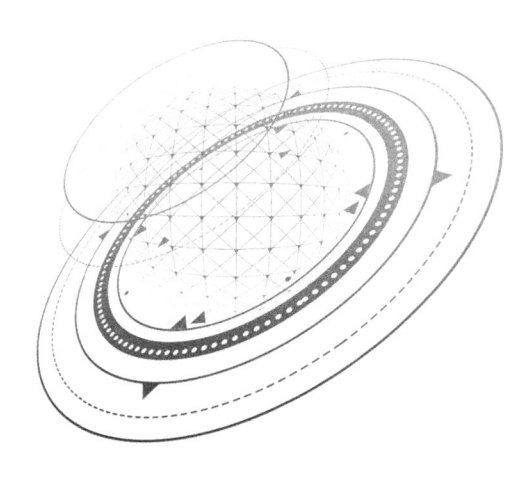

科学出版社
北 京

内 容 简 介

本书基于国家自然科学基金、基础研究创新平台、高端人才、学术论文、发明专利、国家科技奖励的相关数据，构建基础研究竞争力指数，对我国的基础研究竞争力展开分析。本书主要内容分为两大部分。第一部分是基础研究竞争力整体评价报告。本部分从基础研究投入和基础研究产出两个方面展开，并对其基本数据进行分析及可视化展示。第二部分是中国省域基础研究竞争力报告。本部分以各省级行政单元（省、自治区、直辖市，不包括港澳台地区）为研究对象，对我国各地区的基础研究竞争力进行评价分析与排名；然后分别从优势学科分布及其重点研究方向、国家自然科学基金资助重点机构、基本科学指标学科及机构分布、发明专利申请优势领域和优势机构、国家科技奖励获奖机构等维度介绍具体情况，揭示各地区的基础研究现状。

本书适合科研机构、科研人员、科技管理部门和管理者、科技服务部门阅读和参考。

图书在版编目（CIP）数据

中国基础研究竞争力报告. 2022 / 钟永恒等著. —北京：科学出版社，2023.1

ISBN 978-7-03-073917-9

Ⅰ.①中… Ⅱ.①钟… Ⅲ.①基础研究-竞争力-研究报告-中国-2022 Ⅳ.①G322

中国版本图书馆 CIP 数据核字（2022）第 222400 号

责任编辑：张 莉 / 责任校对：韩 杨
责任印制：徐晓晨 / 封面设计：有道文化

科 学 出 版 社 出版
北京东黄城根北街 16 号
邮政编码：100717
http://www.sciencep.com

北京中石油彩色印刷有限责任公司 印刷
科学出版社发行 各地新华书店经销

*

2023 年 1 月第 一 版 开本：787×1092 1/16
2023 年 1 月第一次印刷 印张：14 1/2
字数：350 000
定价：98.00 元
（如有印装质量问题，我社负责调换）

《中国基础研究竞争力报告2022》研究组

组　　长　钟永恒
副 组 长　刘　佳　孙　源
成　　员　王　辉　李贞贞　李晓妍　赵展一
　　　　　宋姗姗　刘盼盼　何慧丽
研发单位　中国科学院武汉文献情报中心
　　　　　科技大数据湖北省重点实验室

前　言

2022年10月召开的中国共产党第二十次全国代表大会是在全党全国各族人民迈上全面建设社会主义现代化国家新征程、向第二个百年奋斗目标进军的关键时刻召开的一次十分重要的大会。习近平总书记在大会报告中对实施科教兴国战略、强化现代化建设人才支撑进行了统筹部署与统一论述，强调"教育、科技、人才是全面建设社会主义现代化国家的基础性、战略性支撑。必须坚持科技是第一生产力、人才是第一资源、创新是第一动力，深入实施科教兴国战略、人才强国战略、创新驱动发展战略，开辟发展新领域新赛道，不断塑造发展新动能新优势。"[①]党的二十大报告为基础研究工作指明了方向。一方面，加强基础研究是实现教育强国、科技强国、人才强国的必然要求，是从未知到已知、从不确定性到确定性的必然选择；另一方面，如何完善科技创新体系，如何强化基础研究对科技创新的支撑性和引领性，如何吸引、培养和用好一批战略科学家，如何培养新一代的基础研究人才并使他们对基础研究充满热诚，都是基础研究要解决的关键问题。

党的二十大报告指出，要"完善科技创新体系。坚持创新在我国现代化建设全局中的核心地位。完善党中央对科技工作统一领导的体制，健全新型举国体制，强化国家战略科技力量，优化配置创新资源，优化国家科研机构、高水平研究型大学、科技领军企业定位和布局，形成国家实验室体系，统筹推进国际科技创新中心、区域科技创新中心建设，加强科技基础能力建设，强化科技战略咨询，提升国家创新体系整体效能。深化科技体制改革，深化科技评价改革，加大多元化科技投入，加强知识产权法治保障，形成支持全面创新的基础制度。培育创新文化，弘扬科学家精神，涵养优良学风，营造创新氛围。扩大国际科技交流合作，加强国际化科研环境建设，形成具有全球竞争力的开放创新生态。"①党的二十大报告指出，要加快实施创新驱动发展战略，其中特别提到要加强基础研究，突出原创，鼓励自由探索，强化基础研究对科技创新的支撑性作用。要"坚持面向世界科技前沿、面向经济主战场、面向国家重大需求、面向人民生命健康，加快实现高水平科技自立自强。以国家战略需求为导向，集聚力量进行原创性引领性科技攻关，坚决打赢关键核心技术攻坚战。加快实施一批具有战略性全局性前瞻性的国家重大科技项目，增强自主创新能力。加强基础研究，突

---

① 中华人民共和国中央人民政府. 习近平：高举中国特色社会主义伟大旗帜　为全面建设社会主义现代化国家而团结奋斗——在中国共产党第二十次全国代表大会上的报告[EB/OL] [2022-10-25]. http://www.gov.cn/xinwen/2022-10/25/content_5721685.htm.

出原创，鼓励自由探索。提升科技投入效能，深化财政科技经费分配使用机制改革，激发创新活力。加强企业主导的产学研深度融合，强化目标导向，提高科技成果转化和产业化水平。强化企业科技创新主体地位，发挥科技型骨干企业引领支撑作用，营造有利于科技型中小微企业成长的良好环境，推动创新链产业链资金链人才链深度融合。"[1]要"加快建设世界重要人才中心和创新高地，促进人才区域合理布局和协调发展，着力形成人才国际竞争的比较优势。加快建设国家战略人才力量，努力培养造就更多大师、战略科学家、一流科技领军人才和创新团队、青年科技人才、卓越工程师、大国工匠、高技能人才。"[1]

基础研究和原始创新在中国式现代化征程中的作用愈加重要，任重道远。为了服务基础研究科技创新，中国科学院武汉文献情报中心中国产业智库大数据中心、科技大数据湖北省重点实验室长期跟踪监测世界发达国家和地区，以及我国各级政府科技创新、基础研究的发展态势、政策规划、投入产出等数据信息，建成了基础研究大数据体系和知识服务系统，通过大数据分析和可视化呈现，反映先进国家和地区的基础研究发展轨迹，总结基础研究发展规律；客观评价中国各省（自治区、直辖市）、各机构的基础研究综合竞争力，明确各省（自治区、直辖市）的基础研究优势学科方向和重点研究机构，辅助基础研究管理工作与政策制定。

《中国基础研究竞争力报告2022》作为中国科学院武汉文献情报中心中国产业智库大数据中心、科技大数据湖北省重点实验室持续发布的年度报告，基于国家自然科学基金、基础研究创新平台、学术论文、发明专利、国家科技奖励的相关数据，构建基础研究竞争力指数，对我国的基础研究竞争力展开分析。本书主要内容分为两大部分。第一部分是基础研究竞争力整体评价报告。本部分从基础研究投入和基础研究产出两个方面展开，并对其基本数据进行分析及可视化展示。第二部分是中国省域基础研究竞争力报告。本部分以各省级行政单元（省、自治区、直辖市，不包括港澳台地区）为研究对象，基于国家自然科学基金、基础研究创新平台、高端人才、学术论文、发明专利、国家科技奖励对我国省域的基础研究竞争力进行评价排名与分析；然后分别从活跃学科分布及其高频词、基本科学指标（Essential Science Indicators，ESI）学科及机构分布、发明专利申请优势领域和优势机构、国家科技奖励获奖机构等维度介绍具体情况，揭示各省（自治区、直辖市）的基础研究现状。

本书的完成得到了2021年度湖北省科技创新人才及服务专项软科学研究项目重大项目"湖北省重大科技创新平台建设若干重点问题研究"、2022年度湖北省科技创新人才及服务专项软科学研究类重点项目"湖北实现原始创新策源走在全国前列路径研究"、2022年度湖北省科技创新人才及服务专项软科学研究类项目"湖北省根技术识别及其培育发展研究"的资助。

基础研究涉及领域、学科众多，具有创新性和前瞻性，由于本书作者专业和水平所限，对诸多问题理解难免不尽准确，如有不妥之处，敬请各位专家、读者提出宝贵意见和建议，以便进一步修改和完善。

中国科学院武汉文献情报中心　　钟永恒
科技大数据湖北省重点实验室
2022年12月

---

[1] 中华人民共和国中央人民政府. 习近平：高举中国特色社会主义伟大旗帜 为全面建设社会主义现代化国家而团结奋斗——在中国共产党第二十次全国代表大会上的报告[EB/OL]．[2022-10-25]．http://www.gov.cn/xinwen/2022-10-25/content_5721685.htm.

目 录

前言 / i

第1章 导论 ··· 1
1.1 研究目的与意义 ·· 1
1.2 研究内容 ·· 3
1.2.1 基础研究竞争力的内涵 ·· 3
1.2.2 本书的框架结构 ·· 3
1.3 研究方法 ·· 4
1.3.1 主要分析指标 ··· 4
1.3.2 数据来源 ··· 9
本章参考文献 ··· 9

第2章 中国基础研究综合分析 ··· 11
2.1 中国基础研究概况 ··· 11
2.2 中国与全球主要国家和地区基础研究投入比较分析 ······················ 16
2.2.1 中国与全球主要国家和地区研究与试验发展经费投入比较 ········ 16
2.2.2 中国与全球主要国家和地区研究与试验发展人员投入比较 ········ 17
2.3 中国与全球主要国家和地区基础研究产出比较分析 ······················ 18
2.3.1 全球主要国家和地区科技论文产出比较 ···························· 18
2.3.2 全球主要国家和地区专利产出比较 ·································· 19

第3章 中国省域基础研究竞争力报告 ··· 20
3.1 中国省域基础研究竞争力指数 ··· 20

3.2	中国省域基础研究投入产出概况	22
3.3	中国省域基础研究竞争力分析	34
	3.3.1　北京市	34
	3.3.2　广东省	42
	3.3.3　上海市	49
	3.3.4　江苏省	56
	3.3.5　浙江省	63
	3.3.6　湖北省	70
	3.3.7　山东省	77
	3.3.8　陕西省	84
	3.3.9　四川省	90
	3.3.10　安徽省	96
	3.3.11　湖南省	102
	3.3.12　河南省	108
	3.3.13　辽宁省	114
	3.3.14　天津市	121
	3.3.15　福建省	127
	3.3.16　黑龙江省	132
	3.3.17　重庆市	138
	3.3.18　甘肃省	143
	3.3.19　河北省	148
	3.3.20　江西省	153
	3.3.21　吉林省	158
	3.3.22　云南省	163
	3.3.23　广西壮族自治区	169
	3.3.24　海南省	174
	3.3.25　贵州省	178
	3.3.26　山西省	183
	3.3.27　宁夏回族自治区	188
	3.3.28　青海省	193
	3.3.29　新疆维吾尔自治区	197
	3.3.30　内蒙古自治区	202
	3.3.31　西藏自治区	207

图 目 录

图 3-1　2021年中国省域基础研究竞争力指数排名 ································ 21
图 3-2　2017～2021年中国省域基础研究竞争力指数排名变化趋势图 ··············· 21
图 3-3　2017～2021年各省（自治区、直辖市）SCI论文发文量全国排名对比 ········· 25
图 3-4　2017～2021年各省（自治区、直辖市）发明专利申请量全国排名对比 ······· 26
图 3-5　2021年北京市各研究机构进入ESI全球前1%的学科及排名 ················· 39
图 3-6　2021年北京市各高校进入ESI全球前1%的学科及排名 ····················· 39
图 3-7　2021年北京市各公司进入ESI全球前1%的学科及排名 ····················· 40
图 3-8　2021年广东省各机构进入ESI全球前1%的学科及排名 ····················· 46
图 3-9　2021年上海市各机构进入ESI全球前1%的学科及排名 ····················· 53
图 3-10　2021年江苏省各机构进入ESI全球前1%的学科及排名 ···················· 60
图 3-11　2021年浙江省各机构进入ESI全球前1%的学科及排名 ···················· 67
图 3-12　2021年湖北省各机构进入ESI全球前1%的学科及排名 ···················· 74
图 3-13　2021年山东省各机构进入ESI全球前1%的学科及排名 ···················· 81
图 3-14　2021年陕西省各机构进入ESI全球前1%的学科及排名 ···················· 88
图 3-15　2021年四川省各机构进入ESI全球前1%的学科及排名 ···················· 94
图 3-16　2021年安徽省各机构进入ESI全球前1%的学科及排名 ··················· 100
图 3-17　2021年湖南省各机构进入ESI全球前1%的学科及排名 ··················· 106
图 3-18　2021年河南省各机构进入ESI全球前1%的学科及排名 ··················· 112
图 3-19　2021年辽宁省各机构进入ESI全球前1%的学科及排名 ··················· 118
图 3-20　2021年天津市各机构进入ESI全球前1%的学科及排名 ··················· 125
图 3-21　2021年福建省各机构进入ESI全球前1%的学科及排名 ··················· 130
图 3-22　2021年黑龙江省各机构进入ESI全球前1%的学科及排名 ················· 136
图 3-23　2021年重庆市各机构进入ESI全球前1%的学科及排名 ··················· 141
图 3-24　2021年甘肃省各机构进入ESI全球前1%的学科及排名 ··················· 146

图 3-25　2021 年河北省各机构进入 ESI 全球前 1%的学科及排名 ……………………151
图 3-26　2021 年江西省各机构进入 ESI 全球前 1%的学科及排名 ……………………157
图 3-27　2021 年吉林省各机构进入 ESI 全球前 1%的学科及排名 ……………………162
图 3-28　2021 年云南省各机构进入 ESI 全球前 1%的学科及排名 ……………………167
图 3-29　2021 年广西壮族自治区各机构进入 ESI 全球前 1%的学科及排名 …………172
图 3-30　2021 年海南省各机构进入 ESI 全球前 1%的学科及排名 ……………………177
图 3-31　2021 年贵州省各机构进入 ESI 全球前 1%的学科及排名 ……………………181
图 3-32　2021 年山西省各机构进入 ESI 全球前 1%的学科及排名 ……………………186
图 3-33　2021 年宁夏回族自治区各机构进入 ESI 全球前 1%的学科及排名 …………191
图 3-34　2021 年新疆维吾尔自治区各机构进入 ESI 前全球 1%的学科及排名 ………200
图 3-35　2021 年内蒙古自治区各机构进入 ESI 全球前 1%的学科及排名 ……………205

表 目 录

表 1-1	国家科技奖励数权重设置方案	8
表 2-1	2021年各省（自治区、直辖市）研究与试验发展经费情况	11
表 2-2	2021年中国SCI论文数五十强学科	13
表 2-3	2021年中国发明专利申请量五十强技术领域及申请量	13
表 2-4	2017～2021年全球研究与试验发展经费投入强度排名前二十的国家和地区	16
表 2-5	2017～2021年全球研究与试验发展人员投入人数排名前二十的国家和地区	17
表 2-6	2017～2021年SCI论文数世界排名二十强名单	18
表 2-7	2017～2021年全球主要国家和地区专利申请量	19
表 3-1	2021年中国各省（自治区、直辖市）国家自然科学基金数据一览	22
表 3-2	2021年中国各省（自治区、直辖市）国家创新平台和科技奖励数据一览	23
表 3-3	2021年中国各省（自治区、直辖市）SCI论文、入选ESI全球前1%机构数及发明专利数据一览	24
表 3-4	2021年各省（自治区、直辖市）基础研究SCI活跃学科	26
表 3-5	2021年各省（自治区、直辖市）论文数排名在全国较为突出的SCI学科	28
表 3-6	2021年北京市基础研究SCI活跃学科及高频词	34
表 3-7	2021年北京市主要学科发文量、被引频次及国际合作情况	35
表 3-8	2021年北京市主要学科产-学-研合作情况	36
表 3-9	2021年北京市争取国家自然科学基金项目经费三十强机构	37
表 3-10	2021年北京市发明专利申请量十强技术领域	40
表 3-11	2021年北京市发明专利申请量优势企业和科研机构列表	40
表 3-12	2021年北京市获得国家科技奖励机构清单	41
表 3-13	2021年广东省基础研究优势学科及高频词	42
表 3-14	2021年广东省主要学科发文量、被引频次及国际合作情况	43
表 3-15	2021年广东省主要学科产-学-研合作情况	44

表 3-16	2021年广东省争取国家自然科学基金项目经费三十强机构	45
表 3-17	2021年广东省发明专利申请量十强技术领域	47
表 3-18	2021年广东省发明专利申请量优势企业和科研机构列表	47
表 3-19	2021年广东省获得国家科技奖励机构清单	48
表 3-20	2021年上海市基础研究优势学科及高频词	49
表 3-21	2021年上海市主要学科发文量、被引频次及国际合作情况	50
表 3-22	2021年上海市主要学科产-学-研合作情况	51
表 3-23	2021年上海市争取国家自然科学基金项目经费三十强机构	52
表 3-24	2021年上海市发明专利申请量十强技术领域	53
表 3-25	2021年上海市发明专利申请量优势企业和科研机构列表	54
表 3-26	2021年上海市获得国家科技奖励机构清单	54
表 3-27	2021年江苏省基础研究优势学科及高频词	56
表 3-28	2021年江苏省主要学科发文量、被引频次及国际合作情况	57
表 3-29	2021年江苏省主要学科产-学-研合作情况	58
表 3-30	2021年江苏省争取国家自然科学基金项目经费三十强机构	59
表 3-31	2021年江苏省发明专利申请量十强技术领域	60
表 3-32	2021年江苏省发明专利申请量优势企业和科研机构列表	61
表 3-33	2021年江苏省获得国家科技奖励机构清单	62
表 3-34	2021年浙江省基础研究优势学科及高频词	64
表 3-35	2021年浙江省主要学科发文量、被引频次及国际合作情况	65
表 3-36	2021年浙江省主要学科产-学-研合作情况	65
表 3-37	2021年浙江省争取国家自然科学基金项目经费三十强机构	66
表 3-38	2021年浙江省发明专利申请量十强技术领域	68
表 3-39	2021年浙江省发明专利申请量优势企业和科研机构列表	68
表 3-40	2021年浙江省获得国家科技奖励机构清单	69
表 3-41	2021年湖北省基础研究优势学科及高频词	70
表 3-42	2021年湖北省主要学科发文量、被引频次及国际合作情况	72
表 3-43	2021年湖北省主要学科产-学-研合作情况	72
表 3-44	2021年湖北省争取国家自然科学基金项目经费三十强机构	73
表 3-45	2021年湖北省发明专利申请量十强技术领域	75
表 3-46	2021年湖北省发明专利申请量优势企业和科研机构列表	75
表 3-47	2021年湖北省获得国家科技奖励机构清单	76
表 3-48	2021年山东省基础研究优势学科及高频词	77
表 3-49	2021年山东省主要学科发文量、被引频次及国际合作情况	78
表 3-50	2021年山东省主要学科产-学-研合作情况	79

表 3-51	2021年山东省争取国家自然科学基金项目经费三十强机构	80
表 3-52	2021年山东省发明专利申请量十强技术领域	81
表 3-53	2021年山东省发明专利申请量优势企业和科研机构列表	82
表 3-54	2021年山东省获得国家科技奖励机构清单	83
表 3-55	2021年陕西省基础研究优势学科及高频词	84
表 3-56	2021年陕西省主要学科发文量、被引频次及国际合作情况	85
表 3-57	2021年陕西省主要学科产–学–研合作情况	86
表 3-58	2021年陕西省争取国家自然科学基金项目经费三十强机构	87
表 3-59	2021年陕西省发明专利申请量十强技术领域	88
表 3-60	2021年陕西省发明专利申请量优势企业和科研机构列表	89
表 3-61	2021年陕西省获得国家科技奖励机构清单	89
表 3-62	2021年四川省基础研究优势学科及高频词	91
表 3-63	2021年四川省主要学科发文量、被引频次及国际合作情况	92
表 3-64	2021年四川省主要学科产–学–研合作情况	92
表 3-65	2021年四川省争取国家自然科学基金项目经费三十强机构	93
表 3-66	2021年四川省发明专利申请量十强技术领域	95
表 3-67	2021年四川省发明专利申请量优势企业和科研机构列表	95
表 3-68	2021年四川省获得国家科技奖励机构清单	96
表 3-69	2021年安徽省基础研究优势学科及高频词	97
表 3-70	2021年安徽省主要学科发文量、被引频次及国际合作情况	98
表 3-71	2021年安徽省主要学科产–学–研合作情况	98
表 3-72	2021年安徽省争取国家自然科学基金项目经费三十强机构	99
表 3-73	2021年安徽省发明专利申请量十强技术领域	101
表 3-74	2021年安徽省发明专利申请量优势企业和科研机构列表	101
表 3-75	2021年安徽省获得国家科技奖励机构清单	102
表 3-76	2021年湖南省基础研究优势学科及高频词	103
表 3-77	2021年湖南省主要学科发文量、被引频次及国际合作情况	104
表 3-78	2021年湖南省主要学科产–学–研合作情况	104
表 3-79	2021年湖南省争取国家自然科学基金项目经费三十强机构	105
表 3-80	2021年湖南省发明专利申请量十强技术领域	107
表 3-81	2021年湖南省发明专利申请量优势企业和科研机构列表	107
表 3-82	2021年湖南省获得国家科技奖励机构清单	108
表 3-83	2021年河南省基础研究优势学科及高频词	109
表 3-84	2021年河南省主要学科发文量、被引频次及国际合作情况	110
表 3-85	2021年河南省主要学科产–学–研合作情况	110

表 3-86	2021年河南省争取国家自然科学基金项目经费三十强机构	111
表 3-87	2021年河南省发明专利申请量十强技术领域	112
表 3-88	2021年河南省发明专利申请量优势企业和科研机构列表	113
表 3-89	2021年河南省获得国家科技奖励机构清单	114
表 3-90	2021年辽宁省基础研究优势学科及高频词	115
表 3-91	2021年辽宁省主要学科发文量、被引频次及国际合作情况	116
表 3-92	2021年辽宁省主要学科产-学-研合作情况	116
表 3-93	2021年辽宁省争取国家自然科学基金项目经费三十强机构	117
表 3-94	2021年辽宁省发明专利申请量十强技术领域	119
表 3-95	2021年辽宁省发明专利申请量优势企业和科研机构列表	119
表 3-96	2021年辽宁省获得国家科技奖励机构清单	120
表 3-97	2021年天津市基础研究优势学科及高频词	121
表 3-98	2021年天津市主要学科发文量、被引频次及国际合作情况	122
表 3-99	2021年天津市主要学科产-学-研合作情况	123
表 3-100	2021年天津市争取国家自然科学基金项目经费三十五强机构	123
表 3-101	2021年天津市发明专利申请量十强技术领域	125
表 3-102	2021年天津市发明专利申请量优势企业和科研机构列表	126
表 3-103	2021年天津市获得国家科技奖励机构清单	126
表 3-104	2021年福建省基础研究优势学科及高频词	127
表 3-105	2021年福建省主要学科发文量、被引频次及国际合作情况	128
表 3-106	2021年福建省主要学科产-学-研合作情况	128
表 3-107	2021年福建省争取国家自然科学基金项目经费二十八强机构	129
表 3-108	2021年福建省发明专利申请量十强技术领域	130
表 3-109	2021年福建省发明专利申请量优势企业和科研机构列表	131
表 3-110	2021年福建省获得国家科技奖励机构清单	132
表 3-111	2021年黑龙江省基础研究优势学科及高频词	132
表 3-112	2021年黑龙江省主要学科发文量、被引频次及国际合作情况	133
表 3-113	2021年黑龙江省主要学科产-学-研合作情况	134
表 3-114	2021年黑龙江省争取国家自然科学基金项目经费二十强机构	135
表 3-115	2021年黑龙江省发明专利申请量十强技术领域	136
表 3-116	2021年黑龙江省发明专利申请量优势企业和科研机构列表	136
表 3-117	2021年黑龙江省获得国家科技奖励机构清单	137
表 3-118	2021年重庆市基础研究优势学科及高频词	138
表 3-119	2021年重庆市主要学科发文量、被引频次及国际合作情况	139
表 3-120	2021年重庆市主要学科产-学-研合作情况	139

表 3-121	2021年重庆市争取国家自然科学基金项目经费二十三强机构	140
表 3-122	2021年重庆市发明专利申请量十强技术领域	141
表 3-123	2021年重庆市发明专利申请量优势企业和科研机构列表	142
表 3-124	2021年重庆市获得国家科技奖励机构清单	142
表 3-125	2021年甘肃省基础研究优势学科及高频词	143
表 3-126	2021年甘肃省主要学科发文量、被引频次及国际合作情况	144
表 3-127	2021年甘肃省主要学科产-学-研合作情况	144
表 3-128	2021年甘肃省争取国家自然科学基金项目经费二十九强机构	145
表 3-129	2021年甘肃省发明专利申请量十强技术领域	146
表 3-130	2021年甘肃省发明专利申请量优势企业和科研机构列表	147
表 3-131	2021年甘肃省获得国家科技奖励机构清单	148
表 3-132	2021年河北省基础研究优势学科及高频词	148
表 3-133	2021年河北省主要学科发文量、被引频次及国际合作情况	149
表 3-134	2021年河北省主要学科产-学-研合作情况	149
表 3-135	2021年河北省争取国家自然科学基金项目经费三十强机构	150
表 3-136	2021年河北省发明专利申请量十强技术领域	151
表 3-137	2021年河北省发明专利申请量优势企业和科研机构列表	152
表 3-138	2021年河北省获得国家科技奖励机构清单	153
表 3-139	2021年江西省基础研究优势学科及高频词	154
表 3-140	2021年江西省主要学科发文量、被引频次及国际合作情况	154
表 3-141	2021年江西省主要学科产-学-研合作情况	155
表 3-142	2021年江西省争取国家自然科学基金项目经费三十四强机构	156
表 3-143	2021年江西省发明专利申请量十强技术领域	157
表 3-144	2021年江西省发明专利申请量优势企业和科研机构列表	158
表 3-145	2021年江西省获得国家科技奖励机构清单	158
表 3-146	2021年吉林省基础研究优势学科及高频词	159
表 3-147	2021年吉林省主要学科发文量、被引频次及国际合作情况	159
表 3-148	2021年吉林省主要学科产-学-研合作情况	160
表 3-149	2021年吉林省争取国家自然科学基金项目经费二十五强机构	161
表 3-150	2021年吉林省发明专利申请量十强技术领域	162
表 3-151	2021年吉林省发明专利申请量优势企业和科研机构列表	162
表 3-152	2021年吉林省获得国家科技奖励机构清单	163
表 3-153	2021年云南省基础研究优势学科及高频词	164
表 3-154	2021年云南省主要学科发文量、被引频次及国际合作情况	164
表 3-155	2021年云南省主要学科产-学-研合作情况	165

表 3-156	2021年云南省争取国家自然科学基金项目经费三十强机构	166
表 3-157	2021年云南省发明专利申请量十强技术领域	167
表 3-158	2021年云南省发明专利申请量优势企业和科研机构列表	168
表 3-159	2021年云南省获得国家科技奖励机构清单	168
表 3-160	2021年广西壮族自治区基础研究优势学科及高频词	169
表 3-161	2021年广西壮族自治区主要学科发文量、被引频次及国际合作情况	170
表 3-162	2021年广西壮族自治区主要学科产-学-研合作情况	170
表 3-163	2021年广西壮族自治区争取国家自然科学基金项目经费三十四强机构	171
表 3-164	2021年广西壮族自治区发明专利申请量十强技术领域	172
表 3-165	2021年广西壮族自治区发明专利申请量优势企业和科研机构列表	173
表 3-166	2021年广西壮族自治区获得国家科技奖励机构清单	174
表 3-167	2021年海南省基础研究优势学科及高频词	174
表 3-168	2021年海南省主要学科发文量、被引频次及国际合作情况	175
表 3-169	2021年海南省主要学科产-学-研合作情况	175
表 3-170	2021年海南省争取国家自然科学基金项目经费十七强机构	176
表 3-171	2021年海南省发明专利申请量十强技术领域	177
表 3-172	2021年海南省发明专利申请量优势企业和科研机构列表	177
表 3-173	2021年贵州省基础研究优势学科及高频词	178
表 3-174	2021年贵州省主要学科发文量、被引频次及国际合作情况	179
表 3-175	2021年贵州省主要学科产-学-研合作情况	180
表 3-176	2021年贵州省争取国家自然科学基金项目经费二十三强机构	180
表 3-177	2021年贵州省发明专利申请量十强技术领域	181
表 3-178	2021年贵州省发明专利申请量优势企业和科研机构列表	182
表 3-179	2021年贵州省获得国家科技奖励机构清单	183
表 3-180	2021年山西省基础研究优势学科及高频词	183
表 3-181	2021年山西省主要学科发文量、被引频次及国际合作情况	184
表 3-182	2021年山西省主要学科产-学-研合作情况	185
表 3-183	2021年山西省争取国家自然科学基金项目经费二十强机构	186
表 3-184	2021年山西省发明专利申请量十强技术领域	187
表 3-185	2021年山西省发明专利申请量优势企业和科研机构列表	187
表 3-186	2021年山西省获得国家科技奖励机构清单	188
表 3-187	2021年宁夏回族自治区基础研究优势学科及高频词	189
表 3-188	2021年宁夏回族自治区主要学科发文量、被引频次及国际合作情况	189
表 3-189	2021年宁夏回族自治区主要学科产-学-研合作情况	190
表 3-190	2021年宁夏回族自治区争取国家自然科学基金项目经费八强机构	191

表 3-191	2021年宁夏回族自治区发明专利申请量十强技术领域	191
表 3-192	2021年宁夏回族自治区发明专利申请量优势企业和科研机构列表	192
表 3-193	2021年宁夏回族自治区获得国家科技奖励机构清单	192
表 3-194	2021年青海省基础研究优势学科及高频词	193
表 3-195	2021年青海省主要学科发文量、被引频次及国际合作情况	193
表 3-196	2021年青海省主要学科产-学-研合作情况	194
表 3-197	2021年青海省争取国家自然科学基金项目经费十强机构	195
表 3-198	2021年青海省发明专利申请量十强技术领域	195
表 3-199	2021年青海省发明专利申请量优势企业和科研机构列表	196
表 3-200	2021年青海省获得国家科技奖励机构清单	197
表 3-201	2021年新疆维吾尔自治区基础研究优势学科及高频词	197
表 3-202	2021年新疆维吾尔自治区主要学科发文量、被引频次及国际合作情况	198
表 3-203	2021年新疆维吾尔自治区主要学科产-学-研合作情况	198
表 3-204	2021年新疆维吾尔自治区争取国家自然科学基金项目经费二十八强机构	199
表 3-205	2021年新疆维吾尔自治区发明专利申请量十强技术领域	200
表 3-206	2021年新疆维吾尔自治区发明专利申请量优势企业和科研机构列表	201
表 3-207	2021年新疆维吾尔自治区获得国家科技奖励机构清单	202
表 3-208	2021年内蒙古自治区基础研究优势学科及高频词	202
表 3-209	2021年内蒙古自治区主要学科发文量、被引频次及国际合作情况	203
表 3-210	2021年内蒙古自治区主要学科产-学-研合作情况	204
表 3-211	2021年内蒙古自治区争取国家自然科学基金项目经费二十二强机构	204
表 3-212	2021年内蒙古自治区发明专利申请量十强技术领域	205
表 3-213	2021年内蒙古自治区发明专利申请量优势企业和科研机构列表	206
表 3-214	2021年内蒙古自治区获得国家科技奖励机构清单	207
表 3-215	2021年西藏自治区主要学科发文量、被引频次及国际合作情况	208
表 3-216	2021年西藏自治区主要学科产-学-研合作情况	208
表 3-217	2021年西藏自治区争取国家自然科学基金项目经费九强机构	209
表 3-218	2021年西藏自治区发明专利申请量十强技术领域	209
表 3-219	2021年西藏自治区发明专利申请量优势企业和科研机构列表	210
表 3-220	2021年西藏自治区获得国家科技奖励机构清单	211

第1章 导　论

1.1　研究目的与意义

基础研究是科学体系的源头，是所有技术问题的总机关，只有重视基础研究，才能永远保持自主创新的能力[1]。基础研究是指以认识自然现象与自然规律为直接目的，而不是以社会实用为直接目的的研究，其成果多具有理论性，需要通过应用研究的环节才能转化为现实生产力。基础研究是人类文明进步的动力、科技进步的先导、人才培养的摇篮[2]。随着知识经济的迅速崛起，综合国力竞争的前沿已从技术开发拓展到基础研究。基础研究既是知识生产的主要源泉和科技发展的先导与动力，同时也是一个国家或地区科技发展水平的标志，代表着国家或地区的科技实力。

我国党和政府高度重视基础研究。《中华人民共和国国民经济和社会发展第十四个五年规划和2035年远景目标纲要》中明确提到我国将制定实施基础研究十年行动方案，重点布局一批基础学科研究中心，将基础研究经费投入占研发经费投入的比重从2020年的6%提高到8%以上[3]。2022年，基础研究十年行动方案和修订后的《中华人民共和国科学技术进步法》持续营造良好创新生态，增强基础研究对创新发展的源头供给和支撑引领作用。

2022年2月28日，中央全面深化改革委员会第二十四次会议审议通过了《关于加强基础学科人才培养的意见》（以下简称《意见》）。《意见》强调，要全方位谋划基础学科人才培养，科学确定人才培养规模，优化结构布局，在选拔、培养、评价、使用、保障等方面进行体系化、链条式设计，大力培养造就一大批国家创新发展急需的基础研究人才[4]。

2022年3月16日，国务院国有资产监督管理委员会成立科技创新局强化科技创新[5]。3月19日，国务院国有资产监督管理委员会召开中央企业加强基础研究和应用基础研究工作座谈会指出，中央企业加强基础研究和应用基础研究意义重大，是加快实现科技自立自强的必然要求，是建设世界一流企业的关键举措，是打造原创技术策源地的根本保障[6]。

2022年3月23日，财政部、国家税务总局、科技部发布《关于进一步提高科技型中小企业研发费用税前加计扣除比例的公告》，批准科技型中小企业研发费用加计扣除比例提至100%，以支持科技创新[7]。

2022年4月29日，中共中央政治局召开会议，审议《国家"十四五"期间人才发展规划》。会议指出，编制《国家"十四五"期间人才发展规划》是党中央部署的一项重要工作，是落实中央人才工作会议精神的具体举措，也是国家"十四五"规划的一项重要专项规划。要把人才培养的着力点放在基础研究人才的支持培养上，为他们提供长期稳定的支持和保障[8]。

2022年6月6日，中共中央宣传部举行"中国这十年"系列主题新闻发布会。数据显示，十年来，我国科技投入大幅提高，全社会研发经费从1.03万亿元增长到2.79万亿元，居世界第2位；研发强度从1.91%提高到2.44%，接近经济合作与发展组织（OECD）国家的平均水平；基础研究经费是十年前的3.4倍，占R&D经费比例预计为6.09%，达到历史最高值。科技人才队伍不断壮大，2021年研发人员总量预计为562万人年，是2012年的1.7倍，稳居世界第1位；每万名就业人员中研发人员数量由2012年的42.6人年预计提高到75.3人年。科技产出量质齐升，2021年高被引论文数为42 920篇，排名世界第2位，是2012年的5.4倍，占世界比重为24.8%，比2012年提升17.5个百分点；每万人口发明专利拥有量从2012年的3.2件提升至2021年的19.1件；专利合作条约（Patent Cooperation Treaty，PCT）专利申请量从2012年1.9万件增至2021年6.95万件，连续三年位居世界首位；2021年技术合同成交额达到37 294亿元，是2012年的5.8倍，占GDP比重达到3.26%。中国科学院出台"基础研究十条"，明确了开展使命驱动的建制化基础研究的战略定位，遴选出32家研究所开展"深化科研院所改革、提升原始创新能力"专项试点；大力推进关键核心技术攻关承担单位的法人主体权责和"军令状"意识，实施"挂图作战"，落实"攻关八条"政策；充分发挥体系化建制化优势，在第二次青藏科考、载人航天、载人深潜、北斗卫星、探月工程、火星探测、抗击新冠肺炎疫情科研攻关等国家重大任务中勇担重任；瞄准国家最紧急最紧迫的需求，主动部署"黑土粮仓"科技会战、科技支撑碳达峰碳中和战略行动计划、煤炭清洁燃烧与低碳利用、稀土资源研究等一批重大科技任务等。实施稳定支持基础研究领域优秀青年团队计划，坚持"严选题""精选人"，遴选出首批30个优秀青年人才团队，给予5年为周期的稳定支持[9]。为鼓励企业加大创新投入，支持我国基础研究发展，财政部和国家税务总局于2022年9月30日联合发布《关于企业投入基础研究税收优惠政策的公告》，明确企业投入基础研究相关税收政策。对企业出资给非营利性科学技术研究开发机构、高等学校和政府性自然科学基金用于基础研究的支出，在计算应纳税所得额时可按实际发生额在税前扣除，并可按100%在税前加计扣除[10]。

习近平总书记在党的二十大报告中充分肯定了过去十年基础研究和原始创新的成绩，指出：我国"基础研究和原始创新不断加强，一些关键核心技术实现突破，战略性新兴产业发展壮大，载人航天、探月探火、深海深地探测、超级计算机、卫星导航、量子信息、核电技术、新能源技术、大飞机制造、生物医药等取得重大成果，进入创新型国家行列。"[11]未来"必须坚持科技是第一生产力、人才是第一资源、创新是第一动力，深入实施科教兴国战略、人才强国战略、创新驱动发展战略，开辟发展新领域新赛道，不断塑造发展新动能新优势。"[11]

加快实施创新驱动发展战略，加快实现高水平科技自立自强。

基础研究和原始创新在中国式现代化征程中的作用愈加重要，任重道远。中国基础研究竞争力的评价及其评价策略研究受到学术界、管理界、企业界的持续关注。《中国基础研究竞争力报告》的价值主要体现在以下三个方面。

一是长期跟踪国内外基础研究的发展态势、政策规划、投入产出等数据信息，建立起一套基础研究数据资源的标准管理系统，持续跟踪监测世界发达国家及我国各级政府基础研究各项指标进展情况，形成基础研究大数据体系，通过大数据分析和可视化呈现，反映各地区基础研究发展轨迹，总结基础研究发展规律。

二是客观评价中国各地区基础研究综合竞争力，通过数据分析挖掘，凝练各地区基础研究优势学科方向和重点研究机构，辅助基础研究管理工作与政策制定。

三是为相关政府部门、相关大学与科研机构判断自身基础研究发展状况、制定政策和措施提供参考。

1.2 研究内容

1.2.1 基础研究竞争力的内涵

基础研究竞争力研究主要是从基础研究投入、基础研究队伍与基地建设、基础研究产出这三个角度展开。基础研究投入一般包括国家自然科学基金、国家科技重大专项、国家重点研发计划、技术创新引导专项（基金）、基地人才专项五类国家科技计划。基础研究队伍包括从事基础研究的人员、高水平学者等；基础研究创新平台包括国家重点实验室、重大科技基础设施等。基础研究产出包括学术论文、专利、专著和奖励等。

本书作者认为，基础研究竞争力主要是研究涉及基础研究的资源投入与成果产出的能力，具体体现在基础研究的科研经费投入、项目数量、队伍情况、基地数量、产出成果等方面。本书主要从国家自然科学基金、基础研究创新平台、学术论文、发明专利、国家科技奖励等角度研究基础研究竞争力。

1.2.2 本书的框架结构

本书基于国家自然科学基金、基础研究创新平台、学术论文、发明专利、国家科技奖励的相关数据，构建基础研究竞争力指数，对我国的基础研究竞争力展开分析。本书的主要内容分为两大部分。第一部分是基础研究竞争力整体评价报告。本部分从基础研究投入和基础研究产出两方面展开，并对其基本数据进行分析及可视化展示。第二部分是中国省域基础研究竞争力报告。本部分以各省级行政单元（省、自治区、直辖市，不包括港澳台地区）为研究对象，对我国各地区的基础研究竞争力进行评价分析与排名；然后分别从优势学科分布及其重点研究方向、国家自然科学基金项目资助重点机构、ESI 学科及机构分布、发明专利申请优势领域和优势机构、国家科技奖励获奖机构等维度介绍具体情况，揭示各地区的基础研究现状。

1.3 研究方法

1.3.1 主要分析指标

(1) 国家自然科学基金

1986年,为推动我国科技体制改革,变革科研经费拨款方式,国务院设立了国家自然科学基金(National Natural Science Foundation of China,NSFC),这是我国实施科教兴国和人才强国战略的一项重要举措。作为我国支持基础研究的主要渠道之一,国家自然科学基金有力地促进了我国基础研究的持续、稳定和协调发展,已经成为我国国家创新体系的重要组成部分。国家自然科学基金主要分为八大学部,即数理科学部、化学科学部、生命科学部、地球科学部、工程与材料科学部、信息科学部、管理科学部、医学科学部,与国家自然科学基金委员会下设的8个科学部相对应。2020年11月29日,经中央编办复字〔2020〕46号文件批准,国家自然科学基金委员会第九个学部——交叉科学部正式成立,负责统筹国家自然科学基金交叉科学领域的整体资助工作;组织拟定跨科学部领域的发展战略和资助政策;提出交叉科学优先资助方向,组织编写项目指南;受理、评审和管理跨学部交叉科学领域项目;相关领域重大国际合作研究的组织和管理;相关领域专家评审系统的组织与建设;承担交叉科学相关问题的咨询[12]。2021年,优化学科布局全面实施。按照源于知识体系逻辑结构、促进知识与应用融通、突出学科交叉融合的原则,完成第一阶段学科布局优化,启用新申请代码体系。

2021年,国家自然科学基金委员会共批准资助项目48 788项,直接费用312.93亿元。国家自然科学基金委员会继续稳定对面上项目、青年科学基金项目和地区科学基金项目的资助力度,保持自由探索类项目经费占比,支持科研人员在科学基金资助范围内进行自由探索,三类项目直接费用合计185.20亿元,占2021年批准资助项目总直接费用的59.18%,与2020年基本持平。其中,面上项目19 420项,直接费用110.87亿元;青年科学基金项目21 072项,直接费用62.83亿元;地区科学基金项目3337项,直接费用11.50亿元[13]。

(2) 学术论文

学术论文是对某个科学领域的学术问题进行研究后表述科学研究成果的文章,具有学术性、科学性、创造性、学理性。SCI论文是指美国科学引文索引(Science Citation Index,SCI)收录的论文,科学引文索引是由美国科学信息研究所(ISI)于1961年创办的引文数据库,是国际公认的进行科学统计与科学评价的主要检索工具之一。科学引文索引以其独特的引证途径和综合全面的科学数据,通过统计大量的引文,然后得出某期刊某论文在某学科内的影响因子、被引频次、即时指数等量化指标来对期刊、论文等进行分析与排行。一般认为,被引频次高,说明该论文在它所研究的领域产生了巨大的影响,学术水平高,被国际同行重视。学术论文是基础研究学术产出的代表性形式之一,而SCI收录的论文主要来自自然科学的基础研究领域，因此SCI相关指标常被应用于评价基础研究的成果产出及其影响力。本书采用10个SCI论文相关指标：论文数、论文被引频次、论文篇均被引频次、高水平论文数、国际合作率、国际合作度、产-研合作率、产-学合作率、学-研合作率、学科优势度。

1）论文数。指被Web of Science核心合集SCI-E引文数据库收录，且文献类型为论文（article）、综述（review）、社论（editorial material）或书信（letter）的论文（以下简称SCI论文）数量。其中某省（自治区、直辖市）的论文数，是指某省（自治区、直辖市）作为第一作者地址的论文数；某机构的论文数，是指某机构作为第一作者所属机构的论文数。

2）论文被引频次。指论文被来自Web of Science核心合集的论文引用的次数。

3）论文篇均被引频次。指平均每篇SCI论文被来自Web of Science核心合集的论文引用的次数。

4）高水平论文数。指发表在《科学》（Science）、《自然》（Nature）、《细胞》（Cell）（简称SNC）等国际一流期刊主刊的研究论文。

5）国际合作率。指国际合作SCI论文数占全部SCI论文数的百分比，反映合作的广度。某省（自治区、直辖市）的国际合作论文数是指该省（自治区、直辖市）学者与国外学者合作发表的SCI论文数。学科国际合作论文率是指某学科的国际合作SCI论文数占该学科全部SCI论文的百分比。计算方式为：（国际合作SCI论文数/全部SCI论文数）×100%。

6）国际合作度。指与每个国家合作的SCI论文数，反映国际合作的深度。学科国际合作度是指某省（自治区、直辖市）某学科与每个国家合作的SCI论文数，计算方式为：某省（自治区、直辖市）某学科全部国际合作SCI论文数/某省（自治区、直辖市）某学科全部SCI论文合作国家数。

7）产-研合作率。指企业和研究所合作发表的SCI论文数占全部SCI论文数的百分比，计算方式为：（企业和研究所合作发表的SCI论文数/全部SCI论文数）×100%。

8）产-学合作率。指企业和高校合作发表的SCI论文数占全部SCI论文数的百分比，计算方式为：（企业和高校合作发表的SCI论文数/全部SCI论文数）×100%。

9）学-研合作率。指高校和研究所合作发表的SCI论文数占全部SCI论文数的百分比，计算方式为：（高校和研究所合作发表的SCI论文数/全部SCI论文数）×100%。

10）学科优势度。指综合考虑论文数与篇均被引量，某省（自治区、直辖市）某学科较其他学科的优势程度，计算方式为：［某学科某省（自治区、直辖市）论文数/某省（自治区、直辖市）所有学科平均论文数］×40%+［某学科某省（自治区、直辖市）篇均被引量/某省（自治区、直辖市）所有学科篇均被引量］×60%。

本书中，学科分类体系按照Web of Science核心合集的细分学科分类体系，共包括252个学科类别。

（3）基本科学指标

ESI是衡量科学研究绩效、跟踪科学发展趋势的评价工具。ESI对全球所有研究机构在近11年被科学引文索引扩展版（Science Citation Index Expanded，SCIE）数据库和社会科学引文索引（Social Sciences Citation Index，SSCI）数据库收录的文献类型为article或review的论文进行统计，按总被引频次高低确定衡量研究绩效的阈值，每隔两月发布各学科世界排名前1%的研究机构榜单。被 SCIE、SSCI 收录的每种期刊对应一个学科，其中综合类期刊中的部分论文对应到其他学科[14]。

ESI 评价通常应用于以下六个方面：①分析评价科学家、期刊、研究机构以及国家或地区在22个学科中的排名情况；②评价发现学科的研究热点和前沿研究成果；③评价高校的优势学科，提升潜势学科，以及学术竞争力的评价分析，为学科建设规划提供决策依据；④通过分析学科领域的热点论文，把握研究前沿；⑤分析某一学科的高被引论文及机构，寻求科研合作伙伴和调整科研研究方向；⑥评价某一学科在世界范围内的影响与竞争情况[15]。本书主要统计各省（自治区、直辖市）ESI 高被引论文、入围 ESI 全球前1%的机构及其机构排名、各机构入围 ESI 全球前1%的学科及其学科排名。

（4）发明专利

专利是由国家专利主管机关（国家知识产权局）授予申请人在一定期限内对其发明创造所享有的独占实施的专有权，我国现行《中华人民共和国专利法（2020年修正）》[16]中所指的专利包括发明创造、实用新型和外观设计。其中，发明创造专利具有突出的实质性特点和显著的进步，具有较高的创造性、新颖性，发明创造专利的申请量和拥有量是衡量一个国家和地区科技发展水平高低的重要指标，可以从侧面反映一个国家和地区的创新能力、科技水平和市场化程度[17]。本书选用三个发明专利指标，即发明专利申请量、有效发明专利拥有量、PCT 专利申请量。

1）发明专利申请量。指某地区或某机构申请的发明专利数量。发明专利要经过实质审查，满足创造性、新颖性、实用性才能获得授权，相比实用新型和外观设计，发明专利的创新程度更高。

2）有效发明专利拥有量。指某地区或某机构拥有的有效发明专利数量。有效专利指的是在法定保护期内按时缴纳年费的专利，对比失效、无效、放弃、撤回、权利被迫终止的专利质量更高。

3）PCT 专利申请量。指某地区或某机构申请的 PCT 专利数量。PCT 专利是指通过《专利合作条约》渠道提交的国际专利申请，可以用来衡量专利质量。

（5）基础研究创新平台

创新平台是指由政府或某一组织牵头，通过政策支撑、投入引导，汇集具有科技关联性的多主体创新要素，形成规模的投资额度与条件设施，以开展关系到科技重大突破、长远发展、国家经济稳定需求的创新活动，以支撑行业和区域自主创新与科技进步的集成系统，是国家创新体系的重要组成部分。基础研究创新平台是当今企业、高校、科研院所进行基础研究的重要载体，根据国家国防、科技、经济、社会发展的需要，由政府投资建设，集成各类科技资源，开展以基础研究为主要科技活动的科技创新基地。代表性形式包括国家重大科学工程、重点实验室体系（国家实验室、国家重点实验室、企业国家重点实验室、地方重点实验室、国防安全实验室、特殊类型国家重点实验室等）、科学研究中心、野外科学观测站等[18]。

《中华人民共和国国民经济和社会发展第十四个五年规划和2035年远景目标纲要》中明确提出以国家战略性需求为导向推进创新体系优化组合，加快构建以国家实验室为引领的战略科技力量。聚焦量子信息、光子与微纳电子、网络通信、人工智能、生物医药、现代能源系统等重大创新领域组建一批国家实验室，重组国家重点实验室，形成结构合理、运行高效的实验室体系[3]，实验室体系在基础研究创新平台中得到高度重视。国家重大科技基础设施是指为提升探索未知世界、发现自然规律、实现技术变革的能力，由国家统筹布局，依托高水平创新主体建设，面向社会开放共享的大型复杂科学研究装置或系统，是长期为高水平研究活动提供服务、具有较大国际影响力的国家公共设施。其科学技术目标是面向国际前沿，为国家经济建设、国防建设和社会发展做出战略性、基础性的贡献。国家实验室是指具有明确目标使命及战略定位，从事原始创新工作并承担前沿基础研究和国家重大科研任务的国家级科研机构[19]。在新一轮科技革命和产业变革蓬勃兴起的今天，国家实验室已成为未来我国抢占科技制高点的战略保障。2017年8月，为了处理现有科研基地之间穿插重复、定位不清的问题，进一步推动国家科技创新基地建设，科技部、财政部、国家发展和改革委员会三部门拟定了《国家科技创新基地优化整合方案》[20]。在现有试点国家实验室和已构成优势学科群的基础上，组成（地名加学科名）国家研究中心，归入国家重点实验室序列处理。国家重点实验室是国家科技创新体系的重要组成部分，是国家组织高水平基础研究和应用基础研究、聚集和培养优秀科技人才、开展高水平学术交流、科研装备先进的重要基地。其主要任务是针对学科发展前沿和国民经济、社会发展及国家安全的重要科技领域和方向，开展创新性研究。省级重点实验室是由省级政府确认并支持建设的区域性科技创新平台，承担着科技创新、基础研究和为地方经济服务的任务[21]。在地区科研事业发展过程中，省级重点实验室起到了重要作用，关系到地区能否获得足够科技人才和创新能力，从而影响地区科技现代化发展[22]。本书重点关注基础研究创新平台中的国家重大科技基础设施、国家实验室、国家研究中心、国家重点实验室情况。

（6）国家科技奖励

设立国家科技奖励是为了奖励在科学技术进步活动中做出突出贡献的个人、组织，调动科学技术工作者的积极性和创造性，建设创新型国家和世界科技强国。国家科技奖励应当与国家重大战略需要和中长期科技发展规划紧密结合，国家应加大对自然科学基础研究和应用基础研究的奖励[23]。国务院设立五类国家科技奖励，即国家最高科学技术奖、国家自然科学奖、国家技术发明奖、国家科学技术进步奖、中华人民共和国国际科学技术合作奖。

本书主要统计国家最高科学技术奖、国家自然科学奖、国家技术发明奖、国家科学技术进步奖中的通用项目，不含各类项目中的专用项目，也不含中华人民共和国国际科学技术合作奖。

（7）高端人才

党的十八大以来，我国大力推进创新驱动发展战略和人才强国战略，把引进、培养和使用高端人才作为实现中华民族伟大复兴的重要举措。高端人才是人才群体的引领者、科技创新的原动力、社会进步的推动者，往往决定着国家和地区的核心竞争力[24]，通常指对前沿科学研究、科技创新或某一领域发挥引领作用的科学家、研究人员以及其他具有潜力的创新创业人才[25]，如院士、国家杰出青年科学基金获得者、国家优秀青年科学基金获得者以及作为高端人才后备军的青年科学基金获得者、研究生、博士后等。

其中，院士是我国最具代表性的高端人才。院士是世界历史上国家科学院成员的学术荣誉称号，享有崇高的学术地位[26]。在中国，院士通常是指中国科学院院士或中国工程院院士。中国科学院于1955年建立了学部委员制，后于1993年将学部委员改称中国科学院院士，这是国家在科技领域设立的最高学术称号[27]。中国工程院是中国工程科学技术界最高的荣誉性、咨询性学术机构，中国工程院院士是中国工程科学技术方面的最高学术称号，为终身荣誉，于1994年6月设立[28]。

本书重点关注中国科学院院士、中国工程院院士和国家杰出青年科学基金获得者。

（8）基础研究竞争力指数

本书从投入维度、产出维度和成长性维度三个方面，构建基础研究竞争力指数（basic research competitiveness index，BRCI）。

投入维度用投入指数（I_i）表示，通过争取国家自然科学基金项目数（IU_1）、争取国家自然科学基金项目金额（IU_2）、争取国家自然科学基金项目的机构数（IU_3）、国家自然科学基金主持人数量（IU_4）、截至2021年底拥有国家级基础研究创新平台个数（IU_5）等指标计算得出。其中，国家级基础研究创新平台个数（IU_5）=国家重大基础设施（建成）数量×5+国家重大基础设施（在建）数量×2+国家实验室数量×5+国家研究中心数量×5+国家重点实验室数量×1。投入维度各指标无量纲化处理后，得到某地区的投入指数计算公式为：$I_i = IU_1 \times 6 + IU_2 \times 8 + IU_3 \times 5 + IU_4 \times 5 + IU_5 \times 16$。

产出维度用产出指数（O_i）表示，通过发表SCI论文数（OU_1）、SCI论文篇均被引频次（OU_2）、高水平论文数（OU_3）、发明专利申请量（OU_4）、有效发明专利拥有量（OU_5）、PCT专利申请量（OU_6）、获得国家科技奖励数（OU_7）计算得出。其中，国家科技奖励数（OU_7）按照奖励等次和奖励署名单位排名顺序设置不同的权重，权重设置方案如表1-1所示。产出维度各指标无量纲化处理后，得到某地区的产出指数计算公式为：$O_i = OU_1 \times 6 + OU_2 \times 8 + OU_3 \times 6 + OU_4 \times 4 + OU_5 \times 8 + OU_6 \times 6 + OU_7 \times 12$。

表1-1 国家科技奖励数权重设置方案

排名顺序 \ 奖励等次	特等奖	一等奖	二等奖
1	3.0	2.0	1.0
2	2.5	1.5	0.5
3	2.0	1.0	0.3
4及以后	1.5	0.5	0.1

成长性维度用成长性指数（G_i）表示，通过争取国家自然科学基金项目数增长率（GU_1）、争取国家自然科学基金项目经费增长率（GU_2）、SCI论文数增长率（GU_3）、有效发明专利拥有量增长率（GU_4）计算得出。成长性维度各指标无量纲化处理后，得到某地区的

成长性指数计算公式为：$G_i = GU_1 \times 2 + GU_2 \times 2 + GU_3 \times 4 + GU_4 \times 2$。

在进行基础研究竞争力指数计算时，各指标权重设计方案经专家咨询后确定。由于各指标的数量级和单位不同（如万元、个、篇等），需要对指标值进行无量纲化处理，以消除指标间量纲的影响。本书采用正态分布的累计分布函数对基础研究竞争力指数中的数据进行无量纲化处理。

正态分布 $N(\mu, \sigma^2)$ 的分布函数为：

$$F(x) = \frac{1}{\sqrt{2\pi}\sigma} \int_{-\infty}^{x} e^{-\frac{(x-\mu)^2}{2\sigma^2}} \mathrm{d}x, \quad -\infty < x < +\infty$$

式中，x 为代入值，μ 为期望，σ 为方差。

采用正态分布的累积分布函数，可以实现边际效益递减的预期。期望值取中位数或平均值，方差衡量数据的波动情况，两个参数可以根据实际数据进行动态调整。采用正态分布的累积分布函数计算，可实现三个目的：一是量大的比量小的更优；二是控制得分边界；三是可根据实际数据情况进行动态调整。

由于基础研究竞争力指标原始数据均未通过正态性检验，因此本书中的数据采用 Box-Cox 广义幂变换方法，一定程度上能够减小不可观测的误差和预测变量的相关性，对基础研究竞争力指数的各组指标原始数据进行正态化处理。经过 Box-Cox 变换的各组指标数据均通过正态性检验，再利用正态分布的累计分布函数对变换后的指标数据进行无量纲化处理。指数计算过程涉及的指标数值均为无量纲化处理后的数值。

根据投入指数、产出指数和成长性指数，形成了中国基础研究竞争力指数，计算方法如下：

$$\mathrm{BRCI} = I_i + O_i + G_i$$

式中，I_i 表示投入指数，O_i 表示产出指数，G_i 表示成长性指数。

1.3.2　数据来源

本书的原始数据涵盖国家自然科学基金、SCI 论文、ESI、发明专利、基础研究创新平台、国家科技奖励、人才队伍等数据，其中国家自然科学基金数据来自国家自然科学基金网络信息系统（ISIS 系统），SCI 论文数据来自科睿唯安旗下的 Web of Science 核心合集数据库，ESI 数据来自科睿唯安旗下的 ESI 指标数据库，发明专利数据来自中外专利数据库服务平台（CNIPR），基础研究创新平台数据来自各省（自治区、直辖市）科技厅，国家科技奖励数据来自科技部，人才队伍数据来自中国科学院、中国工程院、科技部、国家自然科学基金委员会等。数据获取时间为 2022 年 3 月 15 日～5 月 10 日。数据经中国产业智库大数据平台采集、清洗、整理和集成分析。

本章参考文献

[1] 叶玉江. 基础研究的新形势和新部署[J]. 中国基础科学，2017，19（4）：12-13.
[2] 国家自然科学基金委员会. 国家自然科学基金"十三五"发展规划[EB/OL] [2021-11-29]. http://www.china.com.cn/zhibo/zhuanti/

ch-xinwen/2016-06/14/content_38662624.htm.
[3] 中华人民共和国中央人民政府. 中华人民共和国国民经济和社会发展第十四个五年规划和2035年远景目标纲要[EB/OL] [2021-03-13]. http://www.gov.cn/xinwen/2021-03/13/content_5592681.htm.
[4] 中华人民共和国教育部. 习近平主持召开中央全面深化改革委员会第二十四次会议强调加快建设世界一流企业 加强基础学科人才培养[EB/OL] [2022-02-28]. http://www.moe.gov.cn/jyb_xwfb/s6052/moe_838/202202/t20220228_603179.html.
[5] 国务院国有资产管理监督委员会. 国务院国资委成立科技创新局社会责任局 更好推动中央企业科技创新和社会责任工作高标准高质量开展[EB/OL] [2022-03-16]. http://www.sasac.gov.cn/n2588020/n2588072/n2591586/n2591588/c23711009/content.html.
[6] 国务院国有资产管理监督委员会. 国资委召开中央企业加强基础研究和应用基础研究工作座谈会[EB/OL] [2022-03-22]. http://www.sasac.gov.cn/n2588020/n2588072/n2591148/n2591150/c23814307/content.html.
[7] 中华人民共和国中央人民政府. 关于进一步提高科技型中小企业研究费用税前加计扣除比例的公告[EB/OL] [2022-03-23]. http://www.gov.cn/zhengce/zhengceku/2022-04/03/content_5683341.htm.
[8] 中华人民共和国中央人民政府. 中共中央政治局召开会议 分析研究当前经济形势和经济工作 审议《国家"十四五"期间人才发展规划》[EB/OL] [2022-04-29]. http://www.gov.cn/xinwen/2022-04/29/content_5688016.htm.
[9] 中华人民共和国国务院新闻办公室. 中国这十年·系列主题新闻发布[EB/OL] [2022-06-06]. http://www.scio.gov.cn/ztk/dtzt/47678/48355/index.htm.
[10] 国家税务总局. 财政部 税务总局关于企业投入基础研究税收优惠政策的公告[EB/OL] [2022-09-30]. http://www.chinatax.gov.cn/chinatax/n362/c5181927/content.html.
[11] 中华人民共和国中央人民政府. 习近平: 高举中国特色社会主义伟大旗帜 为全面建设社会主义现代化国家而团结奋斗——在中国共产党第二十次全国代表大会上的报告[EB/OL] [2022-10-25]. http://www.gov.cn/xinwen/2022-10/25/content_5721685.htm.
[12] 学部简介[EB/OL] [2021-01-11]. http://dids.nsfc.gov.cn/brief.html.
[13] 国家自然科学基金委员会. 国家自然科学基金委员会2021年度报告[M]. 杭州: 浙江大学出版社, 2022: 5-6.
[14] 管翠中, 范爱红, 贺维平, 等. 学术机构入围ESI前1%学科时间的曲线拟合预测方法研究——以清华大学为例[J]. 图书情报工作, 2016, 60（22）: 88-93.
[15] 颜惠, 黄创. ESI评价工具及其改进漫谈[J]. 情报理论与实践, 2016, 39（5）: 101-104.
[16] 国家知识产权局. 中华人民共和国专利法（2020年修正）[EB/OL] [2021-05-31]. https://www.cnipa.gov.cn/art/2020/11/23/art_97_155167.html.
[17] 毕胜. 中国近五年专利申请现状及其原因分析[J]. 中国高新科技, 2020（3）: 43-44.
[18] 袁润松. 基础研究创新平台运行效率评价及其影响因素研究[D]. 长沙: 中南大学, 2010.
[19] 曾力宁, 李阳, 黄朝峰, 等. 国家实验室体系构建与制度创新: 理论依据与实施机制[J]. 科技进步与对策, 2022, 39（12）: 1-8.
[20] 中华人民共和国中央人民政府. 三部门关于印发《国家科技创新基地优化整合方案》的通知[EB/OL][2022-09-12]. http://www.gov.cn/xinwen/2017-08/24/content_5220163.htm.
[21] 潘长江, 刘涛, 丁红燕. 基于协同创新理念推进地方院校省级重点实验室建设的实践探究[J]. 实验室研究与探索, 2017, 36（4）: 236-240.
[22] 吴娟, 徐晓英. 省级重点实验室建设管理中存在的问题及对策建议[J]. 管理观察, 2019（15）: 112-113.
[23] 中华人民共和国国务院令第731号[EB/OL][2020-10-27]. http://www.gov.cn/zhengce/content/2020-10/27/content_5555074.htm.
[24] 张波. 国内高端人才研究: 理论视角与最新进展[J]. 科学学研究, 2018, 36（8）: 1414-1420.
[25] 黄海刚, 曲越. 中国高端人才政策的生成逻辑与战略转型: 1978—2017[J]. 华中师范大学学报（人文社会科学版）, 2018, 57（4）: 181-192.
[26] 叶小丽. 中国院士制度的历史演进分析及启示[D]. 武汉: 华中师范大学, 2016.
[27] 王福涛, 周丹丹, 张振刚, 等. 中国科学院院士遴选效度评价研究[J]. 科技进步与对策, 2017, 34（11）: 108-113.
[28] 万汝洋. 院士制度在中国的发展[D]. 上海: 复旦大学, 2008.

第2章 中国基础研究综合分析

2.1 中国基础研究概况

2021年,全国共投入研究与试验发展(R&D)经费27 956.3亿元,比2020年全国共投入研究与试验发展经费(24 393.1亿元)增加3563.2亿元,增长14.6%,增速比上年加快4.4个百分点;研究与试验发展经费投入强度为2.44%,比上年提高0.03个百分点。按研究与试验发展人员全时工作量计算的人均经费为48.9万元,比上年增加2.3万元。

按活动类型看,全国基础研究经费为1817.0亿元,比上年增长23.9%;应用研究经费为3145.4亿元,比上年增长14.1%;试验发展经费为22 995.9亿元,比上年增长14.0%。基础研究、应用研究和试验发展经费所占比重分别为6.50%、11.3%和82.3%。

分活动主体看,各类企业研究与试验发展经费为21 504.1亿元,比上年增长15.2%;政府属研究机构经费为3717.9亿元,比上年增长9.1%;高等学校经费为2180.5亿元,比上年增长15.8%。企业、政府属研究机构、高等学校经费所占比重分别为76.9%、13.3%和7.8%。

分地区来看,研究与试验发展经费投入超过千亿元的省(自治区、直辖市)有11个,分别为广东省(4002.2亿元)、江苏省(3438.6亿元)、北京市(2629.3亿元)、浙江省(2157.7亿元)、山东省(1944.7亿元)、上海市(1819.8亿元)、四川省(1214.5亿元)、湖北省(1160.2亿元)、湖南省(1028.9亿元)、河南省(1018.8亿元)和安徽省(1006.1亿元)。研究与试验发展经费投入强度超过全国平均水平的省(自治区、直辖市)有6个,分别为北京市、上海市、天津市、广东省、江苏省和浙江省(表2-1)。

表2-1 2021年各省(自治区、直辖市)研究与试验发展经费情况

地区	R&D经费/亿元(全国排名)	R&D经费投入强度/%
全国	27 956.3	2.44
北京市	2 629.3(3)	6.53

续表

地区	R&D 经费/亿元（全国排名）	R&D 经费投入强度/%
天津市	574.3（17）	3.66
河北省	745.5（13）	1.85
山西省	251.9（20）	1.12
内蒙古自治区	190.1（23）	0.93
辽宁省	600.4（16）	2.18
吉林省	183.7（24）	1.39
黑龙江省	194.6（22）	1.31
上海市	1 819.8（6）	4.21
江苏省	3 438.6（2）	2.95
浙江省	2 157.7（4）	2.94
安徽省	1 006.1（11）	2.34
福建省	968.7（12）	1.98
江西省	502.2（18）	1.7
山东省	1 944.7（5）	2.34
河南省	1 018.8（10）	1.73
湖北省	1 160.2（8）	2.32
湖南省	1 028.9（9）	2.23
广东省	4 002.2（1）	3.22
广西壮族自治区	199.5（21）	0.81
海南省	47.0（29）	0.73
重庆市	603.8（15）	2.16
四川省	1 214.5（7）	2.26
贵州省	180.4（25）	0.92
云南省	281.9（19）	1.04
西藏自治区	6.0（31）	0.29
陕西省	700.6（14）	2.35
甘肃省	129.5（26）	1.26
青海省	26.8（30）	0.8
宁夏回族自治区	70.4（28）	1.56
新疆维吾尔自治区	78.3（27）	0.49

资料来源：《2021 年全国科技经费投入统计公报》

  2021 年，美国科学引文索引收录的中国论文（根据作者署名的机构地址筛选）共 684 502 篇，全球排名第 1 位，SCI 论文数五十强学科见表 2-2。中国 SCI 论文发文领先学科主要分布在多学科材料、电子与电气工程、环境科学等，其中，多学科材料共发表 SCI 论文 69 799 篇，电子与电气工程共发表 SCI 论文 52 956 篇，环境科学共发表 SCI 论文 42 139 篇。

表 2-2 2021 年中国 SCI 论文数五十强学科

排名	学科	SCI 论文数/篇	排名	学科	SCI 论文数/篇
1	多学科材料	69 799	26	分析化学	13 165
2	电子与电气工程	52 956	27	仪器与仪表	12 925
3	环境科学	42 139	28	多学科地球科学	12 812
4	物理化学	40 058	29	生物技术与应用微生物学	12 667
5	应用物理学	36 186	30	力学	12 124
6	多学科化学	34 853	31	应用化学	11 760
7	能源与燃料	27 662	32	多学科工程	11 749
8	纳米科学与技术	26 194	33	植物学	11 698
9	化学工程	24 919	34	应用数学	11 252
10	肿瘤学	24 168	35	自动控制	10 797
11	人工智能	21 285	36	神经科学	10 543
12	计算机信息系统	20 689	37	聚合物学	10 515
13	生物化学与分子生物学	20 231	38	绿色与可持续科技	10 334
14	药学与药理学	18 507	39	内科学	10 052
15	光学	18 416	40	计算机跨学科应用	9 853
16	通信	17 695	41	计算机科学理论与方法	9 336
17	环境工程	17 587	42	影像科学	9 313
18	土木工程	15 960	43	免疫学	8 814
19	实验医学	15 731	44	建造技术	8 251
20	凝聚态物理	15 572	45	数学	8 222
21	冶金	14 883	46	遗传学	8 119
22	机械工程	14 472	47	多学科物理学	8 059
23	细胞生物学	14 178	48	热力学	8 011
24	交叉科学	13 974	49	跨学科应用数学	7 675
25	食品科学	13 747	50	电化学	7 546
				总计：	684 502

资料来源：科技大数据湖北省重点实验室

2021 年，国家知识产权局共受理国内外发明专利申请 158.6 万件，同比增长 5.9%；中国（不包括港澳台地区数据）经初步审查合格并公布的发明专利申请共 124.9 万，发明专利申请量五十强技术领域分布如表 2-3 所示。中国发明专利技术领域分布显示，电子数字数据处理、化学分析方法或化学检测方法、大数据处理系统和方法是研发活跃领域。

表 2-3 2021 年中国发明专利申请量五十强技术领域及申请量

排序	申请量/件	IPC 号	分类号含义
1	106 902	G06F	电子数字数据处理
2	40 825	G01N	小类中化学分析方法或化学检测方法

续表

排序	申请量/件	IPC 号	分类号含义
3	39 313	G06Q	专门适用于行政、商业、金融、管理、监督或预测目的的数据处理系统或方法；其他类目不包含的专门适用于行政、商业、金融、管理、监督或预测目的的处理系统或方法
4	25 899	G06K	数据处理
5	23 975	G06T	图像数据处理
6	23 599	H04L	数字信息的传输，例如电报通信（电报和电话通信的公用设备入 H04M）
7	20 258	A61K	医用、牙科用或梳妆用的配制品（专门适用于将药品制成特殊的物理或服用形式的装置或方法 A61J 3/00；空气除臭，消毒或灭菌，或者绷带、敷料、吸收垫或外科用品的化学方面，或材料的使用入 A61L；肥皂组合物入 C11D）
8	17 301	A61B	诊断；外科；鉴定（分析生物材料入 G01N，如 G01N 33/48）
9	17 193	H01L	半导体器件；其他类目中不包括的电固体器件（使用半导体器件的测量入 G01；一般电阻器入 H01C；磁体、电感器、变压器入 H01F；一般电容器入 H01G；电解型器件入 H01G9/00；电池组、蓄电池入 H01M；波导管、谐振器或波导型线路入 H01P；线路连接器、汇流器入 H01R；受激发射器件入 H01S；机电谐振器入 H03H；扬声器、送话器、留声机拾音器或类似的声机电传感器入 H04R；一般电光源入 H05B；印刷电路、混合电路、电设备的外壳或结构零部件、电气元件的组件的制造入 H05K；在具有特殊应用的电路中使用的半导体器件见应用相关的小类）
10	15 957	G01R	G01T 物理测定方法；其设备
11	15 185	B01D	分离（用湿法从固体中分离固体入 B03B、B03D，用风力跳汰机或摇床入 B03B，用其他干法入 B07；固体物料从固体物料或流体中的磁或静电分离，利用高压电场的分离入 B03C；离心机、涡旋装置入 B04B；涡旋装置入 B04C；用于从含液物料中挤出液体的压力机本身入 B30B 9/02）
12	14 933	C02F	水、废水、污水或污泥的处理（通过在物质中产生化学变化使有害的化学物质无害或降低危害的方法入 A62D 3/00；分离、沉淀箱或过滤设备入 B01D；有关处理水、废水或污水生产装置的水运容器的特殊设备，例如用于制备淡水入 B63J；为防止水的腐蚀用的添加物质入 C23F；放射性废液的处理入 G21F 9/04）
13	14 640	H01M	用于直接转变化学能为电能的方法或装置，例如电池组
14	13 809	H04N	图像通信，如电视
15	12 680	B65G	运输或贮存装置，例如装载或倾卸用输送机、车间输送机系统或气动管道输送机（包装用的入 B65B；搬运薄的或细丝状材料如纸张或细丝入 B65H；起重机入 B66C；便携式或可移动的举升或牵引具，如升降机入 B66D；不包括在其他类目中的装载和卸载目的的升降货物的装置，如叉车，在 B66F9/00；不包括在其他类目中的瓶子、罐、罐头、木桶或类似容器的排空入 B67C9/00；液体分配或转移入 B67D；将压缩的、液化的或固体化的气体灌入容器或从容器内排出入 F17C；流体用管道系统入 F17D）
16	12 454	H02J	供电或配电的电路装置或系统；电能存储系统
17	11 992	B29C	塑料的成型或连接；塑性状态材料的成型，不包含在其他类目中的；已成型产品的后处理，例如修整（制作预型件入 B29B 11/00；通过将原本不相连接的层结合成为各层连在一起的产品来制造层状产品入 B32B 7/00 至 B32B 41/00）
18	11 546	B23K	钎焊或脱焊；焊接；用钎焊或焊接方法包覆或镀敷；局部加热切割，如火焰切割；用激光束加工（用金属的挤压来制造金属包覆产品入 B21C 23/22；用铸造方法制造衬套或包覆层入 B22D 19/08；用浸入方式的铸造入 B22D 23/04；用烧结金属粉末制造复合层入 B22F 7/00；机床上的仿形加工或控制装置入 B23Q；不包含在其他类目中的包覆金属或金属包覆材料入 C23C；燃烧器入 F23D）
19	11 209	C12N	微生物或酶；其组合物（杀生剂、害虫驱避剂或引诱剂，或含有微生物、病毒、微生物真菌、酶、发酵物的植物生长调节剂，或从微生物或动物材料产生或提取制得的物质入 A01N63/00；药品入 A61K；肥料入 C05F）；繁殖、藏藏或维持微生物；变异或遗传工程；培养基（微生物学的试验介质入 C12Q1/00）
20	11 015	B01J	化学或物理方法，例如，催化作用或胶体化学；其有关设备
21	10 875	C04B	石灰；氧化镁；矿渣；水泥；其组合物，例如砂浆、混凝土或类似的建筑材料；人造石；陶瓷（微晶玻璃陶瓷入 C03C 10/00）；耐火材料（难熔金属的合金入 C22C）；天然石的处理

续表

排序	申请量/件	IPC号	分类号含义
22	10 526	H04W	无线通信网络（广播通信入 H04H；使用无线链路来进行非选择性通信的通信系统，如无线扩入 H04M1/72）
23	10 003	G05B	一般的控制或调节系统；这种系统的功能单元；用于这种系统或单元的监视或测试装置（应用流体作用的一般流体压力执行器或系统入 F15B；阀门本身入 F16K；仅按机械特征区分的入 G05G；传感元件见相应小类，例如 G12B、G01、H01 的小类；校正单元见相应的小类，例如 H02K）
24	9 890	G01M	机器或结构部件的静或动平衡的测试；其他类目中不包括的结构部件或设备的测试
25	9 632	A01G	园艺；蔬菜、花卉、稻、果树、葡萄、啤酒花或海菜的栽培；林业；浇水（水果、蔬菜、啤酒花等类植物的采摘入 A01D46/00；繁殖单细胞藻类入 C12N1/12）
26	8 985	C08L	高分子化合物的组合物（基于可聚合单体的组成成分入 C08F、C08G；人造丝或纤维入 D01F；织物处理的配方入 D06）
27	8 590	F24F	空气调节；空气增湿；通风；空气流作为屏蔽的应用（从尘、烟产生区消除尘、烟入 B08B 15/00；从建筑物中排除废气的竖向管入 E04F17/02；烟道末端入 F23L17/02）
28	8 355	B24B	用于磨削或抛光的机床、装置或工艺（用电蚀入 B23H；磨料或有关喷射入 B24C；电解浸蚀或电解抛光入 C25F 3/00）；磨具磨损表面的修理或调节；磨削，抛光剂或研磨剂的进给
29	8 260	E02D	基础；挖方；填方（专用于水利工程的入 E02B）；地下或水下结构物
30	8 043	G01S	无线电定向；无线电导航；采用无线电波测距或测速；采用无线电波的反射或再辐射的定位或存在检测；采用其他波的类似装置
31	7 797	A23L	不包含在 A21D 或 A23B 至 A23J 小类中的食品、食料或非酒精饮料；它们的制备或处理，例如烹调、营养品质的改进、物理处理（不能为本小类完全包含的成型或加工入 A23P）；食品或食料的一般保存（用于烘焙的面粉或面团的保存入 A21D）
32	7 771	G01B	长度、厚度或类似线性尺寸的计量；角度的计量；面积的计量；不规则的表面或轮廓的计量
33	7 637	H05K	印刷电路；电设备的外壳或结构零部件；电气元件组件的制造
34	7 324	B08B	一般清洁；一般污垢的防除（刷子入 A46；家庭或类似清洁装置入 A47L；颗粒从液体或气体中分离入 B01D；固体分离入 B03、B07；一般对表面喷射或涂敷液体或其他流体材料入 B05；用于输送机的清洗装置入 B65G 45/10；对瓶子同时进行清洗、灌注和封装的入 B67C 7/00；一般腐蚀或积垢的防止入 C23；街道、永久性道路、海滨或陆地的清洗入 E01H；专门用于游泳池或仿海滨浴场浅水池或池子的部件、零件或辅助设备清洁的入 E04H 4/16；防止或清除静电荷入 H05F）
35	7 269	B23P	金属的其他加工；组合加工；万能机床（仿形加工或控制装置入 B23Q）
36	7 175	G02B	光学元件、系统或仪器（G02F 优先；专用于照明装置或系统的光学元件入 F21V1/00 至 F21V13/00；测量仪器见 G01 类的有关小类，例如，光学测量仪入 G01C；光学元件、系统或仪器的测试入 G01M11/00；眼镜入 G02C；摄影、放映或观看用的装置或设备入 G03B；声透镜入 G10K11/30；电子和离子"光学"入 H01J；X射线"光学"入 H01J、H05G1/00；结构上与放电管相组合的光学元件入 H01J5/16、H01J29/89、H01J37/22；微波"光学"入 H01Q；光学元件与电视接收机的组合入 H04N5/72；彩色电视系统的光学系统或布置入 H04N9/00；特别适用于透明或反射区域的加热布置入 H05B3/84）
37	7 132	C07D	杂环化合物（高分子化合物入 C08）
38	6 809	A61M	将介质输入人体内或输出到人体上的器械（将介质输入动物体内或输入动物体上的器械入 A61D7/00；用于插入棉塞的装置入 A61F13/26；喂饲食物或口服药物用的器具入 A61J；用于收集、储存或输注血液或医用液体的容器入 A61J1/05）；为转移人体介质或为从人体内取出介质的外科用品的化学方面入 A61B，外科用品入 A61L；将磁性元件放入体内进行磁疗的入 A61N2/10）；用于产生或结束睡眠或昏迷的器械
39	6 799	B25J	机械手；装有操纵装置的容器（单独采摘水果、蔬菜、啤酒花或类似作物的自动装置入 A01D 46/30；外科用的针头操纵器入 A61B 17/062；与滚轧机有关的机械手入 B21B 39/20；与锻压机有关的机械手入 B21J 13/10；夹紧轮子或其部件的装置入 B60B 30/00；起重机入 B66C；用于核反应堆中所用的燃料或其他材料的处理设备入 G21C 19/00；机械手与加有防辐射的小室或房间的组合结构入 G21F 7/06）

续表

排序	申请量/件	IPC号	分类号含义
40	6 784	G05D	控制非电变量
41	6 713	E04B	一般建筑物构造；墙，例如，间壁墙；楼板；顶棚；建筑物的隔绝或其他防护（墙、楼板或顶棚上的开口的边沿构造入E06B 1/00）
42	6 665	B21D	金属板或管、棒或型材的基本无切削加工或处理；冲压金属（线材的加工或处理入B21F）
43	6 507	B65B	包装物件或物料的机械、装置或设备，或方法；启封（雪茄烟的捆扎和压紧装置入A24C1/44；适合于由物品或要包扎物件支承的包扎带的固定和拉紧装置入B25B25/00；将瓶子、罐或相似容器的封闭件入B67B1/00-B67B6/00；对瓶子同时进行清洗、灌注和封装入B67C7/00；瓶子、罐、罐头、木桶、桶或类似容器的排空入B67C9/00）
44	6 192	E21B	土层或岩石的钻进（采矿、采石入E21C；开凿立井、掘进巷道或隧洞入E21D）；从井中开采油、气、水、可溶解或可熔化物质或矿物泥浆
45	6 073	B02C	一般破碎、研磨或粉碎；碾磨谷物（用破碎、磨碎或碾磨方法制取金属粉末入B22F 9/04）
46	6 069	C09D	涂料组合物，例如色漆、清漆或天然漆；填充浆料；化学涂料或油墨的去除剂；油墨；改正液；木材着色剂；用于着色或印刷的浆料或固体；原料为此的应用（化妆品入A61K；一般将液体或其他流动物质涂到表面上的方法入B05D；木材着色入B27K 5/02；釉料或搪瓷釉入C03C；天然树脂、虫胶清漆、干性油、催干剂、松节油本身入C09F；除虫胶清漆外的抛光组合物、滑雪履蜡入C09G；黏合剂或用作黏合剂的物质入C09J；用于接头或盖的密封或包装材料入C09K 3/10；用于防止泄漏的材料入C09K 3/12；电解或电泳生成镀层的方法入C25D）
47	5 899	C12Q	包含酶、核酸或微生物的测定或检验方法（免疫检测入G01N33/53）；其所用的组合物或试纸；这种组合物的制备方法；在微生物学方法或酶学方法中的条件反应控制
48	5 783	E04G	脚手架、模壳、模板；施工用具或其他建筑辅助设备，或应用；建筑材料的现场处理；原有建筑物的修理、拆除或其他工作
49	5 739	B65D	用于物件或物料贮存或运输的容器，如袋、桶、瓶子、箱盒、罐头、纸板箱、板条箱、圆桶、罐、槽、料仓、运输容器；所用的附件、封口或配件；包装元件；包装件
50	5 729	A01K	畜牧业；禽类、鱼类、昆虫的管理；捕鱼；饲养或养殖其他类不包含的动物；动物的新品种

资料来源：科技大数据湖北省重点实验室

2.2 中国与全球主要国家和地区基础研究投入比较分析

2.2.1 中国与全球主要国家和地区研究与试验发展经费投入比较

研究与试验发展经费投入强度（研究与试验发展经费投入/国内生产总值）以直观的量化方式比较各个国家和地区的基础研究资助强度差异，是国际上用于衡量一个国家和地区在科技创新方面努力程度的指标。2021年，我国研究与试验发展经费投入强度全球排名第13位，较2020年下降1位（表2-4），已达到中等发达国家水平。

表2-4 2017～2021年全球研究与试验发展经费投入强度排名前二十的国家和地区

国家	2017年研究与实验发展经费投入强度（排名）	2018年研究与实验发展经费投入强度（排名）	2019年研究与实验发展经费投入强度（排名）	2020年研究与实验发展经费投入强度（排名）	2021年研究与实验发展经费投入强度（排名）
以色列	4.11%（2）	4.3%（1）	4.6%（1）	4.9%（1）	4.9%（1）
韩国	4.29%（1）	4.2%（2）	4.6%（1）	4.5%（2）	4.6%（2）

续表

国家	2017年研究与实验发展经费投入强度（排名）	2018年研究与实验发展经费投入强度（排名）	2019年研究与实验发展经费投入强度（排名）	2020年研究与实验发展经费投入强度（排名）	2021年研究与实验发展经费投入强度（排名）
瑞典	3.16%（5）	3.3%（4）	3.4%（3）	3.3%（3）	3.4%（3）
日本	3.58%（3）	3.1%（5）	3.2%（5）	3.3%（3）	3.2%（4）
奥地利	3%（7）	3.1%（6）	3.2%（5）	3.2%（6）	3.2%（4）
瑞士	2.97%（8）	3.4%（3）	3.4%（3）	3.3%（3）	3.2%（4）
德国	2.84%（9）	2.9%（7）	3%（8）	3.1%（7）	3.2%（4）
美国	2.73%（10）	2.7%（10）	2.8%（9）	2.8%（9）	3.1%（8）
丹麦	3.08%（6）	2.9%（8）	3.1%（7）	3.1%（7）	2.9%（9）
比利时	2.46%（11）	2.5%（11）	2.6%（11）	2.8%（9）	2.9%（10）
芬兰	3.17%（4）	2.7%（9）	2.8%（9）	2.8%（9）	2.8%（11）
冰岛	1.89%（19）	2.1%（15）	2.2%（12）	2%（16）	2.4%（12）
中国	2.05%（15）	2.1%（14）	2.1%（15）	2.2%（12）	2.2%（13）
法国	2.26%（13）	2.2%（12）	2.2%（12）	2.2%（12）	2.2%（13）
荷兰	1.97%（18）	2%（17）	2%（17）	2.2%（12）	2.2%（13）
挪威	1.71%（20）	2%（16）	2.1%（15）	2.1%（15）	2.1%（16）
斯洛文尼亚	2.39%（12）	2%（18）	1.9%（18）	1.9%（17）	2.0%（17）
捷克共和国	2%（17）	1.7%（21）	1.8%（20）	1.9%（17）	1.9%（18）
新加坡	2%（16）	2.2%（13）	2.2%（12）	1.9%（17）	1.8%（19）
澳大利亚	2.2%（14）	1.9%（19）	1.9%（18）	1.8%（20）	1.8%（19）

资料来源：Global Innovation Index 2021. https://www.wipo.int/edocs/pubdocs/en/wipo_pub_gii_2021.pdf

2.2.2 中国与全球主要国家和地区研究与试验发展人员投入比较

每百万人口中的全职研究与试验发展人员比例也是反映国家创新能力的重要指标。2021年，韩国每百万人口中的全职研究与试验发展人员数为8407.8人，全球排名第1位；我国每百万人口中的全职研究与试验发展人员数为1471.3人，约为韩国的17.50%，全球排名第45位，仍有很大的发展空间（表2-5）。

表2-5 2017~2021年全球研究与试验发展人员投入人数排名前二十的国家和地区 （单位：人/百万人口）

国家	2017年研究与实验发展人员投入人数（排名）	2018年研究与实验发展人员投入人数（排名）	2019年研究与实验发展人员投入人数（排名）	2020年研究与实验发展人员投入人数（排名）	2021年研究与实验发展人员投入人数（排名）
韩国	7087.35（3）	7113.2（4）	7514.4（3）	7980.4（3）	8407.8（1）
丹麦	7483.58（2）	7514.7（2）	7923.2（2）	8065.9（2）	7739.4（2）
瑞典	7021.88（4）	7153.4（3）	7268.2（4）	7536.5（4）	7734.8（3）
芬兰	6816.77（5）	6525（7）	6707.5（6）	6861.1（5）	7227.6（4）
新加坡	6658.5（6）	6729.7（5）	6729.7（5）	6802.5（6）	6821.1（5）
挪威	5915.6（7）	5787（8）	6407.5（7）	6466.7（7）	6673.7（6）

续表

国家	2017年研究与实验发展人员投入人数（排名）	2018年研究与实验发展人员投入人数（排名）	2019年研究与实验发展人员投入人数（排名）	2020年研究与实验发展人员投入人数（排名）	2021年研究与实验发展人员投入人数（排名）
冰岛	5902.53（8）	6635.1（6）	6118.9（8）	6088.3（8）	6088.3（7）
奥地利	4955.03（11）	5157.5（12）	5439.8（9）	5733.1（9）	5868.6（8）
荷兰	4548.14（14）	4842.7（14）	5007.1（13）	5604.5（10）	5796.1（9）
新西兰	4008.71（22）	4052.4（22）	4052.4（24）	5529.5（11）	5529.5（10）
瑞士	4481.07（17）	5257.3（10）	5257.4（11）	5450.5（12）	5450.5（11）
比利时	4875.34（12）	4734（15）	4905.5（14）	5023.3（16）	5425.4（12）
德国	4431.08（19）	4893.2（13）	5036.2（12）	5211.9（15）	5381.7（13）
日本	5230.72（9）	5210（11）	5304.9（10）	5331.2（13）	5374.6（14）
爱尔兰	4575.2（13）	5563.4（9）	4288.6（21）	5243.1（14）	5282.4（15）
卢森堡	5058.28（10）	4350.9（19）	4682.5（15）	4941.7（17）	5128.9（16）
斯洛文尼亚	3820.99（24）	3899.2（24）	4467.8（17）	4854.6（18）	5052.3（17）
葡萄牙	3824.19（23）	3928.6（23）	4350.5（20）	4537.6（21）	4905.6（18）
英国	4470.78（18）	4429.6（18）	4377（19）	4603.3（20）	4701.2（19）
法国	4168.78（21）	4307.2（21）	4441.1（18）	4715.3（19）	4687.2（20）
中国	1176.58（45）	1205.7（47）	1234.8（46）	1307.1（48）	1471.3（45）

资料来源：Global Innovation Index 2021. https://www.wipo.int/edocs/pubdocs/en/wipo_pub_gii_2021.pdf

2.3　中国与全球主要国家和地区基础研究产出比较分析

2.3.1　全球主要国家和地区科技论文产出比较

2021年，中国（不含港澳台地区数据）的SCI论文数684 502篇，排名世界第一位，较2020年排名上升1位。SCI论文数前十的国家依次是中国、美国、印度、英国、德国、日本、意大利、西班牙、加拿大、澳大利亚（表2-6）。

表2-6　2017～2021年SCI论文数世界排名二十强名单　　　　（单位：篇）

排名	区域	2017年SCI论文数（排名）	2018年SCI论文数（排名）	2019年SCI论文数（排名）	2020年SCI论文数（排名）	2021年SCI论文数（排名）
	全球	2 293 151	2 880 928	2 736 749	3 519 735	3 516 641
1	中国	434 906（2）	475 284（2）	561 098（2）	588 226（2）	684 502（1）
2	美国	645 681（1）	646 413（1）	665 938（1）	635 754（1）	610 000（2）
3	印度	123 852（5）	128 092（5）	134 742（5）	148 612（4）	160 088（3）
4	英国	167 288（3）	163 116（3）	171 365（3）	157 207（3）	159 628（4）
5	德国	133 316（4）	132 393（4）	138 714（4）	128 626（5）	134 848（5）
6	日本	111 555（6）	114 277（6）	112 268（6）	105 873（7）	110 955（6）
7	意大利	92 992（7）	92 739（7）	100 086（7）	106 713（6）	107 958（7）

续表

排名	区域	2017年SCI论文数（排名）	2018年SCI论文数（排名）	2019年SCI论文数（排名）	2020年SCI论文数（排名）	2021年SCI论文数（排名）
8	西班牙	80 587（10）	81 025（9）	86 227（9）	86 959（8）	90 828（8）
9	加拿大	85 413（8）	85 444（8）	88 989（8）	85 370（9）	86 741（9）
10	澳大利亚	79 105（11）	79 656（11）	84 168（10）	78 809（11）	80 850（10）
11	韩国	72 481（12）	73 421（13）	77 856（13）	75 900（13）	80 164（11）
12	巴西	68 230（14）	71 907（14）	77 365（14）	80 723（10）	79 671（12）
13	法国	82 488（9）	80 362（10）	81 402（12）	76 304（12）	77 506（13）
14	俄罗斯	71 884（13）	79 161（12）	83 645（11）	75 500（14）	67 532（14）
15	伊朗	50 907（15）	52 321（15）	58 888（15）	62 333（15）	61 571（15）
16	土耳其	45 476（16）	45 946（16）	50 283（16）	53 718（16）	58 066（16）
17	荷兰	43 478（17）	44 460（17）	46 562（17）	43 620（17）	45 161（17）
18	波兰	40 231（18）	42 706（18）	43 271（18）	42 466（18）	43 222（18）
19	瑞士	30 903（19）	30 671（19）	31 888（19）	29 944（19）	31 057（19）
20	瑞典	27 922（20）	27 313（20）	28 955（20）	26 672（20）	27 427（20）

注：本表中统计的中国SCI论文数不包含港澳台地区的数据，国别按第一作者所在国家统计

资料来源：科技大数据湖北省重点实验室

2.3.2 全球主要国家和地区专利产出比较

德温特创新索引库收录的专利中，2021年中国受理专利申请数量稳居全球第一位（表2-7），较2020年专利申请量增长30.20%。

表2-7 2017～2021年全球主要国家和地区专利申请量

序号	区域	2017年专利申请量/项	2018年专利申请量/项	2019年专利申请量/项	2020年专利申请量/项	2021年专利申请量/项
	全球	2 910 065	3 412 477	3 532 523	4 161 661	4 812 748
1	中国	2 112 809	2 286 411	2 782 236	3 470 210	4 518 193
2	美国	263 437	265 661	284 635	299 381	2 750 881
3	日本	215 323	197 152	210 831	204 658	198 920
4	韩国	145 783	146 599	154 086	166 409	167 317
5	德国	62 198	64 615	64 405	63 784	60 538
6	俄罗斯	36 052	34 041	33 676	28 711	35 157
7	印度	19 255	21 713	25 435	31 096	25 245
8	法国	15 007	18 865	14 609	13 789	21 531
9	澳大利亚	25 981	25 896	17 560	22 207	19 404
10	加拿大	12 771	14 127	18 749	26 965	13 890

注：本表中统计的专利申请量仅包含德温特创新索引库中收录的专利申请量，不等于各国实际申请的专利数量。中国的数据不包括港澳台地区的相关数据

资料来源：科技大数据湖北省重点实验室

第3章 中国省域基础研究竞争力报告

3.1 中国省域基础研究竞争力指数

采用中国基础研究竞争力指数计算方法，代入各省（自治区、直辖市）对应时间期限内争取国家自然科学基金、实验室平台建设、专利、论文、奖励等数据，得出中国省域基础研究竞争力指数排行榜（图3-1）。

综合考虑各地区基础研究竞争力得分与排名情况，我国31个省（自治区、直辖市）的基础研究竞争力可分为5个梯队。

第一梯队包括北京市、广东省、上海市、江苏省。北京市的基础研究资源雄厚，其BRCI为89.1324，高于其他地区，基础研究综合竞争力最强；广东省、上海市、江苏省的BRCI大于80小于90，基础研究综合竞争力很强。

第二梯队包括浙江省、湖北省、山东省、陕西省、四川省、安徽省、湖南省，其BRCI大于60小于80，基础研究综合竞争力较强。

第三梯队包括河南省、辽宁省、天津市、福建省，其BRCI大于50小于60，基础研究综合竞争力一般。

第四梯队包括黑龙江省、重庆市、甘肃省、河北省、江西省、吉林省、云南省、广西壮族自治区、海南省、贵州省，其BRCI大于40小于50，基础研究综合竞争力较弱。

第五梯队包括山西省、宁夏回族自治区、青海省、新疆维吾尔自治区、内蒙古自治区、西藏自治区，其BRCI均小于40，基础研究综合竞争力很弱。

2017~2021年，省域基础研究竞争激烈。北京市、广东省、上海市、江苏省、浙江省稳居基础研究竞争力全国排名前五位。其中，北京市的基础研究竞争力全国排名近五年稳居第1位，广东省从2017年的第3位上升到2022年的第2位（图3-2）。

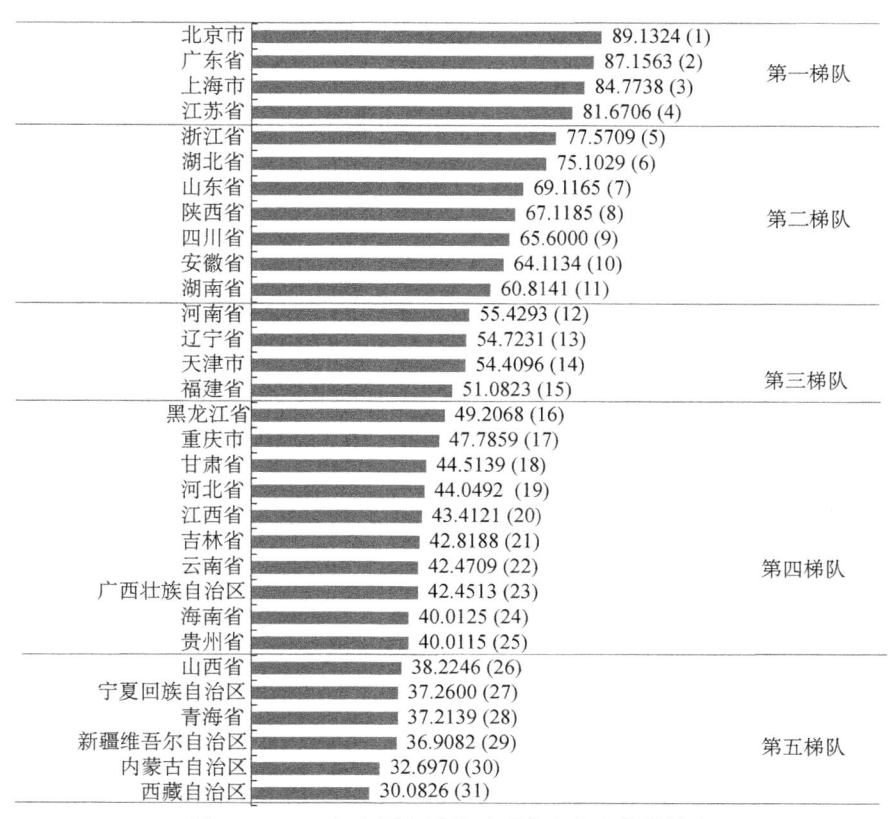

图 3-1　2021年中国省域基础研究竞争力指数排名

梯队	省份	指数 (排名)
第一梯队	北京市	89.1324 (1)
第一梯队	广东省	87.1563 (2)
第一梯队	上海市	84.7738 (3)
第一梯队	江苏省	81.6706 (4)
第二梯队	浙江省	77.5709 (5)
第二梯队	湖北省	75.1029 (6)
第二梯队	山东省	69.1165 (7)
第二梯队	陕西省	67.1185 (8)
第二梯队	四川省	65.6000 (9)
第二梯队	安徽省	64.1134 (10)
第二梯队	湖南省	60.8141 (11)
第三梯队	河南省	55.4293 (12)
第三梯队	辽宁省	54.7231 (13)
第三梯队	天津市	54.4096 (14)
第三梯队	福建省	51.0823 (15)
第四梯队	黑龙江省	49.2068 (16)
第四梯队	重庆市	47.7859 (17)
第四梯队	甘肃省	44.5139 (18)
第四梯队	河北省	44.0492 (19)
第四梯队	江西省	43.4121 (20)
第四梯队	吉林省	42.8188 (21)
第四梯队	云南省	42.4709 (22)
第四梯队	广西壮族自治区	42.4513 (23)
第四梯队	海南省	40.0125 (24)
第四梯队	贵州省	40.0115 (25)
第五梯队	山西省	38.2246 (26)
第五梯队	宁夏回族自治区	37.2600 (27)
第五梯队	青海省	37.2139 (28)
第五梯队	新疆维吾尔自治区	36.9082 (29)
第五梯队	内蒙古自治区	32.6970 (30)
第五梯队	西藏自治区	30.0826 (31)

资料来源：科技大数据湖北省重点实验室

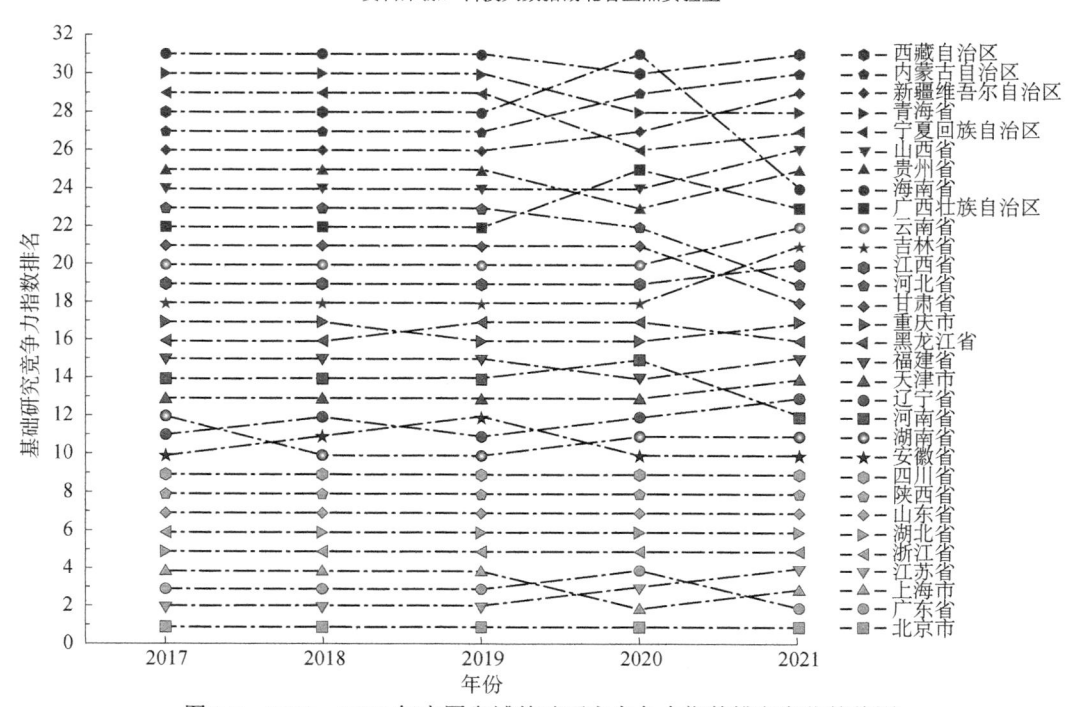

图 3-2　2017～2021年中国省域基础研究竞争力指数排名变化趋势图

3.2 中国省域基础研究投入产出概况

2021年,国家自然科学基金资助各类项目43 829个,资助项目直接费用3 129 254.31万元。其中,面上项目19 420项,资助经费约为110.87亿元;青年科学基金项目21 072项,资助经费约为62.83亿元;地区科学基金项目3337项,资助经费约为11.50亿元(表3-1)。

表3-1 2021年中国各省(自治区、直辖市)国家自然科学基金数据一览

地区	国家自然科学基金面上项目 项目数量/项(排名)	国家自然科学基金面上项目 项目经费/万元(排名)	国家自然科学基金青年科学基金项目 项目数量/项(排名)	国家自然科学基金青年科学基金项目 项目经费/万元(排名)	国家自然科学基金地区科学基金项目 项目数量/项(排名)	国家自然科学基金地区科学基金项目 项目经费/万元(排名)
北京市	3 347(1)	191 025.5(1)	3 079(1)	90 740(1)	0	0
广东省	1 862(4)	105 780.9(4)	2 465(2)	73 160(2)	0	0
上海市	2 148(2)	121 552.3(2)	1 936(4)	57 600(4)	0	0
江苏省	1 908(3)	108 901.2(3)	2 176(3)	65 040(3)	0	0
浙江省	969(7)	55 213.2(7)	1 256(5)	37 530(5)	0	0
湖北省	1 251(5)	71 194.3(5)	1 104(8)	33 050(8)	15(15)	512.5(15)
山东省	912(8)	52 527.4(8)	1 152(7)	34 520(7)	0	0
陕西省	1 047(6)	60 111.8(6)	1 167(6)	34 970(6)	37(11)	1 283(11)
四川省	697(10)	39 821.8(10)	913(9)	27 380(9)	3(16)	102(16)
安徽省	453(14)	26 059.2(14)	638(12)	19 030(12)	0	0
湖南省	729(9)	41 516.5(9)	753(10)	22 510(10)	17(14)	591(14)
河南省	342(17)	19 561.7(17)	658(11)	19 730(11)	0	0
辽宁省	605(11)	34 767.6(11)	550(13)	16 400(13)	0	0
天津市	569(12)	32 520.5(12)	505(14)	15 110(14)	0	0
福建省	436(15)	24 927.2(15)	353(16)	10 560(16)	0	0
黑龙江省	465(13)	26 606(13)	322(17)	9 660(17)	0	0
重庆市	411(16)	23 331.1(16)	461(15)	13 790(15)	0	0
甘肃省	185(19)	10 750(19)	163(22)	4 880(22)	278(5)	9 626(5)
河北省	167(20)	9 604.7(20)	214(20)	6 420(20)	0	0
江西省	84(23)	4 824.7(23)	202(21)	6 050(21)	705(1)	24 098.5(1)
吉林省	319(18)	18 430.4(18)	268(18)	8 040(18)	31(12)	1 072.2(12)
云南省	122(22)	7 102.2(22)	137(23)	4 110(23)	468(2)	16 201.4(2)
广西壮族自治区	81(24)	4 681.1(24)	110(24)	3 300(24)	462(3)	15 934.7(3)
海南省	32(27)	1 815(27)	57(26)	1 200(27)	172(8)	5 917.3(8)
贵州省	49(25)	2 810(25)	84(25)	2 510(25)	437(4)	15 116(4)
山西省	164(21)	9 478.7(21)	237(19)	7 110(19)	0	0
宁夏回族自治区	3(30)	167(30)	17(29)	510(29)	139(9)	4 779.3(9)
青海省	11(29)	630(29)	11(30)	330(30)	58(10)	2 017.1(10)

续表

地区	国家自然科学基金面上项目 项目数量/项（排名）	国家自然科学基金面上项目 项目经费/万元（排名）	国家自然科学基金青年科学基金项目 项目数量/项（排名）	国家自然科学基金青年科学基金项目 项目经费/万元（排名）	国家自然科学基金地区科学基金项目 项目数量/项（排名）	国家自然科学基金地区科学基金项目 项目经费/万元（排名）
新疆维吾尔自治区	34（26）	1 967（26）	51（27）	1 530（26）	244（7）	8 423.9（7）
内蒙古自治区	18（28）	1 024（28）	31（28）	920（28）	245（6）	8 483.1（6）
西藏自治区			2（31）	60（31）	26（13）	882（13）
总计	19 420	1 108 703	21 072	628 250	3 337	115 040

注：地区排序同 2021 年中国省域基础研究竞争力指数排序
资料来源：科技大数据湖北省重点实验室根据《国家自然科学基金委员会 2021 年度报告》（国家自然科学基金委员编著，浙江大学出版社出版）整理

截至 2022 年 5 月，全国共有国家实验室 15 个（含 1 个试点国家实验室），国家研究中心 6 个，国家重点实验室 513 个。2021 年，全国共计颁发国家科技奖励通用项目 212 项（表 3-2）。

表 3-2　2021 年中国各省（自治区、直辖市）国家创新平台和科技奖励数据一览

地区	国家实验室/个（排名）	国家研究中心/个（排名）	国家重点实验室/个（排名）	国家科技奖励数/项（排名）
北京市	5（1）	3（1）	123（1）	134（1）
广东省	2（3）	0（5）	30（4）	35（5）
上海市	3（2）	0（5）	45（2）	43（2）
江苏省	0	0	35（3）	42（3）
浙江省	0	0	16（8）	37（4）
湖北省	1（5）	1（2）	29（5）	24（8）
山东省	1（5）	0（5）	23（6）	30（6）
陕西省	0	0	21（7）	23（9）
四川省	0	0	16（8）	17（11）
安徽省	2（3）	1（2）	11（15）	11（15）
湖南省	0	0	16（8）	12（14）
河南省	0	0	15（12）	17（10）
辽宁省	0	1（2）	16（8）	25（7）
天津市	0	0	14（13）	17（11）
福建省	0	0	10（17）	7（20）
黑龙江省	0	0	7（20）	11（15）
重庆市	0	0	10（17）	9（17）
甘肃省	1（5）	0	10（17）	9（17）
河北省	0	0	12（14）	15（13）
江西省	0	0	6（23）	3（25）
吉林省	0	0	11（15）	3（25）
云南省	0	0	7（20）	4（22）
广西壮族自治区	0	0	3（25）	4（22）

续表

地区	国家实验室/个（排名）	国家研究中心/个（排名）	国家重点实验室/个（排名）	国家科技奖励数/项（排名）
海南省	0	0	2（29）	0（31）
贵州省	0	0	6（23）	2（28）
山西省	0	0	7（20）	9（17）
宁夏回族自治区	0	0	3（25）	4（22）
青海省	0	0	2（29）	2（28）
新疆维吾尔自治区	0	0	3（25）	5（21）
内蒙古自治区	0	0	3（25）	3（25）
西藏自治区	0	0	1（31）	1（30）
总计	15	6	513	558

注：地区排序同2021年中国省域基础研究竞争力指数排序；国家科技奖励获奖单位通常含有多个，故各省（自治区、直辖市）获奖数量求和大于国家科技奖励总数。

资料来源：科技大数据湖北省重点实验室

2021年，全国发表SCI论文约68.45万篇，高水平论文共272篇；发明专利申请共约124.94万件。各省（自治区、直辖市）SCI论文数及发明专利申请量等见表3-3。

表3-3　2021年中国各省（自治区、直辖市）SCI论文、入选ESI全球前1%机构数及发明专利数据一览

地区	SCI论文数/篇（排名）	SCI论文篇均被引频次/次（排名）	高水平论文数/篇（排名）	入选ESI全球1%机构数/个（排名）	发明专利申请量/件（排名）
北京市	99 504（1）	1.85（16）	85（1）	129（1）	132 998（3）
广东省	50 386（4）	2.08（4）	23（3）	39（2）	202 763（1）
上海市	54 030（3）	1.91（13）	48（2）	32（4）	74 431（6）
江苏省	69 408（2）	1.97（9）	17（5）	37（3）	169 446（2）
浙江省	37 583（5）	2.01（7）	21（4）	28（7）	116 986（4）
湖北省	36 759（7）	2.21（1）	13（6）	29（6）	48 135（8）
山东省	37 459（6）	2.04（6）	5（13）	31（5）	75 958（5）
陕西省	36 143（8）	1.99（8）	6（10）	22（10）	34 124（12）
四川省	32 865（9）	1.92（11）	7（8）	23（9）	41 826（9）
安徽省	18 569（13）	1.76（17）	13（6）	15（12）	61 838（7）
湖南省	24 400（10）	2.19（2）	3（15）	13（15）	34 196（11）
河南省	17 683（14）	1.85（15）	1（18）	19（11）	34 635（10）
辽宁省	24 177（11）	1.91（12）	2（16）	27（8）	19 798（16）
天津市	19 705（12）	2.10（3）	6（10）	15（12）	18 062（18）
福建省	14 704（17）	1.94（10）	6（10）	15（12）	28 190（13）
黑龙江省	17 163（15）	2.08（5）	1（18）	13（15）	14 443（19）
重庆市	15 594（16）	1.85（14）	1（18）	10（20）	23 467（14）
甘肃省	8 964（20）	1.75（18）	1（18）	9（22）	5 848（25）
河北省	9 179（19）	1.37（27）	0	10（20）	21 547（15）
江西省	8 888（21）	1.66（21）	0	11（17）	18 388（17）
吉林省	13 949（18）	1.74（19）	4（14）	11（17）	11 963（21）

续表

地区	SCI 论文数/篇（排名）	SCI 论文篇均被引频次/次（排名）	高水平论文数/篇（排名）	入选 ESI 全球 1%机构数/个（排名）	发明专利申请量/件（排名）
云南省	7 135（23）	1.53（24）	7（8）	11（17）	9 851（22）
广西壮族自治区	7 380（22）	1.68（20）	0	6（24）	13 324（20）
海南省	2 419（28）	1.48（25）	2（16）	3（28）	4 282（27）
贵州省	4 626（25）	1.28（28）	0	5（25）	9 452（24）
山西省	6 961（24）	1.53（23）	0	8（23）	9 585（23）
宁夏回族自治区	1 309（29）	1.55（22）	0	2（29）	2 876（29）
青海省	864（30）	1.03（30）	0	0	1 430（30）
新疆维吾尔自治区	3 753（26）	1.37（26）	0	4（27）	3 821（28）
内蒙古自治区	2 816（27）	1.14（29）	0	5（25）	5 262（26）
西藏自治区	127（31）	0.80（31）	0	0	434（31）
合计	684 502	—	272	583	1 249 359

注：地区排序同 2021 年中国省域基础研究竞争力指数排序
资料来源：科技大数据湖北省重点实验室

2017~2021 年，各省（自治区、直辖市）SCI 论文数排名变化趋势如图 3-3，北京市、江苏省、上海市、广东省的 SCI 论文数排名依次为第 1 位、第 2 位、第 3 位、第 4 位，近五年未发生变化。2017~2021 年，各省（自治区、直辖市）发明专利申请量排名变化趋势如图 3-4，各省（自治区、直辖市）近五年发明专利申请量排名变化较大，广东省 2017 年的发明专利申请量位居第 2 位，2018 年后保持在第 1 位。

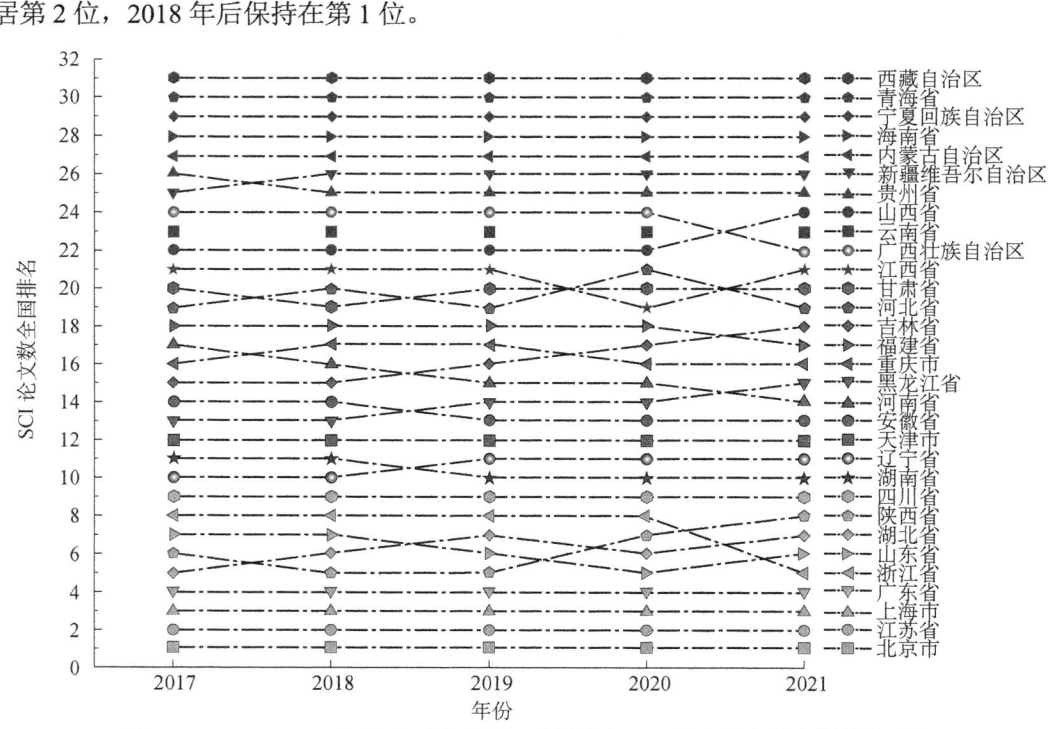

图 3-3　2017~2021 年各省（自治区、直辖市）SCI 论文发文量全国排名对比

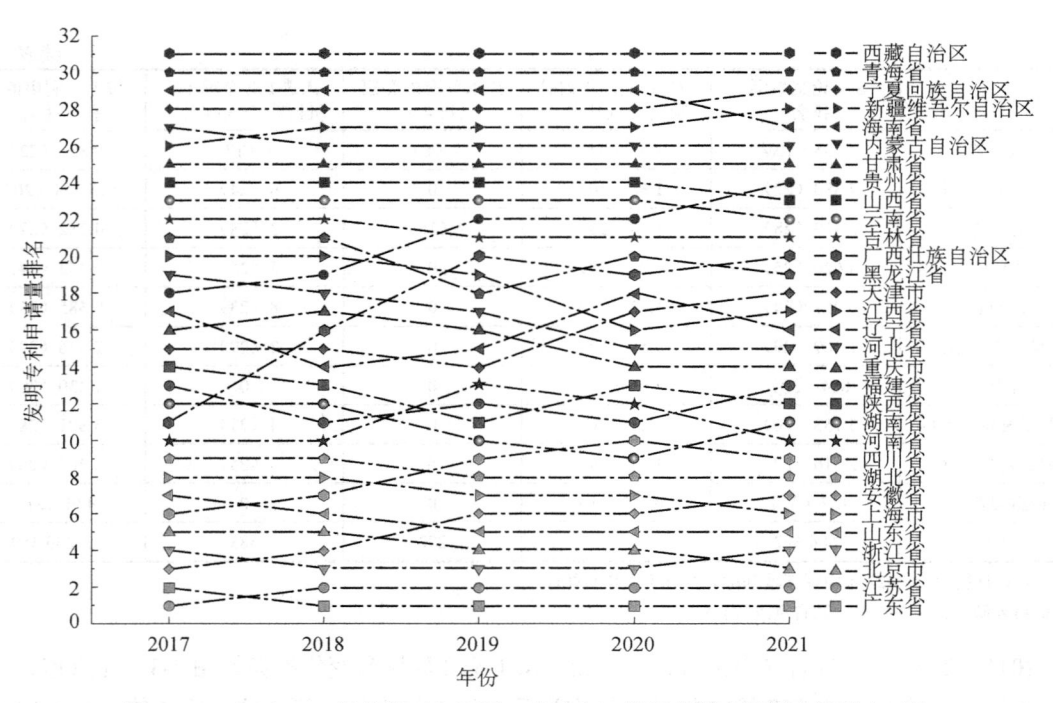

图 3-4 2017～2021 年各省（自治区、直辖市）发明专利申请量全国排名对比

2021 年各省（自治区、直辖市）基础研究较为活跃的 SCI 学科见表 3-4，各地区基础研究优势学科及高频词详见"3.3 中国省域基础研究竞争力分析"部分。综合某省（自治区、直辖市）SCI 学科在全国范围内的发文数量和排名位次，筛选出某省（自治区、直辖市）在全国较为突出的 SCI 学科（表 3-5），具体筛选标准如下。

第一，各地区论文数排名靠前的学科。

第二，考虑到不同梯队地区论文数排名靠前的学科数量也不同，为进一步突出重点，按照不同梯队确定细分标准：①第一梯队，选择各地区论文数排名靠前的 3 个名次的学科，考虑到北京市大多数学科的论文数均在全国领先，因此仅选择北京市排名第 1 位的学科，上海市、江苏省、广东省均选择论文数在全国排名第 1 位、第 2 位、第 3 位的学科；②第二梯队，选择各地区论文数排名靠前的 5 个名次的学科，若存在特殊情况，例如浙江省无论文数排名第 2 位的学科，则选择其论文数排名第 1 位、第 3 位、第 4 位、第 5 位、第 6 位的学科，其他地区依次类推；③第三梯队，选择各地区论文数排名靠前的 7 个名次的学科；④第四梯队，选择各地区论文数排名靠前的 9 个名次的学科；⑤第五梯队，选择各地区论文数排名靠前的 11 个名次的学科。

表 3-4 2021 年各省（自治区、直辖市）基础研究 SCI 活跃学科

地区	优势学科（优势度）
北京市	电子与电气工程（10.6）；环境科学（7.07）；多学科材料（7.04）；能源与燃料（4.39）；应用物理学（4.53）；物理化学（4.24）；计算机信息系统（3.97）；通信（3.97）；多学科化学（3.95）；纳米科学与技术（3.65）
广东省	电子与电气工程（8.26）；多学科材料（7.32）；环境科学（6.11）；物理化学（4.66）；肿瘤学（4.3）；多学科化学（4.41）；应用物理学（4.28）；纳米科学与技术（4.18）；人工智能（3.9）；通信（3.68）

续表

地区	优势学科（优势度）
上海市	多学科材料（8.44）；电子与电气工程（8.13）；物理化学（5.27）；环境科学（4.8）；多学科化学（4.72）；应用物理学（4.77）；纳米科学与技术（4.61）；肿瘤学（4.23）；化学工程（3.56）；环境工程（3.41）
江苏省	电子与电气工程（9.54）；多学科材料（7.75）；环境科学（6.37）；物理化学（5.18）；应用物理学（4.69）；多学科化学（4.24）；化学工程（4.07）；通信（3.81）；能源与燃料（3.79）；计算机信息系统（3.54）
浙江省	电子与电气工程（8.56）；多学科材料（6.84）；环境科学（5.6）；物理化学（4.81）；应用物理学（4.24）；肿瘤学（3.91）；多学科化学（4.2）；药学与药理学（3.89）；纳米科学与技术（3.82）；化学工程（3.7）
湖北省	电子与电气工程（8.75）；多学科材料（6.92）；环境科学（6.23）；物理化学（4.67）；应用物理学（4.15）；能源与燃料（3.86）；多学科化学（3.6）；纳米科学与技术（3.44）；计算机信息系统（3.21）；化学工程（3.18）
山东省	多学科材料（7.18）；电子与电气工程（6.55）；环境科学（6.14）；物理化学（5.82）；化学工程（4.21）；能源与燃料（4.18）；应用物理学（3.79）；多学科化学（3.73）；纳米科学与技术（3.56）；环境工程（3.53）
陕西省	电子与电气工程（11.09）；多学科材料（7.48）；环境科学（4.54）；物理化学（4.42）；应用物理学（4.3）；通信（4.18）；能源与燃料（3.56）；计算机信息系统（3.39）；人工智能（3.26）；纳米科学与技术（2.94）
四川省	电子与电气工程（10.6）；环境科学（7.07）；多学科材料（7.04）；应用物理学（4.53）；物理化学（4.39）；能源与燃料（4.24）；计算机信息系统（3.97）；多学科化学（3.97）；纳米科学与技术（3.65）；人工智能（3.39）
安徽省	电子与电气工程（9.01）；多学科材料（8.32）；物理化学（5.52）；应用物理学（4.93）；环境科学（4.53）；多学科化学（3.9）；能源与燃料（3.89）；计算机信息系统（4.05）；人工智能（3.9）；纳米科学与技术（3.88）
湖南省	电子与电气工程（9.04）；多学科材料（8.83）；物理化学（5.21）；环境科学（4.68）；应用物理学（4.53）；计算机信息系统（3.94）；化学工程（3.67）；纳米科学与技术（3.61）；环境工程（3.52）；多学科化学（3.48）
河南省	多学科材料（7.74）；物理化学（5.8）；环境科学（5.）；电子与电气工程（5.61）；多学科化学（4.27）；应用物理学（4.21）；纳米科学与技术（3.76）；肿瘤学（3.64）；能源与燃料（3.53）；化学工程（3.49）
辽宁省	多学科材料（9.26）；电子与电气工程（8.08）；物理化学（5.29）；冶金（5.1）；自动控制（4.49）；人工智能（4.55）；化学工程（4.06）；应用物理学（4.11）；计算机信息系统（3.65）；环境科学（3.56）
天津市	多学科材料（8.95）；电子与电气工程（8.47）；物理化学（6.88）；化学工程（5.78）；应用物理学（5.75）；多学科化学（5.43）；环境科学（4.97）；能源与燃料（4.7）；纳米科学与技术（4.57）；人工智能（3.92）
福建省	多学科材料（6.47）；电子与电气工程（5.49）；物理化学（5.09）；环境科学（5.09）；多学科化学（4.57）；纳米科学与技术（3.89）；应用物理学（3.77）；化学工程（3.35）；环境工程（2.98）；能源与燃料（2.76）
黑龙江省	电子与电气工程（7）；多学科材料（6.65）；物理化学（4.16）；环境科学（3.91）；应用物理学（3.74）；控制论（3.24）；能源与燃料（3.08）；纳米科学与技术（2.93）；自动控制（2.89）；环境工程（2.82）
重庆市	电子与电气工程（8.14）；多学科材料（5.73）；环境科学（3.89）；人工智能（3.73）；物理化学（3.53）；应用物理学（3.33）；通信（3.11）；能源与燃料（3.09）；计算机信息系统（2.79）；纳米科学与技术（2.62）
甘肃省	环境科学（5.98）；多学科材料（5.7）；物理化学（4.26）；电子与电气工程（3.05）；应用物理学（2.96）；多学科化学（2.78）；多学科地球科学（2.74）；控制论（2.68）；纳米科学与技术（2.42）；化学工程（2.4）
河北省	多学科材料（7.22）；电子与电气工程（6.55）；物理化学（4.64）；环境科学（4.42）；肿瘤学（4.09）；能源与燃料（3.82）；实验医学（3.72）；应用物理学（3.65）；药学与药理学（3.6）；计算机信息系统（3.19）
江西省	多学科材料（7.23）；物理化学（5.57）；电子与电气工程（4.88）；环境科学（4.63）；食品科学（4.38）；应用物理学（4.02）；应用化学（3.7）；化学工程（3.41）；多学科化学（3.36）；冶金（3.14）

续表

地区	优势学科（优势度）
吉林省	多学科材料（9.48）；电子与电气工程（6.47）；物理化学（6.25）；多学科化学（5.88）；应用物理学（5.4）；纳米科学与技术（5.1）；环境科学（4.82）；光学（3.81）；化学工程（3.34）；凝聚态物理（3.3）
云南省	多学科材料（6.47）；植物学（6.13）；环境科学（5.46）；物理化学（4.54）；电子与电气工程（4.13）；化学工程（3.88）；生物化学与分子生物学（3.85）；能源与燃料（3.61）；应用物理学（3.37）；多学科化学（3.04）
广西壮族自治区	多学科材料（7.64）；电子与电气工程（6.5）；物理化学（5.24）；环境科学（4.96）；应用物理学（4.26）；计算机信息系统（3.52）；肿瘤学（3.48）；化学工程（3.35）；通信（3.28）；纳米科学与技术（3.1）
贵州省	环境科学（4.94）；多学科材料（3.68）；生物化学与分子生物学（2.84）；药学与药理学（2.61）；电子与电气工程（2.61）；物理化学（2.6）；多学科化学（2.46）；植物学（2.18）；肿瘤学（2.14）；能源与燃料（1.99）
河南省	植物学（5.9）；环境科学（5.76）；多学科材料（3.74）；实验医学（3.57）；肿瘤学（3.5）；食品科学（3.43）；应用化学（3.36）；纳米科学与技术（3.32）；多学科化学（3.29）；生物化学与分子生物学（3.22）
山西省	多学科材料（9.93）；物理化学（7.65）；电子与电气工程（6.14）；化学工程（5.45）；应用物理学（5.06）；能源与燃料（4.21）；环境科学（4.2）；冶金（4.07）；通信（3.46）；计算机信息系统（3.44）
宁夏回族自治区	物理化学（5.99）；能源与燃料（4.24）；多学科材料（4.06）；眼科学（3.8）；环境科学（3.54）；药学与药理学（3.49）；化学工程（3.45）；应用数学（3.1）；实验医学（3.08）；食品科学（2.85）
青海省	计算机跨学科应用（2.85）；环境科学（2.57）；多学科材料（2.32）；土壤学（2.17）；遗传学（2.09）；植物学（1.96）；多学科地球科学（1.87）；药学与药理学（1.86）；肿瘤学（1.79）；实验医学（1.72）
新疆维吾尔自治区	环境科学（7.48）；控制论（4.84）；多学科材料（4.3）；电子与电气工程（4.17）；物理化学（3.85）；植物学（3.7）；能源与燃料（3.07）；应用物理学（3.04）；多学科化学（2.96）；化学工程（2.9）
内蒙古自治区	多学科材料（7.11）；物理化学（5.63）；环境科学（5.13）；电子与电气工程（3.69）；临床心理学（3.22）；应用物理学（3.08）；能源与燃料（2.84）；冶金（2.78）；多学科化学（2.67）；环境工程（2.65）
西藏自治区	药学与药理学（1.25）；生物化学与分子生物学（1.18）；植物学（1.14）；微生物学（1.09）；免疫学（0.94）；遗传学（0.81）；环境与职业健康（0.59）

注：地区排序同2021年中国省域基础研究竞争力指数排序
资料来源：科技大数据湖北省重点实验室

表3-5 2021年各省（自治区、直辖市）论文数排名在全国较为突出的SCI学科

地区	本省（自治区、直辖市）论文数排名在全国较为突出的SCI学科 [论文数，本省（自治区、直辖市）各学科论文数的全国排名]
北京市	电子与电气工程（8956，1）；多学科材料（8918，1）；环境科学（7674，1）；应用物理学（5033，1）；多学科化学（4655，1）；物理化学（4610，1）；能源与燃料（4598，1）；人工智能（3916，1）；计算机信息系统（3681，1）；纳米科学与技术（3555，1）；化学工程（3220，1）；多学科地球科学（3118，1）；通信（2999，1）；肿瘤学（2979，1）；光学（2641，1）；环境工程（2500，1）；影像科学（2360，1）；多学科（2257，1）；机械工程（2146，1）；冶金（2064，1）；凝聚态物理（2040，1）；药学与药理学（1924，1）；力学（1909，1）；仪器与仪表（1860，1）；计算机跨学科应用（1834，1）；绿色与可持续科技（1772，1）；计算机科学理论与方法（1729，1）；植物学（1663，1）；地球化学与地球物理学（1644，1）；遥感（1617，1）；多学科工程（1614，1）；神经科学（1552，1）；气象与大气科学（1546，1）；自动控制（1492，1）；分析化学（1482，1）；多学科物理学（1430，1）；外科学（1395，1）；软件工程（1367，1）；内科学（1332，1）；热力学（1291，1）；水资源（1241，1）；环境与职业健康（1185，1）；临床神经病学（1179，1）；心血管系统（1093，1）；放射医学与医学影像（1076，1）；计算机硬件与体系结构（1047，1）；天文学与天体物理（1044，1）；环境研究（1000，1）；微生物学（973，1）；遗传学（927，1）；数学（926，1）；交通科学与技术（839，1）；农艺学（785，1）；运筹学与管理学（770，1）；营养与饮食（709，1）；内分泌与代谢病学（699，1）；航空航天工程（672，1）；地质学（648，1）；生态学（612，1）；自然地理学（606，1）；工业工程（600，1）；声学（580，1）；粒子与场物理（559，1）；原子、分子与化学物理学（556，1）；生物化学研究方法（546，1）；石油工程（529，1）；消化内科学与肝病学（526，1）；结合与补充医学（523，1）；流体与等离子体物理（514，1）；呼吸病学（513，1）；制造工程（512，1）；精神病学（497，1）；地质工程（495，1）；矿物加工（491，1）；

续表

地区	本省（自治区、直辖市）论文数排名在全国较为突出的SCI学科 [论文数，本省（自治区、直辖市）各学科论文数的全国排名]
北京市	多学科心理学（490，1）；林业（485，1）；传染病学（482，1）；核科学与技术（481，1）；生物学（479，1）；土壤学（466，1）；矿物学（464，1）；医疗科学与服务（462，1）；骨科学（456，1）；数学物理学（443，1）；机器人学（439，1）；老年病学（424，1）；跨学科农业科学（412，1）；控制论（394，1）；周围血管病（381，1）；光谱学（374，1）；计算生物学（355，1）；血液学（354，1）；儿科学（345，1）；生物多样性保护（344，1）；妇产科学（344，1）；概率与统计（343，1）；泌尿科学和肾脏病学（342，1）；乳品与动物学（332，1）；眼科学（329，1）；口腔医学（302，1）；核物理学（302，1）；风湿病学（299，1）；动物学（283，1）；昆虫学（269，1）；生理学（266，1）；表征与测试材料（265，1）；皮肤病学（254，1）；交通（254，1）；病毒学（227，1）；信息科学与图书馆学（200，1）；实验心理学（200，1）；耳鼻喉科学（196，1）；园艺学（189，1）；医学信息学（179，1）；病理学（169，1）；古生物学（162，1）；城市研究（156，1）；区域和城市规划（148，1）；进化生物学（146，1）；麻醉学（143，1）；护理学（134，1）；行为科学（126，1）；发展心理学（122，1）；神经成像（121，1）；应用心理学（111，1）；地理学（110，1）；量子科技（108，1）；社会心理学（95，1）；器官移植（95，1）；老年学（94，1）；人体工程学（90，1）；男科（86，1）；危重病医学（84，1）；真菌学（82，1）；社会学数学方法（78，1）；变态反应（77，1）；临床心理学（77，1）；康复学（73，1）；急诊医学（55，1）；解剖学（49，1）；听力及语言病理学（47，1）；药物滥用（33，1）
广东省	免疫学（1045，1）；渔业（433，1）；细胞与组织工程（192，1）；生殖生物学（169，1）；实验医学（1560，2）；细胞生物学（1520，2）；遗传学（771，2）；放射医学与医学影像（755，2）；环境与职业健康（584，2）；药物化学（569，2）；水生生物学（443，2）；精神病学（405，2）；结合与补充医学（328，2）；传染病学（325，2）；妇产科学（315，2）；眼科学（287，2）；老年病学（286，2）；发育生物学（285，2）；多学科心理学（231，2）；血液学（230，2）；风湿病学（125，2）；医学信息学（118，2）；进化生物学（82，2）；康复学（68，2）；变态反应（66，2）；行为科学（63，2）；临床心理学（35，2）；解剖学（19，2）；环境科学（3181，3）；肿瘤学（2833，3）；生物化学与分子生物学（1832，3）；人工智能（1786，3）；药学与药理学（1695，3）；环境工程（1450，3）；计算机信息系统（1377，3）；食品科学（1067，3）；生物技术与应用微生物学（1038，3）；神经科学（972，3）；应用化学（898，3）；植物学（830，3）；计算机科学理论与方法（756，3）；微生物学（665，3）；有机化学（578，3）；生物医学工程（553，3）；生物材料（466，3）；内分泌与代谢病学（465，3）；心血管系统（448，3）；营养与饮食（448，3）；毒理学（438，3）；计算机硬件与体系结构（433，3）；消化内科学与肝病学（409，3）；呼吸病学（389，3）；气象与大气科学（354，3）；医疗科学与服务（295，3）；兽医学（265，3）；生态学（259，3）；控制论（240，3）；骨科学（230，3）；生理学（227，3）；泌尿科学和肾脏病学（223，3）；儿科学（211，3）；病毒学（195，3）；跨学科农业科学（173，3）；动物学（173，3）；皮肤病学（148，3）；昆虫学（127，3）；医学检验技术（113，3）；生物多样性保护（101，3）；护理学（97，3）；实验心理学（96，3）；临床心理学（85，3）；区域和城市规划（70，3）；寄生物学（65，3）；神经成像（61，3）；器官移植（59，3）；危重病医学（55，3）；量子科技（49，3）；热带医学（42，3）；区域研究（40，3）；应用心理学（39，3）；社会心理学（39，3）；真菌学（37，3）；发展心理学（37，3）
上海市	实验医学（1637，1）；细胞生物学（1552，1）；生物医学工程（635，1）；生物材料（526，1）；生物物理（334，1）；发育生物学（290，1）；海洋工程（262，1）；海事工程（249，1）；寄生物学（89，1）；热带医学（62，1）；法医学（39，1）；肿瘤学（2888，2）；神经科学（1042，2）；外科学（854，2）；有机化学（638，2）；临床神经病学（578，2）；内分泌与代谢病学（568，2）；心血管系统（514，2）；制造工程（450，2）；呼吸病学（447，2）；消化内科学与肝病学（427，2）；生物化学研究方法（410，2）；海洋学（383，2）；陶瓷材料（377，2）；纺织材料（342，2）；计算生物学（300，2）；生物学（294，2）；骨科学（294，2）；儿科学（291，2）；概率与统计（271，2）；泌尿科学和肾脏病学（235，2）；机器人学（217，2）；周围血管病（208，2）；交通（208，2）；皮肤病学（192，2）；病理学（161，2）；耳鼻喉科学（133，2）；核物理学（119，2）；城市研究（80，2）；应用心理学（62，2）；危重病医学（60，2）；男科（59，2）；发展心理学（46，2）；老年学（44，2）；听力及语言病理学（21，2）；显微学（20，2）；多学科材料（5523，3）；物理化学（3068，3）；多学科化学（2963，3）；应用物理学（2771，3）；纳米科学与技术（2399，3）；能源与燃料（1902，3）；化学工程（1799，3）；光学（1731，3）；土木工程（1508，3）；凝聚态物理（1203，3）；多学科物理（1127，3）；免疫学（846，3）；计算机跨学科应用（844，3）；聚合物学（836，3）；绿色与可持续科技（779，3）；放射医学与医学影像（683，3）；软件工程（631，3）；数学（622，3）；运筹学与管理学（487，3）；交通科学与技术（416，3）；复合材料（335，3）；工业工程（311，3）；结合与补充医学（292，3）；眼科学（270，3）；老年病学（263，3）；妇产科学（240，3）；天文学与天体物理（239，3）；传染病学（235，3）；水生生物学（226，3）；数学物理学（218，3）；流体与等离子体物理（181，3）；细胞与组织工程（159，3）；口腔医学（146，3）；粒子与场物理（144，3）；风湿病学（119，3）；生殖生物学（117，3）；医学信息学（93，3）
江苏省	食品科学（2262，1）；生物化学与分子生物学（2209，1）；土木工程（2068，1）；应用化学（1646，1）；生物技术与应用微生物学（1579，1）；聚合物学（1274，1）；应用数学（1221，1）；建造技术（1130，1）；跨学科应用数学（854，1）；有机化学（818，1）；电化学（729，1）；药物化学（596，1）；毒理学（564，1）；涂层与薄膜材料（556，1）；无机与核化学（527，1）；复合材料（425，1）；纺织材料（346，1）；农业工程（344，1）；兽医学（282，1）；晶体学（233，1）；纸质和木质材料（154，1）；建筑学（43，1）；多学科材料（7056，2）；电子与电气工程（5729，2）；环境科学（4732，2）；物理化学（4029，2）；应用物理学（3922，2）；多学科化学（3855，2）；

续表

地区	本省（自治区、直辖市）论文数排名在全国较为突出的 SCI 学科 [论文数，本省（自治区、直辖市）各学科论文数的全国排名]
江苏省	化学工程（2920，2）；能源与燃料（2821，2）；纳米科学与技术（2656，2）；计算机信息系统（2108，2）；通信（2013，2）；环境工程（1884，2）；光学（1843，2）；人工智能（1808，2）；药学与药理学（1790，2）；机械工程（1624，2）；凝聚态物理（1581，2）；化学分析（1417，2）；多学科工程（1379，2）；仪器与仪表（1349，2）；力学（1318，2）；多学科地球科学（1318，2）；自动化与控制系统（1259，2）；多学科（1210，2）；植物学（1136，2）；绿色与可持续科技（1102，2）；水资源（966，2）；计算机科学，跨学科应用（930，2）；计算机科学理论与方法（853，2）；气象与大气科学（843，2）；数学（834，2）；多学科物理学（744，2）；微生物学（720，2）；计算机科学，软件工程（695，2）；营养与饮食（659，2）；运筹学与管理学（548，2）；环境研究（547，2）；农学（527，2）；生物材料（520，2）；交通科学与技术（484，2）；地质工程（480，2）；计算机科学硬件结构（466，2）；声学（414，2）；农业多学科（395，2）；天文学与天体物理学（378，2）；工业工程（375，2）；原子、分子与化学物理学（375，2）；土壤学（369，2）；管理学（361，2）；医疗科学与服务（329，2）；生物物理学（326，2）；数学物理学（318，2）；生态（276，2）；计算机科学，控制论（275，2）；表征与测试材料（250，2）；农业，乳制品和动物科学（249，2）；商业（233，2）；林业（211，2）；地质学（211，2）；光谱学（205，2）；昆虫学（197，2）；动物学（184，2）；园艺学（178，2）；粒子与场物理（153，2）；生物多样性保护（140，2）；古生物学（134，2）；区域和城市规划（107，2）；护理学（98，2）；量子科技（86，2）；器官移植（78，2）；湖沼生物学（73，2）；人体工程学（59，2）；发展研究（53，2）；急诊医学（46，2）；热力学（825，3）；遗传学（741，3）；遗传与遗传（643，3）；遥感（528，3）；环境与职业健康（528，3）；临床神经病学（477，3）；地球化学与地球物理学（470，3）；经济学（435，3）；制造工程（414，3）；航空航天工程（404，3）；生化研究方法（379，3）；精神病学（351，3）；海洋学（285，3）；地理物理（262，3）；生物学（260，3）；计算生物学（253，3）；多学科心理学（223，3）；概率与统计（209，3）；血液学（192，3）；矿物加工（186，3）；机器人学（181，3）；周围血管病（169，3）；信息科学与图书馆学（165，3）；病理学（139，3）；交通（133，3）；医学检验技术（113，3）；进化生物学（77，3）；城市研究（64，3）；男科（44，3）；老年学（35，3）；显微学（19，3）
浙江省	医学检验技术（170，1）；内科学（843，2）；药物滥用（21，2）；机器人学（181，3）；纺织材料（152，3）；耳鼻喉科学（86，3）；急诊医学（41，3）；临床心理学（40，3）；解剖学（31，3）；食品科学（985，4）；微生物学（521，4）；有机化学（510，4）；营养与饮食（429，4）；消化内科学与肝病学（335，4）；海洋学（284，4）；传染病学（232，4）；多学科心理学（219，4）；眼科学（193，4）；儿科学（151，4）；园艺学（108，4）；信息科学与图书馆学（91，4）；器官移植（40，4）；发展研究（34，4）；发展心理学（25，4）；肿瘤学（1582，5）；药学与药学科（1458，5）；实验医学（1185，5）；细胞生物学（1041，5）；农学（813，5）；应用化学（728，5）；计算机跨学科应用（635，5）；外科学（544，5）；遗传学（514，5）；软件工程（464，5）；生物医学工程（357，5）；生物化学研究方法（283，5）；环境研究（282，5）；结合与补充医学（233，5）；老年病学（213，5）；计算生物学（202，5）；水生生物学（190，5）；发育生物学（170，5）；妇产科学（162，5）；跨学科农业科学（155，5）；呼吸病学（143，5）；血液学（126，5）；土壤学（125，5）；细胞与组织工程（124，5）；病毒学（113，5）；昆虫学（89，5）；实验心理学（66，5）；医学信息学（63，5）；纸质和木质材料（43，5）；行为科学（40，5）；湖沼生物学（38，5）；应用心理学（32，5）
湖北省	遥感（892，2）；地球化学与地球物理学（575，2）；自然地理学（296，2）；病毒学（217，2）；信息科学与图书馆学（175，2）；矿物学（152，2）；地理学（90，2）；法学（45，2）；多学科地球科学（1275，3）；影像科学（855，3）；地质工程（463，3）；环境研究（385，3）；地质学（125，3）；环境科学（2747，4）；植物学（784，4）；绿色与可持续科技（635，4）；水资源（541，4）；天文学与天体物理（201，4）；生态学（166，4）；矿物加工（154，4）；纺织材料（133，4）；石油工程（107，4）；核物理学（76，4）；古生物学（40，4）；变态反应（37，4）；土木工程（988，5）；仪器与仪表（750，5）；免疫学（647，5）；多学科工程（624，5）；建造技术（506，5）；环境与职业健康（434，5）；陶瓷材料（319，5）；毒理学（292，5）；心血管系统（276，5）；制造工程（273，5）；气象与大气科学（239，5）；农艺学（224，5）；传染病学（209，5）；生物学（189，5）；海事工程（184，5）；多学科心理学（179，5）；机器人学（179，5）；兽医学（146，5）；粒子与场物理（119，5）；口腔医学（100，5）；生殖生物学（99，5）；昆虫学（89，5）；生物多样性保护（75，5）；区域和城市规划（64，5）；城市研究（51，5）；寄生虫学（48，5）；应用心理学（32，5）；热带医学（22，5）；应用物理学（1864，6）；能源与燃料（1723，6）；计算机信息系统（1071，6）；人工智能（1064，6）；环境工程（1007，6）；细胞生物学（911，6）；凝聚态物理（764，6）；多学科（754，6）；应用化学（614，6）；计算机科学理论与方法（497，6）；热力学（404，6）；跨学科应用数学（402，6）；计算机硬件结构（284，6）；经济学（280，6）；渔业（186，6）；发育生物学（141，6）；土壤学（118，6）；泌尿科学和肾脏病学（101，6）；进化生物学（48，6）；纸质和木质材料（41，6）；湖沼生物学（36，6）；临床心理学（32，6）；发展研究（31，6）；器官移植（30，6）；社会心理学（26，6）
山东省	海洋学（698，1）；水生生物学（526，1）；湖沼生物学（139，1）；渔业（331，2）；海洋工程（257，2）；石油工程（255，2）；生理学（240，2）；晶体学（563，3）；分析化学（947，3）；应用数学（841，3）；电化学（561，3）；原子、分子与化学物理学（358，3）；无机核化学（312，3）；海事工程（197，3）；光谱学（163，3）；农业工程（140，3）；地质学（125，3）；纸质和木质材料（61，3）；物理化学（2583，4）；能源与燃料（1800，4）；化学工程（1663，4）；应用化学（810，4）；自动控制（797，4）；跨学科应用数学（483，4）；毒理学（403，4）；涂层与薄膜材料（322，4）；兽医学（201，4）；动物学（153，4）；病理学（124，4）；量子科技（45，4）；真菌学（36，4）；多学科化学（1998，5）；生物化学与分子生物学（1370，5）；环境工程（1053，5）；生物技术与应用微

续表

地区	本省（自治区、直辖市）论文数排名在全国较为突出的SCI学科 [论文数，本省（自治区、直辖市）各学科论文数的全国排名]
山东省	生物学（929，5）；食品科学（773，5）；聚合物学（768，5）；植物学（750，5）；计算机科学理论与方法（529，5）；微生物学（487，5）；数学（481，5）；热力学（443，5）；药物化学（414，5）；内分泌与代谢病学（361，5）；地球化学与地球物理学（350，5）；生物物理（220，5）；纺织材料（130，5）；概率与统计（129，5）；园艺学（100，5）；周围血管病（97，5）；眼科学（94，5）；昆虫学（89，5）；进化生物学（53，5）；显微学（15，5）
陕西省	陶瓷材料（477，1）；影像科学（873，2）；热力学（835，2）；航空航天工程（433，2）；流体与等离子体物理（228，2）；电子与电气工程（4523，3）；通信（1461，3）；机械工程（1350，3）；冶金（1212，3）；力学（1101，3）；仪器与仪表（913，3）；多学科工程（888，3）；建造技术（825，3）；水资源（627，3）；多学科物理学（571，3）；跨学科应用数学（542，3）；农艺学（374，3）；涂层与薄膜材料（351，3）；土壤学（314，3）；声学（299，3）；核科学与技术（275，3）；表征与测试材料（188，3）；农业工程（140，3）；园艺学（121，3）；古生物学（48，3）；建筑学（20，3）；听力及语言病理学（19，3）；应用物理学（2448，4）；土木工程（1405，4）；光学（1368，4）；计算机信息系统（1317，4）；凝聚态物理（1030，4）；多学科地球科学（894，4）；遥感（629，4）；地球化学与地球物理学（466，4）；复合材料（308，4）；制造工程（287，4）；数学物理学（192，4）；晶体学（178，4）；自然地理（175，4）；跨学科农业科学（172，4）；生物多样性保护（136，4）；多学科材料（4529，5）；能源与燃料（1776，5）；人工智能（1473，5）；纳米科学与技术（1367，5）；计算机硬件结构（334，5）；交通科学与技术（256，5）；工业工程（254，5）；地质学（120，5）；林业（105，5）；石油工程（78，5）；人体工程学（25，5）；发展心理学（14，5）；教育心理学（13，5）；药物滥用（11，5）
四川省	心理学（165，1）；生物心理学（135，1）；核科学与技术（286，2）；口腔医学（220，2）；实验心理学（149，2）；神经成像（71，2）；内科学（833，3）；外科学（712，3）；石油工程（234，3）；乳品与动物学（190，3）；麻醉学（62，3）；社会学数学方法（37，3）；初级卫生保健（7，3）；交通科学与技术（285，4）；工业工程（259，4）；骨科学（207，4）；妇产科学（164，4）；金融学（145，4）；护理学（95，4）；风湿病学（94，4）；交通（67，4）；体育学（45，4）；法医学（23，4）；多学科地球科学（760，4）；神经科学（706，4）；临床神经病学（439，5）；放射医学与医学影像（420，5）；生物材料（339，5）；运筹学与管理（336，5）；经济学（275，5）；地质工程（275，5）；医疗科学与服务（264，5）；精神病学（264，5）；管理学（240，5）；泌尿科学和肾脏病学（149，5）；动物学（124，5）；皮肤病学（92，5）；耳鼻喉科学（55，5）；危重病医学（40，5）；康复学（40，5）；男科（38，5）；急诊医学（32，5）；解剖学（23，5）；区域研究（20，5）；电子与电气工程（3024，6）；通信（973，6）；机械工程（753，6）；生物医学工程（262，6）；陶瓷材料（250，6）；消化内科学与肝病学（232，6）；结合与补充医学（232，6）；生理学（209，6）；流体与等离子体物理（152，6）；表征与测试材料（125，6）；儿科学（119，6）；土壤学（118，6）；自然地理学（114，6）；地质学（91，6）；核物理学（72，6）
安徽省	核科学与技术（273，4）；流体与等离子体物理（180，4）；原子、分子与化学物理学（248，5）；光谱学（134，5）；概率与统计（129，5）；量子科技（44，6）；天文学与天体物理（150，7）；粒子与场物理（94，7）；信息科学与图书馆学（57，7）；数学（381，8）；地质学（81，8）；核物理学（66，8）
湖南省	矿物加工（202，2）；矿物学（149，3）；航空航天工程（181，4）；冶金（1011，5）；遥感（308，5）；土木工程（884，6）；力学（640，6）；地质工程（250，6）；人体工程学（24，6）；地理学（23，6）；建造技术（495，7）；计算机硬件结构（273，7）；陶瓷材料（230，7）；交通科学与技术（180，7）；表征与测试材料（113，7）；泌尿科学和肾脏病学（88，7）；护理学（70，7）；皮肤病学（69，7）；医学检验技术（59，7）；男科（29，7）
河南省	晶体学（161，5）；无机与核化学（249，6）；生物心理学（24，7）；植物学（505，8）；有机化学（313，8）；毒理学（233，8）；农业工程（110，8）；园艺学（63，8）；寄生虫学（26，9）；细胞生物学（490，10）；生物技术与应用微生物学（427，10）；数学（335，10）；水资源（237，10）；药物化学（199，10）；农艺学（147，10）；生理学（93，10）；老年病学（80，10）；传染病学（69，10）；昆虫学（55，10）；细胞与组织工程（49，10）；血液学（49，10）；生殖生物学（46，10）；心理学（32，10）；热带医学（14，10）；肿瘤学（746，11）；食品科学（494，11）；应用数学（441，11）；遗传学（258，11）；环境与职业健康（190，11）；精神病学（160，11）；多学科心理学（106，11）；发育生物学（85，11）；纺织材料（62，11）；粒子与场物理（57，11）；行为科学（27，11）；实验心理学（24，11）
辽宁省	冶金（1599，2）；海事工程（220，2）；自动控制（811，3）；海洋工程（231，3）；控制论（200，4）；机械工程（765，5）；力学（643，5）；矿物加工（153，5）；表征与测试材料（134，5）；法学（13，5）；多学科工程（604，6）；制造工程（269，6）；海洋学（246，6）；工业工程（196，6）；矿物学（91，6）；医学信息学（55，6）；交通（55，6）；法医学（13，6）；运筹学与管理（282，7）；原子、分子与化学物理学（230，7）；生物医学工程（204，7）；声学（163，7）；渔业（113，7）；航空航天工程（75，7）；解剖学（18，7）；多学科材料（3326，8）；化学工程（1232，8）；跨学科应用数学（382，8）；药物化学（289，8）；涂层与薄膜材料（251，8）；流体与等离子体物理（129，8）；发展研究（14，8）

续表

地区	本省（自治区、直辖市）论文数排名在全国较为突出的SCI学科 [论文数，本省（自治区、直辖市）各学科论文数的全国排名]
天津市	多学科材料（11，3）；物理化学（1376，6）；电子与电气工程（118，6）；多学科化学（101，6）；能源与燃料（195，7）；环境科学（173，7）；纳米科学与技术（135，7）；光学（87，7）；环境工程（87，7）；肿瘤学（14，7）；人工智能（1541，8）；凝聚态物理（509，8）；生物化学与分子生物学（342，8）；聚合物学（199，8）；应用化学（46，8）；计算机信息系统（31，8）；土木工程（24，8）；机械工程（21，8）；仪器与仪表（18，8）；自动化控制系统（1136，9）；生物技术与应用微生物学（338，9）；分析化学（125，9）；力学（102，9）；通信（91，9）；冶金（81，9）；多学科工程（43，9）；多学科（1380，10）；绿色与可持续科技（1015，10）；细胞生物学（807，10）；有机化学（692，10）；神经科学（507，10）；计算机科学理论与方法（304，10）；计算机跨学科应用（210，10）；建造技术（161，10）；应用数学（148，10）；数学（134，10）；水资源（129，10）；涂层与薄膜材料（109，10）；运筹学与管理学（78，10）；免疫学（32，10）；跨学科应用数学（28，10）；多学科物理学（18，10）；生化研究方法（1709，11）；制造工程（1080，11）；医药化学（588，11）；多学科地球科学（329，11）；外科学（213，11）；工业工程（130，11）；影像科学（48，11）；微生物学（41，11）；原子、分子与化学物理学（39，11）；晶体学（13，11）
福建省	无机与核化学（289，4）；水生生物学（167，6）；晶体学（150，6）；康复学（19，7）；渔业（98，8）；湖沼生物学（20，8）；城市研究（15，8）；区域研究（13，8）；微生物学（247，9）；外科学（234，9）；医学检验技术（54，9）；林业（48，9）
黑龙江省	林业（182，3）；海事工程（194，4）；海洋工程（190，4）；航空航天工程（176，5）；乳品与动物学（119，5）；复合材料（210，6）；兽医学（143，6）；农业工程（128，6）；石油工程（71，6）；听力及语言病理学（11，7）；机器人学（161，8）；声学（155，8）；核科学与技术（119，8）；跨学科农业科学（90，8）；纸品和木质材料（37，8）；制造工程（200，9）；海洋学（186，9）；农艺学（160，9）；表征与测试材料（94，9）；机械工程（585，10）；力学（560，10）；冶金（544，10）；自动控制（511，10）；食品科学（499，10）；建造技术（303，10）；病毒学（43，10）；城市研究（13，10）；初级卫生保健（1，10）；土木工程（647，11）；仪器与仪表（519，11）；遥感（193，11）；计算生物学（118，11）；流体与等离子体物理（110，11）；地理学（10，11）
重庆市	昆虫学（94，4）；生物心理学（31，4）；临床心理学（33，5）；社会心理学（30，5）；实验心理学（64，6）；行为科学（39，6）；犯罪与刑罚学（8，6）；儿科学（108，7）；心理学（45，7）；急诊医学（23，7）；神经成像（25，8）；危重病医学（16，8）；交通科学与技术（147，9）；多学科心理学（114，9）；妇产科学（80，9）；细胞与组织工程（56，9）；皮肤病学（48，9）；生殖生物学（47，9）；神经科学（390，10）；外科学（227，10）；临床神经病学（173，10）；消化内科学与肝病学（106，10）；骨科学（95，10）；泌尿科学和肾脏病学（60，10）；护理学（45，10）；真菌学（20，10）；器官移植（19，10）；应用心理学（16，10）；城市研究（13，10）；变态反应（12，10）；发展心理学（12，10）；老年学（10，10）
甘肃省	核物理学（104，3）；土壤学（161，4）；古生物学（31，5）；气象与大气科学（232，6）；粒子与场物理（118，6）；生物多样性保护（71，6）；自然地理学（111，7）；乳品与动物学（94，7）；寄生物学（29，7）；生态学（122，8）；病毒学（44，8）；多学科地球科学（385，9）；核科学与技术（113，10）；林业（47，10）；鸟类学（1，10）；农艺学（145，11）；兽医学（104，11）；天文学与天体物理（64，11）；进化生物学（23，11）；热带医学（11，11）
河北省	骨科学（102，9）；实验医学（433，11）；老年病学（70，11）；病理学（45，11）；解剖学（9，11）；内科学（272，12）；医疗科学与服务（93，12）；周围血管病（49，12）；康复学（11，12）；结合与补充医学（72，13）；医学检验技术（33，13）；昆虫学（43，14）；外科学（125，15）；内分泌与代谢病学（112，15）；心血管系统（92，15）；风湿病学（18，15）；石油工程（13，15）；耳鼻喉科学（10，15）；肿瘤学（504，16）；神经科学（202，16）；乳品与动物学（46，16）；工业工程（41，16）；呼吸病学（33，16）；血液学（26，16）；核物理学（19，16）
江西省	矿物加工（80，8）；社会学数学方法（8，9）；营养与饮食（139，11）；矿物学（64，11）；食品科学（434，12）；金融学（48，12）；药物滥用（4，12）；应用化学（316，13）；核科学与技术（49，13）；光谱学（82，14）；结合与补充医学（66，14）；精神病学（81，15）；多学科心理学（54，15）；表征与测试材料（46，15）；地质学（31，15）；航空航天工程（16，15）
吉林省	热带医学（22，5）；寄生物学（41，6）；显微学（12，7）；兽医学（113，8）；光学（827，9）；光谱学（109，9）；地质学（55，9）；生物材料（169，10）；晶体学（107，10）；概率与统计（91，10）；乳品与动物学（76，10）；病毒学（43，10）；解剖学（12，10）
云南省	真菌学（47，2）；进化生物学（61，4）；天文学与天体物理（168，5）；生态学（151，5）；古生物学（30，6）；生物多样性保护（65，8）；病毒学（44，8）；植物学（502，9）；热带医学（16，9）；动物学（83，10）；微生物学（189，11）；药物化学（185，11）；林业（46，11）；寄生物学（24，11）；传染病学（57，13）；矿物学（54，13）；矿物加工（54，13）；地质学（36，13）

续表

地区	本省（自治区、直辖市）论文数排名在全国较为突出的SCI学科 [论文数，本省（自治区、直辖市）各学科论文数的全国排名]
广西壮族自治区	纸质和木质材料（28，10）；生殖生物学（34，14）；医学检验技术（30，14）；进化生物学（16，14）；林业（35，15）；口腔医学（19，15）；热带医学（8，15）；动物学（56，16）；兽医学（54，16）；水生生物学（34，16）；矿物学（25，16）；海洋学（21，16）；区域和城市规划（10，16）
贵州省	真菌学（23，8）；昆虫学（80，9）；矿物学（66，9）；地质学（47，10）；危重病医学（11，11）；地球化学与地球物理学（100，14）；动物学（61，14）；矿物加工（44，15）；麻醉学（11，15）
海南省	水生生物学（44，11）；进化生物学（17，13）；渔业（36，16）；园艺（36，16）；海洋学（21，16）；真菌学（10，16）；海洋工程（10，17）；动物学（51，18）
山西省	风湿病学（36，12）；学科物理学（189，15）；昆虫学（40，15）；量子科技（18，15）；光谱学（72，16）；冶金（328，17）；晶体学（71，17）；纺织材料（34，17）；核物理学（18，17）；光学（294，18）；无机与核化学（151，18）；原子、分子与化学物理学（95，18）；表征与测试材料（33，18）；骨科学（26，18）；多学科材料（986，19）；物理化学（692，19）；化学工程（445，19）；纳米科学与技术（287，19）；分析化学（213，19）；仪器与仪表（191，19）；电化学（154，19）；生物材料（60，19）；放射医学与医学影像（58，19）；生物物理（40，19）；石油工程（10，19）；语言学（10，19）；应用物理学（460，20）；能源与燃料（336，20）；自动控制（74，20）；临床神经病学（60，20）；复合材料（41，20）；声学（33，20）；粒子与场物理（24，20）；生殖生物学（15，20）；血液学（13，20）
宁夏回族自治区	骨科学（15，25）；气象与大气科学（15，26）；晶体学（13，26）；临床神经病学（18，27）；结合与补充医学（17，27）；计算生物学（14，27）；遥感（13，27）；物理化学（107，28）；能源与燃料（76，28）；应用数学（59，28）；化学工程（57，28）；跨学科应用数学（33，28）；人工智能（32，28）；数学（31，28）；凝聚态物理（29，28）；化学工程（57，28）；神经科学（27，28）；水资源（27，28）；无机与核化学（26，28）；冶金（25，28）；力学（20，28）；多学科物理学（19，28）；影像科学（18，28）；外科学（16，28）；营养与饮食（15，28）；涂层与薄膜材料（14，28）；热力学（11，28）；多学科材料（99，29）；多学科化学（90，29）；环境科学（65，29）；药学与药理学（63，29）；实验医学（55，29）；食品科学（45，29）；应用物理学（44，29）；电子与电气工程（43，29）；生物化学与分子生物学（40，29）；多学科（40，29）；肿瘤学（39，29）；分析化学（25，29）；细胞生物学（24，29）；电化学（24，29）；应用化学（21，29）；环境工程（21，29）；免疫学（20，29）；内科学（20，29）；纳米科学与技术（20，29）；药物化学（19，29）；有机化学（19，29）；多学科工程（19，29）；土木工程（17，29）；聚合物学（17，29）；毒理学（15，29）；绿色与可持续科技（14，29）；兽医学（14，29）；软件工程（13，29）；生物化学研究方法（12，29）；内分泌与代谢病学（12，29）；环境与职业健康（10，29）
青海省	寄生虫学（16，14）；乳品与动物学（14，26）；生物多样性保护（10，27）；遗传学（64，28）；多学科地球科学（35，28）；计算机科学理论与方法（21，28）；兽医学（15，28）；临床神经病学（13，28）；植物学（37，29）；生物技术与应用微生物学（33，29）；计算机信息系统（31，29）；通信（30，29）；跨学科应用数学（19，29）；土壤学（19，29）；水资源（19，29）；农艺学（18，29）；生态学（18，29）；微生物学（17，29）；计算机跨学科应用（12，29）；仪器与仪表（10，29）；涂层与薄膜材料（10，29）；动物学（10，29）
新疆维吾尔自治区	石油工程（27，9）；寄生虫学（26，9）；天文学与天体物理（53，13）；生态学（57，16）；农艺学（78，17）；林业（26，18）；地质学（24，18）；兽医学（44，19）；园艺（26，19）；自然地理学（21，19）；多学科地球科学（123，20）；遥感（56，20）；土壤学（38，20）；农业工程（31，20）；呼吸病学（21，20）；水资源（100，21）；影像科学（59，21）；气象与大气科学（37，21）；核科学与技术（13，21）；矿物学（12，21）；传染病学（25，22）；骨科学（21，22）；医学检验技术（14，22）
内蒙古自治区	乳品与动物学（48，14）；外科学（108，18）；纸质和木质材料（12，18）；生殖生物学（14，21）；土壤学（30，23）；数学物理学（26，23）；骨科学（16，23）；力学（52，24）；热力学（47，24）；兽医学（31，24）；遥感（26，24）；声学（18，24）；生物多样性保护（17，24）；林业（16，24）；发育生物学（15，24）；交通（1，24）；物理化学（218，25）；凝聚态物理（94，25）；纳米科学与技术（84，25）；机械工程（46，25）；土木工程（45，25）；软件工程（36，25）；计算机跨学科应用（34，25）；生态学（32，25）；影像科学（28，25）；陶瓷材料（27，25）；计算机硬件与体系结构（18，25）；农业工程（17，25）
西藏自治区	环境科学（11，31）

注：地区排序同2021年中国省域基础研究竞争力指数排序

资料来源：科技大数据湖北省重点实验室

3.3 中国省域基础研究竞争力分析

3.3.1 北京市

2021年，北京市的基础研究竞争力指数为89.1324，排名第1位。北京市的基础研究优势学科为电子与电气工程、环境科学、多学科材料、能源与燃料、应用物理学、物理化学、计算机信息系统、通信、多学科化学、纳米科学与技术。其中，电子与电气工程的高频词包括特征提取、任务分析、数学模型、深度学习、训练、优化等；环境科学的高频词包括气候变化、遥感、空气污染、PM$_{2.5}$、风险评估等；多学科材料的高频词包括微观结构、机械性能、石墨烯、摩擦纳米发电机、锂离子电池等（表3-6）。综合本市各学科的发文数量和排名位次来看，2021年北京市基础研究在全国范围内较为突出的学科为电子与电气工程、多学科材料、环境科学、应用物理学、多学科化学、物理化学、能源与燃料、人工智能、计算机信息系统、纳米科学与技术等。

表 3-6 2021 年北京市基础研究 SCI 活跃学科及高频词

序号	活跃学科	SCI 学科活跃度	高频词（词频）
1	电子与电气工程	10.60	特征提取（481）；任务分析（435）；数学模型（423）；深度学习（401）；训练（363）；优化（286）；传感器（210）；计算建模（200）；语义（171）；遥感（145）；预测模型（138）；无线通信（138）；卷积（137）；运动轨迹（125）；可视化（115）；三维显示（114）；物联网（113）；合成孔径雷达（111）；图像分割（106）；卫星（106）；神经网络（94）；目标检测（94）；分析模型（92）；车辆动力学（84）
2	环境科学	7.07	气候变化（184）；遥感（95）；空气污染（93）；PM$_{2.5}$（82）；风险评估（77）；吸附（76）；新冠肺炎（72）；重金属（72）；深度学习（62）；来源分配（59）；微生物群落（55）；生物炭（51）；土壤（46）；青藏高原（42）；城市化（42）；镉（39）；砷（38）；微塑料（38）；重金属（37）；臭氧（36）；抗生素耐药基因（35）；健康风险（34）；颗粒物（34）；北京（32）；降解（31）；生态系统服务（31）；地下水（31）
3	多学科材料	7.04	微观结构（281）；机械性能（219）；石墨烯（97）；摩擦纳米发电机（82）；锂离子电池（51）；机器学习（45）；导热系数（42）；钙钛矿太阳能电池（36）；光催化（34）；增材制造（32）；腐蚀（31）；氧化（31）；过渡金属碳/氮化合物（30）；相变（30）；二维材料（29）；自组装（29）；金属有机框架（28）；氧化还原反应（27）；碳纳米管（26）；电催化（26）；分子动力学（26）；数值模拟（26）；有机太阳能电池（26）；析氧反应（26）；锂硫电池（25）；3D打印（24）
4	能源与燃料	4.39	数值模拟（47）；锂离子电池（40）；氢（38）；可再生能源（30）；机器学习（29）；页岩气（28）；高温分解（28）；深度学习（24）；厌氧消化（23）；微生物群落（21）；燃烧（20）；储能（20）
5	应用物理学	4.53	传感器（113）；微观结构（76）；石墨烯（63）；摩擦纳米发电机（47）；机械性能（40）；深度学习（27）；特征提取（22）；温度测量（21）；电极（20）；钙钛矿太阳能电池（20）；灵敏度（20）；逻辑门（20）
6	物理化学	4.24	析氢反应（95）；光催化（69）；机械性能（60）；微观结构（57）；吸附（55）；石墨烯（53）；密度泛函理论（50）；锂离子电池（44）；氧化还原反应（42）；摩擦纳米发电机（41）；电催化（38）；锂离子电池（34）；锂硫电池（34）；金属有机框架（28）；氢（24）；分子动力学（23）；钙钛矿太阳能电池（20）；自组装（20）

续表

序号	活跃学科	SCI 学科活跃度	高频词（词频）
7	计算机信息系统	3.97	任务分析（160）；深度学习（141）；特征提取（137）；数学模型（112）；优化（105）；物联网（103）；区块链（93）；资源管理（86）；训练（82）；机器学习（78）；强化学习（70）；延迟（59）；许可证（59）；服务器（58）；无线通信（58）；计算建模（57）；云计算（55）；预测模型（50）；边缘计算（48）；可靠性（42）；安全（42）；语义（42）；计算机架构（40）；传感器（40）；启发式算法（37）
8	通信	3.97	任务分析（172）；优化（150）；资源管理（141）；数学模型（139）；特征提取（131）；无线通信（130）；深度学习（123）；物联网（113）；训练（103）；延迟（89）；计算建模（86）；服务器（69）；区块链（61）；边缘计算（61）；许可证（59）；信道估计（57）；接收器（57）；轨迹（57）；传感器（55）；云计算（53）；启发式算法（52）；无人机（52）；安全（50）；信噪比（50）；资源分配（49）；计算机架构（47）
9	多学科化学	3.95	自组装（52）；光催化（39）；石墨烯（32）；电催化（30）；氧化还原反应（24）；金属有机框架（22）；钙钛矿太阳能电池（22）；析氧反应（21）；有机太阳能电池（20）
10	纳米科学与技术	3.65	石墨烯（45）；摩擦纳米发电机（45）；机械性能（41）；微观结构（30）；自组装（27）；光催化（25）；金属有机框架（23）；自供电（22）；电催化（20）；锂硫电池（20）；氧化还原反应（20）

资料来源：科技大数据湖北省重点实验室

2021 年，北京市争取国家自然科学基金项目[①]总数为 6426 项，项目经费总额为 281 766 万元，全国排名均为第 1 位。北京市发表 SCI 论文数量最多的学科为电子与电气工程（表 3-7）；能源与燃料领域的产-学合作率最高（表 3-8）；北京市争取国家自然科学基金经费超过 1 亿元的有 6 个机构（表 3-9）；北京市共有 129 个机构进入相关学科的 ESI 全球前 1%行列（图 3-5、图 3-6、图 3-7）；发明专利申请量共 132 998 件（表 3-10），主要专利权人如表 3-11 所示；获得国家科技奖励的机构如表 3-12 所示。

2021 年，北京市地方财政科技投入经费 347.11 亿元，全国排名第 8 位；获得国家科技奖励 134 项，全国排名第 1 位。截至 2021 年 12 月，北京市拥有国家实验室 5 个，国家研究中心 3 个，国家重点实验室 123 个；拥有院士 860 位，全国排名第 1 位。

表 3-7　2021 年北京市主要学科发文量、被引频次及国际合作情况

序号	学科	论文数/篇（全国排名，市内排名）	论文被引频次/次（全国排名，市内排名）	论文篇均被引频次/次（全国排名，市内排名）	国际合作率（全国排名，市内排名）	国际合作度（全国排名，市内排名）
1	电子与电气工程	8 956（1，1）	12 936（1，6）	1.44（13，114）	0.21（11，121）	142.16（1，121）
2	多学科材料	8 918（1，2）	24 745（1，1）	2.77（12，19）	0.18（8，143）	135.12（1，143）
3	环境科学	7 674（1，3）	21 386（1，2）	2.79（11，17）	0.26（7，82）	79.11（1，82）
4	应用物理学	5 033（1，4）	12 505（1，8）	2.48（13，30）	0.17（9，159）	88.3（1，159）
5	多学科化学	4 655（1，5）	16 727（1，4）	3.59（10，7）	0.16（11，165）	83.13（1，165）
6	物理化学	4 610（1，6）	17 938（1，3）	3.89（9，5）	0.2（4，130）	75.57（1，130）
7	能源与燃料	4 598（1，7）	12 840（1，7）	2.79（20，16）	0.22（10，115）	68.63（1，115）
8	人工智能	3 916（1，8）	5 354（1，14）	1.37（26，127）	0.22（16，113）	73.89（1，113）

① 此处国家自然科学基金项目仅统计国家自然科学基金委员会面上项目、青年科学基金项目和地区科学基金项目，后同。

续表

序号	学科	论文数/篇（全国排名，市内排名）	论文被引频次/次（全国排名，市内排名）	论文篇均被引频次/次（全国排名，市内排名）	国际合作率（全国排名，市内排名）	国际合作度（全国排名，市内排名）
9	计算机信息系统	3 681（1，9）	4 165（1，18）	1.13（18，164）	0.24（13，101）	62.39（1，101）
10	纳米科学与技术	3 555（1，10）	13 169（1，5）	3.7（11，6）	0.2（11，136）	67.08（1，136）
11	化学工程	3 220（1，11）	9 522（2，10）	2.96（22，12）	0.21（5，123）	58.55（1，123）
12	多学科地球科学	3 118（1，12）	5 226（1，15）	1.68（17，84）	0.3（9，56）	41.57（1，56）
13	通信	2 999（1，13）	3 320（1，26）	1.11（17，166）	0.25（11，93）	59.98（1，93）
14	肿瘤学	2 979（1，14）	3 852（3，19）	1.29（14，139）	0.1（8，213）	78.39（3，213）
15	光学	2 641（1，15）	2 327（1，43）	0.88（20，194）	0.1（14，210）	75.46（1，210）
16	环境工程	2 500（1，16）	9 732（1，9）	3.89（20，4）	0.26（5，84）	39.68（1，84）
17	影像科学	2 360（1，17）	3 361（1，25）	1.42（13，117）	0.21（11，120）	45.38（1，120）
18	多学科	2 257（1，18）	6 154（1，12）	2.73（5，21）	0.29（3，64）	37.62（1，64）
19	机械工程	2 146（1，19）	3 420（1，23）	1.59（19，94）	0.18（15，152）	52.34（1，152）
20	生物化学与分子生物学	2 124（2，20）	5 477（1，13）	2.58（1，28）	0.18（4，146）	40.85（1，146）

注：学科排序同 ESI 学科固定排序

资料来源：科技大数据湖北省重点实验室

表 3-8　2021 年北京市主要学科产–学–研合作情况

序号	学科	产–研合作率（市科排名）	产–学合作率（市内排名）	学–研合作率（市内排名）
1	电子与电气工程	2.03（58）	4.01（39）	12.52（100）
2	多学科材料	1.65（79）	2.96（71）	16.54（65）
3	环境科学	1.43（92）	1.99（115）	17.42（56）
4	应用物理学	1.53（86）	2.54（90）	17.82（49）
5	多学科化学	1.01（122）	1.89（116）	16.91（61）
6	物理化学	1.34（97）	2.23（104）	16.62（64）
7	能源与燃料	2.41（40）	5.09（21）	11.53（116）
8	人工智能	2.3（47）	4.7（25）	13.89（86）
9	计算机信息系统	1.93（62）	4.07（36）	11.84（110）
10	纳米科学与技术	1.01（121）	1.52（138）	17.69（50）
11	化学工程	1.15（114）	2.76（84）	9.63（140）
12	多学科地球科学	1.48（89）	2.18（108）	20.81（33）
13	通信	2.07（56）	4.07（37）	11.67（113）
14	肿瘤学	1.11（117）	2.92（74）	6.34（187）
15	光学	2.42（39）	3.26（61）	22.87（24）
16	环境工程	1.48（88）	2.88（77）	12.24（105）
17	影像科学	1.27（105）	2.08（111）	16.44（67）
18	多学科	1.99（60）	3.41（54）	21.98（26）

续表

序号	学科	产-研合作率（市科排名）	产-学合作率（市内排名）	学-研合作率（市内排名）
19	机械工程	2.28（48）	4.85（22）	12.21（106）
20	生物化学与分子生物学	2.4（41）	3.77（44）	17.98（45）

资料来源：科技大数据湖北省重点实验室

表 3-9　2021 年北京市争取国家自然科学基金项目经费三十强机构

序号	机构名称	项目数量/项（排名）	项目经费/万元（排名）	发文量/篇（排名）	论文被引频次/次（排名）	发明专利申请量/件（排名）
1	北京大学	628（6）	27 969（6）	9 439（7）	16 760（9）	796（111）
2	清华大学	492（11）	20 074（12）	8 371（9）	19 083（7）	3147（6）
3	首都医科大学	329（18）	14 195（19）	5 395（20）	6 301（45）	32（3 674）
4	北京理工大学	309（21）	13 107（23）	4 436（29）	10 340（30）	2 401（19）
5	北京航空航天大学	270（29）	11 219（32）	4 320（30）	8 671（34）	2 722（10）
6	中国农业大学	214（38）	10 086（37）	3 156（42）	6 391（44）	840（104）
7	北京师范大学	175（44）	8 108（44）	3 019（48）	5 855（49）	187（565）
8	北京科技大学	150（60）	6 569（60）	3 669（35）	8 116（36）	1 376（54）
9	北京工业大学	140（74）	6 427（65）	2 669（57）	4 668（70）	2 053（28）
10	中国人民解放军总医院	119（85）	5 235（79）	1 335（117）	1 758（168）	73（1 489）
11	北京交通大学	114（88）	5 150（84）	2 250（68）	3 877（81）	622（140）
12	北京化工大学	90（112）	4 311（100）	2 052（77）	5 815（50）	798（110）
13	北京中医药大学	99（101）	4 166（102）	800（184）	1 142（228）	82（1 336）
14	中国地质大学（北京）	97（104）	4 098（105）	1 600（100）	3 689（86）	257（400）
15	中国石油大学（北京）	83（122）	4 077（106）	1 556（101）	2 464（124）	604（149）
16	中国人民大学	92（111）	3 938（109）	1 099（134）	1 592（182）	79（1 381）
17	北京邮电大学	83（122）	3 794（115）	1 919（85）	3 138（102）	1 206（62）
18	中国科学院大气物理研究所	72（139）	3 509（120）	532（247）	1 130（232）	35（3 338）
19	中国科学院化学研究所	67（151）	3 300（129）	762（189）	3 001（105）	114（943）
20	中国医学科学院北京协和医学院	67（151）	3 050（136）	4 787（25）	6 964（40）	—
21	北京林业大学	63（158）	2 944（143）	1 384（112）	2 371（128）	287（356）
22	中国科学院高能物理研究所	62（162）	2 930（146）	460（274）	865（274）	80（1 362）
23	中国科学院生态环境研究中心	68（150）	2 841（151）	736（196）	2 025（154）	169（636）
24	中国科学院过程工程研究所	57（183）	2 739（156）	467（270）	972（255）	290（349）
25	中国科学院地质与地球物理研究所	62（162）	2 713（159）	541（245）	908（268）	156（683）
26	中国科学院地理科学与资源研究所	60（174）	2 649（165）	950（157）	2 268（136）	222（472）
27	中国科学院大学	56（186）	2 578（170）	1 933（84）	3 613（89）	105（1 018）
28	中国人民解放军军事医学科学院	60（174）	2 572（171）	291（376）	602（335）	—
29	中国科学院物理研究所	51（199）	2 466（176）	464（271）	968（256）	61（1 823）
30	华北电力大学	56（186）	2 449（178）	1 504（104）	3 432（95）	702（124）

资料来源：科技大数据湖北省重点实验室

机构	机构综合排名	农业科学	生物与生物化学	化学	临床医学	计算机科学	经济与商学	工程科学	环境生态学	地球科学	免疫学	材料科学	数学	微生物学	分子生物与基因	综合交叉学科	神经科学与行为	药理学与毒物学	物理学	植物与动物科学	精神病学/心理学	社会科学	空间科学	机构进入ESI学科数
全国妇幼卫生监测办公室	142	—	—	—	2292	—	—	—	—	—	—	—	—	—	—	—	—	—	—	—	—	—	—	1
中国疾病预防控制中心慢性非传染疾病预防控制中心	1072	—	—	—	2405	—	—	—	—	—	—	—	—	—	—	—	—	—	—	—	—	—	—	1
中国科学院北京纳米能源与系统研究所	1445	—	—	—	—	—	—	—	—	—	—	1085	—	—	—	—	—	—	—	—	—	—	—	1
中国疾控中心职业卫生所	1638	—	—	—	2366	—	—	—	—	—	—	—	—	—	—	—	—	—	—	—	—	—	—	1
国家纳米科学中心	1804	—	—	693	2401	—	—	1115	—	—	—	632	—	—	—	—	—	—	407	—	—	—	—	5
中国科学院化学研究所	2015	—	—	461	—	—	—	1393	1069	—	—	795	—	—	—	—	—	—	—	—	—	—	—	4
中国疾病预防控制中心病毒病预防控制所	2077	—	—	—	2377	—	—	—	—	—	504	—	—	365	—	—	—	—	—	—	—	—	—	3
中国科学院遗传与发育生物学研究所	2145	562	828	—	3324	—	—	—	—	—	—	—	—	—	439	—	—	—	—	56	—	—	—	5
中国医学科学院基础医学研究所	2269	—	—	—	3330	—	—	—	—	—	645	—	—	—	426	—	—	—	—	—	—	—	—	4
中国科学院北京基因组研究所	2367	—	1075	—	5066	—	—	—	—	—	—	—	—	—	546	—	—	—	—	65	—	—	—	4
微软亚洲研究院	2504	—	—	—	—	408	—	1177	—	—	—	—	—	—	—	—	—	—	—	—	—	—	—	2
北京市神经外科研究所	2509	—	—	—	5064	—	—	—	—	—	—	—	—	—	—	—	—	—	—	—	—	—	—	1
中国科学院科技战略咨询研究院	2672	—	—	—	—	—	—	1816	—	—	—	—	—	—	—	—	—	—	—	—	—	92	—	2
中国疾病预防控制中心	2673	807	—	—	4716	—	—	—	1316	—	822	—	—	547	—	59	—	804	—	—	396	—	—	8
中国医学科学院肿瘤医院	2680	—	—	—	4922	—	—	—	—	—	—	—	—	—	—	—	—	—	—	—	—	—	—	1
中国科学院物理研究所	2716	—	—	476	—	—	—	1376	1058	—	—	786	—	—	—	—	—	—	609	—	—	—	—	5
中国科学院生物物理研究所	2889	—	475	—	3328	—	—	—	—	—	644	—	—	448	735	—	639	—	—	—	—	—	—	6
中国科学院高能物理研究所	3144	—	—	463	—	—	—	1384	1066	—	—	793	—	—	—	—	—	—	507	—	—	—	—	5
中国科学院微生物研究所	3315	—	509	—	3317	—	—	—	—	—	1062	—	—	446	515	—	—	614	—	203	—	—	—	7
中国科学院青藏高原研究所	3460	974	—	—	—	—	—	—	1053	642	—	—	—	—	—	—	—	—	—	—	—	—	—	3
中国农业科学院蔬菜花卉研究所	3672	—	—	—	—	—	—	—	—	—	—	—	—	—	—	—	—	—	—	576	—	—	—	1
中国科学院生态环境研究中心	3747	430	1090	843	—	—	—	900	729	441	—	520	—	—	—	—	—	—	—	650	—	55	—	9
中国科学院植物研究所	3824	369	—	—	—	—	—	—	1070	653	—	—	—	—	—	—	—	—	—	355	—	—	—	4
中国科学院过程工程研究所	4221	—	1056	478	—	—	—	1375	1057	—	—	785	—	—	—	—	—	—	—	—	—	—	—	5
中国科学院	4529	2	8	148	4717	574	393	1756	1317	813	823	1016	294	548	882	117	856	658	755	736	802	280	194	22
中国医学科学院阜外医院	4607	—	—	—	4016	—	—	—	—	—	—	—	—	—	—	—	—	—	—	—	—	—	—	1
中国科学院动物研究所	4711	—	824	—	3308	—	—	—	1051	—	—	—	—	—	—	—	—	762	—	1374	—	—	—	5
中国环境科学研究院	4802	—	—	—	—	—	—	1755	1315	812	—	—	—	—	—	—	—	—	—	—	—	—	—	3
中国人民解放军总医院第五医学中心	4853	—	—	—	4085	—	—	—	—	—	—	—	—	—	—	—	—	—	—	—	—	—	—	1
中国农业科学院作物科学研究所	4926	229	—	—	—	—	—	—	—	—	—	—	—	—	—	—	—	—	—	377	—	—	—	2
中国科学院大气物理研究所	4927	—	—	—	—	—	—	1396	1073	654	—	—	—	—	—	—	—	—	—	—	—	—	—	3
中日友好医院	4954	—	—	—	4719	—	—	—	—	—	—	—	—	—	—	—	—	—	—	—	—	—	—	1
中国疾病预防控制中心传染病预防控制所	4970	—	—	—	—	—	—	—	—	—	366	—	—	—	—	—	—	—	—	—	—	—	—	1
中国科学院自动化研究所	5034	—	—	—	3331	465	—	1395	—	—	—	—	—	—	—	—	548	—	—	—	—	—	—	4
首都儿科研究所	5044	—	—	—	4912	—	—	—	—	—	—	—	—	—	—	—	—	—	—	—	—	—	—	1
中国科学院心理研究所	5052	—	—	—	—	—	—	—	—	—	—	—	—	—	—	—	563	—	—	—	789	434	—	3
中国科学院古脊椎动物与古人类研究所	5094	—	—	—	—	—	—	—	640	—	—	—	—	—	—	—	—	—	—	299	—	—	—	2
中国科学院地质与地球物理研究所	5168	—	—	—	—	—	—	1385	—	647	—	—	—	—	—	—	—	—	—	—	—	—	—	2
中国人民解放军军事医学科学院	5245	—	948	6	5398	—	—	—	—	—	930	—	—	595	875	—	—	910	—	—	—	—	—	7
中国科学院国家天文台	5338	—	—	—	—	—	—	—	—	—	—	—	—	—	—	—	—	—	—	—	—	—	192	1
中国科学院半导体研究所	5339	—	—	479	—	—	—	1374	—	—	—	784	—	—	—	—	—	—	782	—	—	—	—	4
中国医学科学院北京协和医学院	5369	755	270	147	4718	—	—	1319	—	—	824	1017	—	549	910	—	1015	955	—	804	—	550	—	13
中国科学院地理科学与资源研究所	5372	163	—	—	—	—	—	1386	1067	648	—	—	—	—	—	—	—	—	—	739	—	163	—	6
中国农业科学院农业资源与农业区划研究所	5377	220	—	—	—	—	—	—	1074	—	—	—	—	—	—	—	—	—	—	—	—	—	—	2
中国气象科学研究院	5454	—	—	—	—	—	—	1318	814	—	—	—	—	—	—	—	—	—	—	—	—	—	—	2
中国地质科学院	5479	—	—	—	—	—	—	—	815	—	—	—	—	—	—	—	—	—	—	—	—	—	—	1
中国农业科学院生物技术研究所	5595	—	—	—	—	—	—	—	—	—	—	—	—	—	—	—	—	—	—	312	—	—	—	1
中国科学院理论物理研究所	5616	—	—	—	—	—	—	—	—	—	—	—	—	—	—	—	—	—	742	—	—	—	—	1
中华人民共和国教育部	5628	639	1042	656	2525	405	—	1165	902	558	—	659	—	—	—	—	—	—	878	—	1084	—	—	11
中国科学院遥感与数字地球研究所	5656	—	—	—	—	—	—	583	359	—	—	—	—	—	—	—	—	—	—	—	—	—	—	2
中国医学科学院药用植物研究所	5826	—	—	—	—	—	—	—	—	—	—	—	—	—	—	—	—	761	—	496	—	—	—	2
中国气象局	5848	—	—	—	—	—	—	1326	822	—	—	—	—	—	—	—	—	—	—	—	—	—	—	2
中国科学院计算技术研究所	5850	—	—	—	—	464	—	1391	—	—	—	—	—	—	—	—	—	—	—	—	—	—	—	2
北京市农林科学院	5951	485	—	—	—	—	—	—	—	—	—	—	—	—	—	—	—	—	—	346	—	—	—	2
中国医学科学院药物研究所	6040	—	—	—	—	—	—	—	—	—	—	—	—	—	—	—	—	912	—	—	—	—	—	1
中国人民解放军总医院	6077	—	665	—	4715	—	—	—	—	—	821	1015	—	—	921	—	—	1046	972	—	—	—	—	7
中华人民共和国水利部	6090	348	—	—	—	—	—	1164	900	—	—	—	—	—	—	—	—	—	—	—	—	—	—	3
国家卫生健康委员会	6092	—	—	—	2540	—	—	—	—	—	—	—	—	—	—	—	—	—	—	—	—	—	—	1
中国科学院电工研究所	6111	—	—	—	—	—	—	1390	—	—	—	—	—	—	—	—	—	—	—	—	—	—	—	1
北京协和医院	6139	—	1002	—	1995	—	—	—	—	—	456	—	—	—	—	—	—	—	—	1033	—	—	—	4
中国农业科学院	6163	8	317	144	—	—	—	1758	1322	816	825	—	—	550	941	—	—	914	—	911	—	—	—	11
中国科学院力学研究所	6171	—	—	—	—	—	—	1381	—	—	—	790	—	—	—	—	—	—	—	—	—	—	—	2
中国农业科学院饲料研究所	6248	—	—	—	—	—	—	—	—	—	—	—	—	—	—	—	—	—	—	822	—	—	—	1
中国原子能科学研究院	6289	—	—	—	—	—	—	—	—	—	—	—	—	—	—	—	—	—	741	—	—	—	—	1
中国农业科学院农业环境与可持续发展研究所	6361	607	—	—	—	—	—	—	—	—	—	—	—	—	—	—	—	—	—	—	—	—	—	1
国家海洋局	6398	—	—	—	—	—	—	—	635	393	—	—	—	283	—	—	—	—	—	1020	—	—	—	4
中国科学院工程热物理研究所	6530	—	—	—	—	—	—	1389	—	—	—	—	—	—	—	—	—	—	—	—	—	—	—	1
北京航空材料研究院	6543	—	—	—	—	—	—	—	—	—	—	1086	—	—	—	—	—	—	—	—	—	—	—	1
中国中医科学院西苑医院临床药理研究所	6563	—	—	—	52	—	—	—	—	—	—	—	—	—	—	—	—	—	—	—	—	—	—	1
中国人民解放军总医院第六医学中心	6583	—	—	—	1452	—	—	—	—	—	—	—	—	—	—	—	—	—	—	—	—	—	—	1

机构	机构综合排名	农业科学	生物与生物化学	化学	临床医学	计算机科学	经济与商学	工程科学	环境生态学	地球科学	免疫学	材料科学	数学	微生物学	分子生物与基因	综合交叉学科	神经科学与行为	药理学与毒物学	物理学	植物与动物科学	精神病学/心理学	社会科学	空间科学	机构进入ESI学科数
中国中医科学院	6623	—	—	4727	—	—	—	—	—	—	—	—	—	—	—	—	—	963	714	—	—	—	3
中国科学院数学与系统科学研究院	6646	—	—	—	622	—	1946	—	—	—	—	—	319	—	—	—	—	—	—	—	—	—	3
中国林业科学研究院森林生态环境与保护研究所	6657	—	—	—	—	—	—	726	—	—	—	—	—	—	—	—	—	—	—	1368	—	—	2
中国农业科学院植物保护研究所	6773	576	—	—	—	—	—	—	—	—	—	—	—	—	—	—	—	—	—	1014	—	—	2
中国中医科学院广安门医院	6915	—	—	3871	—	—	—	—	—	—	—	—	—	—	—	—	—	—	—	—	—	—	1
中国林业科学研究院	6918	536	—	146	—	—	—	—	—	—	—	—	—	—	—	—	—	1320	—	1296	—	—	4
北京医院	7045	—	—	5068	—	—	—	—	—	—	—	—	—	—	—	—	—	—	—	—	—	—	1
北京有色金属研究总院	7137	—	—	—	—	—	—	—	—	—	—	898	—	—	—	—	—	—	—	—	—	—	1
中国林业科学研究院林业研究所	7148	—	—	—	—	—	—	—	—	—	—	—	—	—	—	—	—	—	—	1261	—	—	1
中国科学院信息工程研究所	7153	—	—	—	463	1382	—	—	—	—	—	—	—	—	—	—	—	—	—	—	—	—	2
中国地震局	7186	—	—	—	—	1773	—	824	—	—	—	—	—	—	—	—	—	—	—	—	—	—	2
中国水利水电科学研究院	7213	—	—	—	—	1770	1328	—	—	—	—	—	—	—	—	—	—	—	—	—	—	—	2
北京农学院	7217	—	—	—	—	—	—	—	—	—	—	—	—	—	—	—	—	—	—	1104	—	—	1
中国科学院空天信息创新研究院	7226	—	—	—	—	650	—	—	—	—	—	—	—	—	—	—	—	—	—	—	—	—	1
中国农业科学院农产品加工研究所	7255	473	—	—	—	—	—	—	—	—	—	—	—	—	—	—	—	—	—	—	—	—	1
中国农业科学院北京畜牧兽医研究所	7294	911	—	—	—	—	—	—	—	—	—	—	—	—	—	—	—	—	—	1433	—	—	2
中国科学院软件研究所	7311	—	—	—	462	1373	—	—	—	—	—	—	—	—	—	—	—	—	—	—	—	—	2
中国水产科学研究院	7404	—	—	—	—	1321	—	—	—	—	—	—	—	—	—	—	—	—	—	1324	—	—	2
中国社会科学院	7439	—	—	—	—	—	—	—	—	—	—	—	—	—	—	—	—	—	—	—	1239	—	1
中国地质调查局	7516	—	—	—	—	—	—	823	—	—	—	—	—	—	—	—	—	—	—	—	—	—	1
中国电力科学研究院	7527	—	—	—	—	1772	—	—	—	—	—	—	—	—	—	—	—	—	—	—	—	—	1
中国科学院微电子研究所	7567	—	—	—	—	1378	—	—	—	—	—	—	—	—	—	—	—	—	—	—	—	—	1
中国空间技术研究院	7811	—	—	—	—	1776	—	—	—	—	—	—	—	—	—	—	—	—	—	—	—	—	1
中国科学院理化技术研究所	8218	—	—	2534	—	—	—	—	—	723	—	414	—	—	—	—	—	—	—	—	—	—	3

图 3-5　2021 年北京市各研究机构进入 ESI 全球前 1%的学科及排名
资料来源：科技大数据湖北省重点实验室

机构	机构综合排名	农业科学	生物与生物化学	化学	临床医学	计算机科学	经济与商学	工程科学	环境生态学	地球科学	免疫学	材料科学	数学	微生物学	分子生物与基因	综合交叉学科	神经科学与行为	药理学与毒物学	物理学	植物与动物科学	精神病学/心理学	社会科学	空间科学	机构进入ESI学科数
清华大学	4176	600	128	1029	1086	241	203	666	572	349	314	379	145	260	629	12	873	431	639	163	882	749	—	21
北京化工大学	4414	1031	740	67	—	—	—	1864	1395	—	—	1081	—	—	—	—	—	—	—	—	—	—	—	6
北京大学	4457	250	107	794	1992	349	259	968	767	467	455	561	200	331	867	84	938	709	659	208	740	586	189	22
中国科学院大学	5561	22	75	1240	645	164	—	400	341	214	197	250	—	168	937	142	1042	929	817	948	880	326	—	19
北京协和医学院	5603	880	346	793	1996	—	—	—	—	—	457	562	—	332	887	—	1018	952	—	737	—	1557	—	12
中国农业大学	5604	7	303	133	4726	579	—	1774	1329	825	828	—	—	551	918	—	—	716	—	723	—	269	—	14
北京师范大学	5647	227	904	65	5063	601	—	1865	1396	865	—	1082	307	—	—	—	622	—	784	1143	862	1066	—	15
中国地质大学（北京）	5939	—	—	140	—	577	—	1762	1325	819	—	1022	—	—	—	—	—	—	—	—	—	1191	—	7
北京理工大学	5943	—	—	63	—	603	—	1867	1398	—	—	1084	308	—	—	—	—	—	801	—	258	—	—	8
北京科技大学	5998	—	—	1416	—	83	—	201	161	—	—	128	—	—	—	—	—	—	806	—	—	—	—	6
北京航空航天大学	6203	—	—	60	5070	604	—	1870	1401	866	—	1089	351	—	—	—	—	—	771	—	715	—	—	10
首都医科大学	6219	—	482	101	4911	—	—	—	—	861	1060	—	564	964	—	1011	1027	—	851	985	—	—	—	11
华北电力大学	6275	—	—	757	—	366	—	1019	810	—	—	589	—	—	—	—	—	—	190	—	—	—	—	6
中国人民大学	6345	—	—	841	—	—	242	902	730	—	—	522	—	—	—	—	—	—	—	861	1407	—	—	7
北京林业大学	6414	253	844	62	—	—	—	1869	1399	—	—	1087	—	—	—	—	—	—	—	1212	540	—	—	8
北京工业大学	6444	—	1080	68	—	599	—	1861	1393	—	—	1079	—	—	—	—	—	—	—	—	—	—	—	6
首都师范大学	6700	—	—	102	—	—	—	—	—	849	—	1059	—	—	—	—	—	—	—	923	—	—	—	4
北京交通大学	7092	—	—	64	—	602	—	1866	1397	—	—	1083	—	—	—	—	—	—	—	—	—	1072	—	6
北京建筑大学	7232	—	—	—	—	—	—	1863	1394	—	—	—	—	—	—	—	—	—	—	—	—	—	—	2
北京工商大学	7352	199	—	66	—	—	—	—	—	—	—	—	—	—	—	—	—	—	—	—	—	—	—	2
北京中医药大学	7354	—	—	—	5062	—	—	—	—	—	—	—	—	—	—	—	—	1064	—	—	—	—	—	2
北京邮电大学	7415	—	—	—	—	600	—	1862	—	—	—	1080	—	—	—	—	—	—	818	—	—	—	—	4
中央财经大学	7576	—	—	—	—	—	400	1805	—	—	—	—	—	—	—	—	—	—	—	—	—	1385	—	3
北方工业大学	7779	—	—	—	—	—	—	1017	—	—	—	—	—	—	—	—	—	—	—	—	—	—	—	1
北京信息科技大学	7863	—	—	—	—	—	—	1868	—	—	—	—	—	—	—	—	—	—	—	—	—	—	—	1

图 3-6　2021 年北京市各高校进入 ESI 全球前 1%的学科及排名
资料来源：科技大数据湖北省重点实验室

机构	机构综合排名	化学	工程科学	地球科学	材料科学	机构进入ESI学科数
中国建筑科学研究院有限公司	7212	—	1777	—	—	1
中国石油化工集团有限公司	7460	922	796	406	—	3
中国石油天然气集团有限公司	7469	137	1765	820	1025	4
中国海洋石油集团有限公司	7530	—	1766	821	—	2
中国钢研科技集团有限公司	7541	—	—	—	1049	1
中国航空工业集团有限公司	7607	—	1884	—	—	1
国家电网有限公司	7793	—	763	—	—	1
中国电子科技集团有限公司	7873	—	1771	—	—	1

图 3-7　2021 年北京市各公司进入 ESI 全球前 1%的学科及排名

资料来源：科技大数据湖北省重点实验室

表 3-10　2021 年北京市发明专利申请量十强技术领域

序号	IPC 号（技术领域）	发明专利申请量/件
1	G06F（电子数字数据处理）	27 762
2	G06Q（专门适用于行政、商业、金融、管理、监督或预测目的的数据处理系统或方法；其他类目不包含的专门适用于行政、商业、金融、管理、监督或预测目的的处理系统或方法）	9 320
3	H04L[数字信息的传输，例如电报通信（电报和电话通信的公用设备入 H04M）]	6 074
4	G06K（数据处理）	5 361
5	G06T（图像数据处理）	4 711
6	G01N（小类中化学分析方法或化学检测方法）	4 239
7	H04N（图像通信，如电视）	2 681
8	H04W[无线通信网络（广播通信入 H04H；使用无线链路来进行非选择性通信的通信系统，如无线扩展入 H04M1/72）]	2 540
9	H01L[半导体器件；其他类目中不包括的电固体器件（使用半导体器件的测量入 G01；一般电阻器入 H01C；磁体、电感器、变压器入 H01F；一般电容器入 H01G；电解型器件入 H01G9/00；电池组、蓄电池入 H01M；波导管、谐振器或波导型线路入 H01P；线路连接器、汇流器入 H01R；受激发射器件入 H01S；机电谐振器入 H03H；扬声器、送话器、留声机拾音器或类似的声机电传感器入 H04R；一般电光源入 H05B；印刷电路、混合电路、电设备的外壳或结构零部件、电气元件的组件的制造入 H05K；在具有特殊应用的电路中使用的半导体器件见应用相关的小类）]	2 094
10	A61B[诊断；外科；鉴定（分析生物材料入 G01N，如 G01N 33/48）]	1 693
	全市合计	132 998

资料来源：科技大数据湖北省重点实验室

表 3-11　2021 年北京市发明专利申请量优势企业和科研机构列表

序号	优势企业	发明专利申请量/件	序号	优势科研机构	发明专利申请量/件
1	北京百度网讯科技有限公司	3683	1	清华大学	3147
2	中国工商银行股份有限公司	2485	2	北京航空航天大学	2722
3	京东方科技集团股份有限公司	2428	3	北京理工大学	2401
4	北京达佳互联信息技术有限公司	2052	4	北京工业大学	2053
5	中国建设银行股份有限公司	1825	5	北京科技大学	1376

续表

序号	优势企业	发明专利申请量/件	序号	优势科研机构	发明专利申请量/件
6	中国联合网络通信集团有限公司	1598	6	北京邮电大学	1206
7	中国银行股份有限公司	1580	7	中国农业大学	840
8	北京沃东天骏信息技术有限公司	1210	8	北京化工大学	798
9	联想（北京）有限公司	1024	9	北京大学	796
10	中国华能集团清洁能源技术研究院有限公司	944	10	华北电力大学	702
11	北京三快在线科技有限公司	934	11	北京交通大学	622
12	中国电力科学研究院有限公司	929	12	中国石油大学（北京）	602
13	中国电信股份有限公司	918	13	中国科学院空天信息创新研究院	489
14	北京小米移动软件有限公司	846	14	中国科学院自动化研究所	476
15	北京字节跳动网络技术有限公司	795	15	中国原子能科学研究院	454
16	北京字跳网络技术有限公司	607	16	中国矿业大学（北京）	418
17	国家电网有限公司	604	17	中国水利水电科学研究院	372
18	北京天融信网络安全技术有限公司	554	18	中国科学院微电子研究所	363
19	中国农业银行股份有限公司	513	19	中国科学院半导体研究所	305
20	中国石油化工股份有限公司	508	20	中国科学院过程工程研究所	290

资料来源：科技大数据湖北省重点实验室

表 3-12　2021 年北京市获得国家科技奖励机构清单

序号	获奖机构	获奖数量/项 总计	主持	参与
1	清华大学	15	6	9
2	中国农业大学	7	4	3
2	北京大学	7	6	1
4	北京航空航天大学	6	3	3
5	中国电力科学研究院有限公司	4	3	1
5	中国石油大学（北京）	4	1	3
5	北京交通大学	4	0	4
8	中国建筑设计研究院有限公司	3	0	3
8	北京化工大学	3	2	1
8	全国农业技术推广服务中心	3	0	3
8	中国科学院地理科学与资源研究所	3	0	3
8	北京市农林科学院	3	1	2
8	中国农业科学院北京畜牧兽医研究所	3	2	1
8	华北电力大学	3	0	3
8	中海油研究总院有限责任公司	3	0	3
16	中国农业科学院饲料研究所	2	1	1

续表

序号	获奖机构	获奖数量/项		
		总计	主持	参与
16	北京科技大学	2	0	2
	中国农业科学院作物科学研究所	2	1	1
	北京工业大学	2	1	1
	中国计量科学研究院	2	1	1
	中国科学院计算技术研究所	2	1	1
	中国农业科学院植物保护研究所	2	0	2
	中国科学院生态环境研究中心	2	1	1
	首都医科大学附属北京同仁医院	2	0	2
	中国矿业大学（北京）	2	0	2
	天地科技股份有限公司	2	1	1
	中国测绘科学研究院	2	0	2

注：因北京市机构较多，仅筛选获奖数量大于或等于2的机构
资料来源：科技大数据湖北省重点实验室

3.3.2 广东省

2021年，广东省的基础研究竞争力指数为87.1563，排名第2位。广东省的基础研究优势学科为电子与电气工程、多学科材料、环境科学、物理化学、肿瘤学、多学科化学、应用物理学、纳米科学与技术、人工智能、通信。其中，电子与电气工程的高频词包括深度学习、特征提取、任务分析、数学模型、训练、优化等；多学科材料的高频词包括微观结构、机械性能、石墨烯、聚集诱导发光、二维材料等；环境科学的高频词包括重金属、吸附、镉、生物炭、微塑料等（表3-13）。综合本省各学科的发文数量和排名位次来看，2021年广东省基础研究在全国范围内较为突出的学科为免疫学、渔业、细胞与组织工程、生殖生物学、实验医学、细胞生物学、遗传学、放射医学与医学影像、环境与职业健康、药物化学等。

表3-13 2021年广东省基础研究优势学科及高频词

序号	活跃学科	SCI学科活跃度	高频词（词频）
1	电子与电气工程	8.26	深度学习（185）；特征提取（180）；任务分析（174）；数学模型（154）；训练（132）；优化（115）；传感器（89）；计算建模（76）；无线通信（73）；物联网（68）；机器学习（52）；预测模型（51）；语义（47）；收敛（46）；资源管理（46）；卷积（43）；可视化（42）；联轴器（41）；神经网络（40）；适应模式（38）；数据挖掘（38）；三维显示（38）；许可证（37）；轨迹（37）；服务器（36）；拓扑（36）；图像分割（34）
2	多学科材料	7.32	微观结构（99）；机械性能（79）；石墨烯（33）；聚集诱导发光（30）；二维材料（29）；锂离子电池（27）；纳米粒子（27）；选择性激光熔化（24）；光动力疗法（23）；光热疗法（23）；稳定（23）；钙钛矿太阳能电池（22）；阳极（21）；电催化（21）
3	环境科学	6.11	重金属（81）；吸附（51）；镉（47）；生物炭（45）；微塑料（43）；毒性（37）；气候变化（32）；微生物群落（32）；风险评估（32）；砷（29）；生物降解（28）；新冠肺炎（27）；氧化应激（27）；抗生素（22）；细胞凋亡（22）；沉淀（22）；空气污染（20）

续表

序号	活跃学科	SCI学科活跃度	高频词（词频）
4	物理化学	4.66	光催化（51）；电催化（32）；稳定性（30）；析氢反应（27）；阳极（26）；聚集诱导发光（22）；氧化还原反应（21）；析氧反应（20）；金属有机框架（20）；钙钛矿太阳能电池（20）；锂离子电池（20）
5	肿瘤学	4.30	预后（242）；肝细胞癌（116）；大肠癌（96）；鼻咽癌（87）；免疫疗法（86）；诺谟图（83）；乳腺癌（81）；转移（76）；生存（64）；化疗（58）；肺癌（56）；细胞凋亡（52）；胃癌（51）；非小细胞肺癌（47）；增殖（42）；肿瘤微环境（40）；荟萃分析（39）；生物标志物（38）；生存期（33）；手术（24）；入侵（23）；放射组学（22）；宫颈癌（21）；前列腺癌（21）；复发（21）；放射治疗（20）
6	多学科化学	4.41	聚集诱导发光（39）；光动力疗法（36）；光催化（29）；电催化（28）；自组装（26）；细胞凋亡（24）；氧化还原反应（24）；金属有机框架（23）；水凝胶（22）；锂硫电池（22）；析氧反应（21）；二维材料（20）；石墨烯（20）；免疫疗法（20）；纳米粒子（20）；钙钛矿太阳能电池（20）
7	应用物理学	4.28	微观结构（39）；传感器（36）；稳定性（25）；纳米粒子（25）；钙钛矿太阳能电池（24）；光催化（22）；二维材料（22）；聚集诱导发光（21）；深度学习（21）；石墨烯（21）；药物载体（20）；光动力疗法（20）；电催化（20）；水凝胶（20）；光致发光（20）；光热疗法（20）
8	纳米科学与技术	4.18	聚集诱导发光（34）；光动力疗法（32）；光热疗法（28）；药物载体（26）；电催化（26）；纳米粒子（26）；二维材料（24）；石墨烯（24）；析氢反应（24）；金属有机框架（24）；微观结构（23）；水凝胶（23）；过渡金属碳/氮化合物（23）
9	人工智能	3.90	深度学习（113）；任务分析（80）；优化（74）；神经网络（73）；特征提取（59）；训练（51）；计算建模（39）；数据模型（30）；学习系统（29）；收敛（26）；机器学习（26）；注意力机制（25）；相关性（24）；适应模式（22）；语义（22）；可视化（21）
10	通信	3.68	任务分析（75）；特征提取（68）；物联网（65）；数学模型（64）；优化（57）；无线通信（57）；深度学习（56）；训练（51）；传感器（45）；资源管理（40）；机器学习（36）；计算建模（35）；天线（34）；许可证（34）；区块链（32）；服务器（32）；接收器（30）；无线传感器网络（29）；边缘计算（26）；收敛（24）；安全（24）；解码（23）；信噪比（23）；光纤传感器（22）；带宽（21）；云计算（21）；延迟（21）；光纤（21）；测量（20）

资料来源：科技大数据湖北省重点实验室

2021年，广东省争取国家自然科学基金项目总数为4327项，全国排名第2位；项目经费总额为178 941万元，全国排名第3位。广东省发表SCI论文数量最多的学科为多学科材料（表3-14）；电子与电气工程领域的产-学合作率最高（表3-15）；广东省争取国家自然科学基金经费超过1亿元的有6个机构（表3-16）；广东省共有39个机构进入相关学科的ESI全球前1%行列（图3-8）；发明专利申请量共202 763件（表3-17），主要专利权人如表3-18所示；获得国家科技奖励的机构如表3-19所示。

2021年，广东省地方财政科技投入经费978.48亿元，全国排名第1位；获得国家科技奖励35项，全国排名第5位。截至2021年12月，广东省拥有国家实验室2个，国家重点实验室30个；拥有院士44位，全国排名第10位。

表3-14 2021年广东省主要学科发文量、被引频次及国际合作情况

序号	学科	论文数/篇（全国排名，省内排名）	论文被引频次/次（全国排名，省内排名）	论文篇均被引频次/次（全国排名，省内排名）	国际合作率（全国排名，省内排名）	国际合作度（全国排名，省内排名）
1	多学科材料	4 552（4，1）	14 280（4，1）	3.14（1，18）	0.24（1，103）	73.42（5，103）
2	电子与电气工程	3 330（5，2）	5 530（4，9）	1.66（9，95）	0.24（4，104）	53.71（7，104）

续表

序号	学科	论文数/篇（全国排名，省内排名）	论文被引频次/次（全国排名，省内排名）	论文篇均被引频次/次（全国排名，省内排名）	国际合作率（全国排名，省内排名）	国际合作度（全国排名，省内排名）
3	环境科学	3 181（3，3）	9 690（3，3）	3.05（6，20）	0.28（5，74）	45.44（3，74）
4	肿瘤学	2 833（3，4）	4 094（1，11）	1.45（6，129）	0.11（2，201）	74.55（4，201）
5	多学科化学	2 571（4，5）	9 543（4，4）	3.71（4，14）	0.22（1，114）	48.51（4，114）
6	物理化学	2 445（5，6）	10 221（4，2）	4.18（6，6）	0.23（1，106）	47.02（5，106）
7	应用物理学	2 357（5，7）	6 835（4，7）	2.9（4，23）	0.22（3，116）	42.09（5，116）
8	纳米科学与技术	2 078（4，8）	7 913（4，5）	3.81（8，11）	0.23（3，108）	49.48（3，108）
9	生物化学与分子生物学	1 832（3，9）	3 371（4，15）	1.84（10，73）	0.17（5，146）	37.39（5，146）
10	人工智能	1 786（3，10）	3 590（3，14）	2.01（12，58）	0.26（4，86）	36.45（3，86）
11	药学与药理学	1 695（3，11）	2 895（2，18）	1.71（3，88）	0.13（2，184）	44.61（2，184）
12	实验医学	1 560（2，12）	2 576（1，23）	1.65（3，99）	0.12（2，196）	39（12，196）
13	能源与燃料	1 545（7，13）	4 809（7，10）	3.11（8，19）	0.22（9，115）	31.53（7，115）
14	细胞生物学	1 520（2，14）	3 831（3，13）	2.52（6，32）	0.15（7，167）	37.07（9，167）
15	环境工程	1 450（3，15）	7 718（3，6）	5.32（3，3）	0.25（7，95）	27.88（4，95）
16	化学工程	1 395（5，16）	6 029（3，8）	4.32（5，4）	0.21（4，120）	34.02（7，120）
17	计算机信息系统	1 377（3，17）	2 297（3，24）	1.67（9，93）	0.26（6，88）	27.54（5，88）
18	通信	1 304（4，18）	2 012（3，25）	1.54（5，113）	0.27（5，77）	27.74（4，77）
19	光学	1 158（5，19）	1 670（4，32）	1.44（4，130）	0.15（5，162）	32.17（13，162）
20	食品科学	1 067（3，20）	2 617（3，22）	2.45（7，38）	0.27（1，76）	23.71（10，76）

注：学科排序同 ESI 学科固定排序

资料来源：科技大数据湖北省重点实验室

表3-15　2021年广东省主要学科产–学–研合作情况

序号	学科	产–研合作率（省内排名）	产–学合作率（省内排名）	学–研合作率（省内排名）
1	多学科材料	1.49（70）	3.58（66）	14.92（59）
2	电子与电气工程	2.37（40）	6.52（24）	14.29（68）
3	环境科学	1.23（89）	2.48（103）	16（51）
4	肿瘤学	1.09（99）	2.4（106）	6.67（166）
5	多学科化学	0.97（106）	2.02（117）	12.33（83）
6	物理化学	0.98（105）	2.17（114）	13.17（75）
7	应用物理学	1.87（53）	4.5（48）	14.47（63）
8	纳米科学与技术	0.77（113）	2.07（115）	14.34（67）
9	生物化学与分子生物学	1.31（81）	2.4（105）	12.66（79）
10	人工智能	2.41（37）	4.87（42）	17.86（41）
11	药学与药理学	0.47（137）	1.77（124）	5.37（179）
12	实验医学	0.77（114）	1.54（138）	7.18（160）
13	能源与燃料	1.75（59）	4.92（41）	12.56（80）

续表

序号	学科	产-研合作率（省内排名）	产-学合作率（省内排名）	学-研合作率（省内排名）
14	细胞生物学	0.99（104）	1.97（119）	9.34（129）
15	环境工程	0.97（107）	2.55（99）	8.76（139）
16	化学工程	0.72（119）	2.51（102）	8.89（138）
17	计算机信息系统	2.25（45）	5.81（31）	13.07（77）
18	通信	2.53（31）	5.83（30）	15.18（55）
19	光学	1.81（57）	4.92（40）	14.77（60）
20	食品科学	1.22（90）	2.72（95）	11.06（105）

资料来源：科技大数据湖北省重点实验室

表3-16　2021年广东省争取国家自然科学基金项目经费三十强机构

序号	机构名称	项目数量/项（排名）	项目经费/万元（排名）	发文量/篇（排名）	论文被引频次/次（排名）	发明专利申请量/件（排名）
1	中山大学	976（2）	41 193（2）	9 692（4）	20 374（6）	1 847（36）
2	深圳大学	347（17）	13 921（20）	3 921（33）	10 885（27）	1 067（72）
3	南方医科大学	305（23）	12 871（24）	2 904（49）	4 850（65）	127（844）
4	暨南大学	270（29）	11 510（30）	2 857（51）	6 213（46）	635（137）
5	华南理工大学	242（34）	11 100（33）	5 018（21）	12 290（21）	2 831（8）
6	南方科技大学	250（33）	10 088（36）	1 773（92）	4 460（73）	580（156）
7	广州医科大学	166（46）	6 672（56）	1 645（96）	3 313（100）	40（2 913）
8	广东工业大学	135（79）	5 752（76）	2 199（73）	6 179（47）	1 806（38）
9	华南农业大学	111（90）	5 204（81）	1 829（90）	5 003（63）	856（100）
10	中国科学院深圳先进技术研究院	133（80）	5 034（88）	683（208）	1 516（190）	441（219）
11	华南师范大学	110（92）	4 831（89）	1 809（91）	3 465（93）	485（187）
12	广州大学	103（97）	4 486（96）	1 383（113）	4 067（80）	717（119）
13	广州中医药大学	103（97）	4 363（99）	1 085（136）	1 282（210）	—
14	广东省人民医院	76（132）	2 941（144）	138（568）	220（560）	43（2 677）
15	中国科学院南海海洋研究所	51（199）	2 411（181）	354（326）	478（388）	70（1 570）
16	汕头大学	49（206）	2 024（209）	826（178）	1 438（200）	159（669）
17	香港中文大学（深圳）	39（250）	1 576（251）	185（497）	512（366）	81（1 352）
18	香港理工大学深圳研究院	43（231）	1 556（255）	—	—	62（1 793）
19	东莞理工学院	42（234）	1 554（256）	439（282）	1 130（232）	384（250）
20	中国科学院华南植物园	35（270）	1 551（257）	285（380）	441（406）	59（1 879）
21	中国科学院广州地球化学研究所	38（258）	1 494（266）	320（349）	461（397）	48（2 356）
22	佛山科学技术学院	35（270）	1 217（309）	432（285）	994（250）	268（388）
23	广东药科大学	28（321）	1 186（320）	411（293）	535（360）	86（1 262）
24	香港城市大学深圳研究院	25（348）	1 110（336）	—	—	3（54 930）
25	中国科学院广州生物医药与健康研究院	25（348）	1 014（355）	83（707）	200（578）	15（8 285）

续表

序号	机构名称	项目数量/项（排名）	项目经费/万元（排名）	发文量/篇（排名）	论文被引频次/次（排名）	发明专利申请量/件（排名）
26	中国农业科学院深圳农业基因组研究所	26（335）	977（363）	40（960）	93（766）	13（9 690）
27	广东医科大学	25（348）	968（367）	410（296）	666（315）	27（4 404）
28	深圳技术大学	23（365）	866（390）	138（568）	157（614）	204（512）
29	北京大学深圳研究生院	20（402）	853（393）	25（1 167）	25（1 264）	149（724）
30	仲恺农业工程学院	23（365）	798（414）	244（424）	577（342）	181（576）

资料来源：科技大数据湖北省重点实验室

机构	机构综合排名	农业科学	生物与生物化学	化学	临床医学	计算机科学	经济与商学	工程科学	环境生态学	地球科学	免疫学	材料科学	数学	微生物学	分子生物与基因	综合交叉学科	神经科学与行为	药理学与毒物学	物理学	植物与动物科学	精神病学/心理学	社会科学	机构进入ESI学科数
华大基因	1531	—	382	—	5069	—	—	—	—	—	—	—	—	—	178	14	—	—	—	32	—	—	5
中国科学院广州地球化学研究所	3767	—	—	335	—	—	—	—	1536	1155	—	700	—	—	—	—	—	—	—	—	—	—	4
呼吸疾病国家重点实验室	4069	—	—	—	1304	—	—	—	—	—	—	—	—	—	—	—	—	825	—	—	—	—	2
深圳大学城	4205	—	803	1497	286	37	—	—	98	75	—	—	—	66	—	—	—	—	—	—	—	508	8
中国科学院广州生物医药与健康研究院	4364	—	—	333	—	—	—	—	—	—	—	—	—	—	—	—	—	—	—	—	—	—	1
华南肿瘤学国家重点实验室	4662	—	—	—	1305	—	—	—	—	—	—	—	—	—	—	—	885	—	—	—	—	—	2
华南理工大学	4933	25	373	937	1412	285	—	782	647	—	—	444	—	—	—	—	—	—	1039	749	—	949	11
中国科学院广州能源研究所	5067	—	—	334	—	—	—	—	1537	—	—	—	—	—	—	—	—	—	—	—	—	—	2
中国科学院华南植物园	5163	294	—	—	—	—	—	—	650	—	—	—	—	—	—	—	—	—	—	1044	—	—	3
中国科学院深圳先进技术研究院	5282	—	1282	909	1499	296	—	818	—	—	—	466	—	—	—	—	—	—	—	—	—	—	6
中山大学	5309	239	154	964	1276	273	221	747	623	383	353	424	158	276	935	—	1022	848	667	984	835	1035	20
广东省人民医院	5311	—	1304	—	3870	—	—	—	—	—	—	—	—	—	—	—	—	—	—	—	—	—	2
南方科技大学	5699	—	—	943	1393	—	—	773	641	—	—	441	—	—	—	—	—	796	—	—	—	—	6
广州医科大学	5759	—	645	—	3865	—	—	—	726	—	—	485	933	—	1054	976	—	—	—	—	—	—	7
广东医科大学	5904	—	—	—	3869	—	—	—	—	—	—	—	—	—	—	872	—	—	—	—	—	—	2
华为技术有限公司	5944	—	—	—	—	495	—	1477	—	—	—	—	—	—	—	—	—	—	—	—	—	—	2
中国人民解放军南部战区总医院	5966	—	—	—	1395	—	—	—	—	—	—	—	—	—	—	—	—	—	—	—	—	—	1
深圳市第二人民医院	6064	—	—	—	1552	—	—	—	—	—	—	—	—	—	—	—	—	—	—	—	—	—	1
香港中文大学（深圳）	6164	—	—	—	4711	—	—	—	1753	—	—	—	—	—	—	—	—	—	—	—	—	—	2
中国科学院南海洋研究所	6207	—	—	—	—	—	—	—	648	399	—	—	—	—	—	—	620	—	—	1046	—	—	4
汕头大学	6290	—	1233	903	1509	—	—	827	674	—	—	—	—	—	—	—	—	—	—	—	—	—	6
深圳大学	6327	969	725	910	1496	295	—	817	671	—	—	465	—	—	—	—	1063	1075	744	1022	—	1655	13
南方医科大学	6333	—	449	941	1397	—	—	—	365	442	—	286	963	—	1039	967	—	—	—	—	—	—	9
暨南大学	6390	309	418	531	3080	449	—	1316	1007	—	—	748	—	—	962	—	1027	1007	—	1186	—	1752	13
华南农业大学	6392	142	768	935	—	—	—	784	651	—	366	446	—	287	—	—	—	864	—	1095	—	—	10
广东工业大学	6485	—	—	330	—	512	—	1540	1157	—	—	891	—	—	—	—	—	—	—	—	—	—	5
华南师范大学	6599	—	—	936	—	—	—	783	649	—	—	445	165	—	—	—	—	819	835	855	—	1739	9
东莞理工学院	6794	—	—	—	—	—	—	1652	—	—	—	944	—	—	—	—	—	—	—	—	—	—	2
广东省科学院	6862	976	—	—	—	—	—	1542	1158	—	—	—	—	—	—	—	—	—	—	1434	—	—	4
广东药科大学	6926	923	—	329	3868	—	—	—	—	—	—	—	—	—	—	—	1088	—	—	—	—	—	4
广州大学	6988	—	—	336	—	511	—	1535	1154	—	—	889	—	—	—	—	—	—	—	—	—	1326	6
广东石油化工学院	7005	—	—	—	—	—	—	1541	—	—	—	—	—	—	—	—	—	—	—	—	—	—	1
广州中医药大学	7071	—	—	—	3864	—	—	—	—	—	—	—	—	—	—	—	1050	—	—	—	—	—	2
广东省农业科学院	7134	468	—	—	—	—	—	—	—	—	—	—	—	—	—	—	—	—	—	1301	—	—	2
佛山科学技术学院	7549	—	—	—	—	—	—	1577	—	—	—	—	—	—	—	—	—	—	—	—	—	—	1
中国水产科学研究院南海水产研究所	7598	—	—	—	—	—	—	—	—	—	—	—	—	—	—	—	—	—	—	1370	—	—	1
广东海洋大学	7637	—	—	—	—	—	—	—	—	—	—	—	—	—	—	—	—	—	—	1415	—	—	1
广东外语外贸大学	7706	—	—	—	—	—	—	—	—	—	—	—	—	—	—	—	—	—	—	—	—	1862	1
中国南方电网	7754	—	—	—	—	—	—	1764	—	—	—	—	—	—	—	—	—	—	—	—	—	—	1

图3-8　2021年广东省各机构进入ESI全球前1%的学科及排名

资料来源：科技大数据湖北省重点实验室

表 3-17　2021 年广东省发明专利申请量十强技术领域

序号	IPC 号（技术领域）	发明专利申请量/件
1	G06F（电子数字数据处理）	20 202
2	G06Q（专门适用于行政、商业、金融、管理、监督或预测目的的数据处理系统或方法；其他类目不包含的专门适用于行政、商业、金融、管理、监督或预测目的的处理系统或方法）	7 124
3	G01N（小类中化学分析方法或化学检测方法）	4 714
4	G06K（数据处理）	4 633
5	G06T（图像数据处理）	4 556
6	H04N（图像通信，如电视）	4 243
7	H04L［数字信息的传输，例如电报通信（电报和电话通信的公用设备入 H04M）］	4 187
8	A61K［医用、牙科用或梳妆用的配制品（专门适用于将药品制成特殊的物理或服用形式的装置或方法 A61J 3/00；空气除臭，消毒或灭菌，或者绷带、敷料、吸收垫或外科用品的化学方面，或材料的使用入 A61L；肥皂组合物入 C11D）］	3 604
9	H01M（用于直接转变化学能为电能的方法或装置，例如电池组）	3 200
10	F24F［空气调节；空气增湿；通风；空气流作为屏蔽的应用（从尘、烟产生区消除尘、烟入 B08B 15/00；从建筑物中排除废气的竖向管道入 E04F17/02；烟道末端入 F23L17/02）］	3 166
	全省合计	202 763

资料来源：科技大数据湖北省重点实验室

表 3-18　2021 年广东省发明专利申请量优势企业和科研机构列表

序号	优势企业	发明专利申请量/件	序号	优势科研机构	发明专利申请量/件
1	珠海格力电器股份有限公司	6227	1	华南理工大学	2831
2	腾讯科技（深圳）有限公司	3279	2	中山大学	1847
3	维沃移动通信有限公司	3079	3	广东工业大学	1806
4	广东电网有限责任公司	2613	4	深圳大学	1067
5	OPPO 广东移动通信有限公司	2032	5	华南农业大学	856
6	平安科技（深圳）有限公司	1565	6	广州大学	717
7	深圳市华星光电半导体显示技术有限公司	925	7	中国科学院深圳先进技术研究院	687
8	荣耀终端有限公司	894	8	暨南大学	635
9	深圳供电局有限公司	850	9	南方科技大学	580
10	广东电网有限责任公司广州供电局	839	10	华南师范大学	485
11	TCL 华星光电技术有限公司	800	11	哈尔滨工业大学（深圳）	484
12	深圳前海微众银行股份有限公司	663	12	广东海洋大学	457
13	华为技术有限公司	659	13	清华大学深圳国际研究生院	440
14	平安国际智慧城市科技股份有限公司	616	14	东莞理工学院	384
15	南方电网科学研究院有限责任公司	532	15	佛山科学技术学院	268
16	南方电网数字电网研究院有限公司	523	16	五邑大学	226
17	平安普惠企业管理有限公司	499	17	深圳技术大学	204
18	中国平安人寿保险股份有限公司	448	18	仲恺农业工程学院	181
19	珠海冠宇电池股份有限公司	427	19	广东石油化工学院	165
20	华帝股份有限公司	380	20	汕头大学	159

表 3-19 2021年广东省获得国家科技奖励机构清单

序号	获奖机构	获奖数量/项 总计	主持	参与
1	华为技术有限公司	3	1	2
2	中海石油（中国）有限公司深圳分公司	2	0	2
2	中国科学院广州地球化学研究所	2	1	1
2	华南农业大学	2	1	1
2	中海石油（中国）有限公司湛江分公司	2	0	2
2	暨南大学	2	0	2
7	珠海冠宇电池有限公司	1	0	1
7	中国电信股份有限公司广东研究院	1	0	1
7	生态环境部华南环境科学研究所	1	0	1
7	广东省农业科学院蚕业与农产品加工研究所	1	1	0
7	广东美的制冷设备有限公司	1	0	1
7	广东省中医院	1	0	1
7	深圳迈瑞生物医疗电子股份有限公司	1	0	1
7	广东志成冠军集团有限公司	1	0	1
7	悉地国际设计顾问（深圳）有限公司	1	0	1
7	广州大学	1	0	1
7	中国科学院华南植物园	1	0	1
7	广州市市政工程设计研究总院有限公司	1	0	1
7	中山大学	1	0	1
7	广州市自来水有限公司	1	0	1
7	广东省林业科学研究院	1	0	1
7	广州数控设备有限公司	1	0	1
7	深圳市镭神智能系统有限公司	1	0	1
7	广州医科大学附属第二医院	1	0	1
7	无限极（中国）有限公司	1	0	1
7	广州医科大学附属第一医院	1	1	0
7	肇庆市嘉溢食品机械装备有限公司	1	0	1
7	华南理工大学	1	0	1
7	光大水务（深圳）有限公司	1	0	1
7	北京大学深圳研究生院	1	0	1
7	中国科学院深圳先进技术研究院	1	0	1
7	比亚迪股份有限公司	1	1	0
7	广东生命一号药业股份有限公司	1	0	1
7	宝武集团广东韶关钢铁有限公司	1	0	1
7	中兴通讯股份有限公司	1	1	0

续表

序号	获奖机构	获奖数量/项		
		总计	主持	参与
7	南方医科大学珠江医院	1	0	1
	珠海医凯电子科技有限公司	1	0	1
	攀钢集团有限公司	1	0	1
	深圳华森建筑与工程设计顾问有限公司	1	0	1

资料来源：科技大数据湖北省重点实验室

3.3.3 上海市

2021年，上海市的基础研究竞争力指数为84.7738，排名第3位。上海市的基础研究优势学科为多学科材料、电子与电气工程、物理化学、环境科学、多学科化学、应用物理学、纳米科学与技术、肿瘤学、化学工程、环境工程。其中，多学科材料的高频词包括微观结构、机械性能、锂电子电池、石墨烯、静电纺丝、导热系数等；电子与电气工程的高频词包括特征提取、任务分析、深度学习、训练、优化等；物理化学的高频词包括光催化、锂离子电池、石墨烯、氧化还原反应、金属有机框架等（表3-20）。综合本市各学科的发文数量和排名位次来看，2021年上海市基础研究在全国范围内较为突出的学科为实验医学、细胞生物学、生物医学工程、生物材料、生物物理、发育生物学、海洋工程、海事工程、寄生物学、热带医学等。

表3-20　2021年上海市基础研究优势学科及高频词

序号	活跃学科	SCI学科活跃度	高频词（词频）
1	多学科材料	8.44	微观结构（164）；机械性能（160）；锂离子电池（60）；石墨烯（55）；静电纺丝（49）；导热系数（46）；金属有机框架（38）；过渡金属碳/氮化合物（33）；机器学习（31）；稳定性（28）；耐腐蚀性能（26）；光催化（25）；3D打印（22）；氧化（21）；自组装（21）；储能（20）；相变（20）
2	电子与电气工程	8.13	特征提取（197）；任务分析（176）；深度学习（154）；训练（122）；优化（120）；数学模型（102）；传感器（71）；计算建模（61）；机器学习（55）；语义（55）；卷积（50）；预测模型（50）；延迟（44）；三维显示（44）；可视化（44）；无线通信（44）；物联网（42）；适应模式（41）；图像分割（41）；神经网络（39）；实时系统（37）；轨迹（37）；物体检测（36）；资源管理（35）；拓扑（35）；探测器（34）
3	物理化学	5.27	光催化（43）；锂离子电池（37）；石墨烯（36）；氧化还原反应（32）；金属有机框架（31）；自组装（29）；微观结构（28）；密度泛函理论（27）；储能（25）；电催化（24）；吸附（23）；过渡金属碳/氮化合物（22）；机械性能（20）；微波吸收（20）
4	环境科学	4.80	微塑料（34）；吸附（33）；微生物群落（31）；$PM_{2.5}$（29）；厌氧消化（26）；空气污染（24）；新冠肺炎（24）；上海（24）；抗生素耐药基因（23）；反硝化（23）；抗生素（22）；生物炭（22）；氧化应激（21）；重金属（20）；废活性污泥（20）；除氮（20）
5	多学科化学	4.72	自组装（36）；光催化（28）；电化学（18）；金属有机框架（18）；电催化作用（15）；MXene公司（15）；不对称催化（14）；药物输送（14）；石墨烯（14）；锂离子电池（14）；能量储存（13）；稳定性（13）；多相催化（12）；免疫疗法（12）；CO_2减排（11）；纳米颗粒（11）；光动力疗法（11）；光热疗法（11）；质谱法（10）
6	应用物理学	4.77	微观结构（47）；传感器（43）；石墨烯（30）；导热系数（27）；机械性能（23）；光催化（23）；特征提取（21）；电极（20）；金属有机框架（20）；过渡金属碳/氮化合物（20）；二维材料（20）；静电纺丝（20）；锂离子电池（20）
7	纳米科学与技术	4.61	静电纺丝（23）；光热疗法（23）；石墨烯（22）；机械性能（22）；过渡金属碳/氮化合物（22）；药物载体（21）；微观结构（21）；自组装（21）；金属有机框架（20）；光动力疗法（20）；光催化（20）；电催化（20）；储能（20）

续表

序号	活跃学科	SCI学科活跃度	高频词（词频）
8	肿瘤学	4.23	预后（235）；肝细胞癌（110）；乳腺癌（86）；免疫疗法（86）；大肠癌（81）；肺癌（71）；胃癌（64）；诺谟图（61）；肿瘤微环境（54）；转移（53）；非小细胞肺癌（53）；细胞凋亡（47）；生物标志物（44）；非小细胞肺癌（40）；增殖（34）；化疗（31）；放射组学（31）；胰腺癌（30）；肺腺癌（29）；前列腺癌（26）；膀胱癌（25）；放射治疗（25）；生存期（24）；自噬（23）；细胞增殖（22）；癌症（20）；诊断（20）；靶向治疗
9	化学工程	3.56	动力学（46）；吸附（35）；光催化（27）；密度泛函（23）；静电纺丝（23）；协同效应（23）；热解（22）；生物炭（22）；二氧化碳减排（22）；过氧单硫酸盐（21）；甲烷（20）；光触媒（20）
10	环境工程	3.41	过硫酸盐（23）；吸附机理（23）；微生物群落（22）；催化氧化（21）；甲烷生产（21）；电子转移（21）；氧化还原反应（21）；光降解（20）；二氧化钛（20）；抗生素（20）；凝血（20）；降解途径（20）；密度泛函理论（20）；污水污泥（20）

资料来源：科技大数据湖北省重点实验室

2021年，上海市争取国家自然科学基金项目总数为4084项，全国排名第3位；项目经费总额为179 152万元，全国排名第2位。上海市发表SCI论文数量最多的学科为多学科材料（表3-21）；土木工程领域的产-学合作率最高（表3-22）；上海市争取国家自然科学基金经费超过1亿元的有3个机构（表3-23）；上海市共有32个机构进入相关学科的ESI全球前1%行列（图3-9）；发明专利申请量共74 431件（表3-24），主要专利权人如表3-25所示；获得国家科技奖励的机构如表3-26所示。

2021年，上海市地方财政科技投入经费422.70亿元，全国排名第4位；获得国家科技奖励43项，全国排名第2位。截至2021年12月，上海市拥有国家实验室3个，国家重点实验室45个；拥有院士188位，全国排名第2位。

表3-21 2021年上海市主要学科发文量、被引频次及国际合作情况

序号	学科	论文数/篇（全国排名，市内排名）	论文被引频次/次（全国排名，市内排名）	论文篇均被引频次/次（全国排名，市内排名）	国际合作率（全国排名，市内排名）	国际合作度（全国排名，市内排名）
1	多学科材料	5 523（3，1）	15 724（3，1）	2.85（10，16）	0.22（3，104）	77.79（3，104）
2	电子与电气工程	3 692（4，2）	5 133（6，9）	1.39（16，121）	0.22（6，102）	69.66（4，102）
3	物理化学	3 068（3，3）	11 704（3，2）	3.81（13，4）	0.2（3，117）	56.81（3，117）
4	多学科化学	2 963（3，4）	10 691（3，3）	3.61（9，7）	0.2（6，119）	55.91（6，119）
5	肿瘤学	2 888（2，5）	4 006（2，13）	1.39（9，122）	0.11（3，190）	70.44（5，190）
6	应用物理学	2 771（3，6）	7 327（3，6）	2.64（10，25）	0.19（4，128）	49.48（3，128）
7	环境科学	2 576（5，7）	7 400（5，7）	2.87（9，14）	0.26（6，74）	44.41（4，74）
8	纳米科学与技术	2 399（3，8）	8 831（3，4）	3.68（12，6）	0.22（5，103）	47.04（4，103）
9	能源与燃料	1 902（3，9）	4 980（6，6）	2.62（24，26）	0.18（18，136）	36.58（3，136）
10	化学工程	1 799（3，10）	5 969（4，8）	3.32（18，11）	0.21（6，114）	42.83（6，114）
11	光学	1 731（3，11）	1 815（3，26）	1.05（14，160）	0.11（9，187）	48.08（3，187）
12	实验医学	1 637（1，12）	2 529（2，18）	1.54（8，99）	0.12（1，183）	49.61（6，183）

续表

序号	学科	论文数/篇（全国排名，市内排名）	论文被引频次/次（全国排名，市内排名）	论文篇均被引频次/次（全国排名，市内排名）	国际合作率（全国排名，市内排名）	国际合作度（全国排名，市内排名）
13	生物化学与分子生物学	1 615（4，13）	3 632（3，15）	2.25（4，43）	0.17（8，147）	38.45（4，147）
14	人工智能	1 591（4，14）	2 417（10，19）	1.52（24，102）	0.24（12，90）	39.78（2，90）
15	细胞生物学	1 552（1，15）	4 136（2，12）	2.66（5，23）	0.15（5，159）	43.11（3，159）
16	土木工程	1 508（3，16）	3 008（3，16）	1.99（6，55）	0.26（10，79）	36.78（4，79）
17	药学与药理学	1 463（4，17）	2 654（4，17）	1.81（2，66）	0.13（2，180）	39.54（8，180）
18	环境工程	1 430（4，18）	6 568（4，7）	4.59（13，1）	0.27（3，68）	29.18（3，68）
19	计算机信息系统	1 298（5，19）	1 701（9，28）	1.31（16，126）	0.24（12，92）	30.9（3，92）
20	机械工程	1 295（4，20）	2 215（4，20）	1.71（15，77）	0.19（12，131）	31.59（3，131）

注：学科排序同 ESI 学科固定排序

资料来源：科技大数据湖北省重点实验室

表 3-22　2021 年上海市主要学科产–学–研合作情况

序号	学科	产–研合作率（市内排名）	产–学合作率（市内排名）	学–研合作率（市内排名）
1	多学科材料	0.92（83）	2.48（75）	9.89（81）
2	电子与电气工程	1.22（60）	4.04（34）	8.04（104）
3	物理化学	0.68（108）	1.37（132）	9.75（83）
4	多学科化学	0.47（127）	1.42（128）	10.93（63）
5	肿瘤学	1.42（46）	3.88（36）	6.16（139）
6	应用物理学	1.05（77）	2.67（69）	12.7（46）
7	环境科学	1.32（53）	2.17（94）	10.68（68）
8	纳米科学与技术	0.63（112）	1.63（118）	11.05（62）
9	能源与燃料	0.89（87）	3.36（46）	7.1（125）
10	化学工程	0.61（114）	2.11（95）	5.28（150）
11	光学	1.33（52）	2.89（57）	17.16（23）
12	实验医学	0.73（104）	1.59（120）	5.74（142）
13	生物化学与分子生物学	1.73（31）	3.1（50）	11.15（61）
14	人工智能	1.19（63）	3.14（49）	7.29（124）
15	细胞生物学	1.16（68）	1.74（111）	8.76（91）
16	土木工程	1.19（64）	5.11（20）	4.97（156）
17	药学与药理学	0.82（97）	1.64（115）	5.74（143）
18	环境工程	0.91（84）	1.82（109）	7.69（113）
19	计算机信息系统	0.85（91）	3.08（51）	6.93（127）
20	机械工程	1.47（43）	4.63（25）	7.41（119）

资料来源：科技大数据湖北省重点实验室

表 3-23　2021 年上海市争取国家自然科学基金项目经费三十强机构

序号	机构名称	项目数量/项（排名）	项目经费/万元（排名）	发文量/篇（排名）	论文被引频次/次（排名）	发明专利申请量/件（排名）
1	上海交通大学	1 226（1）	52 592（1）	13 172（2）	23 958（2）	2 413（18）
2	复旦大学	746（4）	33 079（4）	8 401（8）	15 800（11）	1 115（67）
3	同济大学	493（10）	21 836（10）	6 191（16）	13 093（16）	1 873（34）
4	华东师范大学	160（51）	7 355（47）	2 620（58）	5 094（60）	432（222）
5	上海大学	149（61）	6 682（55）	3 173（41）	7 059（38）	1 124（66）
6	中国人民解放军第二军医大学	146（64）	6 671（57）	530（250）	751（296）	1（138 140）
7	华东理工大学	142（71）	6 538（62）	2 606（59）	5 773（52）	704（122）
8	上海中医药大学	143（69）	6 196（68）	1 032（146）	1 641（175）	73（1 489）
9	东华大学	76（132）	3 455（122）	1 877（87）	4 536（72）	457（203）
10	上海理工大学	73（136）	3 044（137）	1 910（86）	4 109（79）	459（201）
11	上海科技大学	63（158）	2 687（161）	634（223）	1 325（205）	150（715）
12	中国科学院上海药物研究所	56（186）	2 509（174）	334（335）	921（262）	25（4 757）
13	上海师范大学	52（198）	2 229（193）	649（218）	1 162（224）	139（772）
14	上海财经大学	50（203）	1 998（211）	331（339）	452（402）	2（80 328）
15	上海海洋大学	32（293）	1 510（262）	767（188）	1 239（215）	244（433）
16	中国科学院上海有机化学研究所	26（335）	1 332（293）	193（489）	634（324）	20（6 013）
17	中国科学院上海高等研究院	30（302）	1 332（293）	204（471）	392（433）	82（1 336）
18	中国科学院上海硅酸盐研究所	28（321）	1 255（302）	463（272）	1 449（199）	137（789）
19	中国科学院上海光学精密机械研究所	27（329）	1 195（317）	348（329）	375（441）	224（465）
20	中国科学院分子植物科学卓越创新中心	26（335）	1 119（334）	21（1 242）	109（717）	7（20 499）
21	中国科学院分子细胞科学卓越创新中心	26（335）	1 115（335）	263（405）	996（249）	1（138 140）
22	上海工程技术大学	26（335）	1 098（338）	884（166）	1 547（186）	552（164）
23	上海海事大学	22（380）	903（387）	740（195）	1 608（179）	384（250）
24	中国科学院脑科学与智能技术卓越创新中心	22（380）	881（388）	57（829）	138（652）	1（138 140）
25	上海电力大学	16（456）	853（393）	447（277）	1 027（246）	332（294）
26	中国科学院上海天文台	15（483）	754（429）	112（616）	134（660）	19（6 385）
27	中国科学院上海营养与健康研究所	15（483）	739（433）	61（812）	122（690）	6（24 219）
28	上海市精神卫生中心	15（483）	638（470）	6（2 368）	2（4542）	30（3 910）
29	上海应用技术大学	16（456）	620（481）	734（197）	1 029（245）	999（82）
30	中国科学院上海技术物理研究所	15（483）	599（493）	155（532）	351（456）	114（943）

资料来源：科技大数据湖北省重点实验室

机构	机构综合排名	农业科学	生物与生物化学	化学	临床医学	计算机科学	经济与商学	工程科学	环境生态学	地球科学	免疫学	材料科学	数学	微生物学	分子生物与基因	综合交叉学科	神经科学与行为	药理学与毒物学	物理学	植物与动物科学	精神病学/心理学	社会科学	机构进入ESI学科数
中国科学院上海生命科学研究院	2512	—	240	—	1515	—	—	—	377	—	—	292	—	569	—	403	375	—	105	—	—	—	8
中国科学院上海有机化学研究所	2674	—	—	895	—	—	—	—	—	—	—	—	—	—	—	—	—	—	—	—	—	—	1
中国科学院上海硅酸盐研究所	3285	—	—	892	—	—	—	840	678	—	—	482	—	—	—	—	—	—	721	—	—	—	5
中国科学院上海应用物理研究所	3543	—	—	891	—	—	—	841	679	—	—	483	—	—	—	—	—	—	778	—	—	—	5
上海市疾病预防控制中心	4740	—	—	—	1517	—	—	—	—	—	—	—	—	—	—	—	—	—	—	—	267	—	2
复旦大学	4864	622	144	299	4015	523	357	1571	1178	718	745	906	266	496	924	120	946	837	735	215	876	1189	21
海军军医大学	4885	—	519	803	1945	—	—	—	—	446	554	—	—	854	—	940	689	—	216	—	127	—	10
中欧国际工商学院	4887	—	—	—	—	—	394	—	—	—	—	—	—	—	—	—	—	—	—	—	—	—	1
华东理工大学	4942	803	455	254	—	543	—	1637	1227	—	—	934	—	—	—	—	—	805	—	—	—	—	8
上海科技大学	5140	—	780	901	—	—	—	829	—	—	—	471	—	—	911	—	—	—	—	—	—	—	5
东华大学	5226	—	1130	242	—	547	—	1650	1234	—	—	942	276	—	—	—	—	—	—	—	—	—	7
中国科学院上海高等研究院	5354	—	—	890	—	—	—	—	—	—	—	484	—	—	—	—	—	—	—	—	—	—	2
上海交通大学	5470	164	73	897	1514	301	233	837	677	411	376	476	172	291	931	154	992	826	736	618	774	1339	21
华东师范大学	5605	—	861	253	4238	544	—	1638	1228	751	—	935	274	—	1024	—	804	1088	886	1578	14
同济大学	5906	—	301	1024	1115	244	—	674	575	354	319	382	146	—	939	—	1038	960	794	—	—	872	15
上海电力学院	6106	—	—	—	—	—	—	832	—	—	—	—	—	—	—	—	—	—	—	—	—	—	1
上海大学	6206	—	950	899	1512	299	—	833	675	—	—	474	170	—	—	—	—	—	797	—	—	1069	10
上海师范大学	6265	—	—	898	—	—	—	835	—	—	—	475	171	—	—	—	—	—	—	1285	—	—	6
中国科学院上海技术物理研究所	6382	—	—	—	—	—	—	—	—	—	—	478	—	—	—	—	—	—	—	—	—	—	1
中国科学院上海微系统与信息技术研究所	6391	—	—	894	—	—	—	839	—	—	—	480	—	—	—	—	—	—	—	—	—	—	3
中国宝武钢铁集团有限公司	6484	—	—	—	—	—	—	—	—	—	—	1028	—	—	—	—	—	—	—	—	—	—	1
上海中医药大学	6913	—	986	—	1510	—	—	—	—	—	—	—	—	—	—	—	—	945	—	—	—	—	4
中国科学院上海光学精密机械研究所	7102	—	—	—	—	—	—	—	—	—	—	479	—	—	—	—	—	—	815	—	—	—	2
上海应用技术学院	7127	926	—	896	—	—	—	838	—	—	—	477	—	—	—	—	—	—	—	—	—	—	4
上海海洋大学	7187	545	—	—	—	—	—	834	676	—	—	—	—	—	—	—	—	—	—	1346	—	—	5
上海理工大学	7204	—	—	1420	—	80	—	197	—	—	—	124	—	—	—	—	—	—	—	—	—	—	4
上海海事大学	7302	—	—	—	—	300	—	836	—	—	—	—	—	—	—	—	—	—	—	1446	—	—	3
上海市农业科学院	7321	—	—	—	—	—	—	—	—	—	—	—	—	—	—	—	—	—	—	1227	—	—	1
上海财经大学	7386	—	—	—	—	—	232	830	—	—	—	—	—	—	—	—	—	—	—	—	—	1074	3
上海应用技术大学	7718	—	—	—	1511	—	—	—	—	—	—	—	—	—	—	—	—	—	—	—	—	—	1
上海工程技术大学	7719	—	—	900	—	—	—	831	—	—	—	472	—	—	—	—	—	—	—	—	—	—	3
中国科学院上海药物研究所	8977	—	775	1361	4836	—	—	—	—	—	—	481	—	—	323	—	—	1383	—	—	—	—	6

图 3-9　2021 年上海市各机构进入 ESI 全球前 1%的学科及排名

资料来源：科技大数据湖北省重点实验室

表 3-24　2021 年上海市发明专利申请量十强技术领域

序号	IPC 号（技术领域）	发明专利申请量/件
1	G06F（电子数字数据处理）	8 704
2	G06Q（专门适用于行政、商业、金融、管理、监督或预测目的的数据处理系统或方法；其他类目不包含的专门适用于行政、商业、金融、管理、监督或预测目的的处理系统或方法）	3 626
3	G01N（小类中化学分析方法或化学检测方法）	2 259
4	G06T（图像数据处理）	1 944
5	G06K（数据处理）	1 935
6	H04L[数字信息的传输，例如电报通信（电报和电话通信的公用设备入 H04M）]	1 890
7	A61B[诊断；外科；鉴定（分析生物材料入 G01N，如 G01N 33/48）]	1 646
8	H01L[半导体器件；其他类目中不包括的电固体器件（使用半导体器件的测量入 G01；一般电阻器入 H01C；磁体、电感器、变压器入 H01F；一般电容器入 H01G；电解型器件入 H01G9/00；电池组、蓄电池入 H01M；波导管、谐振器或波导型线路入 H01P；线路连接器、汇	1 550

序号	IPC 号（技术领域）	发明专利申请量/件
8	流器入 H01R；受激发射器件入 H01S；机电谐振器入 H03H；扬声器、送话器、留声机拾音器或类似的声机电传感器入 H04R；一般电光源入 H05B；印刷电路、混合电路、电设备的外壳或结构零部件、电气元件的组件的制造入 H05K；在具有特殊应用的电路中使用的半导体器见应用相关的小类)]	1 550
9	A61K[医用、牙科用或梳妆用的配制品（专门适用于将药品制成特殊的物理或服用形式的装置或方法 A61J 3/00；空气除臭，消毒或灭菌，或者绷带、敷料、吸收垫或外科用品的化学方面，或材料的使用入 A61L；肥皂组合物入 C11D)]	1 405
10	G01R（G01T 物理测定方法；其设备）	954
	全市合计	74 431

资料来源：科技大数据湖北省重点实验室

表 3-25 2021 年上海市发明专利申请量优势企业和科研机构列表

序号	优势企业	发明专利申请量/件	序号	优势科研机构	发明专利申请量/件
1	建信金融科技有限责任公司	715	1	上海交通大学	2413
2	国网上海市电力公司	618	2	同济大学	1872
3	中国建筑第八工程局有限公司	523	3	上海大学	1124
4	展讯通信（上海）有限公司	432	4	复旦大学	1109
5	上海浦东发展银行股份有限公司	345	5	上海应用技术大学	999
6	上海哔哩哔哩科技有限公司	334	6	华东理工大学	704
7	上海外高桥造船有限公司	328	7	上海工程技术大学	552
8	上海华虹宏力半导体制造有限公司	323	8	上海理工大学	459
9	上海商汤智能科技有限公司	308	9	东华大学	457
10	上海中通吉网络技术有限公司	303	10	华东师范大学	432
11	上海华力集成电路制造有限公司	289	11	上海海事大学	384
12	上海明略人工智能（集团）有限公司	285	12	上海电机学院	342
13	沪东中华造船（集团）有限公司	263	13	上海电力大学	332
14	卡斯柯信号有限公司	252	14	中国科学院上海微系统与信息技术研究所	259
15	中国商用飞机有限责任公司	251	15	上海海洋大学	244
16	上海联影医疗科技股份有限公司	247	16	中国科学院上海光学精密机械研究所	224
17	上海宝冶集团有限公司	238	17	上海卫星工程研究所	222
18	江南造船（集团）有限责任公司	233	18	上海市农业科学院	200
19	未鲲（上海）科技服务有限公司	220	19	上海科技大学	150
20	上海天马微电子有限公司	212	20	上海机电工程研究所	140

资料来源：科技大数据湖北省重点实验室

表 3-26 2021 年上海市获得国家科技奖励机构清单

序号	获奖机构	获奖数量/项		
		总计	主持	参与
1	上海交通大学	5	4	1
2	同济大学	4	1	3

续表

序号	获奖机构	获奖数量/项 总计	主持	参与
3	东华大学	2	2	0
	中国建筑第八工程局有限公司	2	0	2
	复旦大学	2	2	0
	上海隧道工程有限公司	2	1	1
	复旦大学附属中山医院	2	1	1
	中国科学院上海药物研究所	2	1	1
	中国科学院上海生命科学研究院	2	0	2
10	上海市第一人民医院	1	1	0
	上海宝信软件股份有限公司	1	0	1
	国网上海市电力公司	1	0	1
	上海超级计算中心	1	0	1
	上海联影医疗科技有限公司	1	1	0
	上海大学	1	1	0
	光明乳业股份有限公司	1	0	1
	上海德福伦化纤有限公司	1	0	1
	中国福利会国际和平妇幼保健院	1	0	1
	上海电气集团股份有限公司	1	0	1
	上海空间电源研究所	1	0	1
	上海港湾基础建设（集团）股份有限公司	1	0	1
	上海市第六人民医院	1	1	0
	上海海融食品科技股份有限公司	1	0	1
	上海市农业生物基因中心	1	1	0
	中国科学院上海光学精密机械研究所	1	1	0
	上海天谷生物科技股份有限公司	1	0	1
	中国科学院上海天文台	1	0	1
	同济大学附属第十人民医院	1	1	0
	复旦大学附属眼耳鼻喉科医院	1	0	1
	华东理工大学	1	1	0
	复旦大学附属华山医院	1	0	1
	上海康定医疗器械有限公司	1	0	1
	上海海思技术有限公司	1	0	1
	中国科学院上海微系统与信息技术研究所	1	0	1
	上海华测导航技术股份有限公司	1	0	1
	中国水产科学研究院渔业机械仪器研究所	1	0	1
	宝山钢铁股份有限公司	1	1	0
	上海交通大学医学院附属第九人民医院	1	1	0

资料来源：科技大数据湖北省重点实验室

3.3.4 江苏省

2021年,江苏省的基础研究竞争力指数为81.6706,排名第4位。江苏省的基础研究优势学科为电子与电气工程、多学科材料、环境科学、物理化学、应用物理学、多学科化学、化学工程、通信、能源与燃料、计算机信息系统。其中,电子与电气工程的高频词包括数学模型、特征提取、深度学习、任务分析、优化、训练等;多学科材料的高频词包括微观结构、机械性能、光催化、石墨烯、纳米粒子等;环境科学的高频词包括吸附、新冠肺炎、气候变化、生物炭、镉等(表3-27)。综合本省各学科的发文数量和排名位次来看,2021年江苏省基础研究在全国范围内较为突出的学科为食品科学、生物化学与分子生物学、土木工程、应用化学、生物技术与应用微生物学、聚合物学、应用数学、建造技术、跨学科应用数学、有机化学等。

表3-27 2021年江苏省基础研究优势学科及高频词

序号	活跃学科	SCI学科活跃度	高频词(词频)
1	电子与电气工程	9.54	数学模型(236);特征提取(218);深度学习(213);任务分析(196);优化(179);训练(161);开关(125);传感器(112);无线通信(98);延迟(96);计算建模(95);估计(95);资源管理(79);涡轮转子(79);扭矩(78);预测模型(77);拓扑(76);电压控制(74);绕组(71);联轴器(69);启发式算法(68);谐波分析(64);分析模型(59);语义(59);三维显示(58);物联网(57)
2	多学科材料	7.75	微观结构(235);机械性能(208);光催化(60);石墨烯(55);纳米粒子(49);腐蚀(38);过渡金属碳/氮化合物(38);稳定性(36);氧化还原反应(33);金属有机框架(32);耐腐蚀性能(30);3D打印(27);二维材料(25);抗压强度(25);析氢反应(25);药物载体(23);数值模拟(23);钙钛矿太阳能电池(22);分子动力学(21);析氧反应(21);光热疗法(21);水分解(21)
3	环境科学	6.37	吸附(71);新冠肺炎(65);气候变化(64);生物炭(60);镉(58);重金属(50);微塑料(50);遥感(42);微生物群落(39);可持续发展(39);深度学习(34);重金属(33);空气污染(32);经济增长(31);PM$_{2.5}$(31);毒性(31);抗生素耐药基因(28);细菌群落(28);生物降解(26);城市化(25);生物利用度(24);溶解有机物(24);降解(23);反硝化(23);氧化应激(23)
4	物理化学	5.18	光催化(51);析氢反应(47);电催化(32);稳定(30);阳极(26);聚集诱导发光(22);氧化还原反应(21);析氧反应(20);金属有机框架(20);钙钛矿太阳能电池(20);锂离子电池(20);过渡金属碳/氮化合物(20);超级电容器(20);微观结构(20)
5	应用物理学	4.69	光催化(125);析氢反应(67);析氧反应(58);电催化(57);密度泛函理论(45);稳定(43);金属有机框架(40);氧化还原反应(39);协同效应(38);吸附(35);水分解(31);微观结构(28);机械性能(27);过渡金属碳/氮化合物(26);超级电容器(26);石墨烯(24);阳极(22);二氧化碳减排(22);锂离子电池(22);氧空位(22);超级电容器(22);异质结构(20)
6	多学科化学	4.24	光催化(46);药物载体(28);电化学(26);自组装(25);吸附(24);电催化(24);密度泛函理论(23);稳定(22);过渡金属碳/氮化合物(22);金属有机框架(22);析氧反应(21);光动力疗法(21);纳米粒子(21);3D打印(20);光热疗法(20);二维材料(20);癌症治疗(20);析氢反应(20)
7	化学工程	4.07	吸附(62);光催化(44);析氧反应(26);密度泛函理论(23);过氧单硫酸盐(23);生物质(22);数值模拟(22);协同效应(21);静电纺丝(20);氧化石墨烯(20);金属有机框架(20);氧化还原反应(20)
8	通信	3.81	优化(114);数学模型(93);深度学习(85);任务分析(78);无线通信(75);特征提取(69);资源管理(68);训练(59);延迟(51);物联网(51);天线(45);大规模多输入输出系统(43);信道估计(42);非正交多址技术(41);干扰(40);许可证(38);阵列信号处理(37);启发式算法(37);信噪比(37);计算建模(36)

续表

序号	活跃学科	SCI学科活跃度	高频词（词频）
9	能源与燃料	3.79	生物质（39）；数值模拟（37）；酶解（29）；热解（29）；木质素（28）；储能（28）；光催化（26）；涡轮转子（26）；热能储存（26）；生物柴油（25）；煤炭（25）；可再生能源（25）；太阳能（25）；析氢反应（24）；厌氧消化（22）；密度泛函理论（22）；电催化剂（21）；传热强化（21）；氢（20）；相变材料（20）
10	计算机信息系统	3.54	深度学习（104）；数学模型（83）；特征提取（72）；任务分析（69）；优化（68）；训练（57）；物联网（49）；区块链（43）；机器学习（40）；许可证（38）；资源管理（38）；无线通信（35）；云计算（34）；延迟（32）；启发式算法（32）；计算建模（31）；服务器（31）；预测模型（28）；协议（27）；安全（26）；边缘计算（25）；分析模型（22）；相关性（22）；语义（21）；可视化（21）

资料来源：科技大数据湖北省重点实验室

2021年，江苏省争取国家自然科学基金项目总数为4084项，全国排名第3位；项目经费总额为173 941万元，全国排名第4位。江苏省发表SCI论文数量最多的学科为多学科材料（表3-28）；光学领域的产-研合作率最高（表3-29）；江苏省争取国家自然科学基金经费超过1亿元的有4个机构（表3-30）；江苏省共有37个机构进入相关学科的ESI全球前1%行列（图3-10）；发明专利申请量共169 446件（表3-31），主要专利权人如表3-32所示；获得国家科技奖励的机构如表3-33所示。

2021年，江苏省地方财政科技投入经费675.28亿元，全国排名第2位；获得国家科技奖励42项，全国排名第3位。截至2021年12月，江苏省拥有国家重点实验室35个；拥有院士120位，全国排名第3位。

表3-28　2021年江苏省主要学科发文量、被引频次及国际合作情况

序号	学科	论文数/篇（全国排名，省内排名）	论文被引频次/次（全国排名，省内排名）	论文篇均被引频次/次（全国排名，省内排名）	国际合作率（全国排名，省内排名）	国际合作度（全国排名，省内排名）
1	多学科材料	7 056（2，1）	18 978（2，1）	2.69（15，26）	0.21（4，119）	100.8（2，119）
2	电子与电气工程	5 729（2，2）	9 497（2，6）	1.66（10，86）	0.23（5，104）	92.4（2，104）
3	环境科学	4 732（2，3）	14 158（2，3）	2.99（7，16）	0.28（4，67）	55.02（2，67）
4	物理化学	4 029（2，4）	14 657（2，2）	3.64（15，4）	0.19（8，129）	66.05（2，129）
5	应用物理学	3 922（2，5）	9 152（2，9）	2.33（16，38）	0.19（5，130）	65.37（2，130）
6	多学科化学	3 855（2，6）	11 581（2，4）	3（15，15）	0.21（5，117）	53.54（3，117）
7	化学工程	2 920（2，7）	9 782（1，5）	3.35（17，9）	0.2（9，127）	49.49（2，127）
8	能源与燃料	2 821（2，8）	8 475（2，10）	3（11，14）	0.24（4，98）	47.02（2，98）
9	纳米科学与技术	2 656（2，9）	9 316（2，7）	3.51（16，6）	0.23（2，99）	51.08（2，99）
10	食品科学	2 262（1，10）	5 251（1，12）	2.32（11，39）	0.26（2，81）	38.34（2，81）
11	生物化学与分子生物学	2 209（1，11）	4 121（2，15）	1.87（9，67）	0.15（14，150）	40.16（3，150）
12	肿瘤学	2 163（4，12）	3 042（4，21）	1.41（8，120）	0.07（14，200）	65.55（7，200）
13	计算机信息系统	2 108（2，13）	3 435（2，19）	1.63（10，88）	0.25（11，88）	42.16（2，88）

续表

序号	学科	论文数/篇（全国排名，省内排名）	论文被引频次/次（全国排名，省内排名）	论文篇均被引频次/次（全国排名，省内排名）	国际合作率（全国排名，省内排名）	国际合作度（全国排名，省内排名）
14	土木工程	2 068（1，14）	3 961（1，16）	1.92（7，62）	0.28（4，65）	39.77（3，65）
15	通信	2 013（2，15）	2 829（2，25）	1.41（9，121）	0.25（9，86）	40.26（2，86）
16	环境工程	1 884（2，16）	9 202（2，8）	4.88（9，3）	0.24（8，92）	33.05（2，92）
17	光学	1 843（2，17）	2 038（2，35）	1.11（13，162）	0.11（10，178）	47.26（4，178）
18	人工智能	1 808（2，18）	3 888（2，17）	2.15（11，48）	0.31（2，51）	30.64（6，51）
19	药学与药理学	1 790（2，19）	2 754（3，26）	1.54（9，98）	0.12（5，172）	40.68（5，172）
20	应用化学	1 646（1，20）	5 356（1，11）	3.25（14，11）	0.21（1，116）	33.59（1，116）

注：学科排序同 ESI 学科固定排序
资料来源：科技大数据湖北省重点实验室

表 3-29　2021 年江苏省主要学科产–学–研合作情况

序号	学科	产–研合作率（省内排名）	产–学合作率（省内排名）	学–研合作率（省内排名）
1	多学科材料	0.81（72）	2.47（65）	7.84（69）
2	电子与电气工程	1.24（40）	3.51（31）	7.72（72）
3	环境科学	0.91（60）	2.07（77）	11.24（40）
4	物理化学	0.42（114）	1.54（104）	6.48（93）
5	应用物理学	0.99（54）	3.03（40）	8.98（58）
6	多学科化学	0.54（101）	1.71（97）	6.93（85）
7	化学工程	0.51（103）	2.26（71）	4.42（152）
8	能源与燃料	1.38（33）	3.97（19）	6.38（96）
9	纳米科学与技术	0.6（93）	1.43（116）	8.51（64）
10	食品科学	0.8（73）	2.03（80）	5.31（129）
11	生物化学与分子生物学	0.91（62）	2.04（79）	7.06（83）
12	肿瘤学	1.43（29）	3.19（37）	5.13（134）
13	计算机信息系统	1（53）	3.18（38）	7.54（75）
14	土木工程	0.97（57）	3.68（26）	5.75（116）
15	通信	1.04（48）	3.23（35）	9.44（51）
16	环境工程	0.58（96）	1.8（92）	6.1（105）
17	光学	1.9（13）	3.85（23）	10.15（46）
18	人工智能	0.77（76）	2.43（67）	4.98（138）
19	药学与药理学	0.67（87）	2.51（63）	4.02（160）
20	应用化学	0.85（66）	2.31（68）	5.41（127）

资料来源：科技大数据湖北省重点实验室

表 3-30　2021 年江苏省争取国家自然科学基金项目经费三十强机构

序号	机构名称	项目数量/项（排名）	项目经费/万元（排名）	发文量/篇（排名）	论文被引频次/次（排名）	发明专利申请量/件（排名）
1	南京大学	394（14）	17 662（14）	4 934（22）	10 786（28）	1 071（70）
2	苏州大学	300（24）	13 447（22）	4 690（26）	9 311（32）	1 037（77）
3	东南大学	279（27）	12 398（26）	6 102（17）	12 331（20）	2 790（9）
4	南京医科大学	298（25）	12 213（28）	3 615（37）	4 977（64）	87（1 248）
5	南京农业大学	161（50）	7 613（46）	2 253（67）	4 610（71）	380（257）
6	中国矿业大学	164（48）	6 978（51）	2 686（56）	5 250（59）	1 243（59）
7	江苏大学	160（51）	6 844（52）	3 908（34）	11 781（23）	1 664（44）
8	扬州大学	165（47）	6 780（54）	2 475（61）	4 845（66）	796（111）
9	南京航空航天大学	151（59）	6 443（64）	3 645（36）	6 417（43）	2 307（22）
10	南京理工大学	146（64）	6 167（69）	3 078（46）	6 587（42）	1 235（60）
11	江南大学	143（69）	6 093（70）	3 543（38）	7 044（39）	1 883（33）
12	河海大学	140（74）	5 852（74）	2 501（60）	5 460（57）	1 057（74）
13	中国药科大学	102（99）	4 641（92）	1 147（132）	2 146（141）	421（226）
14	南京师范大学	107（94）	4 628（93）	1 610（99）	3 399（96）	309（331）
15	南京信息工程大学	109（93）	4 616（94）	1 974（83）	4 415（75）	644（131）
16	南京工业大学	99（101）	4 383（98）	2 069（76）	4 837（67）	1048（76）
17	南京中医药大学	102（99）	4 219（101）	1 064（138）	1 574（184）	83（1320）
18	南通大学	97（104）	3 892（110）	1 547（102）	2 194（139）	1 001（81）
19	南京邮电大学	86（117）	3 467（121）	1 459（107）	2 504（121）	1 293（56）
20	南京林业大学	77（129）	3 123（133）	2 008（79）	5 684（54）	703（123）
21	徐州医科大学	62（162）	2 621（167）	853（172）	1 144（227）	128（833）
22	中国科学院南京地理与湖泊研究所	42（234）	1 959（212）	247（421）	549（353）	41（2 818）
23	江苏省农业科学院	46（212）	1 688（236）	259（410）	511（367）	202（517）
24	中国科学院南京土壤研究所	34（281）	1 652（238）	338（334）	843（277）	84（1 299）
25	江苏师范大学	39（250）	1 652（238）	564（236）	1 070（241）	216（488）
26	江苏科技大学	42（234）	1 600（249）	915（160）	1 940（157）	1 064（73）
27	南京财经大学	41（241）	1 544（258）	330（340）	888（272）	58（1 910）
28	中国人民解放军东部战区总医院	35（270）	1 426（279）	3（3 485）	3（3 767）	36（3 247）
29	中国科学院苏州纳米技术与纳米仿生研究所	30（302）	1 388（285）	129（582）	340（462）	131（819）
30	常州大学	28（321）	1 196（315）	895（163）	1 609（178）	786（114）

资料来源：科技大数据湖北省重点实验室

机构	机构综合排名	农业科学	生物与生物化学	化学	临床医学	计算机科学	经济与商学	工程科学	环境生态学	地球科学	免疫学	材料科学	数学	微生物学	分子生物与基因	神经科学与行为	药理学与毒物学	物理学	植物与动物科学	社会科学	机构进入ESI学科数
昆山杜克大学	1625	—	—	—	—	4253	—	—	—	—	—	—	—	—	—	—	—	—	—	—	1
中国科学院南京土壤研究所	4017	96	—	—	—	—	—	—	1371	1055	—	—	—	—	—	—	—	—	411	—	4
南京大学	4567	542	410	676	2426	400	282	—	1135	881	545	517	645	215	—	922	884	661	696	598	1007	18
苏州大学	4836	696	394	932	1427	287	—	—	788	655	—	369	450	167	—	944	1007	706	731	—	1518	15
南京工业大学	5199	—	809	675	—	—	—	—	1136	882	—	646	—	—	—	—	—	—	—	—	—	5
江苏省疾病预防控制中心	5246	—	—	—	3090	—	—	—	—	—	—	—	—	—	—	—	—	—	—	—	1
中国科学院南京地理与湖泊研究所	5350	—	—	—	—	—	—	—	1139	884	547	—	—	—	—	—	—	—	626	—	4
南京农业大学	5692	14	405	671	—	—	—	—	1141	886	—	—	—	373	960	—	—	860	763	1064	10
中国药科大学	5916	1033	787	138	4721	—	—	—	—	—	—	1024	—	—	—	—	836	—	—	—	6
南京邮电大学	5975	—	—	680	—	397	—	—	1131	—	—	642	—	—	—	—	—	802	—	—	5
东南大学	6026	—	471	938	1406	284	—	—	779	645	—	443	164	—	954	999	784	758	—	1000	13
南京医科大学	6099	—	321	673	2427	—	—	518	648	—	953	977	920	—	1200	9
江苏大学	6174	136	754	523	3089	451	—	—	1323	1009	—	754	—	—	929	—	896	—	—	—	9
南京师范大学	6229	443	—	674	—	401	—	—	1137	883	546	—	647	216	—	—	—	—	1243	1829	10
南京理工大学	6242	—	—	681	—	396	—	—	1130	879	—	641	—	—	—	—	—	821	—	—	6
江苏师范大学	6261	—	—	522	—	—	—	—	1324	—	—	755	—	—	—	—	—	—	—	—	3
江南大学	6479	13	296	521	3091	452	—	—	1325	1011	—	756	—	—	—	—	—	981	—	—	9
南京信息工程大学	6571	893	—	679	—	398	—	—	1132	880	544	643	—	—	—	—	—	—	—	—	7
常州大学	6605	—	—	126	—	—	—	—	1786	—	—	1033	—	—	—	—	—	—	—	—	3
扬州大学	6639	216	1040	1555	43	9	—	—	26	16	—	15	—	4	—	—	—	1022	1309	—	11
南京中医药大学	6741	—	1016	678	2425	—	—	—	—	—	—	—	—	—	—	—	946	—	—	—	4
江苏省农业科学院	6829	360	—	—	—	—	—	—	1010	—	—	—	—	—	—	—	—	—	1155	—	3
江苏科技大学	6890	—	—	524	—	—	—	—	1322	—	—	753	—	—	—	—	—	—	—	—	3
徐州医科大学	6919	—	—	—	49	—	—	—	—	—	—	—	—	—	965	1043	1045	—	—	—	4
南京航空航天大学	6949	—	—	677	—	399	—	—	1134	—	—	644	214	—	—	—	—	816	—	327	7
中国矿业大学	6994	—	—	141	—	576	—	—	1761	1324	818	1021	295	—	—	—	—	—	—	1036	8
中国水产科学研究院淡水渔业研究中心	7058	—	—	—	—	—	—	—	—	—	—	—	—	—	—	—	—	—	1102	—	1
盐城工学院	7089	—	1554	—	—	—	—	—	28	—	—	16	—	—	—	—	—	—	—	—	3
西交利物浦大学	7094	—	—	—	—	13	—	—	42	—	—	—	—	—	—	—	—	—	—	1401	3
南通大学	7121	—	1133	684	2422	—	—	—	1127	—	—	638	—	—	—	997	909	—	—	—	7
南京财经大学	7263	589	—	—	—	—	—	—	1133	—	—	—	—	—	—	—	—	—	—	—	2
河海大学	7288	771	—	382	—	500	—	—	1486	1127	686	853	258	—	—	—	—	—	—	940	9
南京林业大学	7317	500	1018	672	—	—	—	—	1140	885	—	649	—	—	—	—	—	—	1458	—	7
苏州科技大学	7444	—	—	967	—	—	—	—	741	—	—	—	—	—	—	—	—	—	—	—	3
淮阴工学院	7618	—	—	—	—	—	—	—	1479	—	—	—	—	—	—	—	—	—	—	—	1
中国人民解放军陆军工程大学	7677	—	—	—	—	611	—	—	1903	—	—	—	—	—	—	—	—	—	—	—	2
南京工程学院	7835	—	—	—	—	—	—	—	1138	—	—	—	—	—	—	—	—	—	—	—	1

图 3-10 2021 年江苏省各机构进入 ESI 全球前 1% 的学科及排名

资料来源：科技大数据湖北省重点实验室

表 3-31 2021 年江苏省发明专利申请量十强技术领域

序号	IPC 号（技术领域）	发明专利申请量/件
1	G06F（电子数字数据处理）	9 672
2	G01N（小类中化学分析方法或化学检测方法）	5 580
3	G06Q（专门适用于行政、商业、金融、管理、监督或预测目的的数据处理系统或方法；其他类目不包含的专门适用于行政、商业、金融、管理、监督或预测目的的处理系统或方法）	3 518
4	H01L[半导体器件；其他类目中不包括的固体器件（使用半导体器件的测量入 G01；一般电阻器入 H01C；磁体、电感器、变压器入 H01F；一般电容器入 H01G；电解型器件入 H01G9/00；电池组、蓄电池入 H01M；波导管、谐振器或波导型线路入 H01P；线路连接器、	2 882

续表

序号	IPC 号（技术领域）	发明专利申请量/件
4	汇流器入 H01R；受激发射器件入 H01S；机电谐振器入 H03H；扬声器、送话器、留声机拾音器或类似的声机电传感器入 H04R；一般电光源入 H05B；印刷电路、混合电路、电设备的外壳或结构零部件、电气元件的组件的制造入 H05K；在具有特殊应用的电路中使用的半导体器件见应用相关的小类]	2 882
5	B01D[分离（用湿法从固体中分离固体入 B03B、B03D，用风力跳汰机或摇床入 B03B，用其他干法入 B07；固体物料从固体物料或流体中的磁或静电分离，利用高压电场的分离入 B03C；离心机、涡旋装置入 B04B；涡旋装置入 B04C；用于从含液物料中挤出液体的压力机本身入 B30B 9/02)]	2 685
6	G06K（数据处理）	2 588
7	B23K[钎焊或脱焊；焊接；用钎焊或焊接方法包覆或镀敷；局部加热切割，如火焰切割；用激光束加工（用金属的挤压来制造金属包覆产品入 B21C 23/22；用铸造方法制造衬套或包覆层入 B22D 19/08；用浸入方式的铸造入 B22D 23/04；用烧结金属粉末制造复合层入 B22F 7/00；机床上的仿形加工或控制装置入 B23Q；不包含在其他类目中的包覆金属或金属包覆材料入 C23C；燃烧器入 F23D)]	2 485
8	B65G[运输或贮存装置，例如装载或倾卸用输送机、车间输送机系统或气动管道输送机（包装用的入 B65B；搬运薄的或细丝状材料如纸张或细丝入 B65H；起重机入 B66C；便携式或可移动的举升或牵引器具，如升降机入 B66D；用于装载或卸载目的的升降货物的装置，如叉车，入 B66F9/00；不包括在其他类目中的瓶子、罐、罐头、木桶、桶或类似容器的排空入 B67C9/00；液体分配或转移入 B67D；将压缩的、液化的或固体化的气体灌入容器或从容器内排出入 F17C；流体用管道系统入 F17D)]	2 449
9	C02F[水、废水、污水或污泥的处理（通过在物质中产生化学变化使有害的化学物质无害或降低危害的方法入 A62D 3/00；分离、沉淀箱或过滤设备入 B01D；有关处理水、废水或污水生产装置的水运器的特殊设备，例如用于制备淡水入 B63J；为防止水的腐蚀用的添加物质入 C23F；放射性废液的处理入 G21F 9/04)]	2 403
10	G06T（图像数据处理）	2 378
	全省合计	169 446

资料来源：科技大数据湖北省重点实验室

表 3-32　2021 年江苏省发明专利申请量优势企业和科研机构列表

序号	优势企业	发明专利申请量/件	序号	优势科研机构	发明专利申请量/件
1	苏州浪潮智能科技有限公司	2430	1	东南大学	2790
2	中汽创智科技有限公司	455	2	南京航空航天大学	2307
3	蜂巢能源科技有限公司	393	3	江南大学	1883
4	昆山国显光电有限公司	332	4	江苏大学	1664
5	南京钢铁股份有限公司	279	5	南京邮电大学	1293
6	华虹半导体（无锡）有限公司	258	6	中国矿业大学	1243
6	国电南瑞科技股份有限公司	258	7	南京理工大学	1235
8	国网江苏省电力有限公司电力科学研究院	248	8	南京大学	1071
9	江苏徐工工程机械研究院有限公司	247	9	江苏科技大学	1064
10	远景动力技术（江苏）有限公司	203	10	河海大学	1057
11	博众精工科技股份有限公司	200	11	南京工业大学	1048
12	苏州西热节能环保技术有限公司	199	12	苏州大学	1037
13	的卢技术有限公司	170	13	南通大学	1001
14	中国电子科技集团公司第十四研究所	165	14	扬州大学	796

序号	优势企业	发明专利申请量/件	序号	优势科研机构	发明专利申请量/件
15	国网江苏省电力有限公司营销服务中心	163	15	常州大学	786
16	中国电子科技集团公司第五十八研究所	154	16	南京林业大学	703
17	中船澄西船舶修造有限公司	152	17	南京信息工程大学	644
18	三一重机有限公司	148	18	盐城工学院	628
19	昆山宝创新能源科技有限公司	147	19	淮阴工学院	524
20	浪潮卓数大数据产业发展有限公司	143	20	南京工程学院	466

资料来源：科技大数据湖北省重点实验室

表 3-33 2021 年江苏省获得国家科技奖励机构清单

序号	获奖机构	获奖数量/项 总计	主持	参与
1	东南大学	6	2	4
2	南京大学	4	1	3
3	江南大学	3	2	1
4	中国电子科技集团公司第五十八研究所	2	0	2
4	中材科技股份有限公司	2	0	2
6	无锡湖光工业炉有限公司	1	0	1
6	苏州大学附属第一医院	1	1	0
6	中圣科技（江苏）有限公司	1	0	1
6	河海大学	1	1	0
6	苏州旭创科技有限公司	1	0	1
6	华进半导体封装先导技术研发中心有限公司	1	0	1
6	无锡新洁能股份有限公司	1	0	1
6	华天科技（昆山）电子有限公司	1	0	1
6	南京市口腔医院	1	0	1
6	济川药业集团有限公司	1	0	1
6	苏州迈为科技股份有限公司	1	0	1
6	佳禾食品工业股份有限公司	1	0	1
6	天合光能股份有限公司	1	0	1
6	常州捷佳创精密机械有限公司	1	0	1
6	无锡市海鹰加科海洋技术有限责任公司	1	0	1
6	江苏大学	1	1	0
6	徐州医科大学	1	0	1
6	江苏鸿基节能新技术股份有限公司	1	0	1
6	常州大学	1	0	1
6	江苏康缘药业股份有限公司	1	0	1

续表

序号	获奖机构	获奖数量/项		
		总计	主持	参与
6	南水北调东线江苏水源有限责任公司	1	0	1
	江苏省测绘工程院	1	0	1
	苏州九一高科无纺设备有限公司	1	0	1
	江苏省农业科学院	1	0	1
	苏州天隆生物科技有限公司	1	0	1
	江苏鑫泰岩土科技有限公司	1	0	1
	苏州中科天启遥感科技有限公司	1	0	1
	江苏长电科技股份有限公司	1	0	1
	通富微电子股份有限公司	1	0	1
	江苏中创清源科技有限公司	1	0	1
	无锡华润上华科技有限公司	1	0	1
	国电南京自动化股份有限公司	1	0	1
	无锡芯朋微电子股份有限公司	1	0	1
	扬州大学	1	0	1
	徐州徐工随车起重机有限公司	1	0	1
	国电南瑞科技股份有限公司	1	0	1
	国网电力科学研究院有限公司	1	1	0
	中国人民解放军东部战区总医院	1	1	0
	南京钢铁股份有限公司	1	0	1
	中国矿业大学	1	1	0
	南京航空航天大学	1	0	1
	中建材环保研究院（江苏）有限公司	1	0	1
	南京林业大学	1	0	1
	中铁一局集团城市轨道交通工程有限公司	1	0	1
	南京农业大学	1	0	1
	南京师范大学	1	0	1

资料来源：科技大数据湖北省重点实验室

3.3.5 浙江省

2021年，浙江省的基础研究竞争力指数为77.5709，排名第5位。浙江省的基础研究优势学科为电子与电气工程、多学科材料、环境科学、物理化学、应用物理学、肿瘤学、多学科化学、药学与药理学、纳米科学与技术、化学工程。其中，电子与电气工程的高频词包括特征提取、深度学习、数学模型、训练、任务分析、优化等；多学科材料的高频词包括微观结构、机械性能、光催化、锂离子电池、石墨烯等；环境科学的高频词包括重金属、镉、微塑料、新冠肺炎、吸附、生物炭等（表3-34）。综合本省各学科的发文数量和排名位次来看，2021年浙江省基础研究在全国范围内较为突出的学科为医学检验技术、内科学、药物滥用、机器人学、纺织材料、耳鼻喉科学、急诊医学、临床心理学、解剖学、食品科学等。

表3-34 2021年浙江省基础研究优势学科及高频词

序号	活跃学科	SCI学科活跃度	高频词（词频）
1	电子与电气工程	8.56	特征提取（139）；深度学习（115）；数学模型（113）；训练（94）；任务分析（91）；优化（85）；传感器（56）；机器学习（55）；开关（53）；计算建模（52）；不确定性（43）；估计（41）；预测模型（37）；可视化（36）；电压控制（34）；实时系统（33）；三维显示（33）；适应模式（32）；分析模型（32）；语义（32）；联轴器（31）；扭矩（31）；神经网络（30）；卷积（29）；启发式算法（29）；阻抗（29）
2	多学科材料	6.84	微观结构（86）；机械性能（45）；光催化（32）；锂离子电池（30）；石墨烯（27）；稳定性（26）；3D打印（25）；钙钛矿太阳能电池（25）；金属有机框架（24）；锂离子电池（22）；自组装（22）；纳米粒子（22）；析氢反应（22）；电催化（21）；金属有机框架（21）；析氧反应（21）；密度泛函理论（20）；磁性（20）；热稳定性（20）
3	环境科学	5.60	重金属（47）；镉（43）；微塑料（36）；新冠肺炎（33）；吸附（30）；生物炭（28）；微生物群落（24）；氧化应激（22）；可持续发展（22）；空气污染（21）；抗生素耐药基因（21）；土壤（21）；毒性（21）；斑马鱼（20）；抗生素（20）；细菌群落（20）；厌氧氨氧化（20）；植物修复（20）；风险评估（20）
4	物理化学	4.81	锂离子电池（45）；光催化（40）；电催化（40）；析氧反应（29）；氧化还原反应（22）；析氢反应（21）；金属有机框架（21）；稳定性（20）；石墨烯（20）；吸附（20）；钙钛矿太阳能电池（20）；超级电容器（20）；二氧化钛（20）；微观结构（20）；密度泛函理论（20）；制氢（20）
5	应用物理学	4.24	传感器（30）；微观结构（29）；光催化（29）；石墨烯（26）；稳定（23）；析氢反应（22）；吸附（22）；电催化（20）；纳米粒子（20）；3D打印（20）；密度泛函理论（20）；机械性能（20）；传感器（20）；硅（20）；薄膜（20）；一氧化碳（20）
6	肿瘤学	3.91	预后（150）；肝细胞癌（72）；大肠癌（70）；免疫疗法（65）；乳腺癌（58）；胃癌（44）；诺谟图（41）；肺癌（40）；癌症（39）；转移（38）；细胞凋亡（35）；增殖（35）；宫颈癌（32）；自噬（25）；非小细胞肺癌（25）；放射组学（25）；生物标志物（24）；荟萃分析（23）；总生存期（22）；肿瘤微环境（21）；化疗（20）
7	多学科化学	4.20	光催化（28）；自组装（27）；石墨烯（27）；电化学（26）；金属有机框架（26）；3D打印（25）；聚集诱导发光（22）；电催化（22）；超声波（20）；细胞凋亡（20）；药物载体（20）；有机框架（20）；癌症治疗（20）；一氧化碳（20）；水凝胶（20）；纳米材料（20）；纳米结构（20）
8	药学与药理学	3.89	细胞凋亡（81）；发炎（66）；氧化应激（46）；自噬（43）；荟萃分析（36）；癌症（34）；药代动力学（32）；大肠癌（31）；新冠肺炎（30）；增殖（30）；乳腺癌（30）；肺癌（30）；预后（20）；多发性硬化症（23）；败血症（21）；药物载体（20）；肝细胞癌（20）；免疫疗法（20）；线粒体（20）
9	纳米科学与技术	3.82	石墨烯（24）；金属有机框架（24）；纳米粒子（24）；纳米材料（22）；3D打印（21）；光催化（21）；金属有机框架（20）；析氢反应（20）；纳米技术（20）；电催化（20）；电化学（20）；锂离子电池（20）；纳米医学（20）；稳定（20）
10	化学工程	3.70	吸附（30）；光催化（30）；防污（29）；析氢反应（29）；界面聚合（27）；金属有机框架（26）；稳定性（25）；协同效应（23）；分离（23）；电渗析（22）；过渡金属碳/氮化合物（22）；纳滤膜（21）；热解（20）；生物炭（20）；二氧化碳捕获（20）

资料来源：科技大数据湖北省重点实验室

2021年，浙江省争取国家自然科学基金项目总数为2225项，项目经费总额为92 743万元，全国排名均为第7位。浙江省发表SCI论文数量最多的学科为多学科材料（表3-35）；人工智能领域的产-学合作率最高（表3-36）；浙江省争取国家自然科学基金经费超过1亿元

第3章 中国省域基础研究竞争力报告

的有1个机构（表3-37）；浙江省共有28个机构进入相关学科的ESI全球前1%行列（图3-11）；发明专利申请量共116 986件（表3-38），主要专利权人如表3-39所示；获得国家科技奖励的机构如表3-40所示。

2021年，浙江省地方财政科技投入经费578.58亿元，全国排名第3位；获得国家科技奖励37项，全国排名第4位。截至2021年12月，浙江省拥有国家重点实验室16个；拥有院士48位，全国排名第8位。

表3-35　2021年浙江省主要学科发文量、被引频次及国际合作情况

序号	学科	论文数/篇（全国排名，省内排名）	论文被引频次/次（全国排名，省内排名）	论文篇均被引频次/次（全国排名，省内排名）	国际合作率（全国排名，省内排名）	国际合作度（全国排名，省内排名）
1	多学科材料	3094（9，1）	9417（8，1）	3.04（5，17）	0.22（2，95）	47.6（14，95）
2	电子与电气工程	2569（8，2）	5046（7，6）	1.96（3，68）	0.24（3，83）	47.57（8，83）
3	环境科学	2063（8，3）	6790（7，3）	3.29（3，13）	0.29（5，51）	30.34（8，51）
4	物理化学	1834（8，4）	7861（8，2）	4.29（4，2）	0.2（2，106）	33.35（15，106）
5	多学科化学	1772（6，5）	6485（5，4）	3.66（6，8）	0.22（2，97）	36.16（9，97）
6	应用物理学	1703（8，6）	4677（7，9）	2.75（9，23）	0.22（2，96）	33.39（14，96）
7	肿瘤学	1582（5，7）	1980（5，19）	1.25（15，149）	0.09（10，172）	58.59（11，172）
8	药学与药理学	1458（5，8）	2244（5，17）	1.54（8，114）	0.09（15，171）	50.28（1，171）
9	纳米科学与技术	1335（7，9）	5245（7，5）	3.93（5，4）	0.25（1，78）	27.81（13，78）
10	生物化学与分子生物学	1316（6，10）	2648（5，13）	2.01（6，62）	0.17（6，125）	29.24（7，125）
11	化学工程	1264（7，11）	5023（7，7）	3.97（6，3）	0.19（10，117）	27.48（11，117）
12	实验医学	1185（5，12）	1604（5，22）	1.35（17，136）	0.08（15，177）	42.32（9，177）
13	能源与燃料	1117（10，13）	3333（10，10）	2.98（14，18）	0.2（15，110）	19.95（16，110）
14	计算机信息系统	1067（7，14）	1221（11，30）	1.14（17，161）	0.26（5，72）	26.68（6，72）
15	人工智能	1042（6，15）	2738（6，11）	2.63（6，30）	0.28（3，56）	22.65（12，56）
16	细胞生物学	1041（5，16）	2443（5，14）	2.35（9，49）	0.14（11，149）	37.18（8，149）
17	光学	989（6，17）	1137（5，33）	1.15（11，160）	0.14（4，150）	28.26（14，150）
18	食品科学	985（4，18）	2379（4，15）	2.42（9，45）	0.21（6，102）	23.45（12，102）
19	环境工程	895（8，19）	4720（6，6）	5.27（4，1）	0.29（1，52）	18.27（12，52）
20	生物技术与应用微生物学	880（6，20）	1638（6，21）	1.86（15，79）	0.13（18，161）	23.78（8，161）

注：学科排序同ESI学科固定排序
资料来源：科技大数据湖北省重点实验室

表3-36　2021年浙江省主要学科产-学-研合作情况

序号	学科	产-研合作率（省内排名）	产-学合作率（省内排名）	学-研合作率（省内排名）
1	多学科材料	1.1（73）	3.2（67）	11.8（49）
2	电子与电气工程	0.93（87）	4.9（37）	7.16（119）
3	环境科学	0.92（89）	2.18（94）	11.34（53）
4	物理化学	0.98（84）	2.73（78）	10.52（60）

续表

序号	学科	产-研合作率（省内排名）	产-学合作率（省内排名）	学-研合作率（省内排名）
5	多学科化学	0.79（102）	2.26（92）	10.27（63）
6	应用物理学	1.29（60）	3.76（55）	12.62（42）
7	肿瘤学	0.88（91）	2.4（87）	7.65（107）
8	药学与药理学	0.21（132）	1.03（130）	3.77（171）
9	纳米科学与技术	1.05（79）	2.47（85）	12.21（47）
10	生物化学与分子生物学	0.84（98）	1.98（96）	9.35（75）
11	化学工程	0.71（106）	3.09（68）	5.22（147）
12	实验医学	0.17（134）	0.59（145）	4.81（153）
13	能源与燃料	1.61（44）	6.71（22）	9.49（72）
14	计算机信息系统	1.41（55）	5.9（27）	7.5（112）
15	人工智能	3.45（16）	9.79（8）	8.93（82）
16	细胞生物学	0.67（109）	1.15（122）	7.68（106）
17	光学	1.52（49）	3.44（62）	11.53（50）
18	食品科学	1.12（72）	2.64（80）	8.22（95）
19	环境工程	1.12（71）	2.91（72）	7.49（113）
20	生物技术与应用微生物学	0.8（101）	1.82（103）	7.05（124）

资料来源：科技大数据湖北省重点实验室

表3-37　2021年浙江省争取国家自然科学基金项目经费三十强机构

序号	机构名称	项目数量/项（排名）	项目经费/万元（排名）	发文量/篇（排名）	论文被引频次/次（排名）	发明专利申请量/件（排名）
1	浙江大学	937（3）	40 470（3）	13 791（1）	28 033（1）	3 768（2）
2	浙江工业大学	154（58）	6 785（53）	2 240（70）	5 602（55）	2 269（23）
3	宁波大学	118（86）	4 798（90）	2 235（71）	3 777（84）	443（217）
4	温州医科大学	71（141）	3 123（133）	2 242（69）	3 677（88）	205（509）
5	浙江理工大学	69（148）	2 896（149）	1 225（125）	2 393（126）	934（92）
6	浙江中医药大学	69（148）	2 832（153）	825（179）	1 160（225）	71（1 535）
7	浙江农林大学	61（171）	2 653（164）	553（241）	1 198（223）	192（549）
8	杭州师范大学	63（158）	2 563（172）	819（181）	2 106（147）	202（517）
9	杭州电子科技大学	53（196）	2 277（188）	1 315（119）	2 795（109）	2 166（26）
10	浙江师范大学	54（192）	2 240（191）	843（173）	3605（91）	263（390）
11	西湖大学	50（203）	2 118（206）	186（494）	589（338）	105（1 018）
12	中国计量大学	48（210）	1 890（216）	661（214）	1 044（244）	639（134）
13	温州大学	44（227）	1 710（232）	689（206）	2 480（122）	517（177）
14	中国科学院宁波材料技术与工程研究所	44（227）	1 640（241）	583（229）	2 317（133）	343（284）
15	浙江工商大学	35（270）	1 408（282）	647（220）	1 491（195）	253（408）
16	浙江省农业科学院	27（329）	1 036（351）	271（395）	390（434）	192（549）
17	自然资源部第二海洋研究所	22（380）	1 024（353）	121（600）	157（614）	87（1 248）

续表

序号	机构名称	项目数量/项（排名）	项目经费/万元（排名）	发文量/篇（排名）	论文被引频次/次（排名）	发明专利申请量/件（排名）
18	杭州医学院	25（348）	923（380）	278（386）	317（481）	50（2 231）
19	之江实验室	28（321）	870（389）	47（892）	43（995）	584（152）
20	浙江海洋大学	20（402）	790（418）	308（358）	714（301）	329（300）
21	国科大杭州高等研究院	23（365）	718（440）	—	—	16（7 714）
22	浙江科技学院	15（483）	580（503）	258（411）	468（393）	247（427）
23	国科温州研究院（温州生物材料与工程研究所）	16（456）	558（510）	—	—	21（5701）
24	台州学院	16（456）	538（518）	309（356）	1 147（226）	250（415）
25	中国农业科学院茶叶研究所	12（541）	500（529）	73（749）	219（561）	54（2 053）
26	中国水稻研究所	11（552）	496（533）	93（676）	160（612）	52（2 134）
27	嘉兴学院	14（501）	494（535）	383（311）	489（378）	319（316）
28	湖州师范学院	13（522）	483（537）	386（309）	766（287）	174（606）
29	绍兴文理学院	11（552）	472（549）	442（279）	2 060（149）	159（669）
30	浙江省肿瘤医院	13（522）	440（564）	17（1 380）	28（1 194）	70（1 570）

资料来源：科技大数据湖北省重点实验室

机构名称	机构综合排名	农业科学	生物与生物化学	化学	临床医学	计算机科学	经济与商学	工程科学	环境生态学	地球科学	免疫学	材料科学	数学	微生物学	分子生物与基因	综合交叉学科	神经科学与行为	药理学与毒物学	物理学	植物与动物学	精神病学/心理学	社会科学	机构进入ESI学科数
中国科学院宁波材料技术与工程研究所	4377	—	—	752	—	—	—	1072	—	—	—	593	—	—	—	—	—	—	—	—	—	—	3
中国水稻研究所	4555	918	—	—	—	—	—	—	—	—	—	—	—	—	—	—	—	—	—	427	—	—	2
浙江大学	5473	20	96	1573	11	3	1	7	5	1	2	4	1	1	948	155	1021	818	762	453	888	1337	21
浙江师范大学	5474	—	—	1571	—	—	—	9	7	—	—	6	2	—	—	—	—	—	—	—	—	—	5
中国农业科学院茶叶研究所	5640	720	—	—	—	—	—	—	—	—	—	—	—	—	—	—	—	—	—	493	—	—	2
杭州师范大学	5758	—	1302	348	3832	—	—	1523	1150	—	—	880	—	—	—	—	—	512	—	909	—	—	8
浙江省肿瘤医院	5868	—	—	—	15	—	—	—	—	—	—	—	—	—	—	—	—	—	—	—	—	—	1
浙江农林大学	5946	426	—	1569	—	—	—	11	10	—	—	—	—	—	—	—	—	—	—	1203	—	—	5
温州大学	5979	—	—	1533	—	20	—	61	—	—	—	36	—	—	—	—	—	—	—	—	—	—	4
浙江省农业科学院	6201	522	—	—	—	—	—	—	9	—	—	—	—	—	—	—	—	—	—	782	—	—	3
浙江工业大学	6386	610	899	1574	—	2	—	4	4	—	—	3	—	—	—	—	—	995	—	—	—	—	8
浙江理工大学	6405	—	—	1572	—	—	—	8	—	—	—	5	—	—	—	—	—	—	—	—	—	—	3
宁波诺丁汉大学	6439	—	—	—	—	—	—	250	—	—	—	—	—	—	—	—	—	—	—	—	—	1335	—
温州医科大学	6461	—	589	1532	130	—	—	—	—	—	18	37	—	—	—	—	966	—	1048	1005	—	—	8
中国计量大学	6867	—	—	134	—	—	—	1769	—	—	—	1027	—	—	—	—	—	—	—	—	—	—	3
浙江工商大学	6942	366	—	1570	—	4	—	10	8	—	—	—	—	—	—	—	—	—	—	—	—	—	5
绍兴文理学院	7009	—	—	825	—	—	—	—	—	—	—	—	—	—	—	—	—	—	—	—	—	—	1
宁波大学	7022	598	—	753	2196	—	—	1026	813	—	—	592	—	—	—	—	—	—	—	1307	—	—	7
浙江省人民医院	7073	—	—	—	12	—	—	—	—	—	—	—	—	—	—	—	—	—	—	—	—	—	1
台州学院	7142	—	—	979	—	—	—	—	—	—	—	—	—	—	—	—	—	—	—	—	—	—	1
杭州电子科技大学	7306	—	—	347	—	509	—	1524	—	—	—	881	—	—	—	—	—	—	—	—	—	—	4
浙江海洋大学	7314	979	—	—	—	—	—	—	—	—	—	—	—	—	—	—	—	—	—	1390	—	—	2
湖州师范学院	7333	—	—	3508	—	—	—	1463	—	—	—	250	—	—	—	—	—	—	—	—	—	—	3
浙江财经大学	7445	—	—	—	—	6	—	—	—	—	—	—	—	—	—	—	—	—	—	—	—	1227	2
浙江中医药大学	7459	—	—	14	—	—	—	—	—	—	—	—	—	—	—	—	—	999	—	—	—	—	2
嘉兴学院	7502	—	528	—	—	—	—	—	—	—	—	—	—	—	—	—	—	—	—	—	—	—	1
浙江科技学院	7683	—	—	—	—	—	—	5	—	—	—	—	—	—	—	—	—	—	—	—	—	—	1
杭州医学院	7826	—	—	—	3833	—	—	—	—	—	—	—	—	—	—	—	—	—	—	—	—	—	1

图 3-11 2021 年浙江省各机构进入 ESI 全球前 1%的学科及排名

资料来源：科技大数据湖北省重点实验室

表 3-38 2021 年浙江省发明专利申请量十强技术领域

序号	IPC 号（技术领域）	发明专利申请量/件
1	G06F（电子数字数据处理）	8 286
2	G06Q（专门适用于行政、商业、金融、管理、监督或预测目的的数据处理系统或方法；其他类目不包含的专门适用于行政、商业、金融、管理、监督或预测目的的处理系统或方法）	3 272
3	G01N（小类中化学分析方法或化学检测方法）	3 176
4	G06K（数据处理）	2 336
5	G06T（图像数据处理）	2 255
6	H04L[数字信息的传输，例如电报通信（电报和电话通信的公用设备入 H04M）]	2 208
7	B29C[塑料的成型或连接；塑性状态材料的成型，不包含在其他类目中的；已成型产品的后处理，例如修整（制作预型件入 B29B 11/00）；通过将原本不相连接的层结合成为各层连在一起的产品来制造层状产品入 B32B 7/00 至 B32B 41/00]	1 801
8	B01D[分离（用湿法从固体中分离固体入 B03B、B03D，用风力跳汰机或摇床入 B03B，用其他干法入 B07；固体物料从固体物料或流体中的磁或静电分离，利用高压电场的分离入 B03C；离心机、涡旋装置入 B04B；涡旋装置入 B04C；用于从含液物料中挤出液体的压力机本身入 B30B 9/02）]	1 616
9	A61B[诊断；外科；鉴定（分析生物材料入 G01N，如 G01N 33/48）]	1 562
10	H04N（图像通信，如电视）	1 475
	全省合计	116 986

资料来源：科技大数据湖北省重点实验室

表 3-39 2021 年浙江省发明专利申请量优势企业和科研机构列表

序号	优势企业	发明专利申请量/件	序号	优势科研机构	发明专利申请量/件
1	支付宝（杭州）信息技术有限公司	1631	1	浙江大学	3767
2	网易（杭州）网络有限公司	1453	2	浙江工业大学	2269
3	浙江大华技术股份有限公司	1274	3	杭州电子科技大学	2166
4	浙江吉利控股集团有限公司	774	4	浙江理工大学	934
5	浙江亚厦装饰股份有限公司	705	5	中国计量大学	625
6	杭州海康威视数字技术股份有限公司	514	6	温州职业技术学院	551
7	宁波奥克斯电气股份有限公司	502	7	温州大学	517
8	杭州安恒信息技术股份有限公司	465	8	宁波大学	443
9	宁波方太厨具有限公司	445	9	中国科学院宁波材料技术与工程研究所	343
10	维沃移动通信（杭州）有限公司	393	10	浙江海洋大学	329
11	中国电建集团华东勘测设计研究院有限公司	346	11	嘉兴学院	318
12	阿里巴巴（中国）有限公司	312	12	浙江师范大学	263
13	杭州老板电器股份有限公司	270	13	浙江工商大学	253
14	阿里云计算有限公司	269	14	台州学院	250
15	宁波江丰电子材料股份有限公司	217	15	浙江科技学院	247
16	浙江舜宇光学有限公司	216	16	杭州职业技术学院	209
17	浙江中控技术股份有限公司	192	17	浙江工业职业技术学院	206

续表

序号	优势企业	发明专利申请量/件	序号	优势科研机构	发明专利申请量/件
18	挂号网（杭州）科技有限公司	190	18	温州医科大学	205
19	华电电力科学研究院有限公司	189	19	杭州师范大学	202
20	阿里巴巴达摩院（杭州）科技有限公司	180	20	浙江农林大学	192
				浙江省农业科学院	192

资料来源：科技大数据湖北省重点实验室

表3-40　2021年浙江省获得国家科技奖励机构清单

序号	获奖机构	获奖数量/项 总计	主持	参与
1	浙江大学	16	11	5
2	温州大学	2	1	1
	杭州师范大学	2	0	2
	中国水稻研究所	2	1	1
5	浙江上洋机械股份有限公司	1	0	1
	浙江东南网架股份有限公司	1	0	1
	浙富控股集团股份有限公司	1	0	1
	杭州华澜微电子股份有限公司	1	0	1
	浙江巨化装备工程集团有限公司	1	0	1
	杭州绿洁环境科技股份有限公司	1	0	1
	浙江运达风电股份有限公司	1	0	1
	杭州普罗星淀粉有限公司	1	0	1
	浙江大学宁波理工学院	1	0	1
	慈兴集团有限公司	1	0	1
	浙江工业大学	1	1	0
	杭州市水务集团有限公司	1	0	1
	浙江农林大学	1	0	1
	杭州依图医疗技术有限公司	1	0	1
	浙江省农业科学院	1	1	0
	杭州优稳自动化系统有限公司	1	0	1
	杭州电子科技大学	1	1	0
	杭州源牌科技股份有限公司	1	0	1
	海通食品集团有限公司	1	0	1
	杭州制氧机集团股份有限公司	1	0	1
	浙江大学医学院附属妇产科医院	1	0	1
	杭州中亚机械股份有限公司	1	0	1
	浙江富安水力机械研究所有限公司	1	0	1

续表

序号	获奖机构	获奖数量/项 总计	主持	参与
5	嘉力丰科技股份有限公司	1	0	1
	浙江恒强科技股份有限公司	1	0	1
	嘉兴市农业科学研究院	1	0	1
	浙江理工大学	1	1	0
	宁波海天精工股份有限公司	1	0	1
	浙江日发纺机技术有限公司	1	0	1
	宁波江丰电子材料股份有限公司	1	1	0
	浙江省农产品质量安全中心	1	0	1
	宁波三生生物科技有限公司	1	0	1
	浙江勿忘农种业股份有限公司	1	0	1
	中国石油化工股份有限公司镇海炼化分公司	1	0	1
	中国林业科学研究院亚热带林业研究所	1	0	1
	阿里巴巴（中国）有限公司	1	0	1
	国网浙江省电力有限公司	1	1	0
	宁波市测绘设计研究院	1	0	1
	人本集团有限公司	1	0	1

资料来源：科技大数据湖北省重点实验室

3.3.6 湖北省

2021 年，湖北省的基础研究竞争力指数为 75.1029，排名第 6 位。湖北省的基础研究优势学科为电子与电气工程、多学科材料、环境科学、物理化学、应用物理学、能源与燃料、多学科化学、纳米科学与技术、计算机信息系统、化学工程。其中，电子与电气工程的高频词包括特征提取、数学模型、任务分析、遥感、深度学习、训练等；多学科材料的高频词包括微观结构、机械性能、钙钛矿太阳能电池、光催化、3D 打印等；环境科学的高频词包括新冠肺炎、吸附、遥感、气候变化、空气污染等（表 3-41）。综合本省各学科的发文数量和排名位次来看，2021 年湖北省基础研究在全国范围内较为突出的学科为遥感、地球化学与地球物理学、自然地理学、病毒学、信息科学与图书馆学、矿物学、地理学、法学、多学科地球科学、影像科学等。

表 3-41　2021 年湖北省基础研究优势学科及高频词

序号	活跃学科	SCI 学科活跃度	高频词（词频）
1	电子与电气工程	8.75	特征提取（203）；数学模型（150）；任务分析（143）；遥感（136）；深度学习（126）；训练（117）；优化（84）；传感器（80）；语义（65）；电压控制（56）；开关（52）；图像分割（51）；预测模型（49）；可视化（47）；延迟（45）；计算建模（44）；卷积（41）；拓扑（41）；谐波分析（40）；许可证（40）；三维显示（40）；高光谱成像（39）；涡轮转子（38）；物联网（36）

续表

序号	活跃学科	SCI学科活跃度	高频词（词频）
2	多学科材料	6.92	微观结构（110）；机械性能（105）；钙钛矿太阳能电池（41）；光催化（41）；3D打印（36）；稳定性（24）；石墨烯（24）；氧化还原反应（24）；二维材料（23）；抗压强度（23）；锂离子电池（23）；分子动力学（22）；选择性激光熔化（20）；超级电容器（20）；热稳定性（20）；添加剂制造（20）；电催化（20）；有机太阳能电池（20）；析氢反应（20）
3	环境科学	6.23	新冠肺炎（52）；吸附（46）；遥感（42）；气候变化（32）；空气污染（31）；深度学习（30）；生物炭（26）；砷（25）；机器学习（25）；重金属（23）；植物修复（20）；废水处理（19）；水质（18）；土地使用（16）；氧化应激（16）；PM$_{2.5}$（15）；镉（13）；光催化（13）；斑马鱼（13）；反硝化（12）；富营养化（12）；微生物群落（12）；微塑料（12）；扬子江（12）
4	物理化学	4.67	光催化（51）；密度泛函理论（30）；析氢反应（29）；吸附（25）；氧化还原反应（25）；水分解（25）；钙钛矿太阳能电池（24）；析氧反应（22）；电催化（21）；锂离子电池（21）；机械性能（21）；超级电容器（18）；阳极（13）；二氧化碳减排（13）；二氧化钛（13）；二维材料（12）；石墨烯（11）；有机太阳能电池（11）
5	应用物理学	4.15	传感器（51）；微观结构（41）；密度泛函理论（20）；氧化还原反应（19）；钙钛矿太阳能电池（18）；石墨烯（17）；机械性能（17）；析氢反应（16）；光纤传感器（15）；水分解（15）；二维材料（13）；光催化（12）；灵敏度（12）；有机太阳能电池（11）；稳定性（11）；复合材料（10）；电催化（10）；离子电池（10）
6	能源与燃料	3.86	生物质（25）；钙钛矿太阳能电池（23）；热解（23）；稳定性（21）；数值模拟（15）；深度学习（15）；光催化（15）；密度泛函理论（14）；可再生能源（13）；能源消耗（11）；储能（10）；机器学习（10）；多目标优化（10）；超级电容器（10）；煤炭（9）；质子交换膜燃料电池（9）；页岩气（9）；太阳能（9）；温度（9）
7	多学科化学	3.60	电催化（19）；光催化（18）；有机太阳能电池（15）；稳定性（15）；二维材料（11）；二氧化碳减排（10）；电化学（10）；析氢反应（9）；免疫疗法（9）；金属有机框架（9）；氧化还原反应（9）；荧光（8）；新冠肺炎（7）；密度泛函理论（7）；基因表达（7）；离子电池（7）；光致发光（7）；水分解（7）
8	纳米科学与技术	3.44	机械性能（22）；光催化（19）；氧化还原反应（18）；二维材料（15）；析氢反应（12）；聚集诱导发光（11）；电催化（11）；免疫疗法（11）；有机太阳能电池（10）；3D打印（9）；密度泛函理论（9）；药物载体（9）；锂硫电池（9）；纳米粒子（9）；锂离子电池（8）；金属有机框架（8）；微观结构（8）；纳米酶（8）
9	计算机信息系统	3.21	深度学习（59）；特征提取（53）；数学模型（52）；训练（42）；任务分析（39）；许可证（36）；物联网（29）；计算建模（23）；云计算（21）；大数据（20）；预测模型（20）；区块链（19）；新冠肺炎（19）；安全（18）；数据挖掘（16）；实时系统（14）；传感器（14）；负载建模（13）；语义（13）
10	化学工程	3.18	吸附（40）；光催化（38）；动力学（28）；膜污染（22）；热解（22）；稳定（21）；析氢反应（18）；金属有机框架（16）；二氧化碳捕获（15）；密度泛函（15）；析氧反应（15）；氧化还原反应（15）；分离（15）；DFT计算（14）；锂离子电池（14）；分子动力学（14）；密度泛函理论（13）；氢（13）；过氧单硫酸盐（13）

资料来源：科技大数据湖北省重点实验室

2021年，湖北省争取国家自然科学基金项目总数为2370项，项目经费总额为104 757万元，全国排名均为第5位。湖北省发表SCI论文数量最多的学科为多学科材料（表3-42）；土木工程领域的产–学合作率最高（表3-43）；湖北省争取国家自然科学基金经费超过1亿元的有2个机构（表3-44）；湖北省共有29个机构进入相关学科的ESI全球前1%行列（图3-12）；发明专利申请量共48 135件（表3-45），主要专利权人如表3-46所示；获得国家科技奖励的机构如表3-47所示。

2021年，湖北省地方财政科技投入经费314.43亿元，全国排名第9位；获得国家科技奖励24项，全国排名第8位。截至2021年12月，湖北省拥有国家实验室1个，国家研究中心

1个,国家重点实验室29个;拥有院士81位,全国排名第4位。

表 3-42 2021年湖北省主要学科发文量、被引频次及国际合作情况

序号	学科	论文数/篇（全国排名,省内排名）	论文被引频次/次（全国排名,省内排名）	论文篇均被引频次/次（全国排名,省内排名）	国际合作率（全国排名,省内排名）	国际合作度（全国排名,省内排名）
1	多学科材料	3 524（7,1）	10 853（6,1）	3.08（2,26）	0.2（5,107）	59.73（8,107）
2	电子与电气工程	2 878（7,2）	5 384（5,8）	1.87（5,96）	0.21（10,100）	55.35（6,100）
3	环境科学	2 747（4,3）	7 734（4,3）	2.82（10,33）	0.25（8,70）	37.63（6,70）
4	物理化学	2 010（7,4）	9 009（6,2）	4.48（3,8）	0.2（5,110）	37.92（11,110）
5	应用物理学	1 864（6,5）	5 468（5,7）	2.93（3,31）	0.18（6,121）	37.28（10,121）
6	多学科化学	1 746（7,6）	6 389（6,4）	3.66（7,16）	0.22（3,96）	34.24（11,96）
7	能源与燃料	1 723（6,7）	5 488（4,6）	3.19（7,23）	0.23（6,86）	32.51（6,86）
8	纳米科学与技术	1 325（8,8）	5 553（5,5）	4.19（4,13）	0.22（6,95）	38.97（5,95）
9	多学科地球科学	1 275（3,9）	2 452（2,13）	1.92（6,89）	0.3（11,42）	25.5（2,42）
10	化学工程	1 169（10,10）	5 118（6,9）	4.38（3,11）	0.22（2,92）	22.48（16,92）
11	生物化学与分子生物学	1 167（7,11）	2 409（7,14）	2.06（5,72）	0.17（7,128）	22.02（14,128）
12	肿瘤学	1 105（8,12）	1 704（7,26）	1.54（3,135）	0.09（12,183）	61.39（10,183）
13	计算机信息系统	1 071（6,13）	1 858（8,23）	1.73（7,107）	0.29（1,48）	21.86（11,48）
14	人工智能	1 064（6,14）	2 769（7,12）	2.6（7,44）	0.25（9,69）	28.76（7,69）
15	环境工程	1 007（6,15）	4 688（7,10）	4.66（11,7）	0.25（7,64）	21.89（8,64）
16	土木工程	988（5,16）	1 777（6,25）	1.8（10,103）	0.26（9,61）	20.58（14,61）
17	药学与药理学	949（8,17）	1 490（8,29）	1.57（5,132）	0.1（13,176）	29.66（12,176）
18	细胞生物学	911（6,18）	2 133（6,18）	2.34（10,57）	0.16（4,136）	29.39（13,136）
19	光学	906（7,19）	1 042（7,42）	1.15（10,177）	0.12（7,166）	26.65（15,166）
20	遥感	892（2,20）	2 157（2,17）	2.42（3,53）	0.22（13,93）	24.11（4,93）

注：学科排序同ESI学科固定排序
资料来源：科技大数据湖北省重点实验室

表 3-43 2021年湖北省主要学科产-学-研合作情况

序号	学科	产-研合作率（省内排名）	产-学合作率（省内排名）	学-研合作率（省内排名）
1	多学科材料	0.6（94）	2.44（61）	7.35（91）
2	电子与电气工程	1.18（54）	3.89（26）	6.95（101）
3	环境科学	1.13（58）	2.11（75）	11.25（43）
4	物理化学	0.6（93）	1.34（105）	5.92（136）
5	应用物理学	1.18（55）	3（45）	7.56（88）
6	多学科化学	0.57（98）	1.66（85）	7.73（85）
7	能源与燃料	1.39（43）	4.59（15）	6.33（125）
8	纳米科学与技术	0.53（105）	1.06（118）	6.42（123）
9	多学科地球科学	1.25（50）	2.43（64）	12.08（39）

续表

序号	学科	产-研合作率（省内排名）	产-学合作率（省内排名）	学-研合作率（省内排名）
10	化学工程	0.6（92）	1.97（79）	4.45（162）
11	生物化学与分子生物学	1.37（44）	1.89（80）	10.97（48）
12	肿瘤学	1（67）	1.45（95）	5.25（147）
13	计算机信息系统	0.28（119）	2.24（70）	5.14（149）
14	人工智能	0.38（112）	1.41（100）	5.17（148）
15	环境工程	0.7（85）	2.28（68）	7.25（95）
16	土木工程	2.43（17）	5.97（12）	8.4（78）
17	药学与药理学	0.42（108）	0.42（146）	4.64（157）
18	细胞生物学	1.43（41）	1.76（83）	6.81（105）
19	光学	1.21（53）	3.75（32）	9.93（58）
20	遥感	0.56（100）	0.9（123）	10.54（51）

资料来源：科技大数据湖北省重点实验室

表3-44　2021年湖北省争取国家自然科学基金项目经费三十强机构

序号	机构名称	项目数量/项（排名）	项目经费/万元（排名）	发文量/篇（排名）	论文被引频次/次（排名）	发明专利申请量/件（排名）
1	华中科技大学	640（5）	28 021（5）	9 549（5）	22 367（3）	2 519（14）
2	武汉大学	427（13）	19 377（13）	6 951（13）	16 257（10）	1 469（51）
3	华中农业大学	199（39）	9 763（39）	2 223（72）	4 422（74）	577（158）
4	中国地质大学（武汉）	190（40）	8 714（40）	2 467（62）	5 782（51）	662（129）
5	武汉理工大学	141（72）	6 376（67）	2 832（52）	7 158（37）	1 798（40）
6	华中师范大学	86（117）	3 999（108）	1 047（144）	2 361（129）	145（737）
7	武汉科技大学	62（162）	2 620（168）	1 090（135）	2 140（142）	560（162）
8	湖北大学	56（186）	2 365（183）	722（200）	1 849（164）	203（514）
9	三峡大学	42（234）	1 846（219）	741（194）	1 605（180）	637（135）
10	武汉工程大学	44（227）	1 835（221）	648（219）	1 407（202）	451（210）
11	中国科学院精密测量科学与技术创新研究院	37（262）	1 820（223）	224（446）	338（465）	87（1 248）
12	长江大学	39（250）	1 773（227）	913（161）	1 229（220）	317（320）
13	中国科学院水生生物研究所	36（267）	1 580（250）	365（321）	687（308）	53（2 097）
14	中南民族大学	31（298）	1 357（290）	383（311）	997（248）	167（642）
15	中国科学院武汉岩土力学研究所	25（348）	1 168（324）	316（352）	579（341）	258（398）
16	中国人民解放军海军工程大学	28（321）	1 098（338）	303（363）	257（518）	315（324）
17	中国科学院武汉植物园	24（359）	1 056（348）	155（532）	276（504）	7（20 499）
18	中南财经政法大学	25（348）	978（362）	333（336）	621（329）	4（40 345）
19	中国农业科学院油料作物研究所	20（402）	934（377）	87（695）	239（534）	82（1 336）
20	湖北工业大学	23（365）	913（383）	574（232）	917（265）	462（199）
21	武汉轻工大学	19（418）	740（432）	267（400）	470（392）	257（400）

续表

序号	机构名称	项目数量/项（排名）	项目经费/万元（排名）	发文量/篇（排名）	论文被引频次/次（排名）	发明专利申请量/件（排名）
22	武汉纺织大学	20（402）	692（451）	393（307）	803（280）	356（275）
23	湖北师范大学	16（456）	596（495）	215（458）	617（331）	34（3 448）
24	江汉大学	15（483）	553（513）	201（476）	323（477）	205（509）
25	湖北民族大学	16（456）	530（520）	108（623）	338（465）	44（2 605）
26	中国科学院武汉病毒研究所	9（597）	483（537）	132（575）	1 218（221）	36（3 247）
27	长江水利委员会长江科学院	13（522）	474（546）	42（945）	49（945）	102（1 053）
28	湖北中医药大学	10（572）	398（582）	180（504）	250（525）	21（5 701）
29	湖北经济学院	8（625）	258（705）	71（760）	233（542）	18（6 807）
30	湖北省农业科学院	8（625）	240（716）	127（587）	255（520）	—

资料来源：科技大数据湖北省重点实验室

机构	综合	农业科学	生物与生物化学	化学	临床医学	计算机科学	经济与商学	工程科学	环境生态学	地球科学	免疫学	材料科学	数学	微生物学	分子生物与基因	神经科学与行为	药理学与毒物学	物理学	植物与动物科学	精神病学/心理学	社会科学	机构进入ESI学科数
湖北大学	6100	—	—	393	—	—	—	1473	—	—	—	843	—	—	—	—	—	—	—	—	—	3
湖北工业大学	7047	714	—	—	—	—	—	1472	—	—	—	—	—	—	—	—	—	—	—	—	—	2
湖北理工学院	4209	—	—	3542	—	—	—	—	—	—	—	—	—	—	—	—	—	—	—	—	—	1
湖北文理学院	6991	—	—	3540	—	—	—	—	—	—	—	—	—	—	—	—	—	—	—	—	—	1
湖北医药学院	5851	—	—	3538	—	—	—	—	—	—	—	—	—	—	—	—	—	—	—	—	—	1
湖北中医药大学	7015	—	—	3539	—	—	—	—	—	—	—	—	—	—	—	—	—	—	—	—	—	1
华中科技大学	5240	586	208	392	3543	494	337	1475	1119	682	672	844	254	465	950	831	857	781	551	713	885	20
华中农业大学	5503	45	416	391	—	—	—	1476	1120	—	673	845	—	466	897	—	613	—	566	—	—	11
华中师范大学	4641	—	—	112	—	—	—	1810	1349	—	—	1050	302	—	—	—	—	647	1175	—	1882	8
三峡大学	6870	—	—	139	4720	—	—	1763	—	—	—	1023	—	—	—	—	—	—	—	—	—	4
武汉大学	5249	428	308	1542	64	17	—	47	26	9	12	29	7	7	949	941	903	766	876	—	1215	18
武汉纺织大学	6597	—	—	1541	—	—	—	48	—	—	—	30	—	—	—	—	—	—	—	—	—	3
武汉工程大学	6002	—	—	1540	—	—	—	50	—	—	—	31	—	—	—	—	—	—	—	—	—	3
武汉科技大学	6473	—	—	1543	63	—	—	46	—	—	—	28	—	—	—	—	—	—	—	—	—	4
武汉理工大学	4709	—	—	1544	—	16	—	45	25	—	—	27	—	—	—	—	—	740	—	—	999	7
武汉轻工大学	6593	675	—	—	—	—	—	—	—	—	—	—	—	—	—	—	—	—	—	—	—	1
武汉市金银潭医院	798	—	—	—	66	—	—	—	—	—	—	—	—	—	—	—	—	—	—	—	—	1
长江大学	7635	737	—	—	—	—	—	27	—	—	—	—	—	—	—	—	—	—	1363	—	—	3
长江流域水资源保护局	7166	—	—	—	—	—	—	—	17	—	—	—	—	—	—	—	—	—	—	—	—	1
中国科学院测量与地球物理研究所	5562	—	—	—	—	—	—	—	—	649	—	—	—	—	—	—	—	—	—	—	—	1
中国科学院水生生物研究所	5771	—	1150	—	—	—	—	—	1065	—	—	—	—	—	—	—	—	—	952	—	—	3
中国科学院武汉病毒研究所	2427	—	—	—	67	—	—	—	—	—	—	—	—	8	—	—	—	—	—	—	—	2
中国科学院武汉物理与数学研究所	5337	—	—	1539	—	—	—	—	—	—	—	—	—	—	—	—	—	—	—	—	—	1
中国科学院武汉岩土力学研究所	6608	—	—	—	—	—	—	51	10	—	—	—	—	—	—	—	—	—	—	—	—	2
中国科学院武汉植物园	4883	894	—	—	—	—	—	—	27	—	—	—	—	—	—	—	—	—	575	—	—	3
中国农业科学院油料作物研究所	4881	818	—	—	—	—	—	—	—	—	—	—	—	—	—	—	—	—	581	—	—	2
中国人民解放军海军工程大学	7770	—	—	—	—	—	—	—	—	—	—	—	—	—	—	—	—	—	—	—	—	0
中南财经政法大学	7753	—	—	—	—	—	1	—	—	—	—	—	—	—	—	—	—	—	—	—	—	1
中南民族大学	6015	—	—	934	—	—	—	785	—	—	—	447	—	—	—	—	—	—	—	—	—	3

图 3-12 2021 年湖北省各机构进入 ESI 全球前 1%的学科及排名

资料来源：科技大数据湖北省重点实验室

表 3-45　2021 年湖北省发明专利申请量十强技术领域

序号	IPC 号（技术领域）	发明专利申请量/件
1	G06F（电子数字数据处理）	3 521
2	G01N（小类中化学分析方法或化学检测方法）	1 737
3	H01L［半导体器件；其他类目中不包括的电固体器件（使用半导体器件的测量入 G01；一般电阻器入 H01C；磁体、电感器、变压器入 H01F；一般电容器入 H01G；电解型器件入 H01G9/00；电池组、蓄电池入 H01M；波导管、谐振器或波导型线路入 H01P；线路连接器、汇流器入 H01R；受激发射器件入 H01S；机电谐振器入 H03H；扬声器、送话器、留声机拾音器或类似的声机电传感器入 H04R；一般电光源入 H05B；印刷电路、混合电路、电设备的外壳或结构零部件、电气元件的组件的制入 H05K；在具有特殊应用的电路中使用的半导体器件见应用相关的小类）］	1 632
4	G06Q（专门适用于行政、商业、金融、管理、监督或预测目的的数据处理系统或方法；其他类目不包含的专门适用于行政、商业、金融、管理、监督或预测目的的处理系统或方法）	1 240
5	G06T（图像数据处理）	1 047
6	G06K（数据处理）	907
7	H01M（用于直接转变化学能为电能的方法或装置，例如电池组）	785
8	H04L［数字信息的传输，例如电报通信（电报和电话通信的公用设备入 H04M）］	700
9	G01R（G01T 物理测定方法；其设备）	696
10	C04B［石灰；氧化镁；矿渣；水泥；其组合物，例如，砂浆、混凝土或类似的建筑材料；人造石；陶瓷（微晶玻璃陶瓷入 C03C 10/00）；耐火材料（难熔金属的合金入 C22C）；天然石的处理］	669
	全省合计	48 135

资料来源：科技大数据湖北省重点实验室

表 3-46　2021 年湖北省发明专利申请量优势企业和科研机构列表

序号	优势企业	发明专利申请量/件	序号	优势科研机构	发明专利申请量/件
1	东风汽车集团股份有限公司	1402	1	华中科技大学	2519
2	长江存储科技有限责任公司	876	2	武汉理工大学	1798
3	武汉华星光电半导体显示技术有限公司	857	3	武汉大学	1469
4	东风商用车有限公司	572	4	中国地质大学（武汉）	662
5	岚图汽车科技有限公司	417	5	三峡大学	636
6	武汉华星光电技术有限公司	402	6	华中农业大学	576
7	中铁第四勘察设计院集团有限公司	369	7	武汉科技大学	560
8	武汉钢铁有限公司	359	8	湖北工业大学	462
9	中国一冶集团有限公司	330	9	武汉工程大学	451
10	烽火通信科技股份有限公司	326	10	武汉纺织大学	356
11	武汉天马微电子有限公司	299	11	长江大学	317
12	中国船舶重工集团公司第七一九研究所	240	12	中国人民解放军海军工程大学	315
13	湖北亿纬动力有限公司	239	13	中国科学院武汉岩土力学研究所	258
14	湖北中烟工业有限责任公司	229	14	武汉轻工大学	257
15	长江勘测规划设计研究有限公司	212	15	江汉大学	205

续表

序号	优势企业	发明专利申请量/件	序号	优势科研机构	发明专利申请量/件
16	中冶南方工程技术有限公司	183	16	湖北大学	203
17	东风汽车股份有限公司	177	17	中南民族大学	167
17	湖北亿咖通科技有限公司	177	18	湖北文理学院	163
19	中国长江电力股份有限公司	173	19	华中师范大学	145
20	武汉船用机械有限责任公司	152	20	湖北科技学院	116

资料来源：科技大数据湖北省重点实验室

表3-47 2021年湖北省获得国家科技奖励机构清单

序号	获奖机构	获奖数量/项		
		总计	主持	参与
1	武汉大学	6	4	2
2	华中科技大学	3	3	0
2	中铁第四勘察设计院集团有限公司	3	0	3
4	中钢集团天澄环保科技股份有限公司	2	0	2
4	中铁十一局集团有限公司	2	0	2
4	武汉华中数控股份有限公司	2	0	2
7	襄阳市农业科学院	1	0	1
7	武汉市城市建设投资开发集团有限公司	1	0	1
7	中国五环工程有限公司	1	0	1
7	华中师范大学	1	0	1
7	武汉天际航信息科技股份有限公司	1	0	1
7	黄冈市农业科学院	1	0	1
7	中国地质大学（武汉）	1	0	1
7	立得空间信息技术股份有限公司	1	0	1
7	湖北省农业技术推广总站	1	0	1
7	武大吉奥信息技术有限公司	1	0	1
7	武汉市市政建设集团有限公司	1	0	1
7	湖北省农业科学院	1	1	0
7	武汉中地数码科技有限公司	1	0	1
7	武汉地铁集团有限公司	1	0	1
7	湖北省农业科学院植保土肥研究所	1	0	1
7	湖北省农业科学院粮食作物研究所	1	0	1
7	中国科学院武汉岩土力学研究所	1	0	1
7	湖北国宝桥米有限公司	1	0	1
7	中韩（武汉）石油化工有限公司	1	0	1
7	武汉理工大学	1	1	0

续表

序号	获奖机构	获奖数量/项		
		总计	主持	参与
7	华中农业大学	1	0	1
	武汉珞珈新空科技有限公司	1	0	1
	武汉科技大学	1	0	1

资料来源：科技大数据湖北省重点实验室

3.3.7 山东省

2021年，山东省的基础研究竞争力指数为69.1165，排名第7位。山东省的基础研究优势学科为多学科材料、电子与电气工程、环境科学、物理化学、化学工程、能源与燃料、应用物理学、多学科化学、纳米科学与技术、环境工程。其中，多学科材料的高频词包括微观结构、机械性能、光催化、超级电容器、石墨烯等；电子与电气工程的高频词包括深度学习、特征提取、数学模型、训练、任务分析等；环境科学的高频词包括重金属、吸附、生物炭、微塑料、氧化应激等（表3-48）。综合本省各学科的发文数量和排名位次来看，2021年山东省基础研究在全国范围内较为突出的学科为海洋学、水生生物学、湖沼生物学、渔业、海洋工程、石油工程、生理学、晶体学、分析化学、应用数学等。

表3-48 2021年山东省基础研究优势学科及高频词

序号	活跃学科	SCI学科活跃度	高频词（词频）
1	多学科材料	7.18	微观结构（102）；机械性能（93）；光催化（39）；超级电容器（35）；石墨烯（33）；耐腐蚀性能（31）；析氢反应（31）；机械性能（30）；析氧反应（30）；静电纺丝（23）；异质结构（23）；水分解（22）；锂离子电池（20）；电催化（18）；过渡金属碳/氮化合物（18）；纳米复合材料（17）；稳定性（16）；光学特性（14）；阳极（13）；分子动力学（13）；纳米粒子（13）；氧化还原反应（13）
2	电子与电气工程	6.55	深度学习（114）；特征提取（112）；数学模型（106）；训练（78）；任务分析（58）；优化（56）；预测模型（45）；传感器（43）；计算建模（39）；卷积（37）；物联网（35）；非线性系统（35）；语义（34）；启发式算法（29）；拓扑（29）；神经网络（27）；适应模式（25）；图像分割（23）；三维显示（23）
3	环境科学	6.14	重金属（49）；吸附（45）；生物炭（39）；微塑料（36）；氧化应激（28）；微生物群落（26）；毒性（21）；新冠肺炎（18）；镉（16）；生命周期评估（16）；抗生素（14）；细胞凋亡（14）；二氧化碳排放量（13）；人工湿地（13）；溶解有机物（13）；能源消耗（13）；遥感（13）；黄河三角洲（13）
4	物理化学	5.82	光催化（57）；析氢反应（52）；电催化（48）；析氧反应（42）；密度泛函（32）；超级电容器（29）；氧化还原反应（28）；水分解（27）；锂离子电池（24）；分子动力学模拟（23）；氧化石墨烯（19）；微波吸收（17）；还原氧化石墨烯（16）；过渡金属碳/氮化合物（15）；碳纳米管（14）
5	化学工程	4.21	吸附（37）；数值模拟（20）；过氧单硫酸盐（20）；光催化（18）；分子动力学模拟（17）；密度泛函理论（15）；析氧反应（15）；活性炭（12）；二氧化碳捕获（12）；电催化（12）；过渡金属碳/氮化合物（12）；荧光探针（11）；煤炭（10）；析氢反应（10）；界面聚合（10）；离子液体（10）；孔结构（10）
6	能源与燃料	4.18	数值模拟（39）；生物质（25）；热解（19）；锂离子电池（18）；超级电容器（18）；深度学习（15）；析氢反应（15）；煤炭（11）；机器学习（11）；析氧反应（11）；孔结构（11）；生物油（9）；天然气水合物（9）；生物柴油（8）；分子动力学模拟（8）；分子模拟（8）；天然气水合物（8）；页岩气（8）

续表

序号	活跃学科	SCI学科活跃度	高频词（词频）
7	应用物理学	3.79	微观结构（33）；机械性能（22）；光催化（22）；传感器（22）；石墨烯（17）；水分解（16）；碳纳米管（15）；析氢反应（15）；析氧反应（15）；耐腐蚀性能（14）；纳米复合材料（14）；纳米粒子（14）；超级电容器（14）；氧化石墨烯（12）；半导体（12）；可饱和吸收器（10）；电催化（9）；能量储存与转换（8）
8	多学科化学	3.73	光催化（23）；电催化（21）；自组装（20）；石墨烯（16）；吸附（15）；电化学（12）；催化（11）；石墨二炔（11）；析氢反应（9）；金属有机框架（9）；析氧反应（9）；储能（7）；荧光探针（7）；锂离子电池（7）；纳米粒子（7）；天然产物（7）；水分解（7）；密度泛函理论（6）；光致变色（6）；超级电容器（6）
9	纳米科学与技术	3.56	电催化（9）；析氢反应（14）；机械性能（14）；自组装（13）；吸附（12）；配位聚合物（12）；过渡金属碳/氮化合物（12）；纳米粒子（12）；静电纺丝（11）；金属有机框架（11）；石墨烯（10）；析氧反应（10）；光催化（10）；二维材料（8）；荧光（8）；异质结构（8）；超级电容器（8）
10	环境工程	3.53	吸附（45）；生物炭（39）；微塑料（36）；重金属（35）；氧化应激（28）；微生物群落（26）；毒性（21）；新冠肺炎（18）；镉（16）；生命周期评估（16）；抗生素（14）；细胞凋亡（14）；重金属（14）；风险评估（14）；沉淀（14）；二氧化碳排放量（13）；人工湿地（13）；溶解有机物（13）；能源消耗（13）；遥感（13）

资料来源：科技大数据湖北省重点实验室

2021年，山东省争取国家自然科学基金项目总数为2064项，项目经费总额为87 047万元，全国排名均为第8位。山东省发表SCI论文数量最多的学科为多学科材料（表3-49）；能源与燃料领域的产-学合作率最高（表3-50）；山东省争取国家自然科学基金经费超过1亿元的有1个机构（表3-51）；山东省共有31个机构进入相关学科的ESI全球前1%行列（图3-13）；发明专利申请量共75 958件（表3-52），主要专利权人如表3-53所示；获得国家科技奖励的机构如表3-54所示。

2021年，山东省地方财政科技投入经费370.87亿元，全国排名第6位；获得国家科技奖励30项，全国排名第6位。截至2021年12月，山东省拥有国家实验室1个，国家重点实验室23个；拥有院士29位，全国排名第14位。

表3-49 2021年山东省主要学科发文量、被引频次及国际合作情况

序号	学科	论文数/篇（全国排名，省内排名）	论文被引频次/次（全国排名，省内排名）	论文篇均被引频次/次（全国排名，省内排名）	国际合作率（全国排名，省内排名）	国际合作度（全国排名，省内排名）
1	多学科材料	3 537（6，1）	10 705（7，1）	3.03（6，28）	0.17（10，104）	70.74（6，104）
2	物理化学	2 583（4，2）	9 987（5，2）	3.87（10，15）	0.18（13，102）	56.15（4，102）
3	环境科学	2 509（6，3）	6 857（6，3）	2.73（14，38）	0.2（16，79）	38.02（5，79）
4	电子与电气工程	2 136（9，4）	4 202（10，10）	1.97（2，68）	0.19（16，90）	43.59（9，90）
5	多学科化学	1 998（5，5）	5 639（7，5）	2.82（17，35）	0.15（15，121）	42.51（6，121）
6	能源与燃料	1 800（4，6）	5 364（6，6）	2.98（15，31）	0.21（12，70）	33.33（5，70）
7	化学工程	1 663（4，7）	5 962（5，4）	3.59（10，20）	0.17（14，105）	36.96（6，105）
8	应用物理学	1 642（9，8）	4 542（8，9）	2.77（7，37）	0.15（15，120）	39.1（9，120）
9	肿瘤学	1 417（6，9）	1 920（6，19）	1.35（11，116）	0.06（22，185）	52.48（14，185）
10	生物化学与分子生物学	1 370（5，10）	2 447（6，15）	1.79（12，81）	0.14（19，133）	29.15（8，133）

续表

序号	学科	论文数/篇（全国排名，省内排名）	论文被引频次/次（全国排名，省内排名）	论文篇均被引频次/次（全国排名，省内排名）	国际合作率（全国排名，省内排名）	国际合作度（全国排名，省内排名）
11	纳米科学与技术	1 358（6，11）	5 275（6，7）	3.88（6，14）	0.16（21，111）	33.95（8，111）
12	药学与药理学	1 274（6，12）	1 603（7，25）	1.26（24，128）	0.07（23，179）	39.81（7，179）
13	实验医学	1 081（6，13）	1 484（6，28）	1.37（14，114）	0.06（20，186）	49.14（8，186）
14	环境工程	1 053（5，14）	5 205（5，8）	4.94（7，7）	0.19（18，84）	23.93（6，84）
15	计算机信息系统	986（8，15）	2 001（5，18）	2.03（4，60）	0.21（17，64）	25.95（8，64）
16	分析化学	947（3，16）	2 432（2，16）	2.57（3，43）	0.09（13，173）	36.42（5，173）
17	生物技术与应用微生物学	929（5，17）	1 873（4，20）	2.02（10，62）	0.13（14，141）	30.97（1，141）
18	人工智能	926（9，18）	2 736（9，12）	2.95（4，32）	0.25（8，48）	27.24（8，48）
19	应用数学	841（3，19）	1 038（3，39）	1.23（10，135）	0.19（21，83）	24.74（3，83）
20	应用化学	810（4，20）	2 616（4，13）	3.23（16，23）	0.15（12，122）	31.15（2，122）

注：学科排序同 ESI 学科固定排序

资料来源：科技大数据湖北省重点实验室

表 3-50　2021 年山东省主要学科产–学–研合作情况

序号	学科	产–研合作率（省内排名）	产–学合作率（省内排名）	学–研合作率（省内排名）
1	多学科材料	1.5（65）	3.36（65）	8.34（82）
2	物理化学	1.01（92）	2.05（103）	6（124）
3	环境科学	1.24（76）	2.79（83）	10.36（66）
4	电子与电气工程	1.87（50）	4.82（38）	7.4（102）
5	多学科化学	0.95（91）	2.5（93）	8.76（76）
6	能源与燃料	2.72（24）	6.44（22）	7.5（100）
7	化学工程	0.6（110）	3.01（76）	3.97（162）
8	应用物理学	1.22（75）	2.68（85）	8.89（75）
9	肿瘤学	0.71（100）	1.69（116）	4.45（152）
10	生物化学与分子生物学	0.66（102）	1.53（119）	7.96（92）
11	纳米科学与技术	0.88（91）	1.77（114）	8.17（89）
12	药学与药理学	0.47（108）	1.88（113）	3.69（167）
13	实验医学	0.37（111）	0.46（146）	2.96（175）
14	环境工程	1.14（77）	2.85（80）	5.89（126）
15	计算机信息系统	1.22（75）	2.74（84）	7.51（99）
16	分析化学	1.27（72）	2.32（96）	6.44（118）
17	生物技术与应用微生物学	0.65（100）	2.05（105）	6.89（108）
18	人工智能	0.65（99）	1.08（136）	5.51（138）
19	应用数学	0（114）	0.24（150）	2.38（179）
20	应用化学	1.11（78）	3.58（58）	8.27（86）

资料来源：科技大数据湖北省重点实验室

表 3-51 2021年山东省争取国家自然科学基金项目经费三十强机构

序号	机构名称	项目数量/项（排名）	项目经费/万元（排名）	发文量/篇（排名）	论文被引频次/次（排名）	发明专利申请量/件（排名）
1	山东大学	479（12）	21 381（11）	7 719（11）	14 476（14）	2 384（20）
2	中国海洋大学	138（76）	6 418（66）	2 446（64）	4 145（78）	677（126）
3	中国石油大学（华东）	125（83）	5 915（73）	2 197（74）	4 762（68）	1 037（77）
4	青岛大学	137（78）	5 364（78）	3 066（47）	12 339（19）	277（373）
5	山东师范大学	90（112）	3 801（114）	1 224（126）	2 689（113）	471（192）
6	山东科技大学	94（109）	3 575（118）	1 838（89）	4 678（69）	509（181）
7	山东农业大学	73（136）	3 197（130）	952（155）	1 597（181）	259（396）
8	山东第一医科大学	84（121）	3 071（135）	1 061（140）	1 556（185）	95（1 130）
9	中国科学院海洋研究所	62（162）	2 846（150）	567（235）	876（273）	104（1 034）
10	青岛科技大学	62（162）	2 712（160）	1 353（116）	3 315（99）	817（107）
11	齐鲁工业大学	59（180）	2 343（184）	1 163（131）	2 134（143）	533（169）
12	青岛农业大学	49（206）	1 947（213）	683（208）	1 503（193）	325（311）
13	山东理工大学	45（221）	1 788（226）	929（158）	1 513（191）	383（253）
14	青岛理工大学	43（231）	1 743（230）	685（207）	2 600（117）	336（290）
15	曲阜师范大学	39（250）	1 648（240）	745（192）	1 893（163）	149（724）
16	济南大学	34（281）	1 499（264）	1 264（122）	2 576（118）	455（205）
17	中国科学院青岛生物能源与过程研究所	34（281）	1 486（269）	195（487）	671（312）	100（1 084）
18	山东中医药大学	36（267）	1 449（274）	430（286）	508（370）	73（1 489）
19	自然资源部第一海洋研究所	29（309）	1 269（299）	131（577）	117（701）	121（834）
20	烟台大学	32（293）	1 173（323）	620（226）	1 129（234）	218（480）
21	聊城大学	26（335）	1 029（352）	573（233）	1 610（177）	99（1 094）
22	中国科学院烟台海岸带研究所	19（418）	1 012（357）	185（497）	487（379）	54（2 053）
23	临沂大学	23（365）	972（365）	225（445）	323（477）	153（701）
24	鲁东大学	24（359）	963（370）	401（301）	754（295）	167（642）
25	山东省农业科学院	26（335）	948（374）	151（538）	211（569）	85（1 282）
26	山东建筑大学	19（418）	776（424）	378（315）	536（359）	344（283）
27	滨州医学院	19（418）	700（447）	321（347）	449（403）	40（2 913）
28	济宁医学院	16（456）	609（489）	235（431）	286（495）	13（9 690）
29	潍坊医学院	17（444）	559（508）	340（332）	527（362）	32（3 674）
30	中国水产科学研究院黄海水产研究所	13（522）	530（520）	147（547）	167（604）	97（1 112）

资料来源：科技大数据湖北省重点实验室

机构	机构综合排名	农业科学	生物与生物化学	化学	临床医学	计算机科学	工程科学	环境生态学	地球科学	免疫学	材料科学	数学	微生物学	分子生物学与基因	神经科学与行为	药理学与毒物学	物理学	植物与动物科学	精神病学/心理学	社会科学	机构进入ESI学科数
中国科学院烟台海岸带研究所	3693	—	—	1557	—	—	—	15	—	—	—	—	—	—	—	—	—	656	—	—	3
中国科学院青岛生物能源与过程研究所	3763	—	900	828	—	—	—	917	—	—	533	—	—	—	—	—	—	—	—	—	4
青岛市市立医院	5776	—	—	—	1854	—	—	—	—	—	—	—	—	—	549	—	—	—	—	—	2
济南大学	5905	—	1250	1299	569	—	330	281	—	—	210	—	—	—	—	—	—	—	—	—	6
山东大学	6043	810	185	887	1519	304	846	682	413	378	487	174	293	961	1031	926	662	894	778	1235	19
青岛科技大学	6119	—	—	830	—	—	—	915	—	—	531	—	—	—	—	—	—	—	—	—	3
山东省农业科学院	6412	707	—	—	—	—	—	—	—	—	—	—	—	—	—	—	—	1099	—	—	2
山东农业大学	6438	170	—	884	—	—	—	683	—	—	—	—	—	—	—	—	—	965	—	—	4
山东海洋大学	6445	270	640	776	—	—	992	786	476	—	574	—	341	—	—	—	606	1160	—	—	10
曲阜师范大学	6446	—	—	837	—	324	907	—	—	—	525	185	—	—	—	—	—	—	—	—	5
中国科学院海洋研究所	6467	—	—	—	—	—	—	1059	643	—	—	—	—	—	—	—	—	1141	—	—	3
青岛大学	6500	—	749	829	1853	331	916	739	—	—	532	—	—	967	988	1076	—	—	1410	—	11
山东科技大学	6501	—	—	888	—	302	844	681	412	—	486	173	—	—	—	—	—	—	—	—	7
山东第一医科大学	6553	—	726	885	1520	—	—	—	—	379	—	—	—	979	1050	1069	—	—	—	—	7
中国石油大学	6558	—	—	142	—	575	1760	1323	817	—	1020	—	—	—	—	—	—	—	158	—	7
山东师范大学	6627	—	—	886	—	305	847	—	—	—	488	—	—	—	—	—	—	621	—	—	5
青岛农业大学	6688	406	—	827	—	—	—	—	—	—	—	—	—	—	—	—	—	1327	—	—	4
聊城大学	6815	—	—	612	—	425	1228	—	—	—	689	—	—	—	—	—	—	—	—	—	4
滨州医院	6954	—	—	—	5034	—	—	—	—	—	—	—	—	—	—	1047	—	—	—	—	2
烟台大学	7128	—	—	1558	—	—	—	24	—	—	13	—	—	—	—	844	—	—	—	—	4
中国水产科学研究院黄海研究所	7139	—	—	—	—	—	—	—	—	—	—	—	—	—	—	—	—	1277	—	—	1
济宁医学院	7199	—	—	—	3079	—	—	—	—	—	—	—	—	—	—	—	—	—	—	—	1
临沂大学	7326	—	—	618	—	—	—	—	—	—	—	—	—	—	—	—	—	—	—	—	1
青岛理工大学	7338	—	—	—	—	—	914	—	—	—	—	—	—	—	—	—	—	—	—	—	1
潍坊医学院	7363	—	—	—	142	—	—	—	—	—	—	—	—	—	—	—	—	—	—	—	1
齐鲁工业大学	7368	847	—	826	—	—	918	—	—	—	534	—	—	—	—	—	—	—	—	—	4
山东财经大学	7384	—	—	—	—	303	845	—	—	—	—	—	—	—	—	—	—	—	—	—	2
山东中医药大学	7409	—	—	—	1518	—	—	—	—	—	—	—	—	—	—	—	—	—	—	—	1
鲁东大学	7429	—	—	—	—	—	1209	—	—	—	—	—	—	—	—	—	—	—	—	—	1
山东理工大学	7498	—	—	889	—	—	—	843	—	—	485	—	—	—	—	—	—	—	—	—	3
山东建筑大学	7818	—	—	—	—	—	848	—	—	—	—	—	—	—	—	—	—	—	—	—	1

图 3-13　2021 年山东省各机构进入 ESI 全球前 1%的学科及排名

资料来源：科技大数据湖北省重点实验室

表 3-52　2021 年山东省发明专利申请量十强技术领域

序号	IPC 号（技术领域）	发明专利申请量/件
1	G06F（电子数字数据处理）	5 601
2	G01N（小类中化学分析方法或化学检测方法）	2 852
3	F24F［空气调节；空气增湿；通风；空气流作为屏蔽的应用（从尘、烟产生区消除尘、烟入 B08B 15/00；从建筑物中排除废气的竖向管道入 E04F17/02；烟道末端入 F23L17/02）］	1 723
4	G06Q（专门适用于行政、商业、金融、管理、监督或预测目的的数据处理系统或方法；其他类目不包含的专门适用于行政、商业、金融、管理、监督或预测目的的处理系统或方法）	1 544
5	A61B［诊断；外科；鉴定（分析生物材料入 G01N，如 G01N 33/48）］	1 492
6	A61K［医用、牙科用或梳妆用的配制品（专门适用于将药品制成特殊的物理或服用形式的装置或方法 A61J 3/00；空气除臭，消毒或灭菌，或者绷带、敷料、吸收垫或外科用品的化学方面，或材料的使用入 A61L；肥皂组合物入 C11D）］	1 385

续表

序号	IPC 号（技术领域）	发明专利申请量/件
7	B01D［分离（用湿法从固体中分离固体入 B03B、B03D，用风力跳汰机或摇床入 B03B，用其他干法入 B07；固体物料从固体物料或流体中的磁或静电分离，利用高压电场的分离入 B03C；离心机、涡旋装置入 B04B；涡旋装置入 B04C；用于从含液物料中挤出液体的压力机本身入 B30B 9/02）］	1 251
8	C02F［水、废水、污水或污泥的处理（通过在物质中产生化学变化使有害的化学物质无害或降低危害的方法入 A62D 3/00；分离、沉淀箱或过滤设备入 B01D；有关处理水、废水或污水生产装置的水运容器的特殊设备，例如用于制备淡水入 B63J；为防止水的腐蚀用的添加物质入 C23F；放射性废液的处理入 G21F 9/04）］	1 125
9	G06K（数据处理）	1 092
10	H04L［数字信息的传输，例如电报通信（电报和电话通信的公用设备入 H04M）］	1 042
	全省合计	75 958

资料来源：科技大数据湖北省重点实验室

表 3-53　2021 年山东省发明专利申请量优势企业和科研机构列表

序号	优势企业	发明专利申请量/件	序号	优势科研机构	发明专利申请量/件
1	青岛海尔空调器有限总公司	1181	1	山东大学	2384
2	潍柴动力股份有限公司	808	2	中国石油大学（华东）	1036
3	青岛海尔科技有限公司	758	3	青岛科技大学	817
4	山东英信计算机技术有限公司	698	4	中国海洋大学	677
5	歌尔科技有限公司	642	5	齐鲁工业大学	533
6	济南浪潮数据技术有限公司	636	6	山东科技大学	509
7	浪潮云信息技术股份公司	469	7	山东师范大学	471
8	中车青岛四方机车车辆股份有限公司	453	8	济南大学	455
9	万华化学集团股份有限公司	445	9	山东理工大学	383
10	歌尔股份有限公司	415	10	山东建筑大学	344
11	海信视像科技股份有限公司	387	11	青岛理工大学	336
12	歌尔光学科技有限公司	337	12	青岛农业大学	325
13	青岛海尔空调电子有限公司	329	13	山东交通学院	277
14	海信（山东）冰箱有限公司	318		青岛大学	277
15	中建八局第二建设有限公司	260	15	哈尔滨工业大学（威海）	275
16	山东云海国创云计算装备产业创新中心有限公司	248	16	山东农业大学	259
17	浪潮电子信息产业股份有限公司	242	17	烟台大学	218
18	青岛海信日立空调系统有限公司	241	18	滨州学院	189
19	国网山东省电力公司电力科学研究院	233	19	鲁东大学	167
20	中国重汽集团济南动力有限公司	185	20	临沂大学	153

资料来源：科技大数据湖北省重点实验室

表 3-54 2021 年山东省获得国家科技奖励机构清单

序号	获奖机构	获奖数量/项 总计	主持	参与
1	山东大学	6	2	4
2	中国石油大学（华东）	3	1	2
3	中国石油大学	2	1	1
3	青岛农业大学	2	0	2
3	山东农业大学	2	1	1
3	齐鲁动物保健品有限公司	2	0	2
3	中国石油化工股份有限公司胜利油田分公司	2	2	0
8	山东山大华天科技集团股份有限公司	1	0	1
8	石药集团百克（山东）生物制药股份有限公司	1	0	1
8	山东省医疗器械产品质量检验中心	1	0	1
8	蓬莱市果树工作总站	1	0	1
8	烟台金晖铜业有限公司	1	0	1
8	青岛清原抗性杂草防治有限公司	1	0	1
8	山东省科学院生物研究所	1	0	1
8	青岛蔚蓝生物股份有限公司	1	0	1
8	山东泰开电力电子有限公司	1	0	1
8	山东百多安医疗器械股份有限公司	1	0	1
8	威海中玻新材料技术研发有限公司	1	0	1
8	山东晨鸣纸业集团股份有限公司	1	0	1
8	中国海洋大学	1	1	0
8	好当家集团有限公司	1	0	1
8	山东省果茶技术推广站	1	0	1
8	山东第一医科大学附属皮肤病医院	1	1	0
8	山东省农业科学院农业质量标准与检测技术研究所	1	0	1
8	山东电工电气集团有限公司	1	0	1
8	山东太阳纸业股份有限公司	1	0	1
8	山东鼎泰盛食品工业装备股份有限公司	1	0	1
8	山东威高骨科材料股份有限公司	1	0	1
8	山东东方海洋科技股份有限公司	1	0	1
8	威海百合生物技术股份有限公司	1	0	1
8	齐鲁工业大学	1	1	0
8	新风光电子科技股份有限公司	1	0	1
8	雷沃重工股份有限公司	1	0	1
8	兆光生物工程（邹平）有限公司	1	0	1
8	山东科技大学	1	0	1

续表

序号	获奖机构	获奖数量/项		
		总计	主持	参与
8	青岛海尔空调电子有限公司	1	0	1
	青岛创统科技发展有限公司	1	0	1
	山东恒联投资集团有限公司	1	0	1
	海克斯康测量技术（青岛）有限公司	1	0	1
	山东华泰纸业股份有限公司	1	0	1

资料来源：科技大数据湖北省重点实验室

3.3.8 陕西省

2021年，陕西省的基础研究竞争力指数为67.1185，排名第8位。陕西省的基础研究优势学科为电子与电气工程、多学科材料、环境科学、物理化学、应用物理学、通信、能源与燃料、计算机信息系统、人工智能、纳米科学与技术。其中，电子与电气工程的高频词包括特征提取、数学模型、任务分析、深度学习、优化等；多学科材料的高频词包括微观结构、机械性能、石墨烯、导热系数、钛合金等；环境科学的高频词包括吸附、重金属、气候变化、黄土高原、新冠肺炎等（表3-55）。综合本省各学科的发文数量和排名位次来看，2021年陕西省基础研究在全国范围内较为突出的学科为陶瓷材料、影像科学、热力学、航空航天工程、流体与等离子体物理、电子与电气工程、通信、机械工程、冶金、力学等。

表3-55　2021年陕西省基础研究优势学科及高频词

序号	活跃学科	SCI学科活跃度	高频词（词频）
1	电子与电气工程	11.09	特征提取（305）；数学模型（219）；任务分析（211）；深度学习（161）；优化（154）；计算建模（85）；传感器（84）；遥感（79）；卷积（71）；无线通信（68）；天线（68）；合成孔径雷达（66）；高光谱成像（65）；预测模型（64）；物体检测（64）；影像重建（64）；语义（59）；物联网（53）；可视化（51）；雷达（50）；神经网络（50）；三维显示（49）；探测器（46）；雷达旋光法（45）
2	多学科材料	7.48	微观结构（238）；机械性能（165）；石墨烯（41）；导热系数（32）；钛合金（30）；光催化（30）；微波吸收（28）；添加剂制造（27）；3D打印（26）；选择性激光熔化（25）；微观结构演变（24）；相变（23）；钙钛矿太阳能电池（22）；流变特性（19）；纳米复合材料（17）；分子动力学（17）；断裂韧性（17）；过渡金属碳/氮化合物（16）；热处理（16）；储能（16）；道路工程（15）
3	环境科学	4.54	吸附（38）；重金属（35）；气候变化（33）；黄土高原（29）；新冠肺炎（20）；生物炭（19）；微生物群落（18）；深度学习（18）；遥感（17）；镉（17）；微塑料（16）；空气污染（15）；水土流失（14）；废水处理（13）；$PM_{2.5}$（13）；地下水（11）；堆肥（11）；合成孔径雷达（10）；可持续发展（10）；土壤（10）；二氧化碳排放量（10）
4	物理化学	4.42	微观结构（51）；光催化（40）；机械性能（34）；微波吸收（33）；吸附（27）；石墨烯（25）；密度泛函（24）；电催化（23）；钙钛矿太阳能电池（21）；稳定性（20）；水分解（18）；电磁波吸收（18）；锂离子电池（17）；分子动力学（16）；阳极（16）；析氧反应（15）；析氢（15）
5	应用物理学	4.30	微观结构（70）；传感器（44）；机械性能（32）；石墨烯（28）；稳定性（19）；导热系数（17）；氮化镓（15）；密度泛函理论（13）；吸附（13）；温度测量（12）；雷达（12）；3D打印（12）；无线传感器网络（11）；钙钛矿太阳能电池（11）；纳米复合材料（11）；能量储存与转换（11）；电催化（11）；碳（11）

续表

序号	活跃学科	SCI学科活跃度	高频词（词频）
6	通信	4.18	优化（81）；数学模型（75）；特征提取（68）；天线（61）；任务分析（59）；无线通信（55）；深度学习（54）；物联网（52）；资源管理（47）；训练（41）；干扰（39）；服务器（37）；延迟（37）；计算建模（37）；非正交多址技术（34）；预测模型（30）；信噪比（28）；天线测量（28）；天线阵列（28）
7	能源与燃料	3.56	数值模拟（28）；优化（24）；多目标优化（23）；鄂尔多斯盆地（21）；制氢（18）；储能（18）；热力学分析（17）；超临界水气化（17）；可再生能源（16）；氢（16）；太阳能（14）；生物质（14）；余热回收（13）；能量收集（12）；煤自燃（12）；厌氧消化（12）；热能储存（11）；超临界水（11）；机器学习（11）；反硝化（11）；生物炭（11）
8	计算机信息系统	3.39	特征提取（70）；深度学习（61）；数学模型（55）；任务分析（53）；优化（52）；物联网（46）；训练（36）；许可证（36）；云计算（33）；服务器（31）；计算建模（28）；隐私（27）；预测模型（27）；加密（26）；无线通信（25）；延迟（24）；安全（23）；资源管理（23）；启发式算法（22）
9	人工智能	3.26	深度学习（109）；任务分析（90）；特征提取（88）；训练（55）；优化（55）；机器学习（35）；数据模型（29）；语义（27）；无监督学习（25）；可视化（24）；注意力机制（24）；计算建模（23）；物体检测（22）；聚类算法（22）；神经网络（21）；稀疏矩阵（17）；图像分割（17）；主成分分析（16）；异常检测（16）；鲁棒性（15）；卷积（15）；影像重建（14）；故障诊断（14）
10	纳米科学与技术	2.94	微观结构（23）；机械性能（21）；石墨烯（17）；电催化（13）；金属有机框架（12）；钙钛矿太阳能电池（12）；二维材料（9）；析氢反应（9）；析氧反应（9）；稳定（9）；导热系数（9）；添加剂制造（8）；能量收集（8）；断裂韧性（8）；自组装（8）；氧化石墨烯（7）；选择性激光熔化（7）；钛合金（7）

资料来源：科技大数据湖北省重点实验室

2021年，陕西省争取国家自然科学基金项目总数为2251项，项目经费总额为96 365万元，全国排名均为第6位。陕西省发表SCI论文数量最多的学科为多学科材料（表3-56）；土木工程领域的产–学合作率最高（表3-57）；陕西省争取国家自然科学基金经费超过1亿元的有2个机构（表3-58）；陕西省共有22个机构进入相关学科的ESI全球前1%行列（图3-14）；发明专利申请量共34 124件（表3-59），主要专利权人如表3-60所示；获得国家科技奖励的机构如表3-61所示。

2021年，陕西省地方财政科技投入经费94.13亿元，全国排名第16位；获得国家科技奖励23项，全国排名第9位。截至2021年12月，陕西省拥有国家重点实验室21个；拥有院士76位，全国排名第5位。

表3-56　2021年陕西省主要学科发文量、被引频次及国际合作情况

序号	学科	论文数/篇（全国排名，省内排名）	论文被引频次/次（全国排名，省内排名）	论文篇均被引频次/次（全国排名，省内排名）	国际合作率（全国排名，省内排名）	国际合作度（全国排名，省内排名）
1	多学科材料	4 529（5，1）	12 085（5，1）	2.67（16，30）	0.19（6，104）	74.25（4，104）
2	电子与电气工程	4 523（3，2）	6 333（3，4）	1.4（15，126）	0.19（15，101）	90.46（3，101）
3	应用物理学	2 448（4，3）	5 163（6，7）	2.11（20，57）	0.18（8，115）	47.08（4，115）
4	物理化学	2 279（6，4）	8 399（7，9）	3.69（14，9）	0.19（9，102）	44.69（7，102）
5	环境科学	2 200（7，5）	6 530（8，3）	2.97（8，19）	0.23（10，67）	32.84（7，67）
6	能源与燃料	1 776（5，6）	5 509（3，5）	3.1（9，17）	0.22（8，73）	30.62（8，73）
7	人工智能	1 473（5，7）	2 791（6，13）	1.89（15，78）	0.25（7，55）	35.07（4，55）

续表

序号	学科	论文数/篇（全国排名，省内排名）	论文被引频次/次（全国排名，省内排名）	论文篇均被引频次/次（全国排名，省内排名）	国际合作率（全国排名，省内排名）	国际合作度（全国排名，省内排名）
8	通信	1 461（3，8）	1 794（4，21）	1.23（13，149）	0.25（8，57）	34.79（3，57）
9	多学科化学	1 411（9，9）	5 304（9，6）	3.76（3，8）	0.21（4，88）	31.36（13，88）
10	土木工程	1 405（4，10）	2 830（4，12）	2.01（5，64）	0.17（23，121）	30.54（5，121）
11	光学	1 368（4，11）	1 134（6，37）	0.83（24，186）	0.09（18，178）	38（7，178）
12	纳米科学与技术	1 367（5，12）	4 750（8，8）	3.47（18，11）	0.22（6，79）	29.09（11，79）
13	机械工程	1 350（3，13）	2 616（2，14）	1.94（8，73）	0.18（13，108）	28.72（4，108）
14	计算机信息系统	1 317（4，14）	1 990（7，17）	1.51（12，108）	0.26（8，52）	29.93（4，52）
15	冶金	1 212（3，15）	2 552（3，15）	2.11（12，58）	0.16（9，129）	37.88（4，129）
16	化学工程	1 203（9，16）	4 531（8，9）	3.77（8，7）	0.19（11，106）	24.06（14，106）
17	力学	1 101（3，17）	2 133（2，16）	1.94（10，74）	0.22（11，72）	24.47（4，72）
18	凝聚态物理	1 030（4，18）	2 883（6，11）	2.8（16，23）	0.17（11，118）	24.52（8，118）
19	环境工程	921（7，19）	4 254（8，10）	4.62（12，2）	0.2（13，96）	18.8（10，96）
20	仪器与仪表	913（3，20）	1 498（3，30）	1.64（16，98）	0.13（11，149）	30.43（3，149）

注：学科排序同 ESI 学科固定排序

资料来源：科技大数据湖北省重点实验室

表 3-57 2021 年陕西省主要学科产–学–研合作情况

序号	学科	产–研合作率（省内排名）	产–学合作率（省内排名）	学–研合作率（省内排名）
1	多学科材料	0.79（55）	2.34（51）	6.8（71）
2	电子与电气工程	0.62（65）	2.5（50）	6.04（86）
3	应用物理学	0.74（58）	2（61）	7.84（61）
4	物理化学	0.39（80）	1.54（76）	5.88（91）
5	环境科学	1.14（35）	2.68（39）	9.64（40）
6	能源与燃料	1.52（23）	4.67（17）	5.57（96）
7	人工智能	0.34（84）	1.36（83）	5.16（110）
8	通信	0.55（70）	2.6（43）	5.41（101）
9	多学科化学	0.43（77）	1.28（87）	7.94（59）
10	土木工程	1.71（21）	4.84（15）	4.7（126）
11	光学	1.02（37）	1.54（77）	11.4（27）
12	纳米科学与技术	0.8（53）	1.68（71）	8.71（47）
13	机械工程	0.81（52）	3.48（29）	5.93（89）
14	计算机信息系统	0.46（74）	2.81（36）	6.76（73）
15	冶金	1.49（26）	3.22（31）	5.86（92）
16	化学工程	0.83（51）	2.16（57）	4.07（138）
17	力学	0.91（44）	2.91（34）	6.54（75）
18	凝聚态物理	0.58（68）	1.55（75）	8.45（49）

续表

序号	学科	产-研合作率（省内排名）	产-学合作率（省内排名）	学-研合作率（省内排名）
19	环境工程	0.87（45）	2.93（33）	4.56（128）
20	仪器与仪表	0.77（56）	2.96（32）	6.02（87）

资料来源：科技大数据湖北省重点实验室

表 3-58　2021年陕西省争取国家自然科学基金项目经费三十强机构

序号	机构名称	项目数量/项（排名）	项目经费/万元（排名）	发文量/篇（排名）	论文被引频次/次（排名）	发明专利申请量/件（排名）
1	西安交通大学	539（8）	23 304（9）	8 237（10）	15 520（13）	3 384（4）
2	西北工业大学	276（28）	12 004（29）	4 643（27）	11 537（25）	2 080（27）
3	西北农林科技大学	183（43）	8 204（43）	3 149（43）	6 961（41）	416（233）
4	中国人民解放军第四军医大学	171（45）	7 677（45）	769（186）	1 253（213）	—
5	西安电子科技大学	156（55）	6 580（59）	2 783（54）	5 054（61）	1 947（32）
6	西北大学	138（76）	5 989（71）	1 635（97）	3 062（104）	397（245）
7	长安大学	89（116）	3 838（111）	1 713（95）	3 810（83）	549（166）
8	西安理工大学	90（112）	3 802（113）	1 359（115）	2 472（123）	1 280（57）
9	陕西师范大学	79（126）	3 426（125）	1 470（106）	3 381（97）	229（457）
10	西安科技大学	66（155）	2 998（139）	893（165）	2 251（137）	281（365）
11	陕西科技大学	66（155）	2 924（148）	1 024（147）	3 065（103）	1 037（77）
12	西安建筑科技大学	60（174）	2 660（163）	1 396（111）	4 337（77）	613（144）
13	中国科学院地球环境研究所	25（348）	1 147（330）	139（564）	318（480）	6（24 219）
14	西安石油大学	26（335）	1 124（332）	356（325）	390（434）	314（326）
15	延安大学	30（302）	1 023（354）	199（480）	384（437）	59（1 879）
16	陕西中医药大学	26（335）	953（371）	186（494）	188（583）	69（1 595）
17	西安邮电大学	29（309）	930（379）	440（280）	778（285）	249（418）
18	中国人民解放军空军工程大学	21（393）	794（416）	463（272）	573（345）	223（468）
19	西安工业大学	19（418）	695（450）	633（224）	1 252（214）	255（406）
20	西安工程大学	19（418）	616（485）	344（331）	454（400）	105（1 018）
21	中国科学院水利部水土保持研究所	10（572）	569（507）	95（666）	261（511）	—
22	榆林学院	16（456）	558（510）	99（654）	203（574）	46（2471）
23	中国科学院西安光学精密机械研究所	14（501）	531（519）	242（425）	283（498）	230（455）
24	西安近代化学研究所	9（597）	360（603）	83（707）	93（766）	139（772）
25	西北核技术研究所	9（597）	335（627）	68（775）	40（1 022）	93（1 157）
26	中国科学院国家授时中心	7（662）	300（651）	75（739）	51（927）	77（1 414）
27	西安医学院	7（662）	235（723）	273（390）	254（522）	44（2 605）
28	中国人民解放军火箭军工程大学	6（704）	228（730）	7（2 182）	2（4 542）	205（509）
29	陕西理工大学	4（801）	209（746）	186（494）	197（580）	154（692）
30	西北有色金属研究院	6（704）	208（747）	28（1 104）	34（1 090）	85（1282）

资料来源：科技大数据湖北省重点实验室

	机构综合排名	农业科学	生物与生物化学	化学	临床医学	计算机科学	经济与商学	工程科学	环境生态学	地球科学	免疫学	材料科学	数学	微生物学	分子生物与基因	综合交叉学科	神经科学与行为	药理学与毒物学	植物与动物科学	社会科学	机构进入ESI学科数
中国科学院地球环境研究所	4117	—	—	—	—	—	—	—	1068	651	—	—	—	—	—	—	—	—	—	—	2
瞬态光学与光子技术国家重点实验室	4906	—	—	—	—	280	—	762	—	—	—	—	—	—	—	—	—	—	—	—	2
中国人民解放军空军军医大学	5080	—	479	—	5355	—	—	—	—	—	924	1123	—	—	902	900	722	—	—	—	7
中国科学院水利部水土保持研究所	5639	178	—	—	—	—	—	1372	1056	—	—	—	—	—	—	—	—	—	819	—	4
中国科学院西安光学精密机械研究所	5731	—	—	—	—	15	—	44	—	—	—	—	—	—	—	—	—	—	—	—	2
西安交通大学	6062	—	425	1545	60	14	7	43	24	8	9	26	6	—	956	1040	924	807	—	1321	16
西北农林科技大学	6158	12	417	766	—	—	—	1004	801	492	—	—	—	347	974	—	710	—	1077	—	10
陕西师范大学	6339	413	—	879	—	307	—	858	684	—	—	490	—	—	—	—	—	—	1405	1233	8
西北大学	6342	784	1296	768	2150	—	—	1002	800	490	—	579	—	—	—	—	424	—	1439	—	10
西北工业大学	6640	—	—	769	—	361	—	1001	—	489	—	578	204	—	—	—	—	813	—	—	7
陕西科技大学	6904	—	—	880	—	—	—	857	—	—	—	489	—	—	—	—	—	—	—	—	3
西安医学院	7108	—	—	—	59	—	—	—	—	—	—	—	—	—	—	—	—	—	—	—	1
西安建筑科技大学	7305	—	—	—	—	—	—	39	23	—	—	24	—	—	—	—	—	—	—	—	3
西安电子科技大学	7355	—	—	—	55	11	—	32	—	6	—	20	—	—	—	—	—	828	—	—	6
西安科技大学	7566	—	—	—	—	—	—	37	—	—	—	—	—	—	—	—	—	—	—	—	1
西安理工大学	7570	—	—	—	—	—	—	36	22	—	—	23	—	—	—	—	—	—	—	—	3
长安大学	7599	—	—	—	—	—	—	1792	1337	830	—	1040	—	—	—	—	—	—	—	—	4
西安工业大学	7724	—	—	—	—	—	—	40	—	—	—	25	—	—	—	—	—	—	—	—	2
西北有色金属研究院	7744	—	—	—	—	—	—	—	—	—	—	581	—	—	—	—	—	—	—	—	1
中国人民解放军空军工程大学	7750	—	—	—	—	—	—	1936	—	—	—	—	—	—	—	—	—	—	—	—	1
西安邮电大学	7795	—	—	—	—	—	—	38	—	—	—	—	—	—	—	—	—	—	—	—	1
西安石油大学	7858	—	—	—	—	—	—	41	—	—	—	—	—	—	—	—	—	—	—	—	1

图 3-14　2021 年陕西省各机构进入 ESI 全球前 1%的学科及排名

资料来源：科技大数据湖北省重点实验室

表 3-59　2021 年陕西省发明专利申请量十强技术领域

序号	IPC 号（技术领域）	发明专利申请量/件
1	G06F（电子数字数据处理）	2 613
2	G01N（小类中化学分析方法或化学检测方法）	1 572
3	G06K（数据处理）	936
4	G06T（图像数据处理）	858
5	G06Q（专门适用于行政、商业、金融、管理、监督或预测目的的数据处理系统或方法；其他类目不包含的专门适用于行政、商业、金融、管理、监督或预测目的的处理系统或方法）	728
6	G01S（无线电定向；无线电导航；采用无线电波测距或测速；采用无线电波的反射或再辐射的定位或存在检测；采用其他波的类似装置）	660
7	G01R（G01T 物理测定方法；其设备）	584
8	H04L[数字信息的传输，例如电报通信（电报和电话通信的公用设备入 H04M）]	581
9	H01L[半导体器件；其他类目中不包括的电固体器件（使用半导体器件的测量入 G01；一般电阻器入 H01C；磁体、电感器、变压器入 H01F；一般电容器入 H01G；电解型器件入 H01G9/00；电池组、蓄电池入 H01M；波导管、谐振器或波导型线路入 H01P；线路连接器、汇流器入 H01R；受激发射器件入 H01S；机电谐振器入 H03H；扬声器、送话器、留声机拾音器或类似的声机电传感器入 H04R；一般电光源入 H05B；印刷电路、混合电路、电设备的外壳或结构零部件、电气元件的组件的制造入 H05K；在具有特殊应用的电路中使用的半导体器件见应用相关的小类）]	571
10	A61B[诊断；外科；鉴定（分析生物材料入 G01N，如 G01N 33/48）]	560
全省合计		34 124

资料来源：科技大数据湖北省重点实验室

表 3-60　2021 年陕西省发明专利申请量优势企业和科研机构列表

序号	优势企业	发明专利申请量/件	序号	优势科研机构	发明专利申请量/件
1	西安热工研究院有限公司	2053	1	西安交通大学	3384
2	西安万像电子科技有限公司	251	2	西北工业大学	2080
3	中煤科工集团西安研究院有限公司	180	3	西安电子科技大学	1947
4	中铁第一勘察设计院集团有限公司	165	4	西安理工大学	1280
5	中国航发动力股份有限公司	156	5	陕西科技大学	1037
6	中国航空工业集团公司西安飞机设计研究所	139	6	西安建筑科技大学	613
7	中航西安飞机工业集团股份有限公司	121	7	长安大学	549
8	国网陕西省电力公司电力科学研究院	102	8	西北农林科技大学	416
9	中国航空工业集团公司西安航空计算技术研究所	93	9	西北大学	397
10	中国重型机械研究院股份公司	91	10	中国人民解放军空军军医大学	383
10	中铁宝桥集团有限公司	91	11	西安石油大学	314
12	中国电建集团西北勘测设计研究院有限公司	83	12	西安科技大学	281
13	中交二公局第三工程有限公司	75	13	西安工业大学	255
14	西安紫光国芯半导体有限公司	74	14	西安邮电大学	249
14	陕西飞机工业有限责任公司	74	15	中国科学院西安光学精密机械研究所	230
16	中铁一局集团有限公司	73	16	陕西师范大学	229
17	西安诺瓦星云科技股份有限公司	71	17	中国人民解放军空军工程大学	223
17	陕西延长石油(集团)有限责任公司	71	18	西安微电子技术研究所	220
19	西安奕斯伟材料科技有限公司	70	19	西京学院	216
20	中国电子科技集团公司第二十研究所	65	20	中国人民解放军火箭军工程大学	205
20	西安超越申泰信息科技有限公司	65			
20	陕西奥林波斯电力能源有限责任公司	65			

资料来源：科技大数据湖北省重点实验室

表 3-61　2021 年陕西省获得国家科技奖励机构清单

序号	获奖机构	获奖数量/项 总计	主持	参与
1	西北工业大学	2	2	0
1	西安交通大学	2	2	0
1	西京学院	2	0	2
1	西安电子科技大学	2	2	0
1	中交第一公路勘察设计研究院有限公司	2	1	1
6	西安长大公路工程检测中心	1	0	1
6	西安奇维科技有限公司	1	0	1
6	长安大学	1	1	0

续表

序号	获奖机构	获奖数量/项 总计	主持	参与
6	渭南科赛机电设备有限责任公司	1	0	1
	西安西电变压器有限责任公司	1	0	1
	西安德兴环保科技有限公司	1	0	1
	陕西航空硬质合金工具有限责任公司	1	0	1
	陕西法士特齿轮有限责任公司	1	0	1
	中国人民解放军火箭军工程大学	1	0	1
	西安飞机工	1	0	1
	西安天隆科技有限公司	1	0	1
	西安航天华阳机电装备有限公司	1	0	1
	西安西矿环保科技有限公司	1	0	1
	西安建筑科技大学	1	0	1
	西北大学	1	1	0
	陕西高速公路工程试验检测有限公司	1	0	1
	陕西陕煤黄陵矿业有限公司	1	1	0
	中交第二公路工程局有限公司	1	0	1
	中国航空工业集团公司西安飞机设计研究所	1	0	1
	中节能环保装备股份有限公司	1	0	1
	陕西省交通建设集团公司	1	0	1
	中铁第一勘察设计院集团有限公司	1	0	1
	西安科技大学	1	0	1
	中煤科工集团西安研究院有限公司	1	0	1
	西安理工大学	1	1	0
	陕西北人印刷机械有限责任公司	1	0	1
	西安煤矿机械有限公司	1	0	1

资料来源：科技大数据湖北省重点实验室

3.3.9 四川省

2021年，四川省的基础研究竞争力指数为65.6000，排名第9位。四川省的基础研究优势学科为电子与电气工程、环境科学、多学科材料、应用物理学、物理化学、能源与燃料、计算机信息系统、多学科化学、纳米科学与技术、人工智能。其中，电子与电气工程的高频词包括深度学习、数学模型、特征提取、优化、训练、任务分析等；环境科学的高频词包括吸附、镉、气候变化、重金属、植物修复等；多学科材料的高频词包括微观结构、机械性能、石墨烯、第一性原理计算、密度泛函理论等（表3-62）。综合本省各学科的发文数量和排名位次来看，2021年四川省基础研究在全国范围内较为突出的学科为心理学、生物心理学、核科学与技术、口腔医学、实验心理学、神经成像、内科学、外科学、石油工程、乳品与动物学等。

表 3-62 2021 年四川省基础研究优势学科及高频词

序号	活跃学科	SCI学科活跃度	高频词（词频）
1	电子与电气工程	10.60	深度学习（136）；数学模型（110）；特征提取（101）；优化（92）；训练（89）；任务分析（82）；无线通信（67）；传感器（62）；计算建模（56）；联轴器（44）；无线电频率（44）；天线（41）；阵列信号处理（41）；卷积（41）；带宽（40）；接收器（39）；延迟（37）；电压控制（37）；天线阵列（36）；神经网络（36）；安全（35）；物联网（34）；信噪比（33）
2	环境科学	7.07	吸附（40）；镉（40）；气候变化（33）；重金属（29）；植物修复（22）；微生物群落（15）；铀（15）；空气污染（14）；氧化应激（12）；新冠肺炎（11）；机器学习（11）；青藏高原（10）；厌氧消化（9）；细胞凋亡（9）；土壤（9）；废水处理（9）；二氧化碳排放量（8）；PM$_{2.5}$（8）；水质（8）；生物炭（7）；生物吸附（7）；深度学习（7）；生态环境（7）；氧化石墨烯（7）；微塑料（7）；可持续发展（7）
3	多学科材料	7.04	微观结构（84）；机械性能（71）；石墨烯（41）；第一性原理计算（25）；密度泛函理论（24）；耐腐蚀性能（23）；纳米粒子（22）；光催化（19）；机械性能（16）；3D打印（15）；光学特性（14）；密度泛函（13）；过渡金属碳/氮化合物（13）；锂离子电池（12）；药物载体（11）；电子特性（11）；钙钛矿太阳能电池（11）；导热系数（11）
4	应用物理学	4.53	传感器（31）；石墨烯（26）；微观结构（25）；纳米粒子（17）；光催化（17）；深度学习（16）；机械性能（12）；特征提取（10）；太赫兹（9）；密度泛函理论（8）；高温超导磁悬浮（8）；金属合金（8）；二维材料（7）；成像（7）；激光束（7）；过渡金属碳/氮化合物（7）；氧空位（7）
5	物理化学	4.39	吸附（36）；密度泛函理论（28）；析氢反应（28）；光催化（24）；石墨烯（22）；密度泛函（21）；电催化（19）；析氢反应（16）；锂离子电池（16）；电催化剂（13）；第一性原理计算（13）；机械性能（13）；微观结构（13）；氧空位（13）；过渡金属碳/氮化合物（12）；热稳定性（12）
6	能源与燃料	4.24	数值模拟（18）；钙钛矿太阳能电池（16）；锂离子电池（14）；四川盆地（14）；页岩（13）；热能储存（11）；水力压裂（11）；相变材料（9）；页岩气（9）；超级电容器（9）；采油率（8）；储氢（8）；碳酸盐储层（7）；制氢（7）；鄂尔多斯盆地（7）；能源消耗（6）；析氢（6）；微生物群落（6）；可再生能源（6）
7	计算机信息系统	3.97	深度学习（52）；任务分析（34）；物联网（33）；特征提取（31）；云计算（30）；优化（29）；安全（29）；服务器（25）；训练（24）；区块链（23）；无线通信（21）；机器学习（18）；计算建模（17）；加密（17）；接收器（16）；卷积神经网络（14）；数学模型（14）；传感器（14）；无线传感器网络（13）
8	多学科化学	3.97	光催化（12）；电催化（12）；吸附（7）；锂离子电池（7）；纳米粒子（7）；抗菌（6）；不对称催化（6）；药物载体（6）；水凝胶（6）；机器学习（6）；过渡金属碳/氮化合物（6）；析氧反应（6）；类风湿关节炎（6）；自组装（6）；水分解（6）
9	纳米科学与技术	3.65	纳米粒子（22）；锂离子电池（17）；药物载体（15）；石墨烯（13）；机械性能（13）；过渡金属碳/氮化合物（11）；光催化（9）；抗菌（8）；免疫疗法（8）；活性氧（8）；二维材料（7）；密度泛函理论（7）；电催化剂（7）；储能（7）；气体传感器（7）；微观结构（7）；析氧反应（7）；水分解（7）
10	人工智能	3.39	深度学习（81）；任务分析（44）；训练（39）；特征提取（31）；卷积神经网络（28）；优化（24）；机器学习（22）；语义（22）；迁移学习（21）；神经网络（20）；计算建模（19）；特征选择（17）；数据模型（16）；强化学习（16）；注意力机制（13）；图像分割（13）；可视化（13）；对称矩阵（12）；同步（12）；预测模型（11）

资料来源：科技大数据湖北省重点实验室

2021年，四川省争取国家自然科学基金项目总数为1613项，项目经费总额为67 304万元，全国排名均为第9位。四川省发表SCI论文数量最多的学科为电子与电气工程（表3-63）；机械工程领域的产-学合作率最高（表3-64）；四川省争取国家自然科学基金经费超过1亿元的有1个机构（表3-65）；四川省共有23个机构进入相关学科的ESI全球前1%行列（图3-15）；发明专利申请量共41 826件（表3-66），主要专利权人如表3-67所示；获得国家科技奖励的机构如表3-68所示。

2021年，四川省地方财政科技投入经费273.31亿元，全国排名第10位；获得国家科技奖励17项，全国排名第11位。截至2021年12月，四川省拥有国家重点实验室16个；拥有院士58位，全国排名第7位。

表3-63 2021年四川省主要学科发文量、被引频次及国际合作情况

序号	学科	论文数/篇（全国排名，省内排名）	论文被引频次/次（全国排名，省内排名）	论文篇均被引频次/次（全国排名，省内排名）	国际合作率（全国排名，省内排名）	国际合作度（全国排名，省内排名）
1	电子与电气工程	3024（6, 1）	4944（8, 3）	1.63（12, 109）	0.22（7, 86）	58.15（5, 86）
2	多学科材料	2900（11, 2）	8244（10, 1）	2.84（11, 32）	0.19（7, 108）	53.7（12, 108）
3	应用物理学	1761（7, 3）	4017（9, 7）	2.28（17, 59）	0.17（10, 116）	35.94（11, 116）
4	物理化学	1716（10, 4）	6602（10, 2）	3.85（12, 12）	0.18（11, 111）	39（9, 111）
5	环境科学	1449（9, 5）	4426（10, 4）	3.05（5, 28）	0.23（11, 80）	24.56（11, 80）
6	多学科化学	1373（10, 6）	4215（11, 5）	3.07（14, 27）	0.18（7, 112）	29.21（14, 112）
7	能源与燃料	1219（8, 7）	3319（11, 10）	2.72（22, 35）	0.25（1, 70）	25.4（10, 70）
8	肿瘤学	1121（7, 8）	1256（9, 23）	1.12（23, 156）	0.07（15, 186）	62.28（9, 186）
9	化学工程	1097（11, 9）	3787（11, 8）	3.45（13, 21）	0.17（11, 123）	32.26（8, 123）
10	纳米科学与技术	1089（9, 10）	4101（9, 6）	3.77（10, 8）	0.23（4, 83）	25.93（15, 83）
11	人工智能	1058（7, 11）	3056（5, 11）	2.89（5, 31）	0.32（1, 42）	26.45（9, 42）
12	药学与药理学	1026（7, 12）	1870（6, 15）	1.82（1, 92）	0.09（17, 177）	33.1（10, 177）
13	通信	973（6, 13）	1412（5, 20）	1.45（7, 133）	0.27（6, 62）	25.61（6, 62）
14	计算机信息系统	957（9, 14）	2247（4, 12）	2.35（2, 50）	0.27（3, 57）	21.27（13, 57）
15	光学	837（8, 15）	994（8, 37）	1.19（9, 148）	0.1（13, 171）	24.62（17, 171）
16	内科学	833（3, 16）	504（6, 67）	0.61（14, 211）	0.08（14, 183）	36.22（5, 183）
17	生物化学与分子生物学	826（8, 17）	2036（8, 14）	2.46（3, 47）	0.17（9, 124）	20.15（18, 124）
18	多学科地球科学	760（5, 18）	1326（5, 21）	1.74（11, 101）	0.28（13, 53）	17.67（5, 53）
19	机械工程	753（6, 19）	1261（8, 22）	1.67（18, 106）	0.2（8, 101）	24.29（5, 101）
20	环境工程	732（9, 20）	3605（10, 9）	4.92（8, 6）	0.19（16, 104）	17.02（13, 104）

注：学科排序同ESI学科固定排序

资料来源：科技大数据湖北省重点实验室

表3-64 2021年四川省主要学科产–学–研合作情况

序号	学科	产–研合作率（省内排名）	产–学合作率（省内排名）	学–研合作率（省内排名）
1	电子与电气工程	0.76（68）	2.91（52）	6.58（109）
2	多学科材料	1.03（52）	2.83（55）	9.21（68）
3	应用物理学	0.74（71）	2.44（69）	9.14（70）
4	物理化学	0.58（81）	1.52（101）	7.34（91）
5	环境科学	1.24（48）	2.76（58）	11.53（50）
6	多学科化学	0.36（99）	1.68（95）	6.85（102）
7	能源与燃料	1.8（31）	5.66（20）	6.97（99）
8	肿瘤学	0.71（73）	1.78（93）	4.73（141）

续表

序号	学科	产-研合作率（省内排名）	产-学合作率（省内排名）	学-研合作率（省内排名）
9	化学工程	0.82（60）	4.01（35）	7.11（95）
10	纳米科学与技术	0.55（83）	1.19（111）	9.18（69）
11	人工智能	0.85（59）	2.27（75）	5.01（133）
12	药学与药理学	0.39（98）	1.36（105）	3.7（159）
13	通信	0.41（97）	2.16（80）	6.89（100）
14	计算机信息系统	0.21（107）	1.67（97）	7（98）
15	光学	0.6（80）	1.43（102）	15.17（27）
16	内科学	0.24（105）	0.36（143）	3.24（165）
17	生物化学与分子生物学	0.97（55）	1.82（92）	9.56（63）
18	多学科地球科学	2.11（23）	5.13（24）	12.37（41）
19	机械工程	1.2（49）	5.84（19）	7.44（89）
20	环境工程	0.82（61）	2.19（79）	4.92（136）

资料来源：科技大数据湖北省重点实验室

表 3-65　2021 年四川省争取国家自然科学基金项目经费三十强机构

序号	机构名称	项目数量/项（排名）	项目经费/万元（排名）	发文量/篇（排名）	论文被引频次/次（排名）	发明专利申请量/件（排名）
1	四川大学	559（7）	23 776（7）	10 874（3）	20 929（5）	1 854（35）
2	电子科技大学	190（40）	8 406（42）	4 790（24）	12 847（17）	2 594（12）
3	西南交通大学	163（49）	7 199（49）	2 885（50）	5 525（56）	1 084（69）
4	四川农业大学	73（136）	2 974（141）	1 405（109）	2 639（115）	218（480）
5	成都理工大学	62（162）	2 465（177）	988（152）	1 393（203）	374（262）
6	成都中医药大学	60（174）	2 444（179）	865（169）	1 511（192）	52（2 134）
7	西南石油大学	48（210）	2 119（204）	1 320（118）	2 542（120）	1 199（64）
8	西南科技大学	35（270）	1 427（278）	867（168）	2 002（155）	381（256）
9	西南财经大学	37（262）	1 225（307）	655（217）	1 907（161）	10（12 937）
10	四川师范大学	34（281）	1 196（315）	481（265）	1 715（170）	37（3 161）
11	中国科学院成都生物研究所	21（393）	1 096（340）	202（472）	369（445）	44（2 605）
12	西南医科大学	22（380）	1 005（359）	810（182）	1 234（218）	46（2 471）
13	中国工程物理研究院化工材料研究所	24（359）	991（361）	89（688）	228（548）	46（2 471）
14	中国工程物理研究院激光聚变研究中心	19（418）	851（395）	67（779）	50（937）	181（576）
15	中国工程物理研究院材料研究所	21（393）	805（412）	96（663）	116（702）	75（1 450）
16	中国科学院、水利部成都山地灾害与环境研究所	17（444）	752（430）	224（446）	507（371）	52（2 134）
17	成都医学院	16（456）	660（463）	151（538）	210（570）	23（5 188）
18	西南民族大学	16（456）	623（477）	196（486）	203（574）	52（2 134）
19	中国空气动力研究与发展中心	16（456）	604（491）	101（646）	107（726）	—

续表

序号	机构名称	项目数量/项（排名）	项目经费/万元（排名）	发文量/篇（排名）	论文被引频次/次（排名）	发明专利申请量/件（排名）
20	中国工程物理研究院核物理与化学研究所	15（483）	574（505）	78（726）	89（774）	46（2 471）
21	成都信息工程大学	14（501）	559（508）	297（369）	357（450）	173（612）
22	西华师范大学	13（522）	513（524）	272（392）	547（354）	39（2 988）
23	成都大学	14（501）	502（528）	430（286）	988（252）	173（612）
24	核工业西南物理研究院	11（552）	459（556）	81（717）	50（937）	80（1 362）
25	中国工程物理研究院流体物理研究所	10（572）	424（571）	49（875）	28（1 194）	78（1 399）
26	中国科学院光电技术研究所	10（572）	418（573）	94（671）	221（558）	210（499）
27	中国核动力研究设计院	9（597）	364（600）	129（582）	56（904）	415（234）
28	西华大学	9（597）	319（641）	414（290）	591（337）	274（382）
29	中国工程物理研究院总体工程研究所	7（662）	269（680）	29（1088）	30（1 154）	52（2 134）
30	中国工程物理研究院机械制造工艺研究所	8（625）	268（683）	3（3485）	2（4 542）	118（910）

资料来源：科技大数据湖北省重点实验室

机构	机构综合排名	农业科学	生物与生物化学	临床医学	计算机科学	经济与商学	工程科学	环境生态学	地球科学	免疫学	材料科学	数学	微生物学	分子生物与基因	神经科学与行为	药理学与毒物学	物理学	植物与动物学	精神病学/心理学	社会科学	机构进入ESI学科数
中国出生缺陷监测中心	212	—	—	2320	—	—	—	—	—	—	—	—	—	—	—	—	—	—	—	—	1
西华师范大学	5659	—	—	143	—	—	—	1759	—	—	1019	—	—	—	—	—	—	—	—	—	3
中国科学院成都生物研究所	5920	754	—	129	—	—	—	1332	—	—	—	—	—	—	—	—	—	1349	—	—	4
四川大学	6218	376	254	919	1474	294	—	807	668	408	375	461	169	290	932	1020	873	822	1228	654	1613	19
中国科学院、水利部成都山地灾害与环境研究所	6589	—	—	—	—	—	—	1061	644	—	—	—	—	—	—	—	—	—	—	—	2
四川师范大学	6693	—	—	918	—	—	—	808	—	—	—	—	—	—	—	—	—	—	—	—	2
西南科技大学	6931	—	—	947	—	—	—	769	—	—	437	—	—	—	—	—	—	—	—	—	3
四川省农业科学院	6934	—	—	—	—	—	—	—	—	—	—	—	—	—	—	—	—	950	—	—	1
四川农业大学	6973	226	838	917	—	—	—	669	—	—	—	—	—	—	—	—	—	1145	—	—	5
西南交通大学	7091	—	—	944	283	—	—	772	—	397	—	440	—	—	—	—	—	—	—	1537	6
四川省人民医院	7337	—	—	1475	—	—	—	—	—	—	—	—	—	—	—	—	—	—	—	—	1
西南石油大学	7341	—	—	945	—	—	—	771	396	—	439	—	—	—	—	—	—	—	—	—	4
西南财经大学	7438	—	—	—	228	768	—	—	—	—	—	—	—	—	—	—	—	—	—	942	3
成都医学院	7447	—	—	4762	—	—	—	—	—	—	—	—	—	—	—	—	—	—	—	—	1
西南医科大学	7475	—	—	1386	—	—	—	—	—	—	—	—	—	—	—	1068	—	—	—	—	2
中国工程物理研究院	7583	—	—	145	—	—	—	1757	—	—	1018	—	—	—	—	—	830	—	—	—	4
成都理工大学	7597	—	—	—	—	—	1781	1331	828	—	—	—	—	—	—	—	—	—	—	—	3
成都中医药大学	7671	—	—	4760	—	—	—	—	—	—	—	—	—	—	—	1079	—	—	—	—	2
川北医学院	7676	—	—	2166	—	—	—	—	—	—	—	—	—	—	—	—	—	—	—	—	1
成都大学	7746	—	—	—	—	—	—	1782	—	—	—	—	—	—	—	—	—	—	—	—	1
西华大学	7763	—	—	—	—	—	31	—	—	—	—	—	—	—	—	—	—	—	—	—	1
中国空气动力研究与发展中心	7868	—	—	—	—	—	1775	—	—	—	—	—	—	—	—	—	—	—	—	—	1
电子科技大学	13994	—	634	1258	621	156	121	714	323	202	—	237	86	—	—	871	—	798	475	742	957	15

图 3-15　2021 年四川省各机构进入 ESI 全球前 1%的学科及排名

资料来源：科技大数据湖北省重点实验室

表 3-66 2021 年四川省发明专利申请量十强技术领域

序号	IPC 号（技术领域）	发明专利申请量/件
1	G06F（电子数字数据处理）	3 487
2	G01N（小类中化学分析方法或化学检测方法）	1 612
3	G06Q（专门适用于行政、商业、金融、管理、监督或预测目的的数据处理系统或方法；其他类目不包含的专门适用于行政、商业、金融、管理、监督或预测目的的处理系统或方法）	1 117
4	G06K（数据处理）	1 000
5	G06T（图像数据处理）	861
6	H04L[数字信息的传输，例如电报通信（电报和电话通信的公用设备入 H04M］	855
7	A61K［医用、牙科用或梳妆用的配制品（专门适用于将药品制成特殊的物理或服用形式的装置或方法 A61J 3/00；空气除臭，消毒或灭菌，或者绷带、敷料、吸收垫或外科用品的化学方面，或材料的使用入 A61L；肥皂组合物入 C11D］	840
8	E21B［土层或岩石的钻进（采矿、采石入 E21C；开凿立井、掘进平巷或隧洞入 E21D）；从井中开采油、气、水、可溶解或可熔化物质或矿物泥浆］	625
9	A61B［诊断；外科；鉴定（分析生物材料入 G01N，如 G01N 33/48）］	585
10	G01R（G01T 物理测定方法；其设备）	580
	全省合计	41 826

资料来源：科技大数据湖北省重点实验室

表 3-67 2021 年四川省发明专利申请量优势企业和科研机构列表

序号	优势企业	发明专利申请量/件	序号	优势科研机构	发明专利申请量/件
1	成都飞机工业（集团）有限责任公司	470	1	电子科技大学	2592
2	中国五冶集团有限公司	411	2	四川大学	1854
3	中国电子科技集团公司第二十九研究所	297	3	西南石油大学	1199
4	四川启睿克科技有限公司	282	4	西南交通大学	1084
5	攀钢集团攀枝花钢铁研究院有限公司	252	5	西南科技大学	381
6	成渝钒钛科技有限公司	218	6	成都理工大学	374
7	业成科技（成都）有限公司	210	7	西华大学	274
8	西南电子技术研究所（中国电子科技集团公司第十研究所）	201	8	四川农业大学	218
9	中铁二院工程集团有限责任公司	173	9	中国科学院光电技术研究所	210
10	中国电建集团成都勘测设计研究院有限公司	169	10	四川轻化工大学	194
11	四川虹美智能科技有限公司	167	11	中国工程物理研究院激光聚变研究中心	181
12	四川新网银行股份有限公司	135	12	成都信息工程大学	173
13	成都先进金属材料产业技术研究院股份有限公司	131	13	成都大学	173
14	迈普通信技术股份有限公司	99	14	中国空气动力研究与发展中心低速空气动力研究所	136
15	中国兵器装备集团自动化研究所有限公司	95	15	成都工业学院	126
16	中国十九冶集团有限公司	94	16	中国空气动力研究与发展中心超高速空气动力研究所	120

续表

序号	优势企业	发明专利申请量/件	序号	优势科研机构	发明专利申请量/件
17	四川长虹电器股份有限公司	92	17	中国工程物理研究院机械制造工艺研究所	118
18	中国电子科技集团公司第三十研究所	91	18	攀枝花学院	105
19	国网四川省电力公司电力科学研究院	91	19	中国空气动力研究与发展中心高速空气动力研究所	102
20	咪咕音乐有限公司	85	20	中国航发四川燃气涡轮研究院	98

资料来源：科技大数据湖北省重点实验室

表 3-68　2021 年四川省获得国家科技奖励机构清单

序号	获奖机构	获奖数量/项		
		总计	主持	参与
1	西南交通大学	3	0	3
	成都飞机工业（集团）有限责任公司	3	1	2
3	中国建筑西南设计研究院有限公司	2	0	2
	四川大学	2	2	0
5	电子科技大学	1	0	1
	四川省农业科学院作物研究所	1	0	1
	成都耶华科技有限公司	1	0	1
	成都泰合健康科技集团股份有限公司	1	0	1
	西南化工研究设计院有限公司	1	0	1
	中国石油四川石化有限责任公司	1	0	1
	华派生物工程集团有限公司	1	0	1
	中铁二十三局集团有限公司	1	0	1
	中国市政工程西南设计研究总院有限公司	1	0	1
	四川大学华西医院	1	1	0
	中铁二院工程集团有限责任公司	1	0	1
	四川农业大学	1	1	0
	四川省林业科学研究院	1	0	1

资料来源：科技大数据湖北省重点实验室

3.3.10　安徽省

2021 年，安徽省的基础研究竞争力指数为 64.1134，排名第 10 位。安徽省的基础研究优势学科为电子与电气工程、多学科材料、物理化学、应用物理学、环境科学、多学科化学、能源与燃料、计算机信息系统、人工智能、纳米科学与技术。其中，电子与电气工程的高频词包括特征提取、任务分析、深度学习、训练、数学模型、计算建模等；多学科材料的高频词包括微观结构、机械性能、石墨烯、锂离子电池、阳极等；物理化学的高频词包括电催化、光催化、石墨烯、析氢反应、碳纳米管（表 3-69）。综合本省各学科的发文数量和排名位次来看，2021年安徽省基础研究在全国范围内较为突出的学科为核科学与技术、流体与等离子体物理、原子分子与化学物理学、光谱学、概率与统计、量子科技、天文学与天体物理、粒子与场物理等。

表 3-69　2021 年安徽省基础研究优势学科及高频词

序号	活跃学科	SCI 学科活跃度	高频词（词频）
1	电子与电气工程	9.01	特征提取（79）；任务分析（68）；深度学习（59）；训练（55）；数学模型（47）；计算建模（35）；优化（33）；传感器（32）；语义（30）；预测模型（26）；可视化（25）；卷积（24）；许可证（20）；延迟（18）；影像重建（18）；鲁棒性（18）；三维显示（17）；故障诊断（16）；安全（16）；服务器（16）；适应模式（15）；启发式算法（15）；图像分割（15）；物联网（15）；无线通信（15）；数据挖掘（14）；拓扑（14）
2	多学科材料	8.32	微观结构（60）；机械性能（59）；石墨烯（27）；锂离子电池（17）；阳极（16）；超级电容器（14）；光催化（12）；能量储存与转换（11）；钨（10）；碳材料（9）；碳纳米管（9）；电催化（9）；微波吸收（9）；纳米粒子（9）；火花等离子烧结（9）；二维材料（8）；金属有机框架（8）；纳米复合材料（8）
3	物理化学	5.52	电催化（26）；光催化（25）；石墨烯（18）；析氧反应（17）；碳纳米管（14）；锂离子电池（14）；析氧反应（13）；微波吸收（10）；制氢（9）；超级电容器（9）；阳极（8）；超级电容器（8）；水分解（8）；密度泛函（7）；机械性能（7）；微观结构（7）；阴极（6）；二氧化碳电还原（6）；二氧化碳减排（6）
4	应用物理学	4.93	传感器（23）；微观结构（18）；石墨烯（16）；机械性能（16）；能量储存与转换（11）；纳米复合材料（8）；超导磁体（8）；碳材料（7）；纳米粒子（7）；微波吸收（6）；碳纳米管（5）；复合材料（5）；密度泛函（5）；成像（5）；锂离子电池（5）；析氧反应（5）；光催化（5）；多孔材料（5）；摩擦纳米发电机（5）
5	环境科学	4.53	重金属（32）；空气污染（18）；镉（16）；PM$_{2.5}$（15）；生物炭（13）；砷（12）；吸附（11）；新冠肺炎（10）；荟萃分析（10）；颗粒物（9）；细胞凋亡（8）；环境监管（8）；气候变化（7）；微塑料（7）；抗生素耐药基因（6）；动力学（6）；氧化应激（6）；土壤（6）；温度（6）；四环素（6）；毒性（6）
6	多学科化学	3.90	光催化（13）；金属有机框架（11）；电催化（10）；自组装（8）；水分解（8）；二氧化碳电还原（7）；碳纳米管（6）；吸附（5）；细胞凋亡（5）；晶体结构（5）；密度泛函理论（5）；纳米粒子（5）；镍（5）；氧化还原反应（5）；钯（5）；光致发光（5）；超级电容器（5）
7	能源与燃料	3.89	锂离子电池安全（22）；热失控（16）；氢（10）；制氢（8）；相变材料（8）；生物质（7）；火焰高度（7）；数值模拟（7）；敏感性分析（7）；化学作用（6）；光伏（6）；安全（6）；太阳能（6）；生物炭（5）；电催化（5）；能源消耗（5）；能源效率（5）；质量损失率（5）；甲醇（5）；光谱选择性（5）；热重红外（5）；余热回收（5）；氨（4）
8	计算机信息系统	4.05	特征提取（32）；深度学习（27）；任务分析（27）；训练（23）；计算建模（18）；许可证（17）；预测模型（17）；资源管理（17）；语义（17）；优化（15）；区块链（13）；边缘计算（13）；数据挖掘（12）；数据模型（12）；服务器（12）；可视化（12）；云计算（11）；物联网（11）；延迟（10）；安全（10）
9	人工智能	3.90	任务分析（35）；深度学习（34）；特征提取（29）；优化（20）；训练（20）；注意力机制（12）；语义（12）；卷积神经网络（11）；可视化（11）；计算建模（10）；数据模型（10）；多标签学习（10）；适应模式（9）；生成对抗网络（8）；学习系统（8）；神经网络（8）；物体检测（8）；图像分割（7）；机器学习（7）
10	纳米科学与技术	3.88	石墨烯（8）；光催化（8）；自组装（8）；摩擦纳米发电机（8）；碳纳米管（7）；电催化（7）；金属有机框架（7）；机械性能（6）；过渡金属碳/氮化合物（6）；二氧化碳电还原（5）；二氧化碳减排（5）；密度泛函理论（5）；光热疗法（5）；电荷转移（4）

资料来源：科技大数据湖北省重点实验室

2021年，安徽省争取国家自然科学基金项目总数为 1091 项，全国排名第 12 位；项目经费总额为 45 089 万元，全国排名第 13 位。安徽省发表 SCI 论文数量最多的学科为多学科材料（表3-70）；机械工程领域的产-学合作率最高（表3-71）；安徽省争取国家自然科学基金经费超过1亿元的有1个机构（表3-72）；安徽省共有15个机构进入相关学科的ESI全球前1%行列（图3-16）；发明专利申请量共61 838件（表3-73），主要专利权人如表3-74所示；获得国家科技奖励的机构如表3-75所示。

2021年，安徽省地方财政科技投入经费415.45亿元，全国排名第5位；获得国家科技奖励11项，全国排名第15位。截至2021年12月，安徽省拥有国家实验室2个，国家研究中心1个，国家重点实验室11个；拥有院士40位，全国排名第11位。

表3-70 2021年安徽省主要学科发文量、被引频次及国际合作情况

序号	学科	论文数/篇（全国排名，省内排名）	论文被引频次/次（全国排名，省内排名）	论文篇均被引频次/次（全国排名，省内排名）	国际合作率（全国排名，省内排名）	国际合作度（全国排名，省内排名）
1	多学科材料	2164（14, 1）	4999（14, 1）	2.31（19, 41）	0.13（24, 107）	55.49（10, 107）
2	电子与电气工程	1582（13, 2）	2108（15, 9）	1.33（19, 116）	0.18（17, 77）	40.56（11, 77）
3	物理化学	1282（13, 3）	4129（16, 2）	3.22（21, 14）	0.14（22, 96）	38.85（10, 96）
4	应用物理学	1240（14, 4）	2589（14, 4）	2.09（21, 51）	0.13（23, 109）	40（7, 109）
5	多学科化学	1029（15, 5）	3305（15, 3）	3.21（13, 15）	0.11（26, 120）	34.3（10, 120）
6	环境科学	899（16, 6）	2169（14, 5）	2.41（19, 35）	0.17（25, 80）	24.97（10, 80）
7	纳米科学与技术	867（13, 7）	2343（17, 6）	2.7（22, 26）	0.14（25, 98）	28.9（12, 98）
8	能源与燃料	786（14, 8）	2356（14, 8）	3（12, 18）	0.13（27, 104）	25.35（11, 104）
9	人工智能	779（11, 9）	1366（15, 12）	1.75（19, 69）	0.23（14, 46）	25.97（10, 46）
10	光学	698（12, 10）	639（13, 25）	0.92（17, 162）	0.07（21, 147）	41.06（6, 147）
11	化学工程	692（13, 11）	2319（15, 7）	3.35（16, 11）	0.16（17, 90）	24.71（13, 90）
12	计算机信息系统	641（12, 12）	1040（12, 12）	1.62（11, 81）	0.25（10, 40）	18.85（14, 40）
13	凝聚态物理	525（13, 13）	1400（15, 11）	2.67（18, 27）	0.17（13, 84）	21.88（13, 84）
14	仪器与仪表	484（12, 14）	661（16, 22）	1.37（24, 108）	0.12（15, 113）	26.89（4, 113）
15	药学与药理学	484（13, 14）	665（14, 21）	1.37（17, 106）	0.07（25, 144）	40.33（6, 144）
16	通信	472（14, 16）	533（14, 34）	1.13（16, 139）	0.25（10, 43）	15.23（17, 43）
17	生物化学与分子生物学	470（17, 17）	684（17, 19）	1.46（25, 98）	0.12（24, 119）	22.38（13, 119）
18	机械工程	437（14, 18）	594（15, 29）	1.36（23, 111）	0.14（22, 93）	21.85（9, 93）
19	肿瘤学	437（17, 18）	577（17, 31）	1.32（13, 119）	0.07（19, 146）	43.7（16, 146）
20	多学科	425（13, 20）	1273（8, 13）	3（3, 19）	0.23（11, 49）	14.17（13, 49）

注：学科排序同ESI学科固定排序
资料来源：科技大数据湖北省重点实验室

表3-71 2021年安徽省主要学科产-学-研合作情况

序号	学科	产-研合作率（省内排名）	产-学合作率（省内排名）	学-研合作率（省内排名）
1	多学科材料	1.11（54）	2.54（55）	13.54（43）
2	电子与电气工程	0.95（63）	2.78（43）	8.72（105）
3	物理化学	0.55（81）	1.33（89）	10.69（80）

续表

序号	学科	产-研合作率（省内排名）	产-学合作率（省内排名）	学-研合作率（省内排名）
4	应用物理学	1.37（46）	2.5（56）	16.77（27）
5	多学科化学	0.39（89）	1.55（82）	13.02（48）
6	环境科学	1.22（50）	2.45（58）	12.57（54）
7	纳米科学与技术	0.58（78）	1.5（84）	14.3（38）
8	能源与燃料	1.15（52）	3.56（36）	8.52（108）
9	人工智能	0.64（76）	2.57（53）	9.24（99）
10	光学	1.72（35）	3.01（40）	15.76（34）
11	化学工程	0.43（85）	2.75（47）	5.64（138）
12	计算机信息系统	0.47（83）	1.56（81）	4.99（150）
13	凝聚态物理	0.38（90）	1.14（93）	15.24（36）
14	仪器与仪表	0.41（86）	1.65（78）	9.3（98）
15	药学与药理学	0.83（69）	1.86（72）	5.79（137）
16	通信	1.69（36）	2.75（45）	5.93（135）
17	生物化学与分子生物学	1.06（58）	1.7（77）	10.85（78）
18	机械工程	1.14（53）	4.58（24）	6.86（126）
19	肿瘤学	1.37（45）	2.97（41）	6.86（126）
20	多学科	0.47（82）	2.12（68）	13.18（44）

资料来源：科技大数据湖北省重点实验室

表 3-72　2021 年安徽省争取国家自然科学基金项目经费三十强机构

序号	机构名称	项目数量/项（排名）	项目经费/万元（排名）	发文量/篇（排名）	论文被引频次/次（排名）	发明专利申请量/件（排名）
1	中国科学技术大学	373（15）	16 007（15）	5 398（19）	11 646（24）	1 105（68）
2	合肥工业大学	159（53）	6 985（50）	2 464（63）	3 876（82）	1 789（41）
3	安徽医科大学	106（95）	4 144（103）	1 764（93）	2 383（127）	55（2 019）
4	安徽大学	104（96）	4 125（104）	1 378（114）	2 841（108）	569（161）
5	中国科学院合肥物质科学研究院	77（129）	3 438（124）	308（358）	406（425）	507（182）
6	安徽农业大学	57（183）	2 236（192）	683（208）	1 284（209）	443（217）
7	安徽理工大学	42（234）	1 602（248）	829（176）	1 234（218）	973（87）
8	安徽工业大学	37（262）	1 561（254）	656（216）	1 524（189）	456（204）
9	安徽师范大学	35（270）	1 306（298）	606（227）	893（271）	139（772）
10	安徽中医药大学	22（380）	834（398）	217（455）	343（460）	39（2 988）
11	安徽工程大学	11（552）	391（585）	288（377）	480（386）	382（255）
12	安徽建筑大学	10（572）	358（606）	206（468）	246（527）	132（813）
13	皖南医学院	8（625）	339（625）	253（417）	301（490）	38（3 077）
14	蚌埠医学院	5（749）	150（828）	309（356）	394（431）	14（8 940）
15	合肥师范学院	4（801）	144（864）	64（798）	45（976）	33（3 564）

续表

序号	机构名称	项目数量/项（排名）	项目经费/万元（排名）	发文量/篇（排名）	论文被引频次/次（排名）	发明专利申请量/件（排名）
16	滁州学院	4（801）	140（868）	114（610）	121（691）	111（961）
17	合肥综合性国家科学中心人工智能研究院（安徽省人工智能实验室）	4（801）	120（893）	1（6 453）	0（8 464）	38（3 077）
18	安徽省农业科学院	4（801）	120（893）	78（726）	85（782）	—
19	合肥通用机械研究院有限公司	3（875）	118（912）	11（1 693）	7（2 393）	57（1 949）
20	安徽科技学院	2（968）	88（999）	138（568）	119（696）	199（528）
21	合肥学院	2（968）	87（1 021）	118（605）	164（608）	93（1 157）
22	安庆师范大学	2（968）	86（1 024）	106（631）	73（821）	66（1 684）
23	宿州学院	2（968）	85（1 029）	105（636）	144（638）	46（2 471）
24	合肥综合性国家科学中心能源研究院（安徽省能源实验室）	1（1 141）	61（1 071）	2（4 331）	2（4 542）	42（2 751）
25	安徽省气象科学研究所	2（968）	60（1 076）	1（6 453）	0（8 464）	—
26	淮北师范大学	2（968）	60（1 076）	173（512）	858（275）	64（1 742）
27	阜阳师范大学	2（968）	60（1 076）	121（600）	222（556）	35（3 338）
28	黄山学院	2（968）	60（1 076）	47（892）	58（889）	90（1 216）
29	中国科学技术大学先进技术研究院	1（1 141）	58（1 154）	—	—	88（1 235）
30	淮南师范学院	1（1 141）	58（1 154）	65（790）	79（800）	51（2 188）

资料来源：科技大数据湖北省重点实验室

机构	机构综合排名	农业科学	生物与生物化学	化学	临床医学	计算机科学	工程科学	环境生态学	地球科学	免疫学	材料科学	数学	分子生物与基因	综合交叉学科	神经科学与行为	药理学与毒物学	物理学	植物与动物科学	社会科学	机构进入ESI学科数
中国科学技术大学	4509	—	385	1417	407	82	200	160	88	95	127	40	888	29	—	810	723	301	424	16
淮北师范大学	5003	—	—	389	—	—	—	—	—	—	—	—	—	—	—	—	—	—	—	1
中国科学院合肥物质科学研究院	6035	—	—	364	—	—	—	—	—	—	867	—	—	—	—	—	—	—	—	2
安徽工业大学	6154	—	—	27	—	—	1916	—	—	—	1113	—	—	—	—	—	—	—	—	3
安徽师范大学	6357	—	—	25	—	—	—	—	—	—	1115	—	—	—	—	—	—	—	—	2
安徽医科大学	6502	—	809	—	5267	—	—	—	—	914	—	—	947	—	1045	961	—	—	690	7
合肥工业大学	6534	377	—	365	—	503	1507	1139	693	—	866	—	—	—	—	—	—	—	1139	8
安徽省农业科学院	6579	912	—	—	—	—	—	—	—	—	—	—	—	—	—	—	—	—	—	1
安徽大学	6721	—	—	26	—	617	1918	—	—	—	1114	315	—	—	—	—	—	—	—	5
安徽农业大学	6939	355	—	—	—	—	—	1432	—	—	—	—	—	—	—	—	—	1241	—	3
蚌埠医学院	7396	—	—	—	5051	—	—	—	—	—	—	—	—	—	—	—	—	—	—	1
皖南医学院	7403	—	—	—	152	—	—	—	—	—	—	—	—	—	—	—	—	—	—	1
安徽工程大学	7412	—	—	—	—	—	1919	—	—	—	—	—	—	—	—	—	—	—	—	1
安徽中医药大学	7595	—	—	—	—	—	—	—	—	—	—	—	—	—	—	1087	—	—	—	1
安徽理工大学	7647	—	—	—	—	—	1917	—	—	—	—	—	—	—	—	—	—	—	—	1

图 3-16　2021 年安徽省各机构进入 ESI 全球前 1% 的学科及排名

资料来源：科技大数据湖北省重点实验室

表 3-73 2021 年安徽省发明专利申请量十强技术领域

序号	IPC 号（技术领域）	发明专利申请量/件
1	G06F（电子数字数据处理）	1 911
2	G01N（小类中化学分析方法或化学检测方法）	1 902
3	B01D[分离（用湿法从固体中分离固体入 B03B、B03D，用风力跳汰机或摇床入 B03B，用其他干法入 B07；固体物料从固体物料或流体中的磁或静电分离，利用高压电场的分离入 B03C；离心机、涡旋装置入 B04B；涡旋装置入 B04C；用于从含液物料中挤出液体的压力机本身入 B30B 9/02）]	1 209
4	B65G［运输或贮存装置，例如装载或倾卸用输送机、车间输送机系统或气动管道输送机（包装用的入 B65B；搬运薄的或细丝状材料如纸张或细丝入 B65H；起重机入 B66C；便携式或可移动的举升或牵引器具，如升降机入 B66D；用于装载或卸载目的的升降货物的装置，如叉车，入 B66F9/00；不包括在其他类目中的瓶子、罐、罐头、木桶、桶或类似容器的排空入 B67C9/00；液体分配或转移入 B67D；将压缩的、液化的或固体化的气体灌入容器或从容器内排出入 F17C；流体用管道系统入 F17D）]	1 126
5	H01L［半导体器件；其他类目中不包括的电固体器件（使用半导体器件的测量入 G01；一般电阻器入 H01C；磁体、电感器、变压器入 H01F；一般电容器入 H01G9/00；电解型电容器、蓄电池入 H01M；波导管、谐振器或波导型线路入 H01P；线路连接器、汇流入 H01R；受激发射器件入 H01S；机电谐振器入 H03H；扬声器、送话器、留声机拾音器或类似的声机电传感器入 H04R；一般电光源入 H05B；印刷电路、混合电路、电设备的外壳或结构零部件、电气元件的组件的制造入 H05K；在具有特殊应用的电路中使用的半导体器件见应用相关的小类）]	1 087
6	B29C［塑料的成型或连接；塑性状态材料的成型，不包含在其他类目中的；已成型产品的后处理，例如修整（制作预型件入 B29B 11/00；通过将原本不相连接的层结合成为各层连在一起的产品来制造层状产品入 B32B 7/00 至 B32B 41/00）]	951
7	G06Q（专门适用于行政、商业、金融、管理、监督或预测目的的数据处理系统或方法；其他类目不包含的专门适用于行政、商业、金融、管理、监督或预测目的的处理系统或方法）	910
8	B24B[用于磨削或抛光的机床、装置或工艺（用电蚀入 B23H；磨料或有关喷射入 B24C；电解浸蚀或电解抛光入 C25F 3/00）；磨具磨损表面的修理或调节；磨削、抛光剂或研磨剂的进给]	790
9	H01M（用于直接转变化学能为电能的方法或装置，例如电池组）	788
10	B08B［一般清洁；一般污垢的防除（刷入 A46；家庭或类似清洁装置入 A47L；颗粒从液体或气体中分离入 B01D；固体分离入 B03，B07；一般对表面喷射或涂敷液体或其他流体材料入 B05；用于输送机的清洗装置入 B65G 45/10；对瓶子同时进行清洗、灌注和封装的入 B67C 7/00；一般腐蚀或积垢的防止入 C23；街道、永久性道路、海滨或陆地的清洗入 E01H；专门用于游泳池或仿海滨浴场浅水池或池子的部件、零件或辅助设备清洁的入 E04H 4/16；防止或清除静电荷入 H05F）]	746
	全省合计	61 838

资料来源：科技大数据湖北省重点实验室

表 3-74 2021 年安徽省发明专利申请量优势企业和科研机构列表

序号	优势企业	发明专利申请量/件	序号	优势科研机构	发明专利申请量/件
1	安徽江淮汽车集团股份有限公司	627	1	合肥工业大学	1789
2	中国十七冶集团有限公司	581	2	中国科学技术大学	1105
3	长鑫存储技术有限公司	445	3	安徽理工大学	973
4	合肥维信诺科技有限公司	420	4	安徽大学	569
5	阳光电源股份有限公司	372	5	中国科学院合肥物质科学研究院	507
6	新华三信息安全技术有限公司	328	6	安徽工业大学	456
6	科大讯飞股份有限公司	328	7	安徽信息工程学院	450
8	马鞍山钢铁股份有限公司	305	8	安徽农业大学	443

续表

序号	优势企业	发明专利申请量/件	序号	优势科研机构	发明专利申请量/件
9	奇瑞汽车股份有限公司	301	9	安徽工程大学	382
10	合肥国轩高科动力能源有限公司	291	10	安徽科技学院	199
11	中国电子科技集团公司第三十八研究所	284	11	安徽师范大学	139
12	国网安徽省电力有限公司电力科学研究院	220	12	蚌埠学院	133
13	长虹美菱股份有限公司	218	13	安徽建筑大学	132
14	奇瑞商用车（安徽）有限公司	171	14	安徽机电职业技术学院	130
15	蔚来汽车科技（安徽）有限公司	165	15	滁州学院	111
16	淮北矿业股份有限公司	159	16	皖西学院	98
17	奇瑞新能源汽车股份有限公司	153	17	合肥学院	93
18	彩虹（合肥）液晶玻璃有限公司	140	18	黄山学院	90
19	安徽金禾实业股份有限公司	105	19	芜湖职业技术学院	78
20	TCL家用电器（合肥）有限公司	102	20	安庆师范大学	66

资料来源：科技大数据湖北省重点实验室

表3-75 2021年安徽省获得国家科技奖励机构清单

序号	获奖机构	获奖数量/项 总计	主持	参与
1	中国科学技术大学	3	2	1
2	安徽省农业科学院水稻研究所	2	0	2
3	中国科学院合肥物质科学研究院	1	1	0
3	安徽省公安厅	1	0	1
3	合肥美亚光电技术股份有限公司	1	0	1
3	合肥通用机械研究院有限公司	1	0	1
3	马鞍山钢铁股份有限公司	1	0	1
3	安徽农业大学	1	1	0
3	谢裕大茶叶股份有限公司	1	0	1
3	安徽医科大学第一附属医院	1	0	1
3	安徽国祯环保节能科技股份有限公司	1	0	1
3	合肥工业大学	1	0	1

资料来源：科技大数据湖北省重点实验室

3.3.11 湖南省

2021年，湖南省的基础研究竞争力指数为60.8141，排名第11位。湖南省的基础研究优势学科为电子与电气工程、多学科材料、物理化学、环境科学、应用物理学、计算机信息系统、化学工程、纳米科学与技术、环境工程、多学科化学。其中，电子与电气工程的高频词包括特征提取、任务分析、数学模型、深度学习、训练、优化等；多学科材料的高频词包括微观结构、机械性能、石墨烯、选择性激光熔化、锂离子电池等；物理化学的高频词包括锂离子电池、机械性能、微观结构、氧化还原反应、吸附（表3-76）。综合本省各学科的发文数量和排名位次来看，2021年湖南省基础研究在全国范围内较为突出的学科为矿物加工、矿物学、航空航天工程、冶金、遥感、土木工程、力学、地质工程、人体工程学、地理学等。

表3-76 2021年湖南省基础研究优势学科及高频词

序号	活跃学科	SCI学科活跃度	高频词（词频）
1	电子与电气工程	9.04	特征提取（108）；任务分析（102）；数学模型（102）；深度学习（99）；训练（89）；优化（75）；传感器（56）；计算建模（42）；物联网（41）；合成孔径雷达（36）；电压控制（36）；预测模型（35）；图像分割（32）；遥感（29）；数据挖掘（27）；服务器（27）；轨迹（27）；延迟（26）；语义（26）；云计算（25）；逆变器（25）；无线通信（25）；卷积（23）；雷达（23）；电容器（22）；聚类算法（22）；雷达成像（22）
2	多学科材料	8.83	微观结构（166）；机械性能（130）；石墨烯（30）；选择性激光熔化（27）；锂离子电池（26）；微观结构演变（26）；阳极（22）；导热系数（20）；氧化还原反应（19）；动态再结晶（18）；腐蚀（17）；相变（14）；强化机制（14）；高熵合金（13）；析氢反应（13）；二硫化钼（13）；热稳定性（13）；机器学习（12）；金属合金（12）；分子动力学（12）；透射电镜（12）
3	物理化学	5.21	锂离子电池（42）；机械性能（37）；微观结构（32）；氧化还原反应（28）；吸附（27）；光催化（26）；析氢反应（19）；阳极（18）；密度泛函理论（17）；电化学性能（13）；析氧反应（13）；钠离子电池（11）；超级电容器（10）；电催化剂（9）；石墨烯（9）；异质结构（9）
4	环境科学	4.68	吸附（46）；镉（35）；生物炭（33）；重金属（30）；微塑料（20）；砷（17）；微生物群落（14）；植物修复（14）；气候变化（11）；深度学习（11）；光催化（11）；米（11）；新冠肺炎（10）；毒性（10）；废活性污泥（8）；密度泛函理论（7）；洞庭湖（7）；$PM_{2.5}$（7）；土壤（7）；水（7）
5	应用物理学	4.53	微观结构（43）；传感器（26）；机械性能（21）；密度泛函理论（13）；特征提取（13）；析氢反应（12）；吸附（11）；深度学习（11）；金属合金（11）；石墨烯（10）；光纤激光器（9）；二硫化钼（8）；3D打印（7）；硬度（7）；分子动力学（7）；二维材料（6）；电子结构（6）；数值模拟（6）；训练（6）
6	计算机信息系统	3.94	物联网（43）；任务分析（42）；深度学习（38）；优化（30）；云计算（29）；特征提取（24）；数据模型（23）；服务器（23）；训练（22）；计算建模（18）；预测模型（18）；传感器（17）；机器学习（16）；聚类算法（14）；物联网（13）；边缘计算（12）；数据挖掘（11）；能源消耗（10）；启发式算法（10）；无线通信（10）
7	化学工程	3.67	吸附（32）；浮选（29）；光催化（23）；黄铜矿（13）；黄铁矿（13）；密度泛函理论（12）；过氧单硫酸盐（12）；浮选分离（9）；氧化还原反应（9）；白钨矿（9）；方解石（8）；析氢反应（8）；数值模拟（7）；生物炭（6）；碳点（6）；氮化碳（6）；萤石（6）；汞（6）；微塑料（6）；水处理（6）
8	纳米科学与技术	3.61	机械性能（24）；石墨烯（18）；微观结构（16）；析氢反应（11）；碳点（10）；化学气相沉积（9）；锂离子电池（9）；钾离子电池（9）；阳极（7）；第一性原理计算（7）；二硫化钼（7）；二维材料（6）；添加剂制造（6）；电催化（6）；异质结构（6）；高能量密度（6）；过渡金属碳/氮化合物（6）；析氧反应（6）
9	环境工程	3.52	吸附（41）；光催化（25）；生物炭（19）；微塑料（15）；过氧单硫酸盐（11）；镉（10）；铬（9）；高级氧化工艺（8）；厌氧消化（8）；密度泛函理论（8）；重金属（8）；废活性污泥（8）；高级氧化工艺（7）；碳点（7）；电子转移（7）；析氢反应（7）；氧化还原反应（7）；分离（7）
10	多学科化学	3.48	吸附（16）；电催化（11）；电化学（9）；光催化（9）；储能（8）；癌症治疗（7）；金属有机框架（7）；氧化还原反应（7）；析氢反应（6）

资料来源：科技大数据湖北省重点实验室

2021年，湖南省争取国家自然科学基金项目总数为1499项，项目经费总额为64 618万元，全国排名均为第 10 位；湖南省发表 SCI 论文数量最多的学科为多学科材料（表 3-77）；土木工程领域的产-学合作率最高（表 3-78）；湖南省争取国家自然科学基金经费超过 1 亿元的有 1 个机构（表 3-79）；湖南省共有 13 个机构进入相关学科的 ESI 全球前 1%行列（图 3-17）；发明专利申请量共 34 196 件（表 3-80），主要专利权人如表 3-81 所示；获得国家科技奖励的机构如表 3-82 所示。

2021 年，湖南省地方财政科技投入经费 221 亿元，全国排名第 11 位；获得国家科技奖励 12 项，全国排名第 14 位。截至 2021 年 12 月，湖南省拥有国家重点实验室 16 个；拥有院士 48 位，全国排名第 8 位。

表 3-77　2021 年湖南省主要学科发文量、被引频次及国际合作情况

序号	学科	论文数/篇（全国排名，省内排名）	论文被引频次/次（全国排名，省内排名）	论文篇均被引频次/次（全国排名，省内排名）	国际合作率（全国排名，省内排名）	国际合作度（全国排名，省内排名）
1	多学科材料	2949（10，1）	8878（9，1）	3.01（7，28）	0.17（12，95）	54.61（11，95）
2	电子与电气工程	2003（10，2）	3779（11，9）	1.89（4，86）	0.21（9，71）	40.06（12，71）
3	物理化学	1476（12，3）	6266（11，2）	4.25（5，9）	0.17（16，97）	34.33（13，97）
4	应用物理学	1356（11，4）	3850（10，8）	2.84（5，31）	0.15（18，111）	39.88（8，111）
5	环境科学	1244（10，5）	4529（9，3）	3.64（5，15）	0.19（20，88）	27.64（9，88）
6	多学科化学	1043（14，6）	4006（12，6）	3.84（2，13）	0.15（18，115）	32.59（12，115）
7	冶金	1011（5，7）	1897（5，14）	1.88（18，87）	0.14（14，121）	32.61（5，121）
8	纳米科学与技术	932（12，8）	3928（10，7）	4.21（3，10）	0.17（19，98）	34.52（7，98）
9	化学工程	892（12，9）	4008（10，5）	4.49（2，4）	0.14（21，122）	27.88（10，122）
10	土木工程	884（6，10）	2040（5，54）	2.31（1，54）	0.3（2，29）	22.1（8，29）
11	计算机信息系统	877（10，11）	1994（6，13）	2.27（3，56）	0.27（2，41）	21.93（10，41）
12	能源与燃料	843（13，12）	3726（8，10）	4.42（1，6）	0.2（16，85）	23.42（13，85）
13	肿瘤学	808（9，13）	1382（8，22）	1.71（2，99）	0.11（4，138）	67.33（6，138）
14	人工智能	765（12，14）	1832（12，15）	2.39（9，49）	0.25（6，49）	23.18（11，49）
15	环境工程	691（11，15）	4171（9，4）	6.04（1，1）	0.19（17，87）	22.29（7，87）
16	凝聚态物理	667（10，16）	2283（10，11）	3.42（12，17）	0.15（21，112）	24.7（7，112）
17	机械工程	662（8，17）	1818（4，36）	2.75（4，36）	0.21（16，75）	23.64（7，75）
18	通信	644（11，18）	1274（6，25）	1.98（2，76）	0.23（16，64）	17.89（12，64）
19	力学	640（6，19）	1490（5，18）	2.33（5，53）	0.25（5，53）	21.33（5，53）
20	细胞生物学	628（8，20）	1390（9，20）	2.21（11，59）	0.12（15，133）	41.87（7，133）

注：学科排序同 ESI 学科固定排序
资料来源：科技大数据湖北省重点实验室

表 3-78　2021 年湖南省主要学科产-学-研合作情况

序号	学科	产-研合作率（省内排名）	产-学合作率（省内排名）	学-研合作率（省内排名）
1	多学科材料	0.75（67）	2.54（52）	5.87（106）
2	电子与电气工程	0.75（66）	2.2（62）	5.19（123）

续表

序号	学科	产-研合作率（省内排名）	产-学合作率（省内排名）	学-研合作率（省内排名）
3	物理化学	0.75（68）	1.76（77）	5.35（117）
4	应用物理学	0.59（80）	1.99（70）	6.71（88）
5	环境科学	1.45（33）	2.49（55）	8.52（61）
6	多学科化学	0.58（81）	2.01（69）	6.62（91）
7	冶金	0.49（86）	4.15（21）	5.24（121）
8	纳米科学与技术	0.75（65）	1.72（79）	7.08（83）
9	化学工程	0.45（89）	2.02（68）	3.36（162）
10	土木工程	1.36（34）	4.41（18）	5.43（114）
11	计算机信息系统	0.68（73）	2.51（54）	6.39（95）
12	能源与燃料	1.3（36）	3.2（35）	4.74（131）
13	肿瘤学	0.74（69）	1.36（94）	4.83（130）
14	人工智能	0.13（98）	1.05（113）	3.66（151）
15	环境工程	1.16（43）	1.59（86）	4.2（142）
16	凝聚态物理	0.3（91）	1.65（81）	6（104）
17	机械工程	0.91（52）	4.08（23）	8.46（63）
18	通信	0.78（63）	2.33（59）	6.68（89）
19	力学	0.78（62）	2.81（42）	5（124）
20	细胞生物学	0.16（97）	0.64（123）	4.46（135）

资料来源：科技大数据湖北省重点实验室

表 3-79　2021 年湖南省争取国家自然科学基金项目经费三十强机构

序号	机构名称	项目数/项（排名）	项目经费/万元（排名）	发文量/篇（排名）	论文被引频次/次（排名）	发明专利申请量/件（排名）
1	中南大学	526（9）	23 443（8）	9 507（6）	21 456（4）	2 252（24）
2	湖南大学	231（37）	9 990（38）	3 328（39）	12 070（22）	1 206（62）
3	中国人民解放军国防科学技术大学	156（55）	5 923（72）	2 388（65）	2 744（110）	1 805（39）
4	长沙理工大学	82（124）	3 676（117）	835（175）	2 873（107）	622（140）
5	湖南师范大学	71（141）	3 126（132）	1 194（128）	2 231（138）	176（598）
6	湘潭大学	60（174）	2 734（157）	1 007（149）	2 055（150）	543（167）
7	湖南农业大学	49（206）	2 277（188）	712（202）	1 431（201）	172（619）
8	南华大学	57（183）	2 261（190）	895（163）	1 462（198）	236（448）
9	湖南科技大学	46（212）	2 076（208）	564（236）	911（267）	278（372）
10	中南林业科技大学	35（270）	1 459（271）	517（258）	1 063（242）	189（558）
11	湖南中医药大学	33（287）	1 406（283）	234（435）	238（537）	56（1 989）
12	中国科学院亚热带农业生态研究所	18（432）	834（398）	144（553）	416（418）	29（4 087）
13	湖南工业大学	16（456）	731（436）	260（408）	572（347）	120（891）

续表

序号	机构名称	项目数量/项（排名）	项目经费/万元（排名）	发文量/篇（排名）	论文被引频次/次（排名）	发明专利申请量/件（排名）
14	吉首大学	18（432）	621（479）	108（623）	127（680）	30（3 910）
15	湖南省农业科学院	10（572）	412（575）	46（907）	108（719）	5（30 258）
16	湖南工商大学	10（572）	394（584）	3（3485）	8（2229）	70（1 570）
17	长沙学院	11（552）	388（586）	114（610）	171（598）	80（1 362）
18	湖南理工学院	7（662）	328（630）	131（577）	268（507）	52（2 134）
19	衡阳师范学院	8（625）	313（645）	97（660）	136（657）	71（1 535）
20	湖南文理学院	6（704）	293（668）	105（636）	103（744）	126（854）
21	湖南工程学院	5（749）	268（683）	94（671）	179（590）	134（804）
22	湖南省儿童医院	6（704）	205（759）	74（743）	59（882）	1（138 140）
23	湖南杂交水稻研究中心	4（801）	204（765）	9（1 917）	11（1 864）	20（6 013）
24	湖南科技学院	5（749）	178（790）	55（838）	157（614）	56（1 989）
25	湖南工学院	4（801）	177（795）	81（717）	116（702）	74（1 469）
26	湖南第一师范学院	5（749）	171（815）	57（829）	31（1 136）	40（2 913）
27	湖南城市学院	4（801）	120（893）	144（553）	584（340）	67（1 656）
28	湖南省微生物研究院	2（968）	88（999）	3（3 485）	1（5 903）	9（15 276）
29	湖南化工研究院有限公司	1（1 141）	60（1 076）	—	—	8（17 399）
30	湖南省妇幼保健院	2（968）	60（1 076）	35（1 010）	30（1 154）	5（30 258）

资料来源：科技大数据湖北省重点实验室

机构名称	机构综合排名	农业科学	生物与生物化学	化学	临床医学	计算机科学	经济与商学	工程科学	环境生态学	地球科学	免疫学	材料科学	数学	分子生物与基因	神经科学与行为	药理学与毒物学	物理学	植物与动物科学	精神病学/心理学	社会科学	机构进入ESI学科数
湖南大学	4575	—	625	397	—	492	335	1468	1116	680	—	840	252	—	—	—	745	—	—	1319	11
中国科学院亚热带农业生态研究所	5291	407	—	—	—	—	—	—	1054	—	—	—	—	—	—	—	—	1142	—	—	3
湖南工业大学	5344	—	—	—	—	—	—	1466	—	—	—	839	—	—	—	—	—	—	—	—	2
中南大学	5917	592	295	114	4827	584	—	1807	1348	839	846	1047	301	958	1000	1009	789	—	796	718	17
湖南农业大学	5963	352	1287	395	—	—	—	1470	1117	—	—	—	—	—	—	—	—	1040	—	—	6
湘潭大学	6143	—	—	1547	—	—	—	33	—	—	—	4	—	—	—	—	—	—	—	—	3
长沙理工大学	6602	—	—	125	—	580	—	1787	—	—	—	1035	299	—	—	—	—	—	—	—	5
中南林业科技大学	6776	799	—	—	—	—	—	1806	1347	—	—	—	—	—	—	—	—	—	—	—	3
南华大学	6848	—	—	1430	394	—	—	187	—	—	—	—	—	—	—	—	—	—	—	—	3
湖南科技大学	7018	—	—	398	—	491	—	1467	—	—	—	—	—	—	—	—	—	—	—	—	3
湖南师范大学	7041	—	396	3519	—	—	—	1469	—	—	—	841	—	—	—	—	—	—	—	—	4
湖南中医药大学	7279	—	—	3517	—	—	—	—	—	—	—	—	—	—	1042	—	—	—	—	—	2
中国人民解放军国防科学技术大学	7532	—	—	730	—	381	—	1056	—	517	—	605	—	—	—	—	820	—	—	—	6

图 3-17　2021 年湖南省各机构进入 ESI 全球前 1%的学科及排名
资料来源：科技大数据湖北省重点实验室

表 3-80 2021 年湖南省发明专利申请量十强技术领域

序号	IPC 号（技术领域）	发明专利申请量/件
1	G06F（电子数字数据处理）	2 042
2	G01N（小类中化学分析方法或化学检测方法）	1 009
3	G06Q（专门适用于行政、商业、金融、管理、监督或预测目的的数据处理系统或方法；其他类目不包含的专门适用于行政、商业、金融、管理、监督或预测目的的处理系统或方法）	732
4	A61K[医用、牙科用或梳妆用的配制品（专门适用于将药品制成特殊的物理或服用形式的装置或方法 A61J 3/00；空气除臭，消毒或灭菌，或者绷带、敷料、吸收垫或外科用品的化学方面，或材料的使用入 A61L；肥皂组合物入 C11D）]	653
5	G06K（数据处理）	556
6	H01M（用于直接转变化学能为电能的方法或装置，例如电池组）	533
7	G06T（图像数据处理）	513
8	C02F[水、废水、污水或污泥的处理（通过在物质中产生化学变化使有害的化学物质无害或降低危害的方法入 A62D 3/00；分离、沉淀箱或过滤设备入 B01D；有关处理水、废水或污水生产装置的水运容器的特殊设备，例如用于制备淡水入 B63J；为防止水的腐蚀用的添加物质入 C23F；放射性废液的处理入 G21F 9/04）]	506
9	H04L（数字信息的传输，例如电报通信（电报和电话通信的公用设备入 H04M）]	503
10	C04B（石灰、氧化镁、矿渣；水泥；其组合物，例如：砂浆、混凝土或类似的建筑材料；人造石；陶瓷（微晶玻璃陶瓷入 C03C 10/00）；耐火材料（难熔金属的合金入 C22C）；天然石的处理]	495
	全省合计	34 196

资料来源：科技大数据湖北省重点实验室

表 3-81 2021 年湖南省发明专利申请量优势企业和科研机构列表

序号	优势企业	发明专利申请量/件	序号	优势科研机构	发明专利申请量/件
1	国网湖南省电力有限公司	419	1	中南大学	2251
2	中国铁建重工集团股份有限公司	328	2	中国人民解放军国防科学技术大学	1750
3	中联重科股份有限公司	220	3	湖南大学	1206
4	三一汽车制造有限公司	198	4	长沙理工大学	622
5	中车株洲电力机车有限公司	195	5	湘潭大学	543
6	中国建筑第五工程局有限公司	186	6	湖南科技大学	278
7	湖南快乐阳光互动娱乐传媒有限公司	177	7	南华大学	236
8	株洲时代新材料科技股份有限公司	172	8	中南林业科技大学	189
9	中国航发南方工业有限公司	150	9	湖南师范大学	176
10	晟通科技集团有限公司	135	10	中国航发湖南动力机械研究所	174
11	三一汽车起重机械有限公司	127	11	邵阳学院	174
12	中冶长天国际工程有限责任公司	103	12	湖南农业大学	172
13	株洲中车时代电气股份有限公司	92	13	湖南工程学院	134
14	华翔翔能科技股份有限公司	87	14	湖南文理学院	126
15	湖南翰坤实业有限公司	83	15	湖南工业大学	120
16	三一专用汽车有限责任公司	79	16	湖南汽车工程职业学院	88
17	湖南国科微电子股份有限公司	71	17	怀化学院	80

续表

序号	优势企业	发明专利申请量/件	序号	优势科研机构	发明专利申请量/件
18	长沙矿山研究院有限责任公司	65	17	长沙学院	80
19	长沙惠科光电有限公司	64	19	湖南工学院	74
20	安克创新科技股份有限公司	58	20	衡阳师范学院	71
	湖南立方新能源科技有限责任公司	58			

资料来源：科技大数据湖北省重点实验室

表 3-82　2021 年湖南省获得国家科技奖励机构清单

序号	获奖机构	获奖数量/项		
		总计	主持	参与
1	湖南大学	3	3	0
2	中南大学	2	1	1
3	长沙华时捷环保科技发展股份有限公司	1	0	1
	中冶长天国际工程有限责任公司	1	0	1
	湖南华菱涟源钢铁有限公司	1	0	1
	湖南农大海特农化有限公司	1	0	1
	湖南东映碳材料科技有限公司	1	0	1
	湖南农业大学	1	0	1
	中国人民解放军国防科技大学	1	1	0
	中国石油化工股份有限公司长岭分公司	1	0	1
	中南大学湘雅二医院	1	1	0
	湖南省农业科学院	1	1	0
	中南林业科技大学	1	0	1
	湖南长岭石化科技开发有限公司	1	0	1
	株洲冶炼集团股份有限公司	1	0	1
	花垣县太丰冶炼有限责任公司	1	0	1
	三诺生物传感股份有限公司	1	0	1

3.3.12　河南省

2021 年，河南省的基础研究竞争力指数为 55.4293，排名第 12 位。河南省的基础研究优势学科为多学科材料、物理化学、环境科学、电子与电气工程、多学科化学、应用物理学、纳米科学与技术、肿瘤学、能源与燃料、化学工程。其中，多学科材料的高频词包括机械性能、微观结构、石墨烯、氧化还原反应、过渡金属碳/氮化合物等；物理化学的高频词包括溶解度、热力学性质、吸附、密度泛函理论、光催化等；环境科学的高频词包括吸附、空气污染、重金属、气候变化、生态环境等（表 3-83）。综合本省各学科的发文数量和排名位次来看，2021 年河南省基础研究在全国范围内较为突出的学科为晶体学、无机与核化学、生物心理学、植物学、有机化学、毒理学、农业工程、园艺学等。

表 3-83 2021 年河南省基础研究优势学科及高频词

序号	活跃学科	SCI 学科活跃度	高频词（词频）
1	多学科材料	7.74	机械性能（66）；微观结构（60）；石墨烯（15）；氧化还原反应（15）；过渡金属碳/氮化合物（14）；光催化（14）；抗压强度（13）；锂离子电池（13）；太阳能电池（13）；耐腐蚀性能（12）；摩擦纳米发电机（12）；纳米复合材料（11）；钠离子电池（11）；吸附（10）；钙钛矿太阳能电池（9）；超级电容器（9）；阳极材料（8）；碳点（8）；密度泛函理论（8）
2	物理化学	5.80	溶解度（36）；热力学性质（25）；吸附（24）；密度泛函理论（23）；光催化（22）；电催化（16）；机械性能（15）；氧化还原反应（15）；阳极材料（12）；过渡金属碳/氮化合物（12）；溶剂效应（12）；电化学性能（11）；石墨烯（11）；析氢反应（10）；锂离子电池（10）；分子动力学模拟（10）；析氧反应（10）
3	环境科学	5.70	吸附（32）；空气污染（22）；重金属（17）；气候变化（12）；生态环境（12）；遥感（12）；氧化应激（11）；PM$_{2.5}$（11）；小麦（11）；细胞凋亡（9）；二氧化碳排放（9）；氧化石墨烯（9）；微塑料（9）；颗粒物（9）；四环素（9）；镉（8）；土壤（8）；生物炭（7）；土地使用（7）；光催化降解（7）
4	电子与电气工程	5.61	特征提取（52）；深度学习（38）；数学模型（35）；训练（24）；任务分析（20）；物联网（19）；优化（15）；遥感（14）；传感器（13）；探测器（11）；机器学习（11）；安全（11）；无线通信（11）；语义（10）；支持向量机（10）；迁移学习（10）；图像分割（9）；物联网（9）；无线传感器网络（9）；云计算（8）
5	多学科化学	4.27	吸附（15）；碳点（9）；自组装（9）；储能（8）；石墨烯（8）；离子液体（8）；光催化（8）；晶体结构（7）；生物成像（6）；荧光（6）；机械性能（6）；微观结构（6）；活性氧（6）
6	应用物理学	4.21	机械性能（17）；微观结构（17）；传感器（11）；摩擦纳米发电机（11）；吸附（10）；过渡金属碳/氮化合物（9）；纳米复合材料（8）；光催化（8）；能量储存与转换（7）；石墨烯（7）；锂离子电池（7）；碳点（6）；深度学习（6）；密度泛函理论（6）；电催化（6）；氧化还原反应（6）；多孔材料（6）
7	纳米科学与技术	3.76	纳米材料（21）；纳米粒子（18）；摩擦纳米发电机（18）；过渡金属碳/氮化合物（18）；碳点（15）；石墨烯（15）；机械性能（15）；氧化还原反应（13）；碳纳米管（13）；吸附（13）；晶体结构（12）；药物载体（12）；光热疗法（12）；太阳能电池（12）
8	肿瘤学	3.64	预后（64）；增殖（39）；细胞凋亡（34）；食管鳞状细胞癌（32）；肝细胞癌（31）；乳腺癌（23）；胃癌（23）；生物标志物（21）；免疫疗法（20）；大肠癌（16）；食道癌（16）；转移（15）；诺谟图（15）；肺腺癌（12）；肺癌（12）；非小细胞肺癌（12）；骨肉瘤（12）；胶质瘤（11）；化疗（8）；上皮间质转化（8）
9	能源与燃料	3.53	生物质（18）；超级电容器（18）；生物炭（17）；生物柴油（17）；制氢（17）；光发酵（17）；热解（17）；可再生能源（16）；生物乙醇（15）；生物燃料（15）；离子液体（15）；微波（13）；孔结构（12）；超级电容器（12）；氨硼烷（10）；玉米秸秆（10）；水热碳化（8）；钙钛矿太阳能电池（8）；光催化（8）；酯交换（7）
10	化学工程	3.49	吸附（21）；光催化（21）；动力学（9）；再生（7）；生物炭（6）；电催化（6）；荧光探针（6）；氧空位（6）；氨硼烷（5）；降解（5）；密度泛函理论（5）；离子液体（5）；氧化还原反应（5）；孔结构（5）

资料来源：科技大数据湖北省重点实验室

2021 年，河南省争取国家自然科学基金项目总数为 1000 项，项目经费总额为 39 292 万元，全国排名均为第 14 位。河南省发表 SCI 论文数量最多的学科为多学科材料（表 3-84）；能源与燃料领域的产-研合作率和产-学合作率最高（表 3-85）；河南省争取国家自然科学基金经费超过 1 亿元的有 1 个机构（表 3-86）；河南省共有 19 个机构进入相关学科的 ESI 全球前 1%行列（图 3-18）；发明专利申请量共 34 635 件（表 3-87），主要专利权人如表 3-88 所示；获得国家科技奖励的机构如表 3-89 所示。

2021年，河南省地方财政科技投入经费351.2亿元，全国排名第7位；获得国家科技奖励17项，全国排名第10位。截至2021年12月，河南省拥有国家重点实验室15个；拥有院士19位，全国排名第16位。

表3-84 2021年河南省主要学科发文量、被引频次及国际合作情况

序号	学科	论文数/篇（全国排名，省内排名）	论文被引频次/次（全国排名，省内排名）	论文篇均被引频次/次（全国排名，省内排名）	国际合作率（全国排名，省内排名）	国际合作度（全国排名，省内排名）
1	多学科材料	1743（16，1）	4803（16，1）	2.76（13，28）	0.17（16，75）	45.87（15，75）
2	物理化学	1123（15，2）	4326（15，2）	3.85（11，8）	0.14（20，93）	29.55（17，93）
3	环境科学	1032（13，3）	2866（13，4）	2.78（12，26）	0.21（15，44）	22.93（13，44）
4	电子与电气工程	1000（16，4）	1196（17，11）	1.2（20，134）	0.14（23，95）	30.3（17，95）
5	多学科化学	982（16，5）	3348（14，3）	3.41（11，15）	0.16（12，80）	24.55（17，80）
6	应用物理学	861（16，6）	2397（16，6）	2.78（6，25）	0.17（11，73）	24.6（18，73）
7	肿瘤学	746（11，7）	1130（10，12）	1.51（5，100）	0.1（7，126）	28.69（25，126）
8	纳米科学与技术	637（17，8）	2458（16，5）	3.86（7，7）	0.17（18，67）	22.75（18，67）
9	计算机信息系统	623（13，9）	634（17，26）	1.02（20，144）	0.16（24，82）	21.48（12，82）
10	能源与燃料	621（16，10）	2134（15，7）	3.44（5，14）	0.24（5，33）	13.5（22，33）
11	生物化学与分子生物学	595（12，11）	1034（11，14）	1.74（13，74）	0.14（18，94）	19.19（20，94）
12	化学工程	592（15，12）	2091（16，8）	3.53（12，11）	0.13（25，102）	31.16（9，102）
13	药学与药理学	559（12，13）	940（10，18）	1.68（4，79）	0.11（9，119）	19.96（21，119）
14	植物学	505（8，14）	848（10，19）	1.68（11，82）	0.21（15，46）	17.41（7，46）
15	食品科学	494（11，15）	983（11，17）	1.99（21，49）	0.13（22，104）	27.44（5，104）
16	细胞生物学	490（10，16）	1018（10，16）	2.08（16，45）	0.09（22，133）	27.22（14，133）
17	通信	484（13，17）	497（16，33）	1.03（18，142）	0.15（24，91）	18.62（11，91）
18	应用数学	441（11，18）	427（12，41）	0.97（21，154）	0.21（14，42）	17.64（8，42）
19	多学科	440（12，19）	828（13，20）	1.88（13，59）	0.15（21，86）	16.3（9，86）
20	生物技术与应用微生物学	427（10，20）	824（11，21）	1.93（12，56）	0.14（11，97）	17.08（21，97）

注：学科排序同ESI学科固定排序
资料来源：科技大数据湖北省重点实验室

表3-85 2021年河南省主要学科产–学–研合作情况

序号	学科	产–研合作率（省内排名）	产–学合作率（省内排名）	学–研合作率（省内排名）
1	多学科材料	1.15（56）	3.33（54）	12.45（55）
2	物理化学	0.98（62）	2.32（78）	10.33（74）
3	环境科学	1.36（50）	2.42（75）	10.95（68）
4	电子与电气工程	1.1（57）	3.3（55）	7.7（106）
5	多学科化学	0.61（80）	1.83（90）	9.47（86）
6	应用物理学	1.63（42）	3.14（59）	12.66（50）
7	肿瘤学	0.94（65）	2.14（82）	7.1（115）
8	纳米科学与技术	0.63（76）	1.57（99）	14.13（43）

续表

序号	学科	产-研合作率（省内排名）	产-学合作率（省内排名）	学-研合作率（省内排名）
9	计算机信息系统	0.96（63）	1.77（92）	4.98（147）
10	能源与燃料	2.25（31）	5.8（31）	10.95（67）
11	生物化学与分子生物学	1.01（61）	1.85（89）	13.61（46）
12	化学工程	0.51（83）	2.7（65）	9.12（90）
13	药学与药理学	0.18（92）	0.54（123）	5.9（131）
14	植物学	1.39（49）	1.39（102）	11.49（60）
15	食品科学	1.01（60）	2.63（67）	8.1（101）
16	细胞生物学	0.61（79）	0.82（116）	6.94（116）
17	通信	1.65（40）	2.89（61）	8.06（102）
18	应用数学	0（93）	0（129）	1.81（172）
19	多学科	1.59（43）	2.73（64）	12.27（56）
20	生物技术与应用微生物学	1.41（48）	1.41（101）	8.43（97）

资料来源：科技大数据湖北省重点实验室

表 3-86　2021 年河南省争取国家自然科学基金项目经费三十强机构

序号	机构名称	项目数量/项（排名）	项目经费/万元（排名）	发文量/篇（排名）	论文被引频次/次（排名）	发明专利申请量/件（排名）
1	郑州大学	368（16）	14 421（18）	5 971（18）	13 386（15）	999（82）
2	河南大学	114（88）	4 476（97）	1 407（108）	3 322（98）	404（242）
3	河南农业大学	71（141）	2 928（147）	716（201）	1 939（158）	275（378）
4	河南理工大学	46（212）	2 119（204）	951（156）	2 124（145）	333（292）
5	河南科技大学	45（221）	1 794（225）	827（177）	1 085（238）	439（221）
6	河南中医药大学	45（221）	1 678（237）	293（373）	339（463）	125（859）
7	河南师范大学	37（262）	1 502（263）	745（192）	1 463（197）	146（735）
8	中国人民解放军战略支援部队信息工程大学	29（309）	1 226（306）	113（612）	69（834）	288（355）
9	河南工业大学	29（309）	1 211（311）	581（230）	944（258）	328（303）
10	郑州轻工业大学	23（365）	749（431）	556（240）	1 121（235）	407（241）
11	华北水利水电大学	19（418）	654（464）	400（302）	441（406）	280（366）
12	新乡医学院	14（501）	627（474）	321（347）	411（424）	91（1 194）
13	洛阳师范学院	16（456）	627（474）	207（467）	573（345）	98（1 101）
14	中国农业科学院棉花研究所	11（552）	498（530）	100（649）	155（620）	34（3 448）
15	信阳师范学院	14（501）	496（533）	300（367）	575（344）	52（2 134）
16	河南科技学院	12（541）	472（549）	198（483）	277（503）	82（1 336）
17	周口师范学院	10（572）	330（629）	163（521）	225（552）	74（1 469）
18	中国农业科学院郑州果树研究所	8（625）	324（634）	50（871）	107（726）	30（3 910）
19	河南工程学院	6（704）	267（687）	75（739）	66（845）	71（1 535）
20	中原工学院	7（662）	210（740）	216（457）	258（516）	106（1 003）

续表

序号	机构名称	项目数量/项（排名）	项目经费/万元（排名）	发文量/篇（排名）	论文被引频次/次（排名）	发明专利申请量/件（排名）
21	商丘师范学院	7（662）	210（740）	93（676）	102（745）	48（2 356）
22	安阳工学院	7（662）	210（740）	109（620）	153（622）	45（2 535）
23	河南城建学院	5（749）	206（755）	76（734）	70（829）	118（910）
24	许昌学院	5（749）	198（778）	148（546）	173（592）	322（313）
25	南阳师范学院	4（801）	178（790）	126（592）	283（498）	58（1 910）
26	河南牧业经济学院	5（749）	150（828）	58（825）	53（914）	53（2 097）
27	洛阳理工学院	4（801）	149（837）	52（859）	58（889）	102（1 053）
28	河南省农业科学院	3（875）	146（853）	100（649）	136（657）	19（6 385）
29	安阳师范学院	4（801）	140（868）	132（575）	188（583）	54（2 053）
30	河南财经政法大学	4（801）	138（876）	66（781）	76（810）	4（40 345）

资料来源：科技大数据湖北省重点实验室

机构	机构综合排名	农业科学	生物与生物化学	化学	临床医学	计算机科学	工程科学	环境生态学	免疫学	材料科学	数学	分子生物与基因	神经科学与行为	药理学与毒物学	物理学	植物与动物科学	社会科学	机构进入ESI学科数
安阳师范学院	5521	—	—	32	—	—	—	—	—	—	—	—	—	—	—	—	—	1
南阳师范学院	5645	—	—	685	—	—	—	—	—	—	—	—	—	—	—	—	—	1
中国农业科学院棉花研究所	6193	—	—	—	—	—	—	—	—	—	—	—	—	—	—	942	—	1
河南大学	6545	—	—	376	3755	—	1495	1130	—	858	—	—	—	917	—	927	—	7
河南师范大学	6549	—	—	374	—	—	1497	1131	—	860	—	—	—	—	—	—	—	4
郑州大学	6611	—	487	1575	10	1	3	3	1	2	—	977	1059	1070	795	—	1707	13
信阳师范学院	6689	—	—	1550	—	—	—	—	—	—	—	—	—	—	—	—	—	1
洛阳师范学院	6793	—	—	627	—	—	—	—	—	—	—	—	—	—	—	—	—	1
河南省农业科学院	6835	—	—	—	—	—	—	—	—	—	—	—	—	—	—	1260	—	1
河南工业大学	6844	469	—	378	—	—	1493	—	—	—	—	—	—	—	—	—	—	3
郑州轻工业学院	6901	—	—	1576	—	—	2	—	—	1	—	—	—	—	—	—	—	3
新乡医学院	7107	—	—	—	53	—	—	—	—	—	—	—	—	—	—	—	—	1
河南农业大学	7164	530	—	—	—	—	1498	—	—	—	—	—	—	—	—	1211	—	3
河南理工大学	7335	—	—	375	—	—	1496	—	—	859	259	—	—	—	—	—	—	4
河南科技大学	7479	652	—	377	3754	—	1494	—	—	857	—	—	—	—	—	1315	—	6
河南科技学院	7518	996	—	—	—	—	—	—	—	—	—	—	—	—	—	1436	—	2
河南中医药大学	7803	—	—	—	3753	—	—	—	—	—	—	—	—	—	—	—	—	1
华北水利水电大学	7843	—	—	—	—	—	1016	—	—	—	—	—	—	—	—	—	—	1
中国人民解放军战略支援部队信息工程大学	7869	—	—	—	—	955	—	—	—	—	—	—	—	—	—	—	—	1

图3-18 2021年河南省各机构进入ESI全球前1%的学科及排名

资料来源：科技大数据湖北省重点实验室

表3-87 2021年河南省发明专利申请量十强技术领域

序号	IPC号（技术领域）	发明专利申请量/件
1	G01N（小类中化学分析方法或化学检测方法）	1 434
2	G06F（电子数字数据处理）	1 363
3	A61B[诊断；外科；鉴定（分析生物材料入G01N，如G01N 33/48）]	1 065

续表

序号	IPC 号（技术领域）	发明专利申请量/件
4	A61K［医用、牙科用或梳妆用的配制品（专门适用于将药品制成特殊的物理或服用形式的装置或方法 A61J 3/00；空气除臭，消毒或灭菌，或者绷带、敷料、吸收垫或外科用品的化学方面，或材料的使用入 A61L；肥皂组合物入 C11D）］	780
5	G06Q（专门适用于行政、商业、金融、管理、监督或预测目的的数据处理系统或方法；其他类目不包含的专门适用于行政、商业、金融、管理、监督或预测目的的处理系统或方法）	622
6	A61M［将介质输入人体内或输到人体上的器械（将介质输入动物体内或输入动物体上的器械入 A61D7/00；用于插入棉塞的装置入 A61F13/26；喂饲食物或口服药物用的器具入 A61J；用于收集、贮存或输注血液或医用液体的容器入 A61J1/05）；为转移人体介质或为从人体内取出介质的器械（外科用的入 A61B，外科用品的化学方面入 A61L；将磁性元件放入体内进行磁疗的入 A61N2/10）；用于产生或结束睡眠或昏迷的器械］	618
7	A61H［理疗装置，例如用于寻找或刺激体内反射点的装置；人工呼吸；按摩；用于特殊治疗或保健目的或人体特殊部位的洗浴装置（电疗法、磁疗法、放射疗法、超声疗法入 A61N）］	536
8	B01D［分离（用湿法从固体中分离固体入 B03B、B03D，用风力跳汰机或摇床入 B03B，用其他干法入 B07；固体物料从固体物料或流体中的磁性或静电分离，利用高压电场的分离入 B03C；离心机、涡旋装置入 B04B；涡旋装置入 B04C；用于从含液物料中挤出液体的压力机本身入 B30B 9/02）］	526
9	C04B［石灰；氧化镁；矿渣；水泥；其组合物，例如：砂浆、混凝土或类似的建筑材料；人造石；陶瓷（微晶玻璃陶瓷入 C03C 10/00）；耐火材料（难熔金属的合金入 C22C）；天然石的处理］	509
10	A61G［专门适用于病人或残疾人的运输工具、专用运输工具或起居设施（辅助病人或残疾人步行的器具入 A61H 3/00）；手术台或手术椅子；牙科椅子；丧葬用具（尸体防腐剂 A01N 1/00）］	472
	全省合计	34 635

资料来源：科技大数据湖北省重点实验室

表 3-88　2021 年河南省发明专利申请量优势企业和科研机构列表

序号	优势企业	发明专利申请量/件	序号	优势科研机构	发明专利申请量/件
1	河南中烟工业有限责任公司	462	1	郑州大学	999
2	中铁工程装备集团有限公司	302	2	河南科技大学	439
3	新华三大数据技术有限公司	256	3	郑州轻工业大学	407
4	中航光电科技股份有限公司	223	4	河南大学	404
5	国网河南省电力公司电力科学研究院	199	5	河南理工大学	333
6	许继集团有限公司	176	6	河南工业大学	328
7	许昌许继软件技术有限公司	122	7	许昌学院	322
8	中国烟草总公司郑州烟草研究院	118	8	中国人民解放军战略支援部队信息工程大学	288
9	黄河勘测规划设计研究院有限公司	110	9	华北水利水电大学	280
10	中国航空工业集团公司洛阳电光设备研究所	107	10	河南农业大学	275
11	郑州云海信息技术有限公司	105	11	郑州铁路职业技术学院	269
12	安图实验仪器（郑州）有限公司	100	12	郑州航空工业管理学院	216
13	郑州信大捷安信息技术股份有限公司	92	13	黄河水利职业技术学院	174
14	中国建筑第七工程局有限公司	91	14	焦作大学	157
15	平高集团有限公司	87	15	南阳理工学院	150

续表

序号	优势企业	发明专利申请量/件	序号	优势科研机构	发明专利申请量/件
16	中国船舶重工集团公司第七二五研究所	86	16	河南师范大学	146
17	国网河南省电力公司经济技术研究院	79	17	河南中医药大学	125
18	河南牧原智能科技有限公司	77	18	河南城建学院	118
19	中电建十一局工程有限公司	66	19	郑州科技学院	117
20	河南柴油机重工有限责任公司	65	20	河南工业职业技术学院	112

资料来源：科技大数据湖北省重点实验室

表 3-89　2021 年河南省获得国家科技奖励机构清单

序号	获奖机构	获奖数量/项 总计	主持	参与
1	中国航空工业集团公司洛阳电光设备研究所	2	0	2
	河南工业大学	2	0	2
3	洛阳轴承研究所有限公司	1	0	1
	中铁工程装备集团有限公司	1	0	1
	河南大有能源股份有限公司	1	0	1
	中原工学院	1	0	1
	河南方舟新能源股份有限公司	1	0	1
	舞阳钢铁有限责任公司	1	0	1
	郑州大学	1	1	0
	河南大学	1	0	1
	盾构及掘进技术国家重点实验室	1	0	1
	中国人民解放军战略支援部队信息工程大学	1	1	0
	河南理工大学	1	1	0
	中铁隧道局集团有限公司	1	0	1
	河南省农业科学院粮食作物研究所	1	0	1
	安阳龙腾热处理材料有限公司	1	0	1
	河南省农业科学院植物营养与资源环境研究所	1	0	1

资料来源：科技大数据湖北省重点实验室

3.3.13　辽宁省

2021 年，辽宁省的基础研究竞争力指数为 54.7231，排名第 13 位。辽宁省的基础研究优势学科为多学科材料、电子与电气工程、物理化学、冶金、自动控制、人工智能、化学工程、应用物理学、计算机信息系统、环境科学。其中，多学科材料的高频词包括微观结构、机械性能、光催化、耐腐蚀性能、石墨烯等；电子与电气工程的高频词包括深度学习、特征提取、数学模型、优化、任务分析、训练等；物理化学的高频词包括微观结构、机械性能、光催化、锂离子电池、吸附、电化学性能等（表 3-90）。综合本省各学科的发文数量和排名位次来看，2021 年辽宁省基础研究在全国范围内较为突出的学科为冶金、海事工程、自动控制、海洋工程、控制论、机械工程、力学、矿物加工、表征与测试材料等。

表 3-90　2021 年辽宁省基础研究优势学科及高频词

序号	活跃学科	SCI学科活跃度	高频词（词频）
1	多学科材料	9.26	微观结构（206）；机械性能（151）；光催化（33）；耐腐蚀性能（32）；石墨烯（30）；腐蚀（28）；沉淀（23）；微观结构演变（22）；第一性原理计算（20）；拉伸性能（19）；镁合金（18）；磁性（18）；超级电容器（18）；数值模拟（17）；氧化（17）；添加剂制造（16）；相变（16）；选择性激光熔化（16）；二氧化钛（15）；碳（14）；环境信息系统（14）；钛合金（14）；硬度（13）
2	电子与电气工程	8.08	深度学习（83）；特征提取（81）；数学模型（80）；优化（69）；任务分析（69）；训练（65）；传感器（51）；开关（46）；不确定性（39）；非线性系统（38）；自适应系统（36）；预测模型（36）；启发式算法（33）；车辆动力学（33）；控制系统（32）；自适应控制（31）；计算建模（31）；延迟（31）；无线通信（30）；相关性（28）；估计（27）；语义（27）；轨迹（27）；分析模型（26）；人工神经网络（26）
3	物理化学	5.29	微观结构（48）；机械性能（29）；光催化（27）；锂离子电池（27）；吸附（22）；电化学性能（20）；超级电容器（17）；析氧反应（14）；石墨烯（13）；氧空位（13）；二氧化钛（13）；密度泛函（12）；超级电容器（12）；阳极（11）；密度泛函理论（11）；氧化还原反应（11）；电催化（10）；磁性（10）
4	冶金	5.10	微观结构（164）；机械性能（163）；耐腐蚀性能（28）；数值模拟（26）；微观结构演变（24）；沉淀（22）；镁合金（21）；拉伸性能（20）；腐蚀（18）；相变（16）；不锈钢（16）；氧化（15）；晶粒细化（13）；钛合金（13）；碳（12）；错位（12）；环境信息系统（12）；高熵合金（12）；镁合金（11）；磁性（11）
5	自动控制	4.49	非线性系统（57）；开关（41）；自适应控制（33）；优化（30）；不确定性（28）；执行器（27）；交换系统（25）；控制系统（24）；多代理系统（24）；人工神经网络（23）；最佳控制（23）；延迟（22）；事件触发控制（21）；稳定性分析（20）；自适应系统（19）；启发式算法（17）；收敛（16）；任务分析（16）
6	人工智能	4.55	非线性系统（53）；神经网络（48）；深度学习（43）；自适应控制（35）；自适应系统（30）；任务分析（27）；优化（23）；控制系统（22）；最佳控制（21）；延迟（19）；多代理系统（19）；训练（18）；执行器（17）；自适应模糊控制（17）；特征提取（16）；收敛（14）；稳定性分析（14）；机器学习（13）；数学模型（13）；模糊逻辑（12）；启发式算法（12）；交换系统（12）；时变系统（12）
7	化学工程	4.06	浮选（23）；吸附（20）；光催化（16）；动力学（13）；甲烷水合物（13）；阴离子交换膜（10）；密度泛函理论（10）；金属有机框架（10）；石英（10）；煤炭（8）；气体分离（8）；数值模拟（8）；水分解（8）；碳纳米管（7）；二氧化碳分离（7）；储能（7）；氧空位（7）；过氧单硫酸盐（7）
8	应用物理学	4.11	微观结构（52）；传感器（32）；机械性能（23）；激光熔覆（17）；深度学习（14）；石墨烯（14）；光催化（14）；纳米粒子（11）；超级电容器（11）；耐腐蚀性能（10）；纳米复合材料（10）；摩擦纳米发电机（9）；半导体（8）；超级电容器（8）；能量储存与转换（7）；光纤传感器（6）；氧化（6）；多孔材料（6）；温度传感器（6）
9	计算机信息系统	3.65	特征提取（49）；深度学习（46）；数学模型（44）；优化（30）；任务分析（28）；训练（28）；预测模型（20）；图像加密（18）；物联网（17）；分析模型（16）；计算建模（16）；启发式算法（16）；区块链（14）；延迟（14）；语义（13）；控制系统（12）；开关（12）；轨迹（12）；无线通信（12）
10	环境科学	3.56	吸附（19）；生物炭（14）；重金属（14）；空气污染（12）；气候变化（12）；氧化应激（12）；可持续发展（11）；可持续性（10）；东北（9）；生态风险（8）；风险评估（8）；镉（7）；细胞外聚物（7）；微生物群落（7）；砷（6）；碳排放量（6）；碳中和（6）；垃圾焚烧飞灰（6）；有机磷酸酯（6）；多环芳烃（6）；空间分布（6）；毒性（6）

资料来源：科技大数据湖北省重点实验室

2021 年，辽宁省争取国家自然科学基金项目总数为 1155 项，项目经费总额为 51 168 万元，全国排名均为第 11 位。辽宁省发表 SCI 论文数量最多的学科为多学科材料（表 3-91）；土木工程领域的产-学合作率最高（表 3-92）；辽宁省争取国家自然科学基金经费超过 1 亿元的有 1 个机构（表 3-93）；辽宁省共有 27 个机构进入相关学科的 ESI 全球前 1%行列（图 3-19）；发明专利申请量共 19 798 件（表 3-94），主要专利权人如表 3-95 所示；获得国家科技奖励的机构如表 3-96 所示。

2021 年，辽宁省地方财政科技投入经费 72.71 亿元，全国排名第 20 位；获得国家科技奖励 25 项，全国排名第 7 位。截至 2021 年 12 月，辽宁省拥有国家研究中心 1 个，国家重点实验室 16 个；拥有院士 59 位，全国排名第 6 位。

表 3-91　2021 年辽宁省主要学科发文量、被引频次及国际合作情况

序号	学科	论文数/篇（全国排名，省内排名）	论文被引频次/次（全国排名，省内排名）	论文篇均被引频次/次（全国排名，省内排名）	国际合作率（全国排名，省内排名）	国际合作度（全国排名，省内排名）
1	多学科材料	3326（8，1）	7185（12，1）	2.16（21，42）	0.17（14，84）	59.39（9，84）
2	电子与电气工程	1835（11，2）	4629（9，3）	2.52（1，27）	0.2（13，59）	40.78（10，59）
3	物理化学	1773（9，3）	4956（13，2）	2.8（25，21）	0.17（15，83）	46.66（6，83）
4	冶金	1599（2，4）	2818（2，9）	1.76（19，72）	0.15（12，95）	47.03（2，95）
5	应用物理学	1247（12，5）	2639（13，10）	2.12（19，43）	0.16（13，90）	32.82（15，90）
6	化学工程	1232（8，6）	3353（12，5）	2.72（25，22）	0.14（19，106）	37.33（5，106）
7	多学科化学	1219（11，7）	3170（16，7）	2.6（20，25）	0.15（17，100）	36.94（8，100）
8	纳米科学与技术	1011（11，8）	2531（15，12）	2.5（23，28）	0.17（17，81）	33.7（9，81）
9	能源与燃料	999（11，9）	2856（12，8）	2.86（18，20）	0.16（20，88）	34.45（4，88）
10	环境科学	989（15，10）	2593（15，11）	2.62（15，24）	0.19（21，72）	22.48（14，72）
11	人工智能	921（10，11）	3336（4，6）	3.62（1，10）	0.21（17，54）	34.11（5，54）
12	计算机信息系统	834（11，12）	1547（10，16）	1.85（5，62）	0.19（22，68）	26.06（7，68）
13	自动控制	811（3，13）	3384（3，4）	4.17（3，7）	0.2（22，66）	27.97（3，66）
14	药学与药理学	786（9，14）	1152（9，21）	1.47（13，102）	0.08（20，145）	28.07（13，145）
15	肿瘤学	783（10，15）	930（11，29）	1.19（20，135）	0.09（11，139）	37.29（20，139）
16	机械工程	765（5，16）	1413（6，17）	1.85（10，63）	0.15（21，102）	21.25（11，102）
17	土木工程	734（9，17）	1110（10，22）	1.51（19，95）	0.24（12，45）	17.9（17，45）
18	通信	669（10，18）	855（11，32）	1.28（12，127）	0.21（18，52）	22.3（7，52）
19	生物化学与分子生物学	659（10，19）	992（12，26）	1.51（23，97）	0.1（28，135）	31.38（6，135）
20	力学	643（5，20）	1207（8，19）	1.88（13，57）	0.19（19，73）	20.09（6，73）

注：学科排序同 ESI 学科固定排序
资料来源：科技大数据湖北省重点实验室

表 3-92　2021 年辽宁省主要学科产-学-研合作情况

序号	学科	产-研合作率（省内排名）	产-学合作率（省内排名）	学-研合作率（省内排名）
1	多学科材料	0.87（48）	2.29（59）	10.46（56）
2	电子与电气工程	0.98（42）	2.67（44）	6.7（89）
3	物理化学	0.51（67）	1.13（92）	10.6（54）

续表

序号	学科	产-研合作率（省内排名）	产-学合作率（省内排名）	学-研合作率（省内排名）
4	冶金	0.56（66）	2.44（51）	7.94（73）
5	应用物理学	1.12（39）	2.41（54）	11.63（47）
6	化学工程	0.49（70）	1.3（86）	6.74（87）
7	多学科化学	0.33（81）	1.23（89）	12.39（44）
8	纳米科学与技术	0.49（69）	0.99（98）	11.77（46）
9	能源与燃料	1.2（35）	3.1（37）	7.91（75）
10	环境科学	0.91（47）	1.72（72）	9.81（58）
11	人工智能	0.65（63）	1.85（68）	5.32（115）
12	计算机信息系统	0.36（78）	1.2（91）	5.04（122）
13	自动控制	0.12（84）	0.62（112）	4.07（135）
14	药学与药理学	0.25（83）	1.53（78）	2.8（150）
15	肿瘤学	1.02（40）	2.3（57）	4.98（123）
16	机械工程	0.78（54）	2.88（41）	6.54（92）
17	土木工程	0.82（51）	4.5（28）	5.04（121）
18	通信	0.45（74）	1.94（63）	6.43（93）
19	生物化学与分子生物学	0.46（73）	1.97（62）	5.92（102）
20	力学	0.31（82）	2.02（61）	5.75（107）

资料来源：科技大数据湖北省重点实验室

表 3-93　2021 年辽宁省争取国家自然科学基金项目经费三十强机构

序号	机构名称	项目数量/项（排名）	项目经费/万元（排名）	发文量/篇（排名）	论文被引频次/次（排名）	发明专利申请量/件（排名）
1	大连理工大学	254（32）	12 216（27）	4 931（23）	10 493（29）	1 698（43）
2	东北大学	157（54）	7 221（48）	4 246（31）	9 556（31）	1 052（75）
3	中国医科大学	115（87）	4 756（91）	2 779（55）	3 689（86）	40（2 913）
4	中国科学院大连化学物理研究所	85（120）	3 837（112）	807（183）	2 333（131）	158（675）
5	大连海事大学	64（157）	2 641（166）	1 289（121）	2 733（112）	731（118）
6	大连医科大学	54（192）	2 184（196）	927（159）	1 134（230）	32（3 674）
7	中国科学院金属研究所	46（212）	2 002（210）	591（228）	1 269（211）	292（346）
8	沈阳农业大学	40（244）	1 701（234）	638（221）	1 131（231）	172（619）
9	沈阳药科大学	28（321）	1 204（314）	673（212）	1 138（229）	128（833）
10	中国科学院沈阳应用生态研究所	22（380）	1 082（343）	221（449）	460（399）	54（2 053）
11	辽宁工程技术大学	20（402）	938（376）	405（297）	479（387）	665（127）
12	大连民族大学	19（418）	856（392）	157（530）	292（494）	88（1 235）
13	辽宁中医药大学	20（402）	849（396）	88（692）	127（680）	46（2 471）
14	辽宁大学	20（402）	816（407）	339（333）	651（317）	274（382）
15	东北财经大学	22（380）	806（411）	200（477）	453（401）	7（20 499）
16	沈阳航空航天大学	16（456）	677（456）	306（361）	478（388）	168（640）
17	大连工业大学	14（501）	650（466）	544（242）	1 205（222）	197（532）

续表

序号	机构名称	项目数量/项（排名）	项目经费/万元（排名）	发文量/篇（排名）	论文被引频次/次（排名）	发明专利申请量/件（排名）
18	辽宁师范大学	14（501）	628（473）	325（342）	449（403）	46（2 471）
19	沈阳师范大学	13（522）	592（497）	149（544）	170（599）	29（4 087）
20	沈阳工业大学	13（522）	505（527）	523（253）	993（251）	311（330）
21	辽宁科技大学	11（552）	475（544）	395（303）	676（311）	119（900）
22	沈阳建筑大学	11（552）	474（546）	211（462）	284（497）	147（732）
23	大连交通大学	9（597）	412（575）	176（511）	212（568）	188（563）
24	中国科学院沈阳自动化研究所	9（597）	381（592）	200（477）	250（525）	135（797）
25	渤海大学	7（662）	295（663）	325（342）	2 046（152）	68（1 631）
26	锦州医科大学	7（662）	294（665）	257（412）	339（463）	22（5 416）
27	中国人民解放军北部战区总医院	7（662）	285（674）	1（6 453）	0（8 464）	30（3 910）
28	大连海洋大学	7（662）	238（718）	177（510）	142（644）	81（1 352）
29	沈阳大学	6（704）	226（733）	99（654）	69（834）	132（813）
30	沈阳理工大学	5（749）	211（739）	158（527）	108（719）	74（1 469）

资料来源：科技大数据湖北省重点实验室

机构	机构综合排名	农业科学	生物与生物化学	化学	临床医学	计算机科学	工程科学	环境生态学	地球科学	免疫学	材料科学	数学	分子生物与基因	神经科学与行为	药理学与毒物学	物理学	植物与动物科学	社会科学	机构进入ESI学科数
催化基础国家重点实验室	1814	—	—	952	—	—	636	—	—	—	432	—	—	—	—	—	—	—	3
中国科学院大连化学物理研究所	2692	—	970	227	—	—	1674	1246	—	—	956	—	—	—	343	—	—	—	6
中国科学院金属研究所	3628	—	—	470	—	—	1380	1063	—	—	789	—	—	—	—	—	—	—	4
辽宁工业大学	4230	—	—	—	—	424	1225	—	—	—	—	—	—	—	—	—	—	—	2
中国科学院沈阳应用生态研究所	4892	335	—	—	—	—	—	822	672	—	—	—	—	—	—	—	893	—	4
渤海大学	5102	727	—	78	—	—	596	1848	—	—	—	—	—	—	—	—	—	—	4
大连理工大学	5794	—	605	230	4396	552	1670	1245	763	—	955	277	—	—	786	811	—	774	12
沈阳药科大学	6383	—	—	907	1500	—	—	—	—	—	—	—	468	—	867	—	—	—	4
大连医科大学	6453	—	934	—	4398	—	—	—	—	—	—	—	943	964	859	—	—	—	5
东北财经大学	6644	—	—	—	—	—	1653	—	—	—	—	—	—	—	—	—	—	—	1
中国医科大学	6754	—	571	—	4724	—	—	—	—	827	—	—	972	1014	1012	—	—	1105	7
辽宁大学	6766	—	—	615	—	—	1226	—	—	—	—	—	—	—	—	—	—	—	2
锦州医科大学	7010	—	—	—	3076	—	—	—	—	—	—	—	—	—	978	—	—	—	2
东北大学	7133	—	765	—	363	1006	—	495	—	—	583	—	—	—	—	—	—	—	5
大连大学	7224	—	—	—	4397	—	—	—	—	—	—	—	—	—	—	—	—	—	1
大连海事大学	7230	—	—	—	—	553	1672	—	—	—	—	—	—	—	—	—	1589	—	3
大连工业大学	7267	495	—	229	—	—	1671	—	—	—	—	—	—	—	—	—	—	—	3
沈阳航空航天大学	7343	—	—	—	—	—	823	—	—	—	—	—	—	—	—	—	—	—	1
辽宁石油化工大学	7348	—	—	614	—	—	1227	—	—	—	—	—	—	—	—	—	—	—	2
大连交通大学	7389	—	—	—	—	—	1673	—	—	—	—	—	—	—	—	—	—	—	1
沈阳化工大学	7414	—	—	908	—	—	—	—	—	—	—	—	—	—	—	—	—	—	1
辽宁师范大学	7513	—	—	613	—	—	—	—	—	—	—	—	—	—	—	—	—	—	1
大连海洋大学	7535	—	—	—	—	—	—	—	—	—	—	—	—	—	—	—	1380	—	1
沈阳农业大学	7547	337	—	—	—	—	—	—	—	—	—	—	—	—	—	—	1352	—	2
中国科学院沈阳自动化研究所	7621	—	—	—	—	821	—	—	—	—	—	—	—	—	—	—	—	—	1
沈阳建筑大学	7639	—	—	—	—	820	—	—	—	—	—	—	—	—	—	—	—	—	1
沈阳工业大学	7720	—	—	—	—	819	—	—	—	467	—	—	—	—	—	—	—	—	2

图 3-19　2021 年辽宁省各机构进入 ESI 全球前 1%的学科及排名

资料来源：科技大数据湖北省重点实验室

表 3-94　2021 年辽宁省发明专利申请量十强技术领域

序号	IPC 号（技术领域）	发明专利申请量/件
1	G06F（电子数字数据处理）	1 270
2	G01N（小类中化学分析方法或化学检测方法）	851
3	B01J（化学或物理方法，例如，催化作用或胶体化学；其有关设备）	425
4	G06Q（专门适用于行政、商业、金融、管理、监督或预测目的的数据处理系统或方法；其他类目不包含的专门适用于行政、商业、金融、管理、监督或预测目的的处理系统或方法）	414
5	G06T（图像数据处理）	410
6	C22C［合金（合金的处理入 C21D、C22F）］	386
7	G06K（数据处理）	340
8	A61K［医用、牙科用或梳妆用的配制品（专门适用于将药品制成特殊的物理或服用形式的装置或方法 A61J 3/00；空气除臭，消毒或灭菌，或者绷带、敷料、吸收垫或外科用品的化学方面，或材料的使用入 A61L；肥皂组合物入 C11D）］	337
9	C04B［石灰；氧化镁；矿渣；水泥；其组合物，例如：砂浆、混凝土或类似的建筑材料；人造石；陶瓷（微晶玻璃陶瓷入 C03C 10/00）；耐火材料（难熔金属的合金入 C22C）；天然石的处理］	334
10	B01D［分离（用湿法从固体中分离固体入 B03B、B03D，用风力跳汰机或摇床入 B03B，用其他干法入 B07；固体物料从固体物料或流体中的磁或静电分离，利用高压电场的分离入 B03C；离心机、涡旋装置入 B04B；涡旋装置入 B04C；用于从含液物料中挤出液体的压力机本身入 B30B 9/02）］	317
	全省合计	19 798

资料来源：科技大数据湖北省重点实验室

表 3-95　2021 年辽宁省发明专利申请量优势企业和科研机构列表

序号	优势企业	发明专利申请量/件	序号	优势科研机构	发明专利申请量/件
1	鞍钢股份有限公司	321	1	大连理工大学	1698
2	中国航空工业集团公司沈阳飞机设计研究所	197	2	东北大学	1052
3	中冶焦耐（大连）工程技术有限公司	195	3	大连海事大学	731
4	中国航发沈阳黎明航空发动机有限责任公司	176	4	辽宁工程技术大学	665
5	三一重型装备有限公司	137	5	中国航发沈阳发动机研究所	411
6	东软集团股份有限公司	109	6	沈阳工业大学	311
7	东软睿驰汽车技术（沈阳）有限公司	92	7	中国科学院金属研究所	292
8	中车大连机车车辆有限公司	86	8	辽宁大学	274
9	中煤科工集团沈阳研究院有限公司	79	9	大连工业大学	197
10	本钢板材股份有限公司	73	10	大连交通大学	188
11	国网辽宁省电力有限公司电力科学研究院	72	11	沈阳农业大学	172
12	中国三冶集团有限公司	69	12	沈阳航空航天大学	168
13	中车大连机车研究所有限公司	63	13	中国科学院大连化学物理研究所	158
14	拓荆科技股份有限公司	60	14	大连大学	157
15	中冶北方（大连）工程技术有限公司	53	15	沈阳建筑大学	147
16	沈阳兴华航空电器有限责任公司	52	16	中国科学院沈阳自动化研究所	135

续表

序号	优势企业	发明专利申请量/件	序号	优势科研机构	发明专利申请量/件
17	大连船舶重工集团有限公司	50	17	沈阳大学	132
18	华录智达科技股份有限公司	48	18	沈阳药科大学	128
19	中铁十九局集团第五工程有限公司	46	19	沈阳化工大学	120
20	国网辽宁省电力有限公司经济技术研究院	44	20	辽宁科技大学	119
	沈阳航天新光集团有限公司	44			

资料来源：科技大数据湖北省重点实验室

表 3-96　2021 年辽宁省获得国家科技奖励机构清单

序号	获奖机构	获奖数量/项 总计	主持	参与
1	大连理工大学	5	4	1
	东北大学	5	3	2
3	中国科学院金属研究所	1	1	0
	沈阳透平机械股份有限公司	1	0	1
	沈阳斯林达安科新技术有限公司	1	0	1
	丹东君澳食品股份有限公司	1	0	1
	獐子岛集团股份有限公司	1	0	1
	中国石油天然气股份有限公司抚顺石化分公司	1	0	1
	大连宇都环境技术材料有限公司	1	0	1
	鞍钢股份有限公司	1	0	1
	沈阳农业大学	1	0	1
	国家机床质量监督检验中心	1	0	1
	沈阳天安科技股份有限公司	1	0	1
	辽宁大学	1	0	1
	特变电工沈阳变压器集团有限公司	1	0	1
	辽宁工程技术大学	1	0	1
	中国科学院大连化学物理研究所	1	1	0
	辽宁金立电力电器有限公司	1	0	1
	中国科学院沈阳自动化研究所	1	1	0
	辽宁省农业科学院	1	0	1
	中冶焦耐（大连）工程技术有限公司	1	0	1
	沈阳高精数控智能技术股份有限公司	1	0	1
	沈阳鼓风机集团股份有限公司	1	0	1

资料来源：科技大数据湖北省重点实验室

3.3.14 天津市

2021 年，天津市的基础研究竞争力指数为 54.4096，排名第 14 位。天津市的基础研究优势学科为多学科材料、电子与电气工程、物理化学、化学工程、应用物理学、多学科化学、环境科学、能源与燃料、纳米科学与技术、人工智能。其中，多学科材料的高频词包括微观结构、机械性能、电催化、石墨烯、金属有机框架等；电子与电气工程的高频词包括特征提取、深度学习、数学模型、传感器、优化、任务分析；物理化学的高频词包括密度泛函理论、电催化、氧化还原反应、光催化、析氢反应、金属有机框架等（表3-97）。综合本市各学科的发文数量和排名位次来看，2021 年天津市基础研究在全国范围内较为突出的学科为多学科材料、物理化学、电子与电气工程、多学科化学、能源与燃料、环境科学、纳米科学与技术、光学等。

表 3-97　2021 年天津市基础研究优势学科及高频词

序号	活跃学科	SCI 学科活跃度	高频词（词频）
1	多学科材料	8.95	微观结构（90）；机械性能（78）；电催化（23）；石墨烯（23）；金属有机框架（21）；氧化还原反应（19）；光催化（19）；碳纳米管（19）；析氢反应（17）；钙钛矿太阳能电池（16）；锂硫电池（16）；锂离子电池（16）；稳定性（15）；纳米粒子（15）；电沉积（15）；析氧反应（14）；二氧化碳减排（14）；太赫兹（12）；协同效应（12）；自组装（12）；耐腐蚀性能（12）；锂硫电池（12）；共价有机框架（11）；磁性（11）；太阳能电池（11）；脱合金（11）；水分解（11）；阳极（11）；有机框架（10）；超级电容器（10）；过渡金属碳/氮化合物（10）
2	电子与电气工程	8.47	特征提取（81）；深度学习（53）；数学模型（52）；传感器（51）；优化（45）；任务分析（43）；训练（39）；图像处理（33）；物体检测（31）；可视化（27）；卷积（26）；电压控制（25）；影像重建（24）；转换器（23）；语义（22）；物联网（22）；电极（21）；光纤传感器（20）；预测模型（19）；卷积神经网络（18）；可靠性（18）；启发式算法（17）；计算建模（17）；温度测量（17）；计算机架构（16）；机器视觉（16）；电导率（15）；监控（15）；联轴器（15）；不确定性（14）；稳定性分析（14）；鲁棒性（14）；神经网络（14）；天线（14）；光纤（14）；电容器（13）；图像分割（13）；拓扑（13）；灵敏度（13）；阻抗（13）；实时系统（12）；扭矩（12）；延迟（12）；分析模型（12）；电压测量（11）；神经元（11）；同步（11）；注意力机制（11）；基板集成悬挂线（SISL）（11）；控制系统（11）；核心（11）；压力（11）；共振频率（11）；电力系统稳定性（10）；资源管理（10）；三维显示（10）；大气建模（10）；估算（10）；无线通信（10）；聚类算法（10）
3	物理化学	6.88	密度泛函理论（40）；电催化（40）；氧化还原反应（30）；光催化（30）；析氢反应（25）；金属有机框架（23）；析氧反应（22）；溶解度（22）；锂离子电池（20）；稳定性（19）；氧空位（15）；氢化（15）；电沉积（14）；自组装（14）；电催化剂（14）；机械性能（14）；超级电容器（13）；石墨烯（13）；碳纳米管（12）；超级电容器（12）；协同效应（12）；过渡金属碳/氮化合物（10）；二氧化碳加氢（10）；阳极（10）；吸附（10）；核壳结构（10）
4	化学工程	5.78	吸附（20）；热解（18）；电催化（18）；海水淡化（16）；氧空位（14）；二氧化碳捕获（14）；纳滤（13）；气体分离（13）；电容去离子（12）；光催化（12）；氧化还原反应（12）；金属有机框架（11）；过程强化（10）；防污（10）；界面聚合（10）
5	应用物理学	5.75	微观结构（41）；传感器（37）；机械性能（21）；石墨烯（17）；电催化（17）；电导率（15）；电极（13）；特征提取（12）；光催化（11）；光纤传感器（11）；析氢反应（11）；密度泛函理论（10）
6	多学科化学	5.43	电催化（25）；光催化（21）；共价有机框架（19）；自组装（18）；金属有机框架（17）；多相催化（12）；氧化还原反应（11）；水分解（10）；电化学（10）；锂离子电池（10）
7	环境科学	4.97	吸附（41）；重金属（40）；生物炭（32）；镉（18）；微塑料（15）；气候变化（13）；来源分配（12）；$PM_{2.5}$（12）；抗生素耐药基因（12）；微生物群落（12）；生物降解（11）；空气污染（10）；多环芳烃（10）

续表

序号	活跃学科	SCI学科活跃度	高频词（词频）
8	能源与燃料	4.70	锂离子电池（23）；热解（21）；氧化还原反应（14）；优化（13）；钙钛矿太阳能电池（12）；电催化（11）；可再生能源（10）
9	纳米科学与技术	4.57	电催化（20）；金属有机框架（18）；机械性能（14）；光动力疗法（12）；共价有机框架（12）；微观结构（11）；光催化（11）；纳米粒子（11）；自组装（10）
10	人工智能	3.92	特征提取（39）；任务分析（20）；深度学习（19）；优化（18）；物联网（18）；可视化（16）；物体检测（11）；计算建模（10）

资料来源：科技大数据湖北省重点实验室

2021年，天津市争取国家自然科学基金项目总数为1074项，全国排名第13位；项目经费总额为47631万元，全国排名第12位。天津市发表SCI论文数量最多的学科为多学科材料（表3-98）；机械工程领域的产-学合作率最高（表3-99）；天津市争取国家自然科学基金经费超过1亿元的有2个机构（表3-100）；天津市共有15个机构进入相关学科的ESI全球前1%行列（图3-20）；发明专利申请量共18 062件（表3-101），主要专利权人如表3-102所示；获得国家科技奖励的机构如表3-103所示。

2021年，天津市地方财政科技投入经费104.07亿元，全国排名第14位；获得国家科技奖励17项，全国排名第11位。截至2021年12月，天津市拥有国家重点实验室14个；拥有院士35位，全国排名第13位。

表3-98 2021年天津市主要学科发文量、被引频次及国际合作情况

序号	学科	论文数/篇（全国排名，市内排名）	论文被引频次/次（全国排名，市内排名）	论文篇均被引频次/次（全国排名，市内排名）	国际合作率（全国排名，市内排名）	国际合作度（全国排名，市内排名）
1	多学科材料	2542（12，1）	7575（11，1）	2.98（8，25）	0.17（15，87）	63.55（7，87）
2	物理化学	1709（11，2）	6715（9，2）	3.93（8，6）	0.17（14，80）	43.82（8，80）
3	电子与电气工程	1566（14，3）	2894（12，10）	1.85（7，68）	0.21（8，49）	39.15（13，49）
4	多学科化学	1541（8，4）	5625（8，3）	3.65（8，11）	0.15（16，98）	44.03（5，98）
5	应用物理学	1380（10，5）	3624（11，6）	2.63（11，33）	0.16（14，96）	40.59（6，96）
6	化学工程	1376（6，6）	4073（9，4）	2.96（21，27）	0.16（16，88）	38.22（4，88）
7	能源与燃料	1136（9，7）	3505（9，7）	3.09（10，21）	0.22（7，44）	26.42（9，44）
8	环境科学	1080（11，8）	3302（12，12）	3.06（4，22）	0.22（13，46）	22.98（12，46）
9	纳米科学与技术	1015（10，9）	3838（11，5）	3.78（9，9）	0.18（16，77）	35（6，77）
10	光学	807（10，10）	702（11，27）	0.87（23，159）	0.11（11，124）	36.68（9，124）
11	环境工程	692（10，11）	2932（12，9）	4.24（16，4）	0.2（15，63）	26.62（5，63）
12	肿瘤学	662（12，12）	697（13，28）	1.05（25，139）	0.11（1，123）	31.52（23，123）
13	人工智能	652（13，13）	2317（11，11）	3.55（2，13）	0.26（5，36）	22.48（13，36）
14	凝聚态物理	588（11，14）	2252（11，12）	3.83（7，8）	0.16（16，91）	24.5（9，91）
15	生物化学与分子生物学	556（13，15）	900（15，20）	1.62（18，78）	0.16（13，93）	23.17（11，93）
16	聚合物学	509（8，16）	1213（8，14）	2.38（5，40）	0.14（11，111）	22.13（10，111）

续表

序号	学科	论文数/篇（全国排名，市内排名）	论文被引频次/次（全国排名，市内排名）	论文篇均被引频次/次（全国排名，市内排名）	国际合作率（全国排名，市内排名）	国际合作度（全国排名，市内排名）
17	应用化学	507（10，17）	1630（8，13）	3.21（18，17）	0.2（2，61）	20.28（15，61）
18	计算机信息系统	504（15，18）	755（14，25）	1.5（13，94）	0.23（14，42）	17.38（15，42）
19	土木工程	488（14，19）	817（14，22）	1.67（12，75）	0.21（16，53）	23.24（7，53）
20	机械工程	435（15，20）	686（14，30）	1.58（20，85）	0.21（5，50）	18.13（12，50）

注：学科排序同 ESI 学科固定排序

资料来源：科技大数据湖北省重点实验室

表 3-99　2021 年天津市主要学科产-学-研合作情况

序号	学科	产-研合作率（市内排名）	产-学合作率（市内排名）	学-研合作率（市内排名）
1	多学科材料	0.63（99）	2.16（81）	7.67（94）
2	物理化学	0.64（96）	1.4（101）	7.14（106）
3	电子与电气工程	1.47（46）	3.83（47）	5.81（123）
4	多学科化学	0.65（94）	1.36（105）	8.37（77）
5	应用物理学	1.09（66）	2.9（63）	8.26（85）
6	化学工程	0.73（91）	1.53（97）	5.31（130）
7	能源与燃料	2.02（33）	3.52（52）	7.13（107）
8	环境科学	1.3（54）	2.78（65）	8.43（76）
9	纳米科学与技术	0.1（108）	0.79（125）	8.47（75）
10	光学	0.99（70）	2.6（71）	8.3（84）
11	环境工程	1.01（69）	2.31（77）	4.91（136）
12	肿瘤学	0.91（77）	2.57（72）	9.06（64）
13	人工智能	0.77（90）	2.15（82）	7.52（97）
14	凝聚态物理	0.85（80）	1.19（111）	8.33（78）
15	生物化学与分子生物学	1.26（56）	1.44（99）	10.97（47）
16	聚合物学	0.79（86）	1.57（94）	4.91（138）
17	应用化学	0.59（102）	1.38（103）	4.54（143）
18	计算机信息系统	0.6（101）	2.98（59）	5.75（124）
19	土木工程	1.64（40）	4.92（33）	7.58（96）
20	机械工程	1.38（49）	5.29（27）	8.74（68）

资料来源：科技大数据湖北省重点实验室

表 3-100　2021 年天津市争取国家自然科学基金项目经费三十五强机构

序号	机构名称	项目数量/项（排名）	项目经费/万元（排名）	发文量/篇（排名）	论文被引频次/次（排名）	发明专利申请量/件（排名）
1	天津大学	306（22）	14 548（17）	6 910（14）	15 655（12）	2 228（25）
2	南开大学	237（36）	10 866（35）	3 134（44）	8 691（33）	642（132）
3	天津医科大学	144（67）	6 562（61）	2 044（78）	2 905（106）	34（3 448）

续表

序号	机构名称	项目数量/项（排名）	项目经费/万元（排名）	发文量/篇（排名）	论文被引频次/次（排名）	发明专利申请量/件（排名）
4	河北工业大学	90（112）	3 704（116）	1 632（98）	3 561（92）	763（116）
5	天津工业大学	35（270）	1 575（252）	51（865）	106（731）	358（273）
6	天津中医药大学	39（250）	1 495（265）	412（292）	568（349）	93（1 157）
7	天津理工大学	29（309）	1 158（326）	769（186）	1 817（165）	254（407）
8	天津科技大学	29（309）	1 153（328）	840（174）	1 708（171）	360（270）
9	中国科学院天津工业生物技术研究所	23（365）	952（372）	73（749）	236（539）	69（1 595）
10	中国医学科学院血液病医院（中国医学科学院血液学研究所）	20（402）	951（373）	6（2 368）	20（1 390）	24（4 980）
11	天津师范大学	19（418）	723（438）	371（318）	668（314）	78（1 399）
12	中国民航大学	17（444）	678（455）	349（328）	757（292）	218（480）
13	天津城建大学	17（444）	598（494）	202（472）	305（487）	77（1 414）
14	天津商业大学	9（597）	361（602）	166（516）	260（513）	42（2 751）
15	天津农学院	9（597）	326（631）	64（798）	81（794）	77（1 414）
16	中国医学科学院生物医学工程研究所	6（704）	311（646）	1（6 453）	0（8 464）	45（2 535）
17	天津职业技术师范大学	7（662）	266（689）	90（684）	58（889）	—
18	中国医学科学院放射医学研究所	6（704）	255（707）	39（968）	51（927）	16（7 714）
19	农业农村部环境保护科研监测所	5（749）	232（728）	3（3 485）	6（2 611）	25（4 757）
20	交通运输部天津水运工程科学研究所	4（801）	149（837）	11（1 693）	6（2 611）	111（961）
21	天津财经大学	4（801）	120（893）	78（726）	163（610）	—
22	中国地质调查局天津地质调查中心	3（875）	90（966）	11（1 693）	9（2 077）	—
23	天津市中医药研究院附属医院	2（968）	60（1 076）	2（4 331）	0（8 464）	—
24	天津市农业科学院	2（968）	60（1 076）	29（1 088）	33（1 105）	62（1 793）
25	天津市气象科学研究所	2（968）	60（1 076）	—	—	—
26	中国地震局第一监测中心	1（1 141）	59（1 150）	6（2 368）	4（3 292）	3（54 930）
27	中国人民武装警察部队后勤学院	1（1 141）	58（1 154）	6（2 368）	5（2 911）	4（40 345）
28	天津市公安医院	1（1 141）	55（1 186）	—	—	—
29	中国人民解放军联勤保障部队第九八三医院	1（1 141）	30（1 270）	5（2 615）	4（3 292）	3（54 930）
30	中国人民解放军陆军军事交通学院	1（1 141）	30（1 270）	—	—	8（17 399）
31	中国船舶重工集团公司第七〇七研究所	1（1 141）	30（1 270）	—	—	—
32	天津市医药科学研究所	1（1 141）	30（1 270）	—	—	—
33	天津市妇女儿童保健中心	1（1 141）	30（1 270）	4（2 994）	0（8 464）	—
34	天津市环境气象中心	1（1 141）	30（1 270）	1（6 453）	7（2 393）	—
35	自然资源部天津海水淡化与综合利用研究所	1（1 141）	30（1 270）	5（2 615）	8（2 229）	28（4 255）

资料来源：科技大数据湖北省重点实验室

机构	机构综合排名	农业科学	生物与生物化学	化学	临床医学	计算机科学	工程科学	环境生态学	地球科学	免疫学	材料科学	数学	微生物学	分子生物学与基因	神经科学与行为	药理学与毒物学	物理学	植物与动物科学	社会科学	机构进入ESI学科数
天津市疾病预防控制中心	1280	—	—	—	1145	—	—	—	—	—	—	—	—	—	—	—	—	—	—	1
南开大学	4350	596	429	682	2424	395	1129	878	—	—	640	213	372	873	—	790	713	1426	1405	15
中国医学科学院血液学研究所	5156	—	—	—	3323	—	—	—	—	—	—	—	—	—	—	—	—	—	—	1
中国科学院天津工业生物技术研究所	5237	—	902	—	—	—	—	—	—	—	—	—	—	—	—	—	—	—	—	1
中国农业科学院农业部环境保护科研监测所	5375	—	—	—	—	—	—	1445	—	—	—	—	—	—	—	—	—	—	—	1
天津大学	5791	553	436	1012	1141	248	687	580	357	—	390	147	—	—	—	854	810	—	1063	13
天津医科大学	5866	—	539	1010	1143	—	—	—	—	324	392	—	—	938	882	951	—	—	—	8
天津理工大学	6020	—	—	1013	—	—	686	—	—	—	389	—	—	—	—	—	—	—	—	3
天津师范大学	6733	—	—	1011	—	—	—	—	—	—	391	—	—	—	—	—	—	—	—	2
天津科技大学	6818	197	845	1014	—	—	685	—	—	—	—	—	—	—	—	—	—	—	—	4
天津工业大学	6967	—	—	1009	—	—	689	—	—	—	393	148	—	—	—	—	—	—	—	4
天津中医药大学	7184	—	—	—	1140	—	—	—	—	—	—	—	—	—	—	994	—	—	—	2
天津城建大学	7219	—	—	—	—	—	688	—	—	—	—	—	—	—	—	—	—	—	—	1
河北工业大学	7501	—	—	362	—	—	1510	—	—	—	869	—	—	—	—	—	—	—	—	3
中国民航大学	7780	—	—	—	—	1730	—	—	—	—	—	—	—	—	—	—	—	—	—	1

图 3-20 2021年天津市各机构进入ESI全球前1%的学科及排名

资料来源：科技大数据湖北省重点实验室

表 3-101 2021年天津市发明专利申请量十强技术领域

序号	IPC号（技术领域）	发明专利申请量/件
1	G06F（电子数字数据处理）	1 660
2	G01N（小类中化学分析方法或化学检测方法）	789
3	G06Q（专门适用于行政、商业、金融、管理、监督或预测目的的数据处理系统或方法；其他类目不包含的专门适用于行政、商业、金融、管理、监督或预测目的的处理系统或方法）	518
4	G06T（图像数据处理）	382
5	A61K[医用、牙科用或梳妆用的配制品（专门适用于将药品制成特殊的物理或服用形式的装置或方法 A61J 3/00；空气除臭、消毒或灭菌，或者绷带、敷料、吸收垫或外科用品的化学方面，或材料的使用入 A61L；肥皂组合物入 C11D）]	356
6	H01M（用于直接转变化学能为电能的方法或装置，例如电池组）	350
7	C02F[水、废水、污水或污泥的处理（通过在物质中产生化学变化使有害的化学物质无害或降低危害的方法入 A62D 3/00；分离、沉淀箱或过滤设备入 B01D；有关处理水、废水或污水生产装置的水运容器的特殊设备，例如用于制备淡水入 B63J；为防止水的腐蚀用的添加物质入 C23F；放射性废液的处理入 G21F 9/04）]	344
8	C12N（微生物或酶；其组合物（杀生剂、害虫驱避剂或引诱剂，或含有微生物、病毒、微生物真菌、酶、发酵物的植物生长调节剂，或从微生物或动物材料产生或提取制得的物质入 A01N63/00；药品入 A61K；肥料入 C05F）；繁殖、保藏或维持微生物；变异或遗传工程；培养基（微生物学的试验介质入 C12Q1/00）]	334
9	G06K（数据处理）	332
10	B01D[分离（用湿法从固体中分离固体入 B03B、B03D，用风力跳汰机或摇床入 B03B，用其他干法入 B07；固体物料从固体物料或流体中的磁或静电分离，利用高压电场的分离入 B03C；离心机、涡旋装置入 B04B；涡旋装置入 B04C；用于从含液物料中挤出液体的压力机本身入 B30B 9/02）]	290
	全市合计	18 062

资料来源：科技大数据湖北省重点实验室

表 3-102 2021 年天津市发明专利申请量优势企业和科研机构列表

序号	优势企业	发明专利申请量/件	序号	优势科研机构	发明专利申请量/件
1	海光信息技术股份有限公司	236	1	天津大学	2227
2	国网天津市电力公司	204	2	河北工业大学	763
3	中国铁路设计集团有限公司	183	3	南开大学	641
4	中国船舶重工集团公司第七〇七研究所	159	4	天津科技大学	360
5	展讯通信（天津）有限公司	149	5	天津工业大学	358
6	中冶天工集团有限公司	147	6	天津理工大学	254
7	国网天津市电力公司电力科学研究院	135	7	中国民航大学	218
8	海洋石油工程股份有限公司	112	8	天津津航计算技术研究所	152
9	中海油田服务股份有限公司	110	9	交通运输部天津水运工程科学研究所	111
10	中国电子科技集团公司第十八研究所	101	10	天津中医药大学	93
11	天津市捷威动力工业有限公司	90	11	中国北方发动机研究所（天津）	82
12	中国汽车技术研究中心有限公司	86	12	天津师范大学	78
13	中汽研汽车检验中心（天津）有限公司	71	13	天津农学院	77
14	麒麟软件有限公司	67	13	天津城建大学	77
15	中铁十八局集团有限公司	65	13	天津职业技术师范大学（中国职业培训指导教师进修中心）	77
16	中铁第六勘察设计院集团有限公司	64	16	中国科学院天津工业生物技术研究所	69
17	国家电网有限公司客户服务中心	62	17	核工业理化工程研究院	65
17	天津所托瑞安汽车科技有限公司	62	18	天津市农业科学院	62
19	中汽研（天津）汽车工程研究院有限公司	61	19	天津津航技术物理研究所	55
19	五八有限公司	61	20	军事科学院系统工程研究院卫勤保障技术研究所	50

资料来源：科技大数据湖北省重点实验室

表 3-103 2021 年天津市获得国家科技奖励机构清单

序号	获奖机构	获奖数量/项 总计	主持	参与
1	天津大学	6	4	2
2	中国铁路设计集团有限公司	3	0	3
3	天津中铁电气化设计研究院有限公司	1	1	0
3	天津中医药大学第一附属医院	1	0	1
3	天津航天长征技术装备有限公司	1	0	1
3	天津中新药业集团股份有限公司	1	0	1
3	天津瑞普生物技术股份有限公司	1	0	1
3	中国铁建大桥工程局集团有限公司	1	0	1
3	天津威尔朗科技有限公司	1	0	1

续表

序号	获奖机构	获奖数量/项		
		总计	主持	参与
3	天津工业大学	1	0	1
	中国医学科学院血液病医院	1	1	0
	天津药物研究院有限公司	1	1	0

资料来源：科技大数据湖北省重点实验室

3.3.15 福建省

2021 年，福建省的基础研究竞争力指数为 51.0823，排名第 15 位。福建省的基础研究优势学科为多学科材料、电子与电气工程、物理化学、环境科学、多学科化学、纳米科学与技术、应用物理学、化学工程、环境工程、能源与燃料学。其中，多学科材料的高频词包括锂离子电池、钙钛矿太阳能电池、稳定性、光催化、金属有机框架等；电子与电气工程的高频词包括深度学习、特征提取、任务分析、数学模型、训练、优化等；物理化学的高频词包括光催化、稳定性、析氢反应、锂离子电池、金属有机框架等（表 3-104）。综合本省各学科的发文数量和排名位次来看，2021 年福建省基础研究在全国范围内较为突出的学科为无机与核化学、水生生物学、晶体学、康复学、渔业、湖沼生物学、城市研究、区域研究、微生物学等。

表 3-104 2021 年福建省基础研究优势学科及高频词

序号	活跃学科	SCI 学科活跃度	高频词（词频）
1	多学科材料	6.47	锂离子电池（27）；钙钛矿太阳能电池（24）；稳定性（22）；光催化（21）；金属有机框架（18）；微观结构（15）；石墨烯（12）；量子点（11）；电解质添加剂（10）；析氧反应（10）；水分解（10）
2	电子与电气工程	5.49	深度学习（52）；特征提取（44）；任务分析（40）；数学模型（40）；训练（29）；优化（26）；计算建模（19）；故障诊断（17）；三维显示（17）；机器学习（17）；转换器（15）；影像重建（15）；神经网络（14）；强化学习（14）；语义（14）；适应模式（13）；预测模型（12）；许可证（11）；物联网（11）；传感器（11）；成像（11）；实时系统（11）；形状（10）；接收器（10）；区块链（10）；聚类算法（10）；服务器（10）；电容器（10）；集成电路建模（10）；拓扑（10）
3	物理化学	5.09	光催化（32）；稳定性（19）；析氢反应（19）；锂离子电池（19）；金属有机框架（17）；电催化（16）；钙钛矿太阳能电池（16）；氧化还原反应（15）；析氧反应（13）；氧空位（12）；金属有机框架（12）；水分解（11）
4	环境科学	5.09	吸附（17）；微塑料（15）；重金属（15）；沉淀（14）；空气污染（13）；抗生素（11）；微生物群落（10）；生态风险（10）；气候变化（10）
5	多学科化学	4.57	光催化（22）；金属有机框架（13）；钙钛矿太阳能电池（10）；二氧化碳减排（10）；自组装（10）
6	纳米科学与技术	3.89	稳定性（19）；金属有机框架（14）；光催化（11）；钙钛矿太阳能电池（11）
7	应用物理学	3.77	稳定性（14）；光催化（11）；石墨烯（10）；传感器（10）
8	化学工程	3.35	光催化（24）；析氢反应（10）
9	环境工程	2.98	光催化（12）；可见光（10）；吸附（10）
10	能源与燃料	2.76	锂离子电池（13）；钙钛矿太阳能电池（11）

资料来源：科技大数据湖北省重点实验室

2021年，福建省争取国家自然科学基金项目总数为789项，项目经费总额为35 487万元，全国排名均为第17位。福建省发表SCI论文数量最多的学科为多学科材料（表3-105）；多学科领域的产-研合作率最高（表3-106）；福建省争取国家自然科学基金经费超过1亿元的有1个机构（表3-107）；福建省共有15个机构进入相关学科的ESI全球前1%行列（图3-21）；发明专利申请量共28 190件（表3-108），主要专利权人如表3-109所示；获得国家科技奖励的机构如表3-110所示。

2021年，福建省地方财政科技投入经费151.75亿元，全国排名第13位；获得国家科技奖励7项，全国排名第20位。截至2021年12月，福建省拥有国家重点实验室10个；拥有院士19位，全国排名第16位。

表3-105　2021年福建省主要学科发文量、被引频次及国际合作情况

序号	学科	论文数/篇（全国排名，省内排名）	论文被引频次/次（全国排名，省内排名）	论文篇均被引频次/次（全国排名，省内排名）	国际合作率（全国排名，省内排名）	国际合作度（全国排名，省内排名）
1	多学科材料	1619（17，1）	4700（17，1）	2.9（9，22）	0.18（9，97）	41.51（18，97）
2	多学科化学	1148（12，2）	4224（10，3）	3.68（5，10）	0.17（9，102）	27.33（16，102）
3	物理化学	1094（16，3）	4470（14，2）	4.09（7，6）	0.2（7，79）	32.18（16，79）
4	环境科学	1017（14，4）	2804（14，5）	2.76（13，25）	0.31（1，38）	18.83（19，38）
5	电子与电气工程	900（17，5）	1236（16，11）	1.37（17，104）	0.26（2，52）	25（18，52）
6	纳米科学与技术	788（14，6）	2865（13，4）	3.64（14，11）	0.19（12，82）	25.42（17，82）
7	应用物理学	779（17，7）	2301（17，7）	2.95（2，21）	0.18（7，94）	21.05（21，94）
8	化学工程	556（16，8）	2420（14，6）	4.35（4，5）	0.22（3，67）	17.38（20，67）
9	能源与燃料	521（17，9）	1967（16，9）	3.78（2，8）	0.18（19，93）	16.81（19，93）
10	肿瘤学	518（15，10）	578（16，20）	1.12（24，136）	0.07（17，150）	39.85（18，150）
11	人工智能	428（16，11）	771（16，14）	1.8（18，66）	0.25（10，55）	15.85（18，55）
12	环境工程	426（14，12）	2077（13，4）	4.88（10，3）	0.29（2，40）	12.17（23，40）
13	生物化学与分子生物学	396（18，13）	656（18，18）	1.66（16，81）	0.2（1，75）	14.14（24，75）
14	光学	389（16，14）	488（16，24）	1.25（8，119）	0.17（1，105）	19.45（21，105）
15	计算机信息系统	385（17，15）	665（16，17）	1.73（8，71）	0.27（4，45）	14.26（21，45）
16	分析化学	374（16，16）	719（16，16）	1.92（14，55）	0.08（16，145）	17（25，145）
17	药学与药理学	339（18，17）	333（20，38）	0.98（29，158）	0.1（11，135）	26.08（14，135）
18	多学科	336（14，18）	756（15，15）	2.25（10，36）	0.21（15，72）	9.08（25，72）
19	凝聚态物理	336（17，18）	1324（16，10）	3.94（5，7）	0.18（9，90）	16（20，90）
20	通信	305（18，20）	459（17，27）	1.5（6，93）	0.32（2，35）	11.73（20，35）

注：学科排序同ESI学科固定排序

资料来源：科技大数据湖北省重点实验室

表3-106　2021年福建省主要学科产-学-研合作情况

序号	学科	产-研合作率（省内排名）	产-学合作率（省内排名）	学-研合作率（省内排名）
1	多学科材料	0.62（76）	2.41（73）	11.61（64）
2	多学科化学	0.26（87）	1.13（110）	12.2（60）

续表

序号	学科	产-研合作率（省内排名）	产-学合作率（省内排名）	学-研合作率（省内排名）
3	物理化学	0.46（81）	1.37（103）	10.6（75）
4	环境科学	0.69（73）	2.26（79）	12.39（58）
5	电子与电气工程	1.22（51）	2.67（68）	7.78（106）
6	纳米科学与技术	0.13（90）	0.89（119）	11.93（61）
7	应用物理学	0.26（88）	1.67（93）	11.81（63）
8	化学工程	0.36（83）	1.08（112）	6.65（119）
9	能源与燃料	1.54（41）	4.41（43）	8.83（95）
10	肿瘤学	1.16（52）	1.74（90）	6.18（124）
11	人工智能	1.64（36）	3.74（49）	6.78（117）
12	环境工程	0.7（71）	2.58（70）	7.75（107）
13	生物化学与分子生物学	0.25（89）	1.26（107）	10.35（79）
14	光学	0.51（78）	1.29（106）	10.28（81）
15	计算机信息系统	1.04（57）	3.12（61）	7.53（111）
16	分析化学	0.27（86）	1.87（86）	5.35（131）
17	药学与药理学	0.29（85）	1.18（109）	4.13（152）
18	多学科	2.08（29）	5.06（32）	13.39（46）
19	凝聚态物理	0（91）	2.38（74）	13.69（44）
20	通信	0.66（74）	1.64（94）	7.87（105）

资料来源：科技大数据湖北省重点实验室

表 3-107　2021 年福建省争取国家自然科学基金项目经费二十八强机构

序号	机构名称	项目数量/项（排名）	项目经费/万元（排名）	发文量/篇（排名）	论文被引频次/次（排名）	发明专利申请量/件（排名）
1	厦门大学	264（31）	12 453（25）	3 971（32）	8 319（35）	894（96）
2	福州大学	98（103）	4 561（95）	1 993（80）	5 050（62）	1 547（50）
3	福建师范大学	77（129）	3 312（128）	862（170）	1 938（159）	275（378）
4	福建医科大学	71（141）	2 975（140）	1 845（88）	2 042（153）	26（4 573）
5	福建农林大学	61（171）	2 836（152）	996（150）	2 053（151）	194（541）
6	中国科学院福建物质结构研究所	46（212）	2 124（203）	525（252）	2 112（146）	80（1 362）
7	华侨大学	30（302）	1 394（284）	911（162）	1 684（172）	428（224）
8	集美大学	20（402）	969（366）	438（283）	652（316）	193（543）
9	福建中医药大学	20（402）	823（405）	158（527）	193（581）	26（4 573）
10	自然资源部第三海洋研究所	16（456）	710（444）	119（602）	147（630）	53（2 097）
11	中国科学院城市环境研究所	15（483）	700（447）	253（417）	809（279）	74（1 469）
12	闽江学院	11（552）	475（544）	193（489）	281（500）	117（923）
13	厦门理工学院	12（541）	444（559）	237（429）	241（533）	214（493）
14	福建工程学院	8（625）	319（641）	235（431）	496（375）	159（669）

续表

序号	机构名称	项目数量/项（排名）	项目经费/万元（排名）	发文量/篇（排名）	论文被引频次/次（排名）	发明专利申请量/件（排名）
15	闽南师范大学	7（662）	259（704）	188（492）	216（565）	33（3 564）
16	福建省立医院	4（801）	195（781）	37（988）	21（1 357）	10（12 937）
17	福建江夏学院	5（749）	174（807）	64（798）	50（937）	45（2 535）
18	龙岩学院	4（801）	120（893）	105（636）	132（666）	60（1 852）
19	厦门国家会计学院	3（875）	108（942）	10（1 800）	29（1 168）	—
20	泉州师范学院	3（875）	90（966）	84（702）	78（803）	84（1 299）
21	福建省农业科学院	2（968）	88（999）	98（656）	99（752）	—
22	厦门医学院	2（968）	60（1 076）	52（859）	69（834）	5（30 258）
23	宁德师范学院	2（968）	60（1 076）	35（1 010）	31（1 136）	49（2 284）
24	福建技术师范学院	2（968）	60（1 076）	20（1 273）	10（1 963）	33（3 564）
25	福建省地震局	2（968）	60（1 076）	4（2 994）	2（4 542）	—
26	莆田学院	2（968）	60（1 076）	108（623）	94（764）	32（3 674）
27	三明学院	1（1 141）	30（1 270）	74（743）	94（764）	106（1 003）
28	中国人民解放军联勤保障部队第九〇〇医院	1（1 141）	30（1 270）	17（1 380）	3（3 767）	20（6 013）

资料来源：科技大数据湖北省重点实验室

机构	机构综合排名	农业科学	生物与生物化学	化学	临床医学	计算机科学	经济与商学	工程科学	环境生态学	地球科学	免疫学	材料科学	数学	微生物学	分子生物学与基因	神经科学与行为	药理学与毒物学	物理学	植物与动物科学	社会科学	机构进入ESI学科数
中国科学院福建物质结构研究所	3561	—	—	301	—	—	—	1569	—	—	—	905	—	—	—	—	—	—	—	—	3
中国科学院城市环境研究所	4116	1042	—	480	—	—	—	1369	1052	641	—	—	—	—	—	—	—	—	—	—	5
福州大学	4838	768	—	305	—	521	—	1566	1174	—	—	903	—	—	—	—	—	—	—	—	6
厦门大学	5142	656	440	1546	58	12	6	35	21	7	8	22	5	6	930	550	990	774	1061	683	19
福建中医药大学	6368	—	—	—	4012	—	—	—	—	—	—	—	—	—	—	—	—	—	—	—	1
福建省立医院	6575	—	—	—	4013	—	—	—	—	—	—	—	—	—	—	—	—	—	—	—	1
华侨大学	6614	—	—	390	—	496	—	1478	—	—	—	846	—	—	—	—	—	—	—	—	4
福建农林大学	6674	225	1134	300	—	—	—	1570	1177	—	—	—	—	495	—	—	—	—	1079	—	7
福建师范大学	6834	—	—	303	—	522	—	1568	1176	—	—	904	—	—	—	—	—	—	—	—	5
福建省农业科学院	6937	—	—	—	—	—	—	—	—	—	—	—	—	—	—	—	—	—	845	—	1
闽江学院	7406	—	—	—	—	1163	—	—	—	—	—	—	—	—	—	—	—	—	—	38	2
福建医科大学	7496	—	—	302	4014	—	—	—	—	—	—	—	—	—	1056	1089	—	—	—	—	4
集美大学	7561	—	—	—	—	—	—	1317	—	—	—	—	—	—	—	—	—	—	1110	—	2
厦门理工学院	7649	—	—	—	—	34	—	—	—	—	—	—	—	—	—	—	—	—	—	—	1
福建工程学院	7691	—	—	—	—	—	—	1567	—	—	—	—	—	—	—	—	—	—	—	—	1

图 3-21　2021 年福建省各机构进入 ESI 全球前 1%的学科及排名

资料来源：科技大数据湖北省重点实验室

表 3-108　2021 年福建省发明专利申请量十强技术领域

序号	IPC 号（技术领域）	发明专利申请量/件
1	G06F（电子数字数据处理）	1 643
2	G01N（小类中化学分析方法或化学检测方法）	789

续表

序号	IPC 号（技术领域）	发明专利申请量/件
3	H01L[半导体器件；其他类目中不包括的电固体器件（使用半导体器件的测量入 G01；一般电阻器入 H01C；磁体、电感器、变压器入 H01F；一般电容器入 H01G；电解型器件入 H01G9/00；电池组、蓄电池入 H01M；波导管、谐振器或波导型线路入 H01P；线路连接器、汇流器入 H01R；受激发射器件入 H01S；机电谐振器入 H03H；扬声器、送话器、留声机拾音器或类似的声机电传感器入 H04R；一般电光源入 H05B；印刷电路、混合电路、电设备的外壳或结构零部件、电气元件的组件的制入 H05K；在具有特殊应用的电路中使用的半导体器件见应用相关的小类]	683
4	G06Q（专门适用于行政、商业、金融、管理、监督或预测目的的数据处理系统或方法；其他类目不包含的专门适用于行政、商业、金融、管理、监督或预测目的的处理系统或方法）	679
5	H01M（用于直接转变化学能为电能的方法或装置，例如电池组）	625
6	G06K（数据处理）	532
7	H04L[数字信息的传输，例如电报通信（电报和电话通信的公用设备入 H04M）]	415
8	A61K[医用、牙科用或梳妆用的配制品（专门适用于将药品制成特殊的物理或服用形式的装置或方法 A61J 3/00；空气除臭，消毒或灭菌，或者绷带、敷料、吸收垫或外科用品的化学方面，或材料的使用入 A61L；肥皂组合物入 C11D）]	413
9	G06T（图像数据处理）	389
10	B01J（化学或物理方法，例如，催化作用或胶体化学；其有关设备）	374
	全省合计	28 190

资料来源：科技大数据湖北省重点实验室

表 3-109　2021 年福建省发明专利申请量优势企业和科研机构列表

序号	优势企业	发明专利申请量/件	序号	优势科研机构	发明专利申请量/件
1	厦门天马微电子有限公司	314	1	福州大学	1547
2	宁德新能源科技有限公司	284	2	厦门大学	894
3	国网福建省电力有限公司	209	3	华侨大学	428
4	锐捷网络股份有限公司	154	4	福建师范大学	275
5	福建华佳彩有限公司	139	5	厦门理工学院	214
6	厦门海辰新能源科技有限公司	124	6	福建农林大学	194
7	厦门市美亚柏科信息股份有限公司	111	7	集美大学	193
8	福耀玻璃工业集团股份有限公司	108	8	福建工程学院	159
9	科华数据股份有限公司	95	9	福州外语外贸学院	119
10	福建大昌盛饲料有限公司	86	10	闽江学院	117
11	福建星云电子股份有限公司	85	11	三明学院	106
12	云度新能源汽车有限公司	84	12	泉州师范学院	84
13	九牧厨卫股份有限公司	82	13	中国科学院福建物质结构研究所	80
14	国网福建省电力有限公司经济技术研究院	79	14	中国科学院城市环境研究所	74
15	福建省晋华集成电路有限公司	73	15	龙岩学院	60
16	厦门亿联网络技术股份有限公司	72	16	自然资源部第三海洋研究所	53
17	国网福建省电力有限公司电力科学研究院	71	17	宁德师范学院	49

续表

序号	优势企业	发明专利申请量/件	序号	优势科研机构	发明专利申请量/件
18	福州京东方光电科技有限公司	65	18	阳光学院	46
18	福建恒安集团有限公司	65	19	福建江夏学院	45
20	瑞芯微电子股份有限公司	64	20	福建省农业科学院畜牧兽医研究所	34

资料来源：科技大数据湖北省重点实验室

表 3-110　2021 年福建省获得国家科技奖励机构清单

序号	获奖机构	获奖数量/项		
		总计	主持	参与
1	福建阿石创新材料股份有限公司	1	0	1
	泉州佰源机械科技有限公司	1	0	1
	厦门科华恒盛股份有限公司	1	0	1
	福建炼油化工有限公司	1	0	1
	厦门大学	1	1	0
	福建农林大学	1	0	1
	福州大学	1	0	1

资料来源：科技大数据湖北省重点实验室

3.3.16　黑龙江省

2021 年，黑龙江省的基础研究竞争力指数为 49.2068，排名第 16 位。黑龙江省的基础研究优势学科为电子与电气工程、多学科材料、物理化学、环境科学、应用物理学、控制论、能源与燃料、纳米科学与技术、自动控制、环境工程。其中，电子与电气工程的高频词包括特征提取、数学模型、深度学习、传感器、训练等；多学科材料的高频词包括机械性能、微观结构、石墨烯、微结构、析氢反应等；物理化学的高频词包括电催化、超级电容器、机械性能、析氢反应、微观结构、光催化等（表 3-111）。综合本省各学科的发文数量和排名位次来看，2021 年黑龙江省基础研究在全国范围内较为突出的学科为林业、海事工程、海洋工程、航空航天工程、乳品与动物学、复合材料、兽医学、农业工程、石油工程、听力及语言病理学等。

表 3-111　2021 年黑龙江省基础研究优势学科及高频词

序号	活跃学科	SCI 学科活跃度	高频词（词频）
1	电子与电气工程	7.00	特征提取（85）；数学模型（74）；深度学习（57）；传感器（48）；训练（44）；任务分析（43）；转换器（40）；光纤传感器（30）；优化（28）；拓扑（28）；卷积（26）；估算（26）；轨迹（26）；高光谱成像（25）；灵敏度（25）；计算建模（25）；转子（25）；神经网络（25）；数据挖掘（23）；扭矩（22）；物联网（21）；适应模式（21）；联轴器（21）；光纤（20）；预测模型（20）；电压控制（20）；相关性（19）；无线通信（19）；电容器（18）；延迟（18）；不确定性（18）；图像分割（17）；电感器（17）；语义（17）；物体检测（17）；收敛（16）；分析模型（16）；观察员（16）；执行器（16）；逆变器（15）；绕组（15）；干涉（15）；温度传感器（14）；资源管理（14）；瞬态分析（14）；鲁棒性（14）；监控（14）；永磁电机（14）；自适应系统（14）；形状（14）；谐波分析（14）；信噪比（13）；磁芯（13）；电感（13）；卷积神经网络（13）；集成电路建模（13）；

续表

序号	活跃学科	SCI学科活跃度	高频词（词频）
1	电子与电气工程	7.00	稳定性标准（13）；控制系统（13）；航天器（13）；非线性系统（12）；接收器（12）；许可证（12）；核心（12）；定子（12）；目标跟踪（11）；压力（11）；卡尔曼滤波器（11）；影像重建（11）；探测器（11）；安全（11）；阵列信号处理（11）；阻抗（11）；可视化（11）；标准（11）；无线传感器网络（11）；铁（10）；船用车辆（10）；预测算法（10）；调制（10）；注意力机制（10）；李雅普诺夫方法（10）；永磁同步电机（PMSM）（10）；定子绕组（10）；磁通量（10）；可靠性（10）；同步（10）
2	多学科材料	6.65	机械性能（146）；微观结构（135）；石墨烯（28）；微结构（20）；析氢反应（19）；微观结构演变（19）；光催化（18）；数值模拟（18）；超级电容器（18）；耐腐蚀性能（16）；质地（15）；析氧反应（15）；马氏体转变（14）；相变（13）；强化机制（12）；氧化还原反应（12）；电催化（12）；锂硫电池（12）；钛铝合金（11）；火花等离子烧结（11）；过渡金属碳/氮化合物（11）；异质结（11）；导热系数（11）；镁合金（11）；分子动力学（10）；电磁波吸收（10）；热处理（10）
3	物理化学	4.16	电催化（31）；超级电容器（30）；机械性能（30）；析氢反应（30）；微观结构（26）；光催化（25）；石墨烯（19）；析氧反应（18）；氧化还原反应（15）；密度泛函理论（13）；电磁波吸收（12）；金属有机框架（10）
4	环境科学	3.91	氧化应激（29）；吸附（20）；细胞凋亡（19）；微生物群落（18）；镉（14）；生物炭（13）；可持续发展（12）；光催化（11）
5	应用物理学	3.74	微观结构（40）；传感器（31）；机械性能（22）；灵敏度（20）；石墨烯（18）；光纤传感器（16）；光催化（13）；超级电容器（12）；光纤（11）；耐腐蚀性能（10）
6	控制论	3.24	非线性系统（11）
7	能源与燃料	3.08	数值模拟（24）；堆肥（20）；生物炭（13）；氢（13）；析氧反应（12）；燃烧（10）；厌氧消化（10）；敏感性分析（10）
8	纳米科学与技术	2.93	机械性能（24）；微观结构（14）；石墨烯（12）；析氢反应（10）；电催化（10）
9	自动控制	2.89	自适应控制（17）；非线性系统（16）；转换器（15）；优化（13）；故障检测（11）；滑模控制（11）；轨迹（11）；扭矩（10）；力量（10）
10	环境工程	2.82	吸附（18）；生物炭（10）

资料来源：科技大数据湖北省重点实验室

2021年，黑龙江省争取国家自然科学基金项目总数为787项，全国排名第18位；项目经费总额为36 266万元，全国排名第16位。黑龙江省发表SCI论文数量最多的学科为多学科材料（表3-112）；土木工程领域的产-研合作率最高（表3-113）；黑龙江省争取国家自然科学基金经费超过1亿元的有1个机构（表3-114）；黑龙江省共有13个机构进入相关学科的ESI全球前1%行列（图3-22）；发明专利申请量共14 443件（表3-115），主要专利权人如表3-116所示；获得国家科技奖励的机构如表3-117所示。

2021年，黑龙江省地方财政科技投入经费42.98亿元，全国排名第23位；获得国家科技奖励11项，全国排名第15位。截至2021年12月，黑龙江省拥有国家重点实验室7个；拥有院士39位，全国排名第12位。

表3-112 2021年黑龙江省主要学科发文量、被引频次及国际合作情况

序号	学科	论文数/篇（全国排名，省内排名）	论文被引频次/次（全国排名，省内排名）	论文篇均被引频次/次（全国排名，省内排名）	国际合作率（全国排名，省内排名）	国际合作度（全国排名，省内排名）
1	多学科材料	2197（13，1）	6757（13，1）	3.08（3，17）	0.15（19，85）	51.09（13，85）

续表

序号	学科	论文数/篇（全国排名，省内排名）	论文被引频次/次（全国排名，省内排名）	论文篇均被引频次/次（全国排名，省内排名）	国际合作率（全国排名，省内排名）	国际合作度（全国排名，省内排名）
2	电子与电气工程	1658（12，2）	2865（13，8）	1.73（8，73）	0.2（14，60）	37.68（14，60）
3	物理化学	1178（14，3）	5336（12，2）	4.53（2，5）	0.15（19，84）	36.81（12，84）
4	应用物理学	1099（14，4）	3301（12，4）	3（1，22）	0.15（17，82）	35.45（12，82）
5	环境科学	1068（12，5）	3585（11，3）	3.36（2，15）	0.19（18，61）	21.8（15，61）
6	能源与燃料	906（12，6）	2529（13，9）	2.79（21，26）	0.2（14，54）	22.65（14，54）
7	多学科化学	770（17，7）	3045（17，7）	3.95（1，8）	0.17（10，72）	27.5（15，72）
8	化学工程	668（14，8）	2523（13，10）	3.78（7，9）	0.14（22，91）	19.09（17，91）
9	纳米科学与技术	661（16，9）	3255（12，5）	4.92（1，5）	0.19（15，64）	25.42（16，64）
10	土木工程	647（11，10）	1071（12，16）	1.66（13，79）	0.2（20，59）	20.87（13，59）
11	计算机信息系统	616（14，11）	889（13，23）	1.44（14，100）	0.2（20，52）	15.4（18，52）
12	光学	589（14，12）	915（9，21）	1.55（3，92）	0.13（6，100）	36.81（8，100）
13	通信	587（12，13）	681（13，28）	1.16（14，138）	0.2（19，53）	16.77（14，53）
14	机械工程	585（10，14）	910（12，22）	1.56（21，91）	0.16（19，79）	21.67（10，79）
15	环境工程	570（12，15）	3167（11，6）	5.56（2，2）	0.16（24，76）	16.76（14，76）
16	力学	560（10，16）	971（10，19）	1.73（18，72）	0.2（16，58）	19.31（7，58）
17	人工智能	554（15，17）	1421（14，13）	2.56（8，30）	0.24（13，35）	16.29（15，35）
18	冶金	544（10，18）	1064（11，17）	1.96（15，60）	0.1（22，115）	28.63（6，115）
19	仪器与仪表	519（11，19）	865（12，25）	1.67（15，76）	0.13（13，96）	19.96（15，96）
20	自动控制	511（10，20）	1841（7，12）	3.6（7，13）	0.21（18，48）	18.93（11，48）

注：学科排序同 ESI 学科固定排序

资料来源：科技大数据湖北省重点实验室

表 3-113　2021 年黑龙江省主要学科产–学–研合作情况

序号	学科	产-研合作率（省内排名）	产-学合作率（省内排名）	学-研合作率（省内排名）
1	多学科材料	1.55（46）	1.78（51）	9.24（74）
2	电子与电气工程	0.78（81）	1.03（84）	7.18（107）
3	物理化学	0.42（91）	0.68（98）	6.62（119）
4	应用物理学	0.91（70）	1.36（72）	9.19（76）
5	环境科学	1.4（51）	1.5（62）	9.55（69）
6	能源与燃料	1.66（44）	3.42（27）	7.73（96）
7	多学科化学	0.91（71）	1.43（68）	7.79（94）
8	化学工程	0.9（74）	1.95（47）	6.74（114）
9	纳米科学与技术	0.76（84）	1.51（61）	9.23（75）
10	土木工程	2.94（21）	2.94（33）	10.82（60）
11	计算机信息系统	0.97（68）	1.46（65）	5.84（127）

续表

序号	学科	产-研合作率（省内排名）	产-学合作率（省内排名）	学-研合作率（省内排名）
12	光学	0.85（77）	0.85（93）	7.3（104）
13	通信	0.85（76）	1.53（60）	6.64（118）
14	机械工程	1.88（39）	2.22（40）	10.6（61）
15	环境工程	0.88（75）	0.88（90）	6.84（112）
16	力学	1.07（65）	1.07（83）	7.68（98）
17	人工智能	0.9（73）	0.54（104）	5.78（129）
18	冶金	1.84（40）	1.47（64）	9.01（80）
19	仪器与仪表	0.96（69）	0.58（103）	7.51（101）
20	自动控制	0.2（95）	0（107）	9.78（67）

资料来源：科技大数据湖北省重点实验室

表 3-114　2021 年黑龙江省争取国家自然科学基金项目经费二十强机构

序号	机构名称	项目数量/项（排名）	项目经费/万元（排名）	发文量/篇（排名）	论文被引频次/次（排名）	发明专利申请量/件（排名）
1	哈尔滨工业大学	325（19）	15 170（16）	6 895（15）	17 553（8）	2 526（13）
2	哈尔滨医科大学	111（90）	5 069（86）	1 477（105）	2 342（130）	121（884）
3	哈尔滨工程大学	93（110）	4 011（107）	1 977（81）	3 279（101）	1 340（55）
4	东北农业大学	63（158）	2 946（142）	1 300（120）	3 732（85）	475（190）
5	东北林业大学	46（212）	2 217（194）	1 223（127）	2 326（132）	308（332）
6	哈尔滨理工大学	27（329）	1 210（312）	675（211）	938（259）	950（90）
7	东北石油大学	20（402）	977（363）	519（256）	846（276）	200（524）
8	黑龙江中医药大学	18（432）	816（407）	208（465）	242（531）	88（1 235）
9	中国农业科学院哈尔滨兽医研究所	15（483）	788（419）	83（707）	225（552）	—
10	黑龙江大学	17（444）	771（426）	576（231）	1 465（196）	105（1 018）
11	哈尔滨师范大学	16（456）	639（469）	261（407）	509（369）	29（4 087）
12	黑龙江八一农垦大学	13（522）	614（487）	241（427）	236（539）	118（910）
13	齐齐哈尔大学	5（749）	234（726）	242（425）	325（476）	143（748）
14	黑龙江科技大学	4（801）	201（771）	50（871）	73（821）	31（3 791）
15	齐齐哈尔医学院	5（749）	200（774）	188（492）	142（644）	13（9 690）
16	中国地震局工程力学研究所	3（875）	148（839）	102（644）	115（704）	29（4 087）
17	牡丹江医学院	2（968）	109（940）	63（804）	60（873）	32（3 674）
18	黑龙江省农业科学院	2（968）	88（999）	53（848）	46（969）	5（30 258）
19	中国水产科学研究院黑龙江水产研究所	1（1 141）	30（1 270）	34（1 018）	20（1 390）	50（2 231）
20	佳木斯大学	1（1 141）	30（1 270）	126（592）	150（628）	190（555）

资料来源：科技大数据湖北省重点实验室

机构	机构综合排名	农业科学	生物与生物化学	化学	临床医学	计算机科学	工程科学	环境生态学	地球科学	免疫学	材料科学	数学	微生物学	分子生物与基因	神经科学与行为	药理学与毒物学	物理学	植物与动物科学	社会科学	机构进入ESI学科数
黑龙江大学	5202	—	—	366	—	—	1506	—	—	—	865	—	—	—	—	—	—	—	—	3
哈尔滨医科大学	5555	—	457	—	3821	—	—	—	—	719	—	—	—	955	962	969	—	—	—	6
哈尔滨师范大学	5778	—	—	352	—	—	—	—	—	—	876	—	—	—	—	—	—	—	—	2
哈尔滨工业大学	5955	663	354	351	3822	506	1519	1148	697	—	877	264	—	—	—	—	814	—	538	12
中国农业科学院哈尔滨兽医研究所	6211	—	—	—	—	—	—	—	—	—	—	—	482	—	—	—	—	1189	—	2
黑龙江中医药大学	6428	—	—	—	—	—	3773	—	—	—	—	—	—	—	—	1008	—	—	—	2
哈尔滨工程大学	6696	—	—	350	—	507	1520	—	—	—	878	—	—	—	—	—	—	—	—	4
东北林业大学	6846	455	—	762	—	—	1010	806	—	—	586	—	—	—	—	—	—	1421	—	6
东北农业大学	6858	156	820	—	—	—	1012	807	—	—	—	—	—	—	—	—	841	1254	—	6
黑龙江省农业科学院	7114	1006	—	—	—	—	—	—	—	—	—	—	—	—	—	—	—	—	—	1
林木遗传育种国家重点实验室	7378	—	—	—	—	—	—	—	—	—	—	—	—	—	—	—	—	1278	—	1
哈尔滨理工大学	7560	—	—	353	—	—	1518	—	—	—	875	—	—	—	—	—	—	—	—	3
东北石油大学	7628	—	—	—	—	—	1008	—	—	—	—	—	—	—	—	—	—	—	—	1

图 3-22　2021 年黑龙江省各机构进入 ESI 全球前 1%的学科及排名

资料来源：科技大数据湖北省重点实验室

表 3-115　2021 年黑龙江省发明专利申请量十强技术领域

序号	IPC号（技术领域）	发明专利申请量/件
1	G06F（电子数字数据处理）	764
2	G01N（小类中化学分析方法或化学检测方法）	556
3	E21B［土层或岩石的钻进（采矿、采石入 E21C；开凿立井、掘进平巷或隧洞入 E21D）；从井中开采油、气、水、可溶解或可熔化物质或矿物泥浆］	356
4	A61K［医用、牙科用或梳妆用的配制品（专门适用于将药品制成特殊的物理或服用形式的装置或方法 A61J 3/00；空气除臭，消毒或灭菌，或者绷带、敷料、吸收垫或外科用品的化学方面，或材料的使用入 A61L；肥皂组合物入 C11D）］	337
5	G06K（数据处理）	301
6	G01M（机器或结构部件的静或动平衡的测试；其他类目中不包括的结构部件或设备的测试）	267
7	A23L［不包含在 A21D 或 A23B 至 A23J 小类中的食品、食料或非酒精饮料；它们的制备或处理，例如烹调、营养品质的改进、物理处理（不能为本小类完全包含的成型或加工入 A23P）；食品或食料的一般保存（用于烘焙的面粉或面团的保存入 A21D）］	258
8	G06T（图像数据处理）	252
9	G06Q（专门适用于行政、商业、金融、管理、监督或预测目的的数据处理系统或方法；其他类目不包含的专门适用于行政、商业、金融、管理、监督或预测目的的处理系统或方法）	215
10	G01R（G01T 物理测定方法；其设备）	197
	全省合计	14 443

资料来源：科技大数据湖北省重点实验室

表 3-116　2021 年黑龙江省发明专利申请量优势企业和科研机构列表

序号	优势企业	发明专利申请量/件	序号	优势科研机构	发明专利申请量/件
1	中国船舶重工集团公司第七〇三研究所	203	1	哈尔滨工业大学	2526
2	安天科技集团股份有限公司	155	2	哈尔滨工程大学	1340
3	国网黑龙江省电力有限公司电力科学研究院	81	3	哈尔滨理工大学	950

续表

序号	优势企业	发明专利申请量/件	序号	优势科研机构	发明专利申请量/件
4	中车齐齐哈尔车辆有限公司	76	4	东北农业大学	475
5	哈尔滨汽轮机厂有限责任公司	69	5	东北林业大学	307
6	中国航发哈尔滨轴承有限公司	61	6	东北石油大学	199
7	哈尔滨市科佳通用机电股份有限公司	58	7	佳木斯大学	190
	哈尔滨电机厂有限责任公司	58	8	齐齐哈尔大学	143
9	中国航发哈尔滨东安发动机有限公司	57	9	哈尔滨学院	127
10	大庆油田有限责任公司	46	10	哈尔滨医科大学	121
11	哈尔滨电气动力装备有限公司	45	11	黑龙江八一农垦大学	118
	哈尔滨科友半导体产业装备与技术研究院有限公司	45	12	黑龙江大学	105
13	航天科技控股集团股份有限公司	39	13	哈尔滨商业大学	92
14	哈尔滨焊接研究院有限公司	38	14	黑龙江中医药大学	88
15	国网黑龙江省电力有限公司佳木斯供电公司	36	15	哈尔滨体育学院	55
16	哈尔滨东安汽车动力股份有限公司	35	16	中国水产科学研究院黑龙江水产研究所	50
	哈尔滨锅炉厂有限责任公司	35	17	中国农业科学院哈尔滨兽医研究所（中国动物卫生与流行病学中心哈尔滨分中心）	41
18	哈尔滨东安汽车发动机制造有限公司	33		哈尔滨职业技术学院	41
19	大庆市天德忠石油科技有限公司	30	19	黑龙江工程学院	35
20	东北轻合金有限责任公司	28	20	牡丹江医学院	32

资料来源：科技大数据湖北省重点实验室

表 3-117　2021 年黑龙江省获得国家科技奖励机构清单

序号	获奖机构	获奖数量/项		
		总计	主持	参与
1	哈尔滨工业大学	5	4	1
2	东北石油大学	1	1	0
	黑龙江省农业科学院玉米研究所	1	0	1
	黑龙江省农业科学院绥化分院	1	0	1
	哈尔滨大电机研究所	1	0	1
	中国农业科学院哈尔滨兽医研究所	1	0	1
	中国石油天然气股份有限公司大庆石化分公司	1	0	1
	大庆油田有限责任公司	1	0	1
	哈尔滨光宇电源股份有限公司	1	0	1

资料来源：科技大数据湖北省重点实验室

3.3.17 重庆市

2021年，重庆市的基础研究竞争力指数为47.7859，排名第17位。重庆市的基础研究优势学科为电子与电气工程、多学科材料、环境科学、人工智能、物理化学、应用物理学、通信、能源与燃料、计算机信息系统、纳米科学与技术。其中，电子与电气工程的高频词包括数学模型、特征提取、训练、任务分析、优化、深度学习等；多学科材料的高频词包括机械性能、微观结构、质地、石墨烯、光催化等；环境科学的高频词包括气候变化（表3-118）。综合本市各学科的发文数量和排名位次来看，2021年重庆市基础研究在全国范围内较为突出的学科为昆虫学、生物心理学、临床心理学、实验心理学、行为科学、犯罪与刑罚学、儿科学、心理学、急诊医学等。

表3-118　2021年重庆市基础研究优势学科及高频词

序号	活跃学科	SCI学科活跃度	高频词（词频）
1	电子与电气工程	8.14	数学模型（70）；特征提取（63）；训练（56）；任务分析（52）；优化（48）；深度学习（47）；传感器（36）；延迟（28）；神经网络（27）；资源管理（26）；计算建模（26）；物联网（24）；无线通信（24）；故障诊断（21）；收敛（19）；预测模型（19）；不确定性（18）；转换器（17）；数据挖掘（17）；可靠性（17）；适应模式（17）；启发式算法（17）；分析模型（15）；联轴器（15）；估算（15）；鲁棒性（15）；信噪比（15）；卷积（14）；服务器（14）；能源效率（14）；逻辑门（14）；索引（13）；机器学习（13）；学习系统（13）；语义（12）；拓扑（12）；电池（12）；核心（12）；车辆动力学（12）；卷积神经网络（12）；区块链（11）；道路（11）；相关性（11）；降解（11）；许可证（10）；稳定性标准（10）；稳定性分析（10）；温度测量（10）；负载建模（10）；控制系统（10）；干涉（10）；信号处理算法（10）；无线传感器网络（10）
2	多学科材料	5.73	机械性能（77）；微观结构（74）；质地（29）；石墨烯（16）；光催化（14）；动态再结晶（12）；密度泛函（12）；稳定性（11）；密度泛函理论（10）；镁合金（10）
3	环境科学	3.89	气候变化（11）
4	人工智能	3.73	深度学习（30）；优化（20）；不确定性（18）；收敛（17）；神经网络（15）；神经网络（15）；特征提取（14）；训练（14）；计算建模（11）；卷积神经网络（10）
5	物理化学	3.53	光催化（16）；密度泛函理论（15）；机械性能（13）；吸附（13）；铜（10）
6	应用物理学	3.33	传感器（27）；密度泛函（26）；微观结构（13）；吸附（13）
7	通信	3.11	任务分析（37）；资源管理（28）；优化（24）；深度学习（24）；数学模型（23）；物联网（22）；特征提取（22）；无线通信（21）；能源效率（18）；训练（18）；延迟（17）；信噪比（14）；边缘计算（13）；资源分配（12）；服务质量（12）；启发式算法（12）；吞吐量（11）；计算建模（11）；服务器（11）；能源消耗（11）；干涉（11）；区块链（10）
8	能源与燃料	3.09	优化（10）；页岩气（10）
9	计算机信息系统	2.79	任务分析（28）；深度学习（28）；特征提取（23）；物联网（20）；训练（18）；延迟（14）；资源管理（13）；无线通信（13）；优化（13）；预测模型（11）；信噪比（10）；数据模型（10）；计算建模（10）；服务质量（10）
10	纳米科学与技术	2.62	机械性能（18）；纳米粒子（14）；微观结构（12）

2021年，重庆市争取国家自然科学基金项目总数为872项，全国排名第16位；项目经费总额为37 121万元，全国排名第15位。重庆市发表SCI论文数量最多的学科为多学科材料（表3-119）；能源与燃料领域的产-学合作率最高（表3-120）；重庆市争取国家自然科学基金经费超过1亿元的有1个机构（表3-121）；重庆市共有10个机构进入相关学科的ESI

全球前 1%行列（图 3-23）；发明专利申请量共 23 467 件（表 3-122），主要专利权人如表 3-123 所示；获得国家科技奖励的机构如表 3-124 所示。

2021 年，重庆市地方财政科技投入经费 92.77 亿元，全国排名第 17 位；获得国家科技奖励 9 项，全国排名第 17 位。截至 2021 年 12 月，重庆市拥有国家重点实验室 10 个；拥有院士 10 位，全国排名第 22 位。

表 3-119　2021 年重庆市主要学科发文量、被引频次及国际合作情况

序号	学科	论文数/篇（全国排名，市内排名）	论文被引频次/次（全国排名，市内排名）	论文篇均被引频次/次（全国排名，市内排名）	国际合作率（全国排名，市内排名）	国际合作度（全国排名，市内排名）
1	多学科材料	1454（18，1）	3549（18，1）	2.44（18，38）	0.17（11，77）	33.81（20，77）
2	电子与电气工程	1405（15，2）	2613（14，3）	1.86（6，75）	0.21（12，48）	36.97（15，48）
3	环境科学	807（18，3）	1969（18，4）	2.44（17，39）	0.17（24，76）	20.69（16，76）
4	物理化学	742（18，4）	2682（16，2）	3.61（16，10）	0.16（17，91）	24.73（21，91）
5	应用物理学	722（18，5）	1569（18，7）	2.17（18，58）	0.13（24，106）	24.9（17，106）
6	人工智能	651（14，6）	1551（13，6）	2.38（10，42）	0.22（15，45）	18.6（14，45）
7	能源与燃料	642（15，7）	1853（17，5）	2.89（17，22）	0.25（2，38）	20.06（15，38）
8	多学科化学	582（18，8）	1635（18，8）	2.81（18，29）	0.17（8，78）	20.07（21，78）
9	肿瘤学	552（14，9）	648（14，25）	1.17（22，143）	0.09（9，132）	27.6（26，132）
10	纳米科学与技术	548（18，10）	1489（18，10）	2.72（21，30）	0.16（20，84）	26.1（14，84）
11	生物化学与分子生物学	539（14，11）	975（13，14）	1.81（11，80）	0.14（21，101）	23.43（10，101）
12	化学工程	496（17，12）	1509（18，9）	3.04（20，18）	0.2（8，55）	16（22，55）
13	土木工程	494（13，13）	1073（11，12）	2.17（2，59）	0.28（5，26）	13（20，26）
14	机械工程	448（13，14）	785（13，20）	1.75（14，84）	0.19（11，64）	14.93（15，64）
15	分析化学	439（13，15）	981（12，13）	2.23（5，54）	0.08（17，141）	36.58（6，141）
16	计算机信息系统	426（16，16）	742（15，22）	1.74（6，86）	0.26（7，32）	14.69（20，32）
17	通信	425（15，17）	812（12，18）	1.91（3，73）	0.3（4，20）	15.74（19，20）
18	药学与药理学	411（16，18）	544（16，31）	1.32（21，131）	0.09（16，133）	22.83（18，133）
19	冶金	401（13，19）	885（14，16）	2.21（9，55）	0.18（3，68）	19.1（17，68）
20	仪器与仪表	396（15，20）	770（13，21）	1.94（9，69）	0.11（20，125）	26.4（6，125）

注：学科排序同 ESI 学科固定排序
资料来源：科技大数据湖北省重点实验室

表 3-120　2021 年重庆市主要学科产-学-研合作情况

序号	学科	产-研合作率（市内排名）	产-学合作率（市内排名）	学-研合作率（市内排名）
1	多学科材料	1.17（58）	3.09（54）	9.63（62）
2	电子与电气工程	1.07（60）	4.06（33）	6.48（109）
3	环境科学	1.73（39）	3.47（43）	10.04（54）
4	物理化学	1.35（49）	2.7（65）	8.76（75）

续表

序号	学科	产-研合作率（市内排名）	产-学合作率（市内排名）	学-研合作率（市内排名）
5	应用物理学	1.25（56）	3.88（36）	11.08（46）
6	人工智能	0.61（73）	1.38（95）	4.61（146）
7	能源与燃料	2.96（20）	7.01（11）	7.79（82）
8	多学科化学	0.69（72）	3.26（49）	9.97（60）
9	肿瘤学	1.27（54）	2.17（74）	7.07（96）
10	纳米科学与技术	0.36（79）	1.64（86）	9.85（61）
11	生物化学与分子生物学	0（84）	0.93（108）	5.75（119）
12	化学工程	0.2（83）	2.62（68）	6.65（106）
13	土木工程	2.02（34）	5.47（20）	6.68（102）
14	机械工程	1.79（36）	6.92（12）	6.25（113）
15	分析化学	0.23（82）	0.68（116）	5.01（138）
16	计算机信息系统	0.47（76）	1.64（85）	5.87（117）
17	通信	0.71（70）	3.53（42）	6.82（100）
18	药学与药理学	0.24（81）	0.97（106）	5.35（129）
19	冶金	1.75（38）	5.24（24）	6.73（101）
20	仪器与仪表	1.01（64）	3.28（47）	5.56（122）

资料来源：科技大数据湖北省重点实验室

表 3-121　2021 年重庆市争取国家自然科学基金项目经费二十三强机构

序号	机构名称	项目数量/项（排名）	项目经费/万元（排名）	发文量/篇（排名）	论文被引频次/次（排名）	发明专利申请量/件（排名）
1	重庆大学	242（34）	10 917（34）	4 638（28）	11 118（26）	1 746（42）
2	中国人民解放军第三军医大学	147（63）	6 612（58）	1 057（142）	1 768（167）	—
3	西南大学	145（66）	6 458（63）	2 817（53）	5 718（53）	455（205）
4	重庆医科大学	144（67）	5 839（75）	2 354（66）	3 435（94）	141（758）
5	重庆交通大学	40（244）	1 485（270）	500（261）	647（318）	331（297）
6	重庆邮电大学	38（258）	1 458（272）	862（170）	1 647（174）	979（86）
7	重庆科技学院	23（365）	805（412）	217（455）	245（528）	227（460）
8	中国科学院重庆绿色智能技术研究院	16（456）	651（465）	147（547）	515（364）	144（743）
9	重庆理工大学	14（501）	585（501）	404（298）	500（374）	267（389）
10	重庆师范大学	15（483）	545（516）	286（379）	628（326）	54（2053）
11	重庆工商大学	13（522）	498（530）	348（329）	761（290）	139（772）
12	重庆文理学院	7（662）	296（659）	159（526）	146（634）	184（571）
13	重庆市中医院	7（662）	210（740）	20（1 273）	9（2 077）	27（4 404）
14	中煤科工集团重庆研究院有限公司	4（801）	176（799）	12（1 610）	3（3 767）	285（358）
15	长江师范学院	5（749）	150（828）	220（450）	334（468）	85（1 282）
16	重庆市人民医院	4（801）	120（893）	1（6 453）	0（8 464）	28（4 255）

续表

序号	机构名称	项目数量/项（排名）	项目经费/万元（排名）	发文量/篇（排名）	论文被引频次/次（排名）	发明专利申请量/件（排名）
17	重庆市妇幼保健院	2（968）	84（1 038）	1（6 453）	5（2 911）	11（11 675）
18	招商局重庆交通科研设计院有限公司	1（1 141）	58（1 154）	1（6 453）	0（8 464）	61（1 823）
19	重庆市气象科学研究所	1（1 141）	58（1 154）	3（3 485）	4（3 292）	—
20	中国电子科技集团公司第二十四研究所	1（1 141）	30（1 270）	—	—	48（2 356）
21	西南政法大学	1（1 141）	30（1 270）	24（1 184）	20（1 390）	5（30 258）
22	重庆三峡学院	1（1 141）	30（1 270）	147（547）	239（534）	101（1 071）
23	重庆市中药研究院	1（1 141）	30（1 270）	14（1 496）	5（2 911）	26（4 573）

资料来源：科技大数据湖北省重点实验室

机构综合排名	农业科学	生物与生物化学	化学	临床医学	计算机科学	工程科学	环境生态学	地球科学	免疫学	材料科学	数学	分子生物与基因	神经科学与行为	药理学与毒物学	物理学	植物与动物科学	精神病学/心理学	社会科学	机构进入ESI学科数
中国人民解放军第三军医大学 5263	—	562	39	5225	—	—	—	—	906	1105	—	917	832	674	—	—	—	—	8
重庆工商大学 5293	—	—	151	—	—	1749	—	—	—	1012	—	—	—	—	—	—	—	—	3
中国科学院重庆绿色智能技术研究院 5747	—	—	—	—	1752	1313	—	—	—	—	—	—	—	—	—	—	—	—	2
西南大学 6225	191	765	946	1384	282	770	640	—	—	438	163	—	1026	798	—	1255	884	1724	14
重庆大学 6377	—	823	152	4706	572	1748	1312	810	—	1011	292	—	—	—	799	840	—	1228	12
重庆医科大学 6422	—	746	150	4707	—	—	—	—	819	1013	—	969	998	944	—	—	—	—	8
重庆师范大学 7150	—	—	—	—	1750	—	—	—	—	—	—	—	—	—	—	—	—	—	1
重庆邮电大学 7424	—	—	—	—	571	1747	—	—	—	—	—	—	—	—	—	—	—	—	2
重庆理工大学 7499	—	—	—	—	—	1746	—	—	—	1010	—	—	—	—	—	—	—	—	2
重庆交通大学 7733	—	—	—	—	—	1751	—	—	—	—	—	—	—	—	—	—	—	—	1

图 3-23 2021年重庆市各机构进入ESI全球前1%的学科及排名

资料来源：科技大数据湖北省重点实验室

表 3-122 2021年重庆市发明专利申请量十强技术领域

序号	IPC号（技术领域）	发明专利申请量/件
1	G06F（电子数字数据处理）	1 574
2	G01N（小类中化学分析方法或化学检测方法）	927
3	G06Q（专门适用于行政、商业、金融、管理、监督或预测目的的数据处理系统或方法；其他类目不包含的专门适用于行政、商业、金融、管理、监督或预测目的的处理系统或方法）	750
4	G06K（数据处理）	496
5	A61B［诊断；外科；鉴定（分析生物材料入G01N，如G01N 33/48）］	460
6	G06T（图像数据处理）	419
7	H04L［数字信息的传输，例如电报通信（电报和电话通信的公用设备入H04M）］	363
8	A61K［医用、牙科用或梳妆用的配制品（专门适用于将药品制成特殊的物理或服用形式的装置或方法 A61J 3/00；空气除臭、消毒或灭菌，或者绷带、敷料、吸收垫或外科用品的化学方面，或材料的使用入A61L；肥皂组合物入C11D）］	329
9	C02F［水、废水、污水或污泥的处理（通过在物质中产生化学变化使有害的化学物质无害或降低危害的方法入A62D 3/00；分离、沉淀箱或过滤设备入B01D；有关处理水、废水或污水生产装置的水运容器的特殊设备，例如用于制备淡水入B63J；为防止水的腐蚀用的添加物质入C23F；放射性废液的处理入G21F 9/04）］	321

序号	IPC号（技术领域）	发明专利申请量/件
10	H04W［无线通信网络（广播通信入H04H；使用无线链路来进行非选择性通信的通信系统，如无线扩展入H04M1/72）］	295
	全市合计	23 467

资料来源：科技大数据湖北省重点实验室

表 3-123　2021年重庆市发明专利申请量优势企业和科研机构列表

序号	优势企业	发明专利申请量/件	序号	优势科研机构	发明专利申请量/件
1	重庆长安汽车股份有限公司	856	1	重庆大学	1746
2	中煤科工集团重庆研究院有限公司	285	2	重庆邮电大学	979
3	重庆长安新能源汽车科技有限公司	187	3	西南大学	455
4	重庆紫光华山智安科技有限公司	171	4	重庆工程职业技术学院	418
5	中冶赛迪工程技术股份有限公司	161	5	重庆交通大学	331
6	重庆康佳光电技术研究院有限公司	119	6	重庆电子工程职业学院	306
7	马上消费金融股份有限公司	102	7	重庆理工大学	267
8	中冶建工集团有限公司	100	8	重庆科技学院	227
8	国网重庆市电力公司电力科学研究院	100	9	重庆文理学院	184
10	重庆钢铁股份有限公司	91	10	中国科学院重庆绿色智能技术研究院	144
11	重庆金康赛力斯新能源汽车设计院有限公司	87	11	重庆医科大学	141
12	重庆允成互联网科技有限公司	86	12	重庆工商大学	139
13	重庆两江卫星移动通信有限公司	84	13	重庆工业职业技术学院	117
14	重庆海尔空调器有限公司	73	14	重庆交通职业学院	114
15	中冶赛迪技术研究中心有限公司	72	15	重庆三峡学院	101
16	中元汇吉生物技术股份有限公司	70	16	北京理工大学重庆创新中心	95
17	中国汽车工程研究院股份有限公司	69	17	中国人民解放军陆军军医大学	92
18	重庆富民银行股份有限公司	68	18	中国兵器工业第五九研究所	88
18	重庆青山工业有限责任公司	68	19	重庆医药高等专科学校	87
20	中冶赛迪（重庆）信息技术有限公司	64	20	长江师范学院	85
20	重庆中烟工业有限责任公司	64			

资料来源：科技大数据湖北省重点实验室

表 3-124　2021年重庆市获得国家科技奖励机构清单

序号	获奖机构	获奖数量/项		
		总计	主持	参与
1	重庆大学	2	1	1
2	重庆植恩药业有限公司	1	0	1
2	重庆药友制药有限责任公司	1	0	1
2	重庆市农业科学院	1	0	1

续表

序号	获奖机构	获奖数量/项		
		总计	主持	参与
2	中国人民解放军陆军军医大学第二附属医院	1	1	0
	重庆邮电大学	1	0	1
	中国人民解放军陆军军医大学第一附属医院	1	1	0
	招商局重庆交通科研设计院有限公司	1	0	1
	西南大学	1	0	1

资料来源：科技大数据湖北省重点实验室

3.3.18 甘肃省

2021年，甘肃省的基础研究竞争力指数为44.5139，排名第18位。甘肃省的基础研究优势学科为环境科学、多学科材料、物理化学、电子与电气工程、应用物理学、多学科化学、多学科地球科学、控制论、纳米科学与技术、化学工程。其中，环境科学的高频词包括气候变化、青藏高原、永久冻土、吸附、遥感等；多学科材料的高频词包括微观结构、机械性能、超级电容器、耐腐蚀性能、石墨烯等；物理化学的高频词包括光催化、吸附、超级电容器、密度泛函理论等（表3-125）。综合本省各学科的发文数量和排名位次来看，2021年甘肃省基础研究在全国范围内较为突出的学科为核物理学、土壤学、古生物学、气象与大气科学、粒子与场物理、生物多样性保护、自然地理学、乳品与动物学、寄生物学、生态学等。

表3-125 2021年甘肃省基础研究优势学科及高频词

序号	活跃学科	SCI学科活跃度	高频词（词频）
1	环境科学	5.98	气候变化（42）；青藏高原（31）；永久冻土（18）；吸附（15）；遥感（15）；重金属（14）；沉淀（13）；空气污染（12）；新冠肺炎（11）；土壤湿度（10）；$PM_{2.5}$（10）；机器学习（10）
2	多学科材料	5.70	微观结构（30）；机械性能（28）；超级电容器（24）；耐腐蚀性能（17）；石墨烯（15）；太阳能蒸汽发电（10）；电子结构（10）
3	物理化学	4.26	光催化（15）；吸附（13）；超级电容器（12）；密度泛函理论（11）
4	电子与电气工程	3.05	图像处理（21）；特征提取（18）；遥感（16）；任务分析（16）；许可证（12）；训练（10）
5	应用物理学	2.96	传感器（10）
6	多学科化学	2.78	—
7	多学科地球科学	2.74	气候变化（18）；永久冻土（12）；青藏高原（12）；机器学习（12）；遥感（10）
8	控制论	2.68	—
9	纳米科学与技术	2.42	—
10	化学工程	2.40	吸附（10）

2021年，甘肃省争取国家自然科学基金项目总数为626项，项目经费总额为25 256万元，全国排名均为第21位。甘肃省发表SCI论文数量最多的学科为多学科材料（表3-126）；能源与燃料领域的产-学合作率最高（表3-127）；甘肃省争取国家自然科学基金经费

超过5000万元的有1个机构（表3-128）；甘肃省共有9个机构进入相关学科的ESI全球前1%行列（图3-24）；发明专利申请量共5848件（表3-129），主要专利权人如表3-130所示；获得国家科技奖励的机构如表3-131所示。

2021年，甘肃省地方财政科技投入经费34.6亿元，全国排名第28位；获得国家科技奖励9项，全国排名第17位。截至2021年12月，甘肃省拥有国家实验室1个，国家重点实验室10个；拥有院士19位，全国排名第16位。

表3-126　2021年甘肃省主要学科发文量、被引频次及国际合作情况

序号	学科	论文数/篇（全国排名，省内排名）	论文被引频次/次（全国排名，省内排名）	论文篇均被引频次/次（全国排名，省内排名）	国际合作率（全国排名，省内排名）	国际合作度（全国排名，省内排名）
1	多学科材料	958（20，1）	2364（19，1）	2.47（17，34）	0.07（30，99）	36.85（19，99）
2	环境科学	847（17，2）	2051（17，3）	2.42（18，35）	0.21（14，36）	20.17（18，36）
3	物理化学	611（20，3）	2135（19，2）	3.49（18，15）	0.07（29，97）	26.57（20，97）
4	应用物理学	488（19，4）	895（21，8）	1.83（24，63）	0.07（28，95）	27.11（16，95）
5	多学科化学	466（19，5）	1187（19，4）	2.55（21，27）	0.14（21，57）	16.07（23，57）
6	多学科地球科学	385（9，6）	588（12，11）	1.53（20，85）	0.23（22，31）	16.74（6，31）
7	电子与电气工程	379（23，7）	349（23，19）	0.92（24，141）	0.06（31，106）	34.45（16，106）
8	植物学	305（12，8）	478（13，14）	1.57（15，80）	0.26（5，21）	14.52（11，21）
9	应用数学	269（18，9）	176（20，44）	0.65（26，164）	0.13（26，65）	19.21（6，65）
10	纳米科学与技术	269（21，9）	941（19，6）	3.5（17，14）	0.08（29，92）	19.21（20，92）
11	化学工程	267（22，11）	978（22，5）	3.66（9，12）	0.12（26，69）	14.83（24，69）
12	凝聚态物理	263（19，12）	480（20，13）	1.83（28，64）	0.07（29，102）	21.92（12，102）
13	能源与燃料	246（23，13）	791（21，9）	3.22（6，19）	0.06（29，108）	16.4（20，108）
14	生物化学与分子生物学	235（23，14）	380（23，15）	1.62（19，76）	0.16（12，52）	11.19（27，52）
15	气象与大气科学	232（6，15）	357（6，17）	1.54（14，84）	0.23（23，30）	11.6（5，30）
16	环境工程	231（19，16）	921（19，6）	3.99（18，6）	0.14（27，58）	9.63（25，58）
17	分析化学	211（20，17）	589（18，10）	2.79（1，22）	0.04（26，117）	42.2（5，117）
18	多学科	204（19，18）	326（19，21）	1.6（20，77）	0.21（14，38）	7.56（27，38）
19	水资源	199（13，19）	309（14，25）	1.55（19，81）	0.15（24，55）	18.09（3，55）
20	有机化学	187（16，20）	318（18，23）	1.7（20，69）	0.03（25，118）	31.17（7，118）

注：学科排序同ESI学科固定排序
资料来源：科技大数据湖北省重点实验室

表3-127　2021年甘肃省主要学科产–学–研合作情况

序号	学科	产–研合作率（省内排名）	产–学合作率（省内排名）	学–研合作率（省内排名）
1	多学科材料	0.94（49）	1.98（45）	11.17（71）
2	环境科学	0.59（64）	1.77（50）	14.76（48）
3	物理化学	0.49（66）	0.82（73）	8.67（90）
4	应用物理学	0.82（53）	1.64（54）	12.09（63）
5	多学科化学	1.5（39）	1.93（47）	11.37（69）

续表

序号	学科	产-研合作率（省内排名）	产-学合作率（省内排名）	学-研合作率（省内排名）
6	多学科地球科学	0.78（56）	1.3（59）	22.08（21）
7	电子与电气工程	1.32（42）	2.64（37）	8.97（84）
8	植物学	0.66（60）	0.98（67）	8.85（85）
9	应用数学	0（71）	0（84）	0.37（138）
10	纳米科学与技术	0.37（70）	0.74（78）	13.38（56）
11	化学工程	1.87（34）	3.37（34）	7.49（95）
12	凝聚态物理	1.14（44）	1.9（49）	9.51（76）
13	能源与燃料	2.44（26）	6.1（16）	14.63（49）
14	生物化学与分子生物学	0.43（69）	0.43（83）	9.36（79）
15	气象与大气科学	0.43（68）	0.43（82）	17.67（35）
16	环境工程	0.87（51）	1.3（59）	6.93（102）
17	分析化学	0.47（67）	0.95（69）	7.11（101）
18	多学科	1.96（32）	1.96（46）	21.08（23）
19	水资源	1.01（48）	2.01（44）	15.08（45）
20	有机化学	0（71）	0（84）	4.81（116）

资料来源：科技大数据湖北省重点实验室

表 3-128　2021 年甘肃省争取国家自然科学基金项目经费二十九强机构

序号	机构名称	项目数量/项（排名）	项目经费/万元（排名）	发文量/篇（排名）	论文被引频次/次（排名）	发明专利申请量/件（排名）
1	兰州大学	186（42）	8539（41）	3251（40）	6115（48）	447（213）
2	兰州理工大学	80（125）	2936（145）	1008（148）	1810（166）	289（352）
3	中国科学院西北生态环境资源研究院	45（221）	2168（198）	544（242）	980（254）	138（784）
4	西北师范大学	58（182）	2141（201）	954（154）	1541（187）	95（1130）
5	兰州交通大学	46（212）	1701（234）	659（215）	1533（188）	114（943）
6	甘肃农业大学	46（212）	1615（245）	498（262）	691（305）	139（772）
7	中国科学院近代物理研究所	29（309）	1254（303）	246（423）	329（471）	141（758）
8	中国科学院兰州化学物理研究所	31（298）	1186（320）	449（276）	1239（215）	321（314）
9	甘肃中医药大学	34（281）	1165（325）	72（757）	34（1090）	13（9690）
10	西北民族大学	10（572）	344（620）	162（524）	222（556）	48（2356）
11	甘肃省农业科学院	9（597）	316（643）	19（1306）	17（1497）	1（138140）
12	中国农业科学院兰州畜牧与兽药研究所	7（662）	266（689）	57（829）	34（1090）	62（1793）
13	中国农业科学院兰州兽医研究所	6（704）	262（700）	125（595）	166（605）	73（1489）
14	天水师范学院	6（704）	205（759）	43（937）	87（778）	20（6013）
15	甘肃省人民医院	5（749）	172（813）	11（1693）	12（1774）	12（10554）
16	河西学院	4（801）	144（864）	47（892）	59（882）	14（8940）
17	中国气象局兰州干旱气象研究所	3（875）	117（916）	7（2182）	14（1631）	1（138140）

续表

序号	机构名称	项目数量/项（排名）	项目经费/万元（排名）	发文量/篇（排名）	论文被引频次/次（排名）	发明专利申请量/件（排名）
18	兰州空间技术物理研究所	3（875）	116（920）	2（4331）	0（8464）	80（1362）
19	甘肃省治沙研究所	3（875）	107（945）	8（2031）	9（2077）	8（17399）
20	兰州财经大学	3（875）	88（999）	12（1610）	10（1963）	—
21	兰州文理学院	2（968）	69（1051）	7（2182）	6（2611）	3（54930）
22	甘肃省中医院	2（968）	68（1052）	4（2994）	3（3767）	1（138140）
23	甘肃政法大学	2（968）	62（1068）	13（1549）	28（1194）	—
24	中国人民解放军联勤保障部队第九四〇医院	1（1141）	55（1186）	16（1413）	26（1233）	6（24219）
25	兰州工业学院	1（1141）	35（1220）	12（1610）	29（1168）	23（5188）
26	陇东学院	1（1141）	35（1220）	31（1059）	21（1357）	49（2284）
27	兰州城市学院	1（1141）	30（1270）	68（775）	59（882）	17（7226）
28	敦煌研究院	1（1141）	30（1270）	4（2994）	4（3292）	10（12937）
29	甘肃省医学科学研究院	1（1141）	30（1270）	—	—	—

资料来源：科技大数据湖北省重点实验室

机构	机构综合排名	农业科学	生物与生物化学	化学	临床医学	计算机科学	工程科学	环境生态学	地球科学	材料科学	数学	微生物学	药理学与毒物学	物理学	植物与动物科学	社会科学	机构进入ESI学科数
中国科学院兰州化学物理研究所	3641	—	—	595	—	—	1242	—	702	—	—	—	—	—	—	—	3
中国科学院寒区旱区环境与工程研究所	4008	779	—	—	—	—	1720	1292	796	—	—	—	—	—	—	—	4
兰州大学	5522	286	839	597	2847	430	1240	964	595	701	225	—	1023	793	1062	776	14
中国农业科学院兰州兽医研究所	6775	—	—	—	—	—	—	—	—	—	—	410	—	—	—	—	1
中国科学院近代物理研究所	7000	—	—	—	—	—	—	—	—	—	—	—	—	809	—	—	1
西北师范大学	7036	—	—	767	—	—	1003	—	580	—	—	—	—	—	—	—	3
兰州交通大学	7165	—	—	596	—	—	1241	—	—	—	—	—	—	—	—	—	2
兰州理工大学	7342	—	—	598	—	—	1239	—	—	700	—	—	—	—	—	—	3
甘肃农业大学	7669	568	—	—	—	—	—	—	—	—	—	—	—	1467	—	—	2

图 3-24　2021 年甘肃省各机构进入 ESI 全球前 1% 的学科及排名

资料来源：科技大数据湖北省重点实验室

表 3-129　2021 年甘肃省发明专利申请量十强技术领域

序号	IPC 号（技术领域）	发明专利申请量/件
1	G01N（小类中化学分析方法或化学检测方法）	276
2	G06F（电子数字数据处理）	204
3	A61K[医用、牙科用或梳妆用的配制品（专门适用于将药品制成特殊的物理或服用形式的装置或方法 A61J 3/00；空气除臭，消毒或灭菌，或者绷带、敷料、吸收垫或外科用品的化学方面，或材料的使用入 A61L；肥皂组合物入 C11D）]	180
4	A01G[园艺；蔬菜、花卉、稻、果树、葡萄、啤酒花或海菜的栽培；林业；浇水（水果、蔬菜、啤酒花等类植物的采摘入 A01D46/00；繁殖单细胞藻类入 C12N1/12）]	161
5	G06Q（专门适用于行政、商业、金融、管理、监督或预测目的的数据处理系统或方法；其他类目不包含的专门适用于行政、商业、金融、管理、监督或预测目的的处理系统或方法）	132
6	B01J（化学或物理方法，例如，催化作用或胶体化学；其有关设备）	122

续表

序号	IPC 号（技术领域）	发明专利申请量/件
7	C12N[微生物或酶；其组合物（杀生剂、害虫驱避剂或引诱剂，或含有微生物、病毒、微生物真菌、酶、发酵物的植物生长调节剂，或从微生物或动物材料产生或提取制得的物质入 A01N63/00；药品入 A61K；肥料入 C05F）；繁殖、保藏或维持微生物；变异或遗传工程；培养基（微生物学的试验介质入 C12Q1/00）]	114
8	C22B[金属的生产或精炼（金属粉末或其悬浮物的制取入 B22F 9/00；电解法或电泳法生产金属入 C25）；原材料的预处理]	97
9	B01D[分离（用湿法从固体中分离固体入 B03B、B03D，用风力跳汰机或摇床入 B03B，用其他干法入 B07；固体物料从固体物料或流体中的磁或静电分离，利用高压电场的分离入 B03C；离心机、涡旋装置入 B04B；涡旋装置入 B04C；用于从含液物料中挤出液体的压力机本身入 B30B 9/02）]	95
10	C02F[水、废水、污水或污泥的处理（通过在物质中产生化学变化使有害的化学物质无害或降低危害的方法入 A62D 3/00；分离、沉淀箱或过滤设备入 B01D；有关处理水、废水或污水生产装置的水运容器的特殊设备，例如用于制备淡水入 B63J；为防止水的腐蚀用的添加物质入 C23F；放射性废液的处理入 G21F 9/04）]	94
	全省合计	5848

资料来源：科技大数据湖北省重点实验室

表 3-130　2021 年甘肃省发明专利申请量优势企业和科研机构列表

序号	优势企业	发明专利申请量/件	序号	优势科研机构	发明专利申请量/件
1	金川集团股份有限公司	179	1	兰州大学	447
2	国网甘肃省电力公司电力科学研究院	76	2	中国科学院兰州化学物理研究所	321
3	甘肃酒钢集团宏兴钢铁股份有限公司	71	3	兰州理工大学	289
4	国网甘肃省电力公司经济技术研究院	35	4	中国科学院近代物理研究所	141
4	白银有色集团股份有限公司	35	5	甘肃农业大学	139
4	金川镍钴研究设计院有限责任公司	35	6	中国科学院西北生态环境资源研究院	138
7	华亭煤业集团有限责任公司	31	7	兰州交通大学	114
7	酒泉钢铁（集团）有限责任公司	31	8	西北师范大学	95
9	华能陇东能源有限责任公司	30	9	兰州空间技术物理研究所	80
10	兰州有色冶金设计研究院有限公司	28	10	中国农业科学院兰州兽医研究所	73
11	中电万维信息技术有限责任公司	27	11	中国农业科学院兰州畜牧与兽药研究所	62
11	国网甘肃省电力公司	27	12	西北矿冶研究院	57
13	甘肃同兴智能科技发展有限责任公司	25	13	陇东学院	49
14	甘肃光轩高端装备产业有限公司	22	14	西北民族大学	48
15	甘肃旭康材料科技有限公司	21	15	兰州石化职业技术学院	29
15	白银有色长通电线电缆有限公司	21	16	甘肃省科学院生物研究所	28
17	兰州万里航空机电有限责任公司	20	17	兰州工业学院	23
17	天华化工机械及自动化研究设计院有限公司	20	18	天水师范学院	20
17	甘肃省交通规划勘察设计院股份有限公司	20	18	甘肃能源化工职业学院	20
17	甘肃路桥建设集团有限公司	20	20	兰州城市学院	17

资料来源：科技大数据湖北省重点实验室

表 3-131 2021年甘肃省获得国家科技奖励机构清单

序号	获奖机构	获奖数量/项		
		总计	主持	参与
1	中国科学院寒区旱区环境与工程研究所	1	0	1
	兰州空间技术物理研究所	1	1	0
	中铁西北科学研究院有限公司	1	0	1
	甘肃蓝科石化高新装备股份有限公司	1	0	1
	天华化工机械及自动化研究设计院有限公司	1	0	1
	甘肃省农业科学院	1	0	1
	中国市政工程西北设计研究院有限公司	1	0	1
	兰州大学	1	0	1
	白银有色集团股份有限公司	1	0	1
	兰州交通大学	1	0	1

资料来源：科技大数据湖北省重点实验室

3.3.19 河北省

2021年，河北省的基础研究竞争力指数为44.0492，排名第19位。河北省的基础研究优势学科为多学科材料、电子与电气工程、物理化学、环境科学、肿瘤学、能源与燃料、实验医学、应用物理学、药学与药理学、计算机信息系统。其中，多学科材料的高频词包括机械性能、微观结构、超级电容器、石墨烯、锂离子电池；电子与电气工程的高频词包括数学模型、深度学习、特征提取、优化、任务分析等；物理化学的高频词包括超级电容器、锂离子电池、晶体结构、光催化（表3-132）。综合本省各学科的发文数量和排名位次来看，2021年河北省基础研究在全国范围内较为突出的学科为骨科学、实验医学、老年病学、病理学、解剖学、内科学、医疗科学与服务、周围血管病、康复学等。

表 3-132 2021年河北省基础研究优势学科及高频词

序号	活跃学科	SCI学科活跃度	高频词（词频）
1	多学科材料	7.22	机械性能（43）；微观结构（35）；超级电容器（14）；石墨烯（12）；锂离子电池（12）
2	电子与电气工程	6.55	数学模型（28）；深度学习（21）；特征提取（19）；优化（17）；任务分析（15）；相关性（13）；训练（13）；预测模型（12）；许可证（12）；传感器（11）；启发式算法（10）
3	物理化学	4.64	超级电容器（12）；锂离子电池（11）；晶体结构（10）；光催化（10）
4	环境科学	4.42	吸附（11）
5	肿瘤学	4.09	预后（43）；细胞凋亡（28）；增殖（28）；乳腺癌（19）；荟萃分析（16）；入侵（15）；转移（14）；胃癌（14）；食管鳞状细胞癌（11）；移民（11）；胶质瘤（11）；非小细胞肺癌（10）；生活质量（10）
6	能源与燃料	3.82	综合能源系统（10）
7	实验医学	3.72	细胞凋亡（20）；炎症（15）；氧化应激（14）；预后（11）；移民（10）
8	应用物理学	3.65	微观结构（15）
9	药学与药理学	3.60	细胞凋亡（25）；氧化应激（19）；炎症（14）
10	计算机信息系统	3.19	许可证（12）；优化（12）；数据模型（12）；深度学习（12）；任务分析（11）；特征提取（11）；训练（10）

2021年，河北省争取国家自然科学基金项目总数为381项，项目经费总额为16 025万元，全国排名均为第25位。河北省发表SCI论文数量最多的学科为多学科材料（表3-133）；能源与燃料领域的产-研合作率最高（表3-134）；河北省争取国家自然科学基金经费超过2000万元的有2个机构（表3-135）；河北省共有10个机构进入相关学科的ESI全球前1%行列（图3-25）；发明专利申请量共21 547件（表3-136），主要专利权人如表3-137所示；获得国家科技奖励的机构如表3-138所示。

2021年，河北省地方财政科技投入经费101.32亿元，全国排名第15位；获得国家科技奖励15项，全国排名第13位。截至2021年12月，河北省拥有国家重点实验室12个；拥有院士12位，全国排名第20位。

表3-133 2021年河北省主要学科发文量、被引频次及国际合作情况

序号	学科	论文数/篇（全国排名，省内排名）	论文被引频次/次（全国排名，省内排名）	论文篇均被引频次/次（全国排名，省内排名）	国际合作率（全国排名，省内排名）	国际合作度（全国排名，省内排名）
1	多学科材料	919（21，1）	1664（23，1）	1.81（24，39）	0.14（22，55）	31.69（22，55）
2	电子与电气工程	650（19，2）	580（21，9）	0.89（25，124）	0.13（26，61）	20.97（22，61）
3	肿瘤学	504（16，3）	447（19，13）	0.89（30，126）	0.04（23，107）	63（8，107）
4	物理化学	487（22，4）	1651（22，2）	3.39（19，7）	0.18（12，35）	20.29（23，35）
5	环境科学	446（21，5）	1034（21，3）	2.32（21，22）	0.17（26，40）	12.39（23，40）
6	实验医学	433（11，6）	349（19，22）	0.81（28，143）	0.02（30，120）	54.13（5，120）
7	应用物理学	424（21，7）	664（23，7）	1.57（29，51）	0.15（19，51）	16.96（24，51）
8	能源与燃料	403（19，8）	846（20，5）	2.1（28，25）	0.21（11，23）	17.52（18，23）
9	药学与药理学	374（17，9）	536（17，11）	1.43（14，66）	0.06（28，99）	34（9，99）
10	多学科化学	348（22，10）	1016（20，4）	2.92（16，11）	0.15（19，50）	19.33（22，50）
11	计算机信息系统	287（19，11）	211（22，31）	0.74（27，152）	0.11（26，71）	15.11（19，71）
12	冶金	286（19，12）	416（20，14）	1.45（26，63）	0.07（28，93）	20.43（15，93）
13	内科学	272（12，13）	105（17，56）	0.39（26，187）	0.02（29，119）	45.33（3，119）
14	纳米科学与技术	271（20，14）	579（23，10）	2.14（27，24）	0.22（9，21）	13.55（19，21）
15	生物化学与分子生物学	269（22，15）	386（22，17）	1.43（26，65）	0.11（26，72）	17.93（21，72）
16	化学工程	257（23，16）	738（24，6）	2.87（23，12）	0.18（12，34）	15.12（23，34）
17	细胞生物学	252（18，17）	392（19，16）	1.56（28，53）	0.05（28，102）	42（6，102）
18	通信	247（19，18）	148（22，47）	0.6（27，165）	0.09（27，78）	13.72（18，78）
19	多学科工程	237（18，19）	386（17，17）	1.63（6，48）	0.12（23，66）	12.47（20，66）
20	人工智能	236（18，20）	317（20，23）	1.34（28，70）	0.12（24，65）	12.42（24，65）

注：学科排序同ESI学科固定排序

资料来源：科技大数据湖北省重点实验室

表3-134 2021年河北省主要学科产-学-研合作情况

序号	学科	产-研合作率（省内排名）	产-学合作率（省内排名）	学-研合作率（省内排名）
1	多学科材料	1.74（45）	4.57（47）	9.14（101）
2	电子与电气工程	2.46（34）	6（35）	10.62（84）

续表

序号	学科	产-研合作率（省内排名）	产-学合作率（省内排名）	学-研合作率（省内排名）
3	肿瘤学	0.6（68）	1.19（86）	2.58（155）
4	物理化学	0.62（67）	2.46（69）	7.6（116）
5	环境科学	3.59（25）	5.83（37）	19.51（38）
6	实验医学	0（73）	0.46（102）	1.15（160）
7	应用物理学	2.12（41）	5.19（41）	11.08（81）
8	能源与燃料	5.21（16）	9.18（23）	11.91（70）
9	药学与药理学	0（73）	0.8（99）	4.55（145）
10	多学科化学	1.44（51）	4.02（53）	10.34（86）
11	计算机信息系统	1.05（56）	4.88（44）	10.1（87）
12	冶金	2.45（35）	7.69（27）	8.39（107）
13	内科学	0.74（62）	1.1（91）	5.15（138）
14	纳米科学与技术	0.37（72）	1.11（90）	9.23（100）
15	生物化学与分子生物学	0.37（71）	1.12（89）	7.06（121）
16	化学工程	0.78（61）	3.11（62）	8.56（105）
17	细胞生物学	0（73）	0（103）	5.95（132）
18	通信	2.02（42）	6.88（30）	12.96（59）
19	多学科工程	1.69（47）	4.22（50）	8.02（114）
20	人工智能	0（73）	2.12（75）	3.39（153）

资料来源：科技大数据湖北省重点实验室

表 3-135　2021 年河北省争取国家自然科学基金项目经费三十强机构

序号	机构名称	项目数量/项（排名）	项目经费/万元（排名）	发文量/篇（排名）	论文被引频次/次（排名）	发明专利申请量/件（排名）
1	燕山大学	62（162）	2 544（173）	1 397（110）	2 741（111）	963（88）
2	河北大学	51（199）	2 182（197）	799（185）	1 306（207）	132（813）
3	河北农业大学	42（234）	1 765（228）	440（280）	642（320）	249（418）
4	华北电力大学（保定）	27（329）	1 265（300）	522（255）	1 120（236）	279（368）
5	河北医科大学	28（321）	1 261（301）	1 246（123）	1 099（237）	25（4 757）
6	河北师范大学	29（309）	1 223（308）	395（303）	644（319）	80（1 362）
7	石家庄铁道大学	26（335）	1 090（342）	292（374）	349（457）	178（589）
8	华北理工大学	17（444）	808（410）	532（247）	926（260）	151（712）
9	河北工程大学	14（501）	528（523）	230（438）	348（459）	174（606）
10	河北科技大学	13（522）	476（542）	317（350）	502（373）	248（421）
11	河北中医学院	10（572）	425（570）	95（666）	126（683）	17（7 226）
12	中国科学院遗传与发育生物学研究所农业资源研究中心	8（625）	348（615）	77（731）	111（711）	8（17 399）
13	河北地质大学	7（662）	241（715）	91（681）	172（595）	69（1 595）
14	防灾科技学院	4（801）	208（747）	43（937）	16（1 540）	10（12 937）

续表

序号	机构名称	项目数量/项（排名）	项目经费/万元（排名）	发文量/篇（排名）	论文被引频次/次（排名）	发明专利申请量/件（排名）
15	华北科技学院	4（801）	203（768）	77（731）	66（845）	10（12 937）
16	邯郸学院	3（875）	147（850）	13（1 549）	22（1 342）	13（9 690）
17	河北省农林科学院粮油作物研究所	3（875）	146（853）	11（1 693）	23（1 321）	19（6 385）
18	河北省人民医院	2（968）	110（936）	3（3 485）	0（8 464）	9（15 276）
19	廊坊师范学院	3（875）	90（966）	44（925）	60（873）	37（3 161）
20	河北科技师范学院	3（875）	90（966）	49（875）	58（889）	79（1 381）
21	河北经贸大学	3（875）	90（966）	53（848）	82（790）	9（15 276）
22	河北省农林科学院植物保护研究所	2（968）	88（999）	4（2 994）	2（4 542）	11（11 675）
23	中国人民警察大学	2（968）	78（1 041）	39（968）	34（1 090）	14（8 940）
24	中国地质科学院地球物理地球化学勘查研究所	2（968）	60（1 076）	16（1 413）	13（1 699）	23（5 188）
25	中国电子科技集团公司第五十四研究所	2（968）	60（1 076）	11（1 693）	3（3 767）	520（176）
26	河北民族师范学院	2（968）	60（1 076）	20（1 273）	12（1 774）	17（7 226）
27	邢台学院	2（968）	60（1 076）	16（1 413）	7（2 393）	3（54 930）
28	河北省农林科学院	1（1 141）	58（1 154）	21（1 242）	11（1 864）	—
29	中国地质科学院水文地质环境地质研究所	1（1 141）	56（1 182）	51（865）	38（1 045）	38（3 077）
30	沧州市中心医院	1（1 141）	55（1 186）	—	—	1（138 140）

资料来源：科技大数据湖北省重点实验室

	机构综合排名	农业科学	生物与生物化学	化学	临床医学	计算机科学	工程科学	材料科学	神经科学与行为	药理学与毒物学	植物与动物科学	机构进入ESI学科数
华北理工大学	6030	—	973	758	2175	—	1018	—	—	—	—	4
河北省农林科学院	6757	—	—	—	—	—	—	—	—	—	1093	1
燕山大学	6941	—	1556	—	8	25	14	—	—	—	—	4
河北师范大学	7066	—	—	359	—	—	—	—	—	—	991	2
河北科技大学	7140	—	—	361	—	—	1511	—	—	—	—	2
河北医科大学	7198	—	1251	—	3776	—	—	—	1008	1061	—	4
河北农业大学	7200	697	—	358	—	—	—	—	—	—	1351	3
河北大学	7376	—	—	360	—	—	1513	870	—	—	—	3
河北工程大学	7593	—	—	—	—	—	1512	—	—	—	—	1
石家庄铁道大学	7810	—	—	—	—	—	815	—	—	—	—	1

图 3-25　2021 年河北省各机构进入 ESI 全球前 1%的学科及排名

资料来源：科技大数据湖北省重点实验室

表 3-136　2021 年河北省发明专利申请量十强技术领域

序号	IPC 号（技术领域）	发明专利申请量/件
1	G06F（电子数字数据处理）	874
2	G01N（小类中化学分析方法或化学检测方法）	870

续表

序号	IPC 号（技术领域）	发明专利申请量/件
3	G06Q（专门适用于行政、商业、金融、管理、监督或预测目的的数据处理系统或方法；其他类目不包含的专门适用于行政、商业、金融、管理、监督或预测目的的处理系统或方法）	561
4	A61K[医用、牙科用或梳妆用的配制品（专门适用于将药品制成特殊的物理或服用形式的装置或方法入 A61J 3/00；空气除臭，消毒或灭菌，或者绷带、敷料、吸收垫或外科用品的化学方面，或材料的使用入 A61L；肥皂组合物入 C11D）]	381
5	B01D[分离（用湿法从固体中分离固体入 B03B、B03D，用风力跳汰机或摇床入 B03B，用其他干法入 B07；固体物料从固体物料或流体中的磁或静电分离，利用高压电场的分离入 B03C；离心机、涡旋装置入 B04B；涡旋装置入 B04C；用于从含液物料中挤出液体的压力机本身入 B30B 9/02）]	361
6	H02J（供电或配电的电路装置或系统；电能存储系统）	344
7	C02F[水、废水、污水或污泥的处理（通过在物质中产生化学变化使有害的化学物质无害或降低危害的方法入 A62D 3/00；分离、沉淀箱或过滤设备入 B01D；有关处理水、废水或污水生产装置的水运容器的特殊设备，例如用于制备淡水入 B63J；为防止水的腐蚀用的添加物质入 C23F；放射性废液的处理入 G21F 9/04）]	320
8	G01R（G01T 物理测定方法；其设备）	315
9	G06K（数据处理）	294
10	B65G[运输或贮存装置，例如装载或倾卸用输送机、车间输送机系统或气动管道输送机（包装用的入 B65B；搬运薄的或细丝状材料如纸张或细丝入 B65H；起重机入 B66C；便携式或可移动的举升或牵引器，如升降机入 B66D；用于装载或卸载目的的升降货物的装置，如叉车，入 B66F9/00；不包括在其他类目中的瓶子、罐、罐头、木桶、桶或类似容器的排空入 B67C9/00；液体分配或转移入 B67D；将压缩、液化的或固体化的气体灌入容器或从容器内排出入 F17C；流体用管道系统入 F17D）]	280
	全省合计	21 547

资料来源：科技大数据湖北省重点实验室

表 3-137　2021 年河北省发明专利申请量优势企业和科研机构列表

序号	优势企业	发明专利申请量/件	序号	优势科研机构	发明专利申请量/件
1	中国电子科技集团公司第五十四研究所	520	1	燕山大学	963
2	中车唐山机车车辆有限公司	231	2	华北电力大学（保定）	279
3	国网河北省电力有限公司电力科学研究院	225	3	河北农业大学	249
4	中国二十二冶集团有限公司	212	4	河北科技大学	248
5	中国电子科技集团公司第十三研究所	161	5	石家庄铁道大学	178
6	云谷（固安）科技有限公司	157	6	河北工程大学	174
7	首钢京唐钢铁联合有限责任公司	156	7	华北理工大学	151
8	邯郸钢铁集团有限责任公司	123	8	河北大学	132
9	工银科技有限公司	120	9	河北化工医药职业技术学院	97
10	河北汉光重工有限责任公司	111	10	东北大学秦皇岛分校	96
11	国网河北省电力有限公司营销服务中心	109	11	河北建筑工程学院	87
12	国网河北省电力有限公司沧州供电分公司	92	12	中国人民解放军陆军工程大学	86
	河北光兴半导体技术有限公司	92	13	华北科技学院（中国煤矿安全技术培训中心）	80

续表

序号	优势企业	发明专利申请量/件	序号	优势科研机构	发明专利申请量/件
14	新兴铸管股份有限公司	84	13	河北师范大学	80
15	中船重工（邯郸）派瑞特种气体有限公司	77	15	河北科技师范学院	79
16	保定天威保变电气股份有限公司	76	16	承德石油高等专科学校	77
16	唐山钢铁集团有限责任公司	76	17	河北地质大学	69
18	国网河北省电力有限公司检修分公司	75	18	北华航天工业学院	67
19	国网河北省电力有限公司经济技术研究院	73	19	邢台职业技术学院	52
19	河钢股份有限公司承德分公司	73	20	唐山学院	50

资料来源：科技大数据湖北省重点实验室

表 3-138　2021 年河北省获得国家科技奖励机构清单

序号	获奖机构	获奖数量/项		
		总计	主持	参与
1	河钢集团有限公司	2	0	2
1	保定天威保变电气股份有限公司	2	0	2
3	石药集团中奇制药技术（石家庄）有限公司	1	0	1
3	燕山大学	1	1	0
3	邢台鑫晖铜业特种线材有限公司	1	0	1
3	唐山钢铁集团有限责任公司	1	0	1
3	河北医科大学第一医院	1	0	1
3	河北省农林科学院粮油作物研究所	1	0	1
3	河北婴泊种业科技有限公司	1	0	1
3	石药控股集团有限公司	1	0	1
3	河北远征药业有限公司	1	0	1
3	唐山市畜牧水产品质量监测中心	1	0	1
3	河北化大科技有限公司	1	0	1
3	中国石油天然气股份有限公司华北油田分公司	1	0	1
3	中铁山桥集团有限公司	1	0	1
3	石家庄铁道大学	1	1	0
3	秦皇岛天业通联重工科技有限公司	1	0	1

资料来源：科技大数据湖北省重点实验室

3.3.20　江西省

2021 年，江西省的基础研究竞争力指数为 43.4121，排名第 20 位。江西省的基础研究优势学科为多学科材料、物理化学、电子与电气工程、环境科学、食品科学、应用物理学、应用化学、化学工程、多学科化学、冶金。其中，多学科材料的高频词包括微观结构、机械性能、磁性、耐腐蚀性能、热稳定性；物理化学的高频词包括吸附、密度泛函理论、光催化、稳定性；电子与电气工程的高频词包括深度学习、特征提取、优化、传感器、训练（表3-139）。综合本省各学科的发文数量和排名位次来看，2021年江西省基础研究在全国范围内较为突出的学科为数理心理学、矿物加工、社会学数学方法、营养与饮食、矿物学、食品科学、金融学、药物滥用、应用化学、核科学与技术等。

表3-139　2021年江西省基础研究优势学科及高频词

序号	活跃学科	SCI学科活跃度	高频词（词频）
1	多学科材料	7.23	微观结构（49）；机械性能（48）；磁性（17）；耐腐蚀性能（13）；热稳定性（10）
2	物理化学	5.57	吸附（19）；密度泛函理论（17）；光催化（11）；稳定性（10）
3	电子与电气工程	4.88	深度学习（25）；特征提取（17）；优化（11）；传感器（10）；训练（10）
4	环境科学	4.63	吸附（14）；氧化应激（13）；镉（13）；重金属（11）；斑马鱼（11）
5	食品科学	4.38	肠道菌群（18）；稳定性（15）；抗氧化活性（12）
6	应用物理学	4.02	微观结构（10）
7	应用化学	3.70	稀土（14）；稳定性（10）；结构（10）
8	化学工程	3.41	吸附（21）
9	多学科化学	3.36	—
10	冶金	3.14	微观结构（40）；机械性能（23）；磁性（12）；耐腐蚀性能（10）

2021年，江西省争取国家自然科学基金项目总数为987项，全国排名第15位；项目经费总额为34 973万元，全国排名第18位。江西省发表SCI论文数量最多的学科为多学科材料（表3-140）；纳米科学与技术领域的产-研合作率最高（表3-141）；江西省争取国家自然科学基金经费超过1亿元的有1个机构（表3-142）；江西省共有11个机构进入相关学科的ESI全球前1%行列（图3-26）；发明专利申请量共18 388件（表3-143），主要专利权人如表3-144所示；获得国家科技奖励的机构如表3-145所示。

2021年，江西省地方财政科技投入经费209.9亿元，全国排名第12位；获得国家科技奖励3项，全国排名第25位。截至2021年12月，江西省拥有国家重点实验室6个；拥有院士6位，全国排名第23位。

表3-140　2021年江西省主要学科发文量、被引频次及国际合作情况

序号	学科	论文数/篇（全国排名，省内排名）	论文被引频次/次（全国排名，省内排名）	论文篇均被引频次/次（全国排名，省内排名）	国际合作率（全国排名，省内排名）	国际合作度（全国排名，省内排名）
1	多学科材料	889（22，1）	1910（20，1）	2.15（22，36）	0.12（25，89）	30.66（23，89）
2	物理化学	596（21，2）	1879（21，2）	3.15（23，15）	0.12（25，90）	21.29（22，90）
3	环境科学	456（20，3）	1148（20，3）	2.52（16，26）	0.2（17，44）	12.67（22，44）
4	多学科化学	448（20，4）	945（21，8）	2.11（23，39）	0.1（29，100）	23.58（18，100）
5	电子与电气工程	443（21，5）	393（22，17）	0.89（26，146）	0.15（21，68）	14.29（24，68）
6	食品科学	434（12，6）	1079（10，4）	2.49（6，29）	0.18（13，52）	25.53（8，52）
7	应用物理学	405（23，7）	953（20，7）	2.35（15，30）	0.14（21，69）	17.61（23，69）
8	肿瘤学	325（21，8）	326（21，22）	1（26，127）	0.02（29，134）	81.25（2，134）

续表

序号	学科	论文数/篇（全国排名，省内排名）	论文被引频次/次（全国排名，省内排名）	论文篇均被引频次/次（全国排名，省内排名）	国际合作率（全国排名，省内排名）	国际合作度（全国排名，省内排名）
9	冶金	317（18，9）	517（19，13）	1.63（23，68）	0.08（26，110）	26.42（8，110）
10	应用化学	316（13，10）	1067（15，5）	3.38（10，12）	0.16（9，64）	19.75（17，64）
11	生物化学与分子生物学	308（20，11）	401（21，16）	1.3（28，97）	0.13（22，81）	16.21（22，81）
12	化学工程	295（21，12）	1042（20，6）	3.53（11，10）	0.18（13，54）	18.44（19，54）
13	实验医学	284（19，13）	261（21，27）	0.92（26，143）	0.05（24，126）	56.8（2，126）
14	药学与药理学	282（20，14）	374（19，18）	1.33（18，95）	0.08（22，111）	18.8（22，111）
15	能源与燃料	241（24，15）	708（23，11）	2.94（16，16）	0.24（3，30）	10.95（26，30）
16	光学	238（20，16）	209（20，35）	0.88（21，147）	0.07（20，117）	19.83（19，117）
17	纳米科学与技术	234（23，17）	754（21，10）	3.22（20，13）	0.16（22，63）	21.27（19，63）
18	凝聚态物理	228（20，18）	567（19，12）	2.49（20，28）	0.11（25，92）	12.67（26，92）
19	计算机信息系统	225（21，19）	319（19，23）	1.42（15，90）	0.17（23，58）	9（27，58）
20	细胞生物学	221（20，20）	345（21，21）	1.56（27，75）	0.08（26，112）	24.56（17，112）

注：学科排序同 ESI 学科固定排序

资料来源：科技大数据湖北省重点实验室

表 3-141　2021 年江西省主要学科产−学−研合作情况

序号	学科	产−研合作率（省内排名）	产−学合作率（省内排名）	学−研合作率（省内排名）
1	多学科材料	1.69（29）	3.71（42）	8.1（84）
2	物理化学	0.67（59）	1.17（93）	6.88（95）
3	环境科学	0.22（68）	1.32（90）	13.82（39）
4	多学科化学	0.89（51）	2.9（53）	10.04（60）
5	电子与电气工程	1.13（45）	2.26（69）	5.42（114）
6	食品科学	0.69（57）	3.46（45）	6.45（100）
7	应用物理学	1.23（42）	2.96（51）	7.65（89）
8	肿瘤学	0.62（63）	1.85（79）	4.31（123）
9	冶金	1.26（40）	4.42（38）	6.94（93）
10	应用化学	0.63（62）	2.22（70）	4.43（120）
11	生物化学与分子生物学	0.32（67）	1.62（83）	6.49（99）
12	化学工程	0（69）	2.03（73）	6.1（104）
13	实验医学	1.06（47）	2.46（64）	4.23（124）
14	药学与药理学	0.71（56）	1.77（80）	6.74（96）
15	能源与燃料	1.24（41）	4.56（35）	8.71（79）
16	光学	0.84（53）	2.52（63）	7.14（91）
17	纳米科学与技术	1.71（28）	2.56（61）	10.68（56）
18	凝聚态物理	0.88（52）	3.07（49）	7.46（90）
19	计算机信息系统	1.33（38）	3.56（44）	8.89（75）
20	细胞生物学	0（69）	0（103）	3.17（133）

资料来源：科技大数据湖北省重点实验室

表 3-142　2021年江西省争取国家自然科学基金项目经费三十四强机构

序号	机构名称	项目数量/项（排名）	项目经费/万元（排名）	发文量/篇（排名）	论文被引频次/次（排名）	发明专利申请量/件（排名）
1	南昌大学	321（20）	11 422（31）	3 083（45）	5 354（58）	590（151）
2	江西农业大学	79（126）	2 745（155）	502（260）	758（291）	143（748）
3	东华理工大学	75（134）	2 669（162）	477（267）	721（300）	154（692）
4	华东交通大学	72（139）	2 607（169）	479（266）	766（287）	224（465）
5	江西师范大学	60（174）	2 131（202）	636（222）	1 073（239）	165（646）
6	江西理工大学	56（186）	2 103（207）	734（197）	1 896（162）	277（373）
7	南昌航空大学	51（199）	1 860（218）	475（268）	922（261）	316（322）
8	江西中医药大学	42（234）	1 429（276）	301（366）	358（449）	86（1 262）
9	江西财经大学	40（244）	1 246（304）	257（412）	494（377）	13（9 690）
10	赣南医学院	21（393）	702（446）	178（508）	204（573）	19（6 385）
11	赣南师范大学	20（402）	689（452）	168（514）	242（531）	66（1 684）
12	井冈山大学	19（418）	672（457）	109（620）	153（622）	47（2 413）
13	江西省农业科学院	15（483）	511（525）	26（1 144）	35（1 072）	—
14	江西科技师范大学	14（501）	497（532）	222（448）	326（475）	34（3 448）
15	南昌工程学院	14（501）	472（549）	105（636）	201（577）	118（910）
16	江西省科学院	13（522）	437（565）	47（892）	67（841）	—
17	宜春学院	12（541）	402（581）	55（838）	100（750）	21（5 701）
18	九江学院	11（552）	366（599）	127（587）	135（659）	84（1 299）
19	上饶师范学院	8（625）	289（672）	81（717）	63（859）	29（4 087）
20	江西省肿瘤医院	6（704）	221（734）	14（1 496）	20（1 390）	—
21	江西省人民医院	6（704）	205（759）	16（1 413）	28（1 194）	27（4 404）
22	江西省水利科学院	6（704）	203（768）	4（2 994）	2（4 542）	21（5 701）
23	景德镇陶瓷大学	5（749）	195（781）	80（721）	168（602）	85（1 282）
24	中国科学院稀土研究院	3（875）	146（853）	—	—	42（2 751）
25	中国科学院庐山植物园	4（801）	135（880）	8（2 031）	5（2 911）	1（138 140）
26	江西省红壤研究所	2（968）	72（1 044）	—	—	7（20 499）
27	南昌师范学院	2（968）	70（1 046）	20（1 273）	11（1 864）	32（3 674）
28	中国科学院苏州纳米技术与纳米仿生研究所南昌研究院	2（968）	65（1 060）	2（4 331）	1（5 903）	12（10 554）
29	南昌工学院	1（1 141）	35（1 220）	19（1 306）	7（2 393）	22（5 416）
30	新余学院	1（1 141）	35（1 220）	46（907）	32（1 119）	22（5 416）
31	江西省医学科学院	1（1 141）	35（1 220）	—	—	—
32	江西省林业科学院	1（1 141）	35（1 220）	4（2 994）	2（4 542）	19（6 385）
33	江西科技学院	1（1 141）	35（1 220）	26（1 144）	13（1 699）	67（1 656）
34	萍乡学院	1（1 141）	35（1 220）	26（1 144）	33（1 105）	12（10 554）

资料来源：科技大数据湖北省重点实验室

机构	机构综合排名	农业科学	生物与生物化学	化学	临床医学	计算机科学	工程科学	材料科学	分子生物与基因	神经科学与行为	药理学与毒物学	植物与动物科学	社会科学	机构进入ESI学科数
江西师范大学	6293	1044	—	525	—	—	1321	752	—	—	—	—	—	4
南昌航空大学	6308	—	—	669	—	—	1143	651	—	—	—	—	—	3
江西科技师范大学	6532	—	—	526	—	—	—	—	—	—	—	—	—	1
南昌大学	6604	99	639	670	2428	402	1142	650	970	1062	992	—	—	10
赣南师范大学	6861	—	—	309	—	—	—	—	—	—	—	—	—	1
江西财经大学	6888	—	—	—	—	—	1320	—	—	—	—	—	686	2
江西农业大学	7318	594	—	—	—	—	—	—	—	—	—	1427	—	2
东华理工大学	7360	—	—	255	—	—	1636	—	—	—	—	—	—	2
江西理工大学	7374	—	—	527	—	—	1319	751	—	—	—	—	—	3
江西中医药大学	7696	—	—	—	—	—	—	—	—	—	1055	—	—	1
华东交通大学	7728	—	—	—	—	—	1639	—	—	—	—	—	—	1

图 3-26 2021年江西省各机构进入ESI全球前1%的学科及排名

资料来源：科技大数据湖北省重点实验室

表 3-143 2021年江西省发明专利申请量十强技术领域

序号	IPC号（技术领域）	发明专利申请量/件
1	G06F（电子数字数据处理）	601
2	G01N（小类中化学分析方法或化学检测方法）	561
3	G02B[光学元件、系统或仪器（G02F 优先；专用于照明装置或系统的光学元件入F21V1/00至F21V13/00；测量仪器见G01类的有关小类，例如，光学测距入G01C；光学元件、系统或仪器的测试入G01M11/00；眼镜入G02C；摄影、放映或观看用的装置或设备入G03B；声透镜入G10K11/30；电子和离子"光学"入H01J；X射线"光学"入H01J，H05G1/00；结构上与放电管相组合的光学元件入H01J5/16，H01J29/89，H01J37/22；微波"光学"入H01Q；光学元件与电视接收机的组合入H04N5/72；彩色电视系统的光学系统或布置入H04N9/00；特别适用于透明或反射区域的加热布置入H05B3/84）]	404
4	A61K[医用、牙科用或梳妆用的配制品（专门适用于将药品制成特殊的物理或服用形式的装置或方法A61J 3/00；空气除臭、消毒或灭菌，或者绷带、敷料、吸收垫或外科用品的化学方面，或材料的使用入A61L；肥皂组合物入C11D）]	371
5	B01D[分离（用湿法从固体中分离固体入B03B、B03D，用风力跳汰机或摇床入B03B，用其他干法入B07；固体物料从固体物料或流体中的磁或静电分离，利用高压电场的分离入B03C；离心机、涡旋装置入B04B；涡旋装置 入 B04C；用于从含液物料中挤出液体的压力机本身入B30B 9/02）]	290
6	B24B[用于磨削或抛光的机床、装置或工艺（用电蚀入B23H；磨或有关喷射入B24C；电解浸蚀或电解抛光入C25F 3/00）；磨具磨损表面的修理或调节；磨削，抛光剂或研磨剂的进给]	265
7	C02F[水、废水、污水或污泥的处理（通过在物质中产生化学变化使有害的化学物质无害或降低危害的方法入A62D 3/00；分离、沉淀箱或过滤设备入B01D；有关处理水、废水或污水生产装置的水运容器的特殊设备，例如用于制备淡水入B63J；为防止水的腐蚀用的添加物质入C23F；放射性废液的处理入G21F 9/04）]	259
8	G06Q（专门适用于行政、商业、金融、管理、监督或预测目的的数据处理系统或方法；其他类目不包含的专门适用于行政、商业、金融、管理、监督或预测目的的处理系统或方法）	257
9	C04B[石灰；氧化镁；矿渣；水泥；其组合物，例如：砂浆、混凝土或类似的建筑材料；人造石；陶瓷（微晶玻璃陶瓷入C03C 10/00）；耐火材料（难熔金属的合金入C22C）；天然石的处理]	255
10	H01M（用于直接转变化学能为电能的方法或装置，例如电池组）	252
	全省合计	18 388

资料来源：科技大数据湖北省重点实验室

表 3-144 2021 年江西省发明专利申请量优势企业和科研机构列表

序号	优势企业	发明专利申请量/件	序号	优势科研机构	发明专利申请量/件
1	江铃汽车股份有限公司	384	1	南昌大学	590
2	江西晶超光学有限公司	176	2	南昌航空大学	316
3	国网江西省电力有限公司电力科学研究院	154	3	江西理工大学	277
4	江西洪都航空工业集团有限责任公司	105	4	华东交通大学	224
5	江西远大保险设备实业集团有限公司	67	5	中国直升机设计研究所	188
6	南昌欧菲光电技术有限公司	61	6	江西师范大学	165
7	江西晶浩光学有限公司	57	7	东华理工大学	154
8	江西欧迈斯微电子有限公司	54	8	江西农业大学	143
9	华能秦煤瑞金发电有限责任公司	52	9	南昌工程学院	118
10	江西联创电子有限公司	51	10	江西中医药大学	86
11	建昌帮药业有限公司	49	11	景德镇陶瓷大学	85
11	江西联益光学有限公司	49	12	九江学院	84
13	昌河飞机工业（集团）有限责任公司	45	13	江西科技学院	67
13	江西五十铃汽车有限公司	45	14	赣南师范大学	66
13	江西金虎保险设备集团有限公司	45	15	九江精密测试技术研究所	55
16	爱驰汽车有限公司	36	16	江西环境工程职业学院	49
17	南昌虚拟现实研究院股份有限公司	34	17	井冈山大学	47
17	江西昌河航空工业有限公司	34	18	江西服装学院	44
19	新余赣锋电子有限公司	33	19	江西应用技术职业学院	43
20	国网江西省电力有限公司供电服务管理中心	32	20	中国科学院稀土研究院	42

资料来源：科技大数据湖北省重点实验室

表 3-145 2021 年江西省获得国家科技奖励机构清单

序号	获奖机构	获奖数量/项 总计	主持	参与
1	江西瑞林装备有限公司	1	0	1
1	中国石油化工股份有限公司九江分公司	1	0	1
1	江西省红壤研究所	1	1	0

资料来源：科技大数据湖北省重点实验室

3.3.21 吉林省

2021 年，吉林省的基础研究竞争力指数为 42.8188，排名第 21 位。吉林省的基础研究优势学科为多学科材料、电子与电气工程、物理化学、多学科化学、应用物理学、纳米科学与技术、环境科学、光学、化学工程、凝聚态物理。其中，多学科材料的高频词包括机械性能、微观结构、静电纺丝、析氢反应、钙钛矿太阳能电池等；电子与电气工程的高频词包括特征提取、卷积神经网络、深度学习、数学模型、任务分析、训练等；物理化学的高频词包括光催化、析氢反应、密度泛函理论、析氧反应、电催化等（表3-146）。综合本省各学科的发文数量和排名位次来看，2021年吉林省基础研究在全国范围内较为突出的学科为热带医学、寄生物学、显微学、兽医学、光学、光谱学、地质学、生物材料等。

表3-146　2021年吉林省基础研究优势学科及高频词

序号	活跃学科	SCI学科活跃度	高频词（词频）
1	多学科材料	9.48	机械性能（43）；微观结构（32）；静电纺丝（22）；析氢反应（19）；钙钛矿太阳能电池（18）；镁合金（16）；分子动力学（14）；锂离子电池（13）；析氧反应（13）；高压力（13）；稳定性（13）；纳米粒子（12）；异质结构（11）；阳极（11）；能量转移（11）；免疫疗法（11）；光学特性（10）；第一性原理计算（10）；镁合金（10）
2	电子与电气工程	6.47	特征提取（47）；卷积神经网络（35）；深度学习（33）；数学模型（32）；任务分析（22）；训练（20）；传感器（20）；许可证（19）；三维显示（17）；遥感（17）；降噪（16）；优化（16）；信噪比（14）；车辆动力学（13）；相机（11）；噪声测量（12）；核心（11）；启发式算法（11）；无线传感器网络（11）；预测模型（10）；道路（10）；计算建模（10）；估算（10）；光学成像（10）；图像处理（10）；无线通信（10）
3	物理化学	6.25	光催化（26）；析氢反应（21）；密度泛函理论（16）；析氧反应（15）；电催化（15）；水分解（13）；电子结构（12）；钙钛矿太阳能电池（11）；免疫疗法（10）
4	多学科化学	5.88	免疫疗法（12）；光催化（11）
5	应用物理学	5.40	微观结构（16）；传感器（15）；析氢反应（10）
6	纳米科学与技术	5.10	免疫疗法（16）；析氢反应（15）；机械性能（14）；纳米粒子（12）
7	环境科学	4.82	遥感（17）；气候变化（15）；空气污染（10）；地下水（10）；微生物群落（10）；吸附（10）
8	光学	3.81	光学设计（22）；能量转移（13）；光谱学（10）
9	化学工程	3.34	光催化（12）
10	凝聚态物理	3.30	密度泛函理论（10）

2021年，吉林省争取国家自然科学基金项目总数为618项，全国排名第22位；项目经费总额为27 543万元，全国排名第19位。吉林省发表SCI论文数量最多的学科为多学科材料（表3-147）；仪器与仪表领域的产–研合作率最高（表3-148）；吉林省争取国家自然科学基金经费超过1亿元的有1个机构（表3-149）；吉林省共有11个机构进入相关学科的ESI全球前1%行列（图3-27）；发明专利申请量共11 963件（表3-150），主要专利权人如表3-151所示；获得国家科技奖励的机构如表3-152所示。

2021年，吉林省地方财政科技投入经费38.4亿元，全国排名第26位；获得国家科技奖励3项，全国排名第25位。截至2021年12月，吉林省拥有国家重点实验室11个；拥有院士22位，全国排名第15位。

表3-147　2021年吉林省主要学科发文量、被引频次及国际合作情况

序号	学科	论文数/篇（全国排名，省内排名）	论文被引频次/次（全国排名，省内排名）	论文篇均被引频次/次（全国排名，省内排名）	国际合作率（全国排名，省内排名）	国际合作度（全国排名，省内排名）
1	多学科材料	1829（15，1）	4980（15，1）	2.72（14，28）	0.15（17，75）	45.73（16，75）
2	多学科化学	1139（13，2）	3687（13，3）	3.24（12，16）	0.14（22，89）	42.19（7，89）

续表

序号	学科	论文数/篇（全国排名，省内排名）	论文被引频次/次（全国排名，省内排名）	论文篇均被引频次/次（全国排名，省内排名）	国际合作率（全国排名，省内排名）	国际合作度（全国排名，省内排名）
3	物理化学	1063（17, 3）	3818（17, 2）	3.59（17, 10）	0.14（23, 85）	34.29（14, 85）
4	应用物理学	952（15, 4）	2404（15, 5）	2.53（12, 34）	0.14（22, 86）	34（13, 86）
5	电子与电气工程	851（18, 5）	974（18, 12）	1.14（21, 118）	0.15（20, 77）	21.82（21, 77）
6	光学	827（9, 6）	629（14, 20）	0.76（25, 164）	0.1（15, 115）	33.08（12, 115）
7	纳米科学与技术	773（15, 7）	2787（14, 4）	3.61（15, 9）	0.19（13, 55）	29.73（10, 55）
8	环境科学	725（19, 8）	1523（19, 8）	2.1（26, 43）	0.23（9, 34）	14.8（20, 34）
9	分析化学	528（11, 9）	1131（8, 10）	2.14（7, 41）	0.11（5, 111）	25.14（14, 111）
10	生物化学与分子生物学	505（15, 10）	763（16, 15）	1.51（22, 79）	0.14（20, 88）	22.95（12, 88）
11	药学与药理学	464（14, 11）	713（13, 17）	1.54（10, 77）	0.11（10, 112）	25.78（15, 112）
12	化学工程	451（18, 12）	1524（17, 13）	3.38（15, 13）	0.14（23, 90）	22.55（15, 90）
13	能源与燃料	436（18, 13）	1594（18, 6）	3.66（3, 7）	0.15（23, 79）	14.06（21, 79）
14	肿瘤学	396（18, 14）	610（15, 21）	1.54（4, 76）	0.1（6, 113）	30.46（24, 113）
15	仪器与仪表	390（16, 15）	741（14, 16）	1.9（11, 54）	0.11（17, 108）	22.94（9, 108）
16	凝聚态物理	390（16, 15）	1486（13, 9）	3.81（8, 6）	0.15（17, 78）	20.53（14, 78）
17	聚合物学	390（11, 15）	687（11, 19）	1.76（22, 61）	0.12（16, 102）	21.67（12, 102）
18	食品科学	331（16, 18）	604（17, 22）	1.82（24, 59）	0.15（19, 82）	23.64（11, 82）
19	计算机信息系统	322（18, 19）	286（21, 40）	0.89（24, 151）	0.2（21, 52）	13.42（22, 52）
20	通信	306（17, 20）	261（19, 43）	0.85（21, 157）	0.15（23, 80）	12.75（19, 80）

注：学科排序同 ESI 学科固定排序
资料来源：科技大数据湖北省重点实验室

表 3-148　2021 年吉林省主要学科产–学–研合作情况

序号	学科	产–研合作率（省内排名）	产–学合作率（省内排名）	学–研合作率（省内排名）
1	多学科材料	0.82（55）	1.64（78）	9.35（61）
2	多学科化学	0.26（70）	0.79（103）	9.39（60）
3	物理化学	0（72）	0.47（107）	7.06（93）
4	应用物理学	0.42（63）	1.37（86）	10.61（45）
5	电子与电气工程	1.76（29）	3.29（38）	8.46（73）
6	光学	1.21（41）	2.18（64）	14.15（30）
7	纳米科学与技术	0.39（65）	1.03（95）	10.22（50）
8	环境科学	0.83（54）	2.48（53）	9.66（58）
9	分析化学	1.14（44）	1.52（84）	7.58（85）
10	生物化学与分子生物学	0（72）	0.99（97）	6.34（106）
11	药学与药理学	0（72）	1.29（88）	2.8（141）
12	化学工程	0.22（71）	0.89（99）	7.76（81）
13	能源与燃料	0.92（50）	4.13（29）	4.59（124）
14	肿瘤学	1.52（35）	3.54（36）	6.57（101）

续表

序号	学科	产-研合作率（省内排名）	产-学合作率（省内排名）	学-研合作率（省内排名）
15	仪器与仪表	1.79（27）	2.31（60）	6.67（99）
16	凝聚态物理	0（72）	0.51（105）	8.97（68）
17	聚合物学	0.77（56）	1.03（96）	9.23（62）
18	食品科学	1.21（42）	2.72（47）	8.46（74）
19	计算机信息系统	0.62（60）	1.55（82）	7.14（91）
20	通信	1.31（38）	1.96（68）	7.52（86）

资料来源：科技大数据湖北省重点实验室

表3-149　2021年吉林省争取国家自然科学基金项目经费二十五强机构

序号	机构名称	项目数量/项（排名）	项目经费/万元（排名）	发文量/篇（排名）	论文被引频次/次（排名）	发明专利申请量/件（排名）
1	吉林大学	294（26）	13 667（21）	7 138（12）	12 449（18）	2 379（21）
2	东北师范大学	74（135）	3 571（119）	1 123（133）	2 299（134）	104（1 034）
3	中国科学院长春应用化学研究所	49（206）	2 162（200）	695（204）	2 550（119）	250（415）
4	中国科学院东北地理与农业生态研究所	33（287）	1 536（260）	273（390）	557（352）	103（1 043）
5	延边大学	38（258）	1 366（288）	280（385）	355（451）	43（2 677）
6	中国科学院长春光学精密机械与物理研究所	29（309）	1 125（331）	414（290）	355（451）	572（159）
7	长春理工大学	18（432）	763（428）	824（180）	780（284）	317（320）
8	吉林农业大学	17（444）	669（460）	569（234）	769（286）	150（715）
9	东北电力大学	15（483）	555（512）	411（293）	1 238（217）	226（461）
10	吉林师范大学	7（662）	324（634）	211（462）	486（380）	85（1 282）
11	长春中医药大学	7（662）	303（648）	227（441）	154（621）	40（2 913）
12	吉林建筑大学	7（662）	294（665）	129（582）	138（652）	175（603）
13	长春工业大学	6（704）	267（687）	391（308）	704（303）	417（231）
14	北华大学	5（749）	206（755）	178（508）	231（543）	107（992）
15	长春大学	3（875）	118（912）	62（805）	29（1 168）	51（2 188）
16	中国科学院国家天文台长春人造卫星观测站	2（968）	90（966）	7（2 182）	0（8 464）	4（40 345）
17	中国农业科学院特产研究所	2（968）	88（999）	18（1 341）	14（1 631）	21（5 701）
18	吉林省农业科学院	2（968）	88（999）	55（838）	51（927）	83（1 320）
19	长春师范大学	2（968）	88（999）	107（627）	349（457）	16（7 714）
20	吉林医药学院	2（968）	83（1 039）	44（925）	38（1 045）	23（5 188）
21	吉林化工学院	2（968）	60（1 076）	117（606）	131（669）	108（984）
22	吉林工程技术师范学院	1（1 141）	30（1 270）	65（790）	64（855）	58（1 910）
23	吉林省肿瘤医院	1（1 141）	30（1 270）	31（1 059）	40（1 022）	1（138 140）
24	吉林财经大学	1（1 141）	30（1 270）	58（825）	42（1 004）	1（138 140）
25	白城师范学院	1（1 141）	30（1 270）	12（1 610）	4（3 292）	27（4 404）

资料来源：科技大数据湖北省重点实验室

机构	机构综合排名	农业科学	生物与生物化学	化学	临床医学	计算机科学	工程科学	环境生态学	地球科学	免疫学	材料科学	数学	微生物学	分子生物学与基因	神经科学与行为	药理学与毒物学	物理学	植物与动物科学	社会科学	机构进入ESI学科数
中国科学院长春应用化学研究所	2341	—	1100	121	—	—	1791	1336	—	—	1039	—	—	—	—	58	353	—	—	7
东北师范大学	5566	—	—	763	—	—	1009	804	—	—	585	205	—	—	—	—	—	1179	—	6
吉林大学	5968	295	300	530	3084	450	1318	1008	618	614	749	233	432	975	1049	882	769	1367	1812	18
中国科学院长春光学精密机械与物理研究所	6182	—	—	122	—	—	1790	—	—	—	1038	—	—	—	—	—	—	—	—	3
中国科学院东北地理与农业生态研究所	6555	383	—	—	—	—	—	805	—	—	—	—	—	—	—	—	—	1133	—	3
延边大学	7044	—	—	—	44	—	—	—	—	—	—	—	—	—	1021	—	—	—	—	2
吉林师范大学	7084	—	—	529	—	—	—	—	—	—	750	—	—	—	—	—	—	—	—	2
长春工业大学	7247	—	—	124	—	—	1788	—	—	—	1036	—	—	—	—	—	—	—	—	3
吉林农业大学	7524	674	—	—	—	—	—	—	—	—	—	—	—	—	—	—	—	1444	—	2
长春理工大学	7697	—	—	123	—	—	1789	—	—	—	1037	—	—	—	—	—	—	—	—	3
东北电力大学	7705	—	—	—	—	—	1011	—	—	—	—	—	—	—	—	—	—	—	—	1

图 3-27 2021年吉林省各机构进入 ESI 全球前 1%的学科及排名

资料来源：科技大数据湖北省重点实验室

表 3-150 2021年吉林省发明专利申请量十强技术领域

序号	IPC 号（技术领域）	发明专利申请量/件
1	G06F（电子数字数据处理）	610
2	G01N（小类中化学分析方法或化学检测方法）	516
3	A61K[医用、牙科用或梳妆用的配制品（专门适用于将药品制成特殊的物理或服用形式的装置或方法 A61J 3/00；空气除臭，消毒或灭菌，或者绷带、敷料、吸收垫或外科用品的化学方面，或材料的使用入 A61L；肥皂组合物入 C11D）]	339
4	G06Q（专门适用于行政、商业、金融、管理、监督或预测目的的数据处理系统或方法；其他类目不包含的专门适用于行政、商业、金融、管理、监督或预测目的的处理系统或方法）	240
5	G01M（机器或结构部件的静或动平衡的测试；其他类目中不包括的结构部件或设备的测试）	239
6	B60W（不同类型或不同功能的车辆子系统的联合控制；专门适用于混合动力车辆的控制系统；不与某一特定子系统的控制相关联的道路车辆驾驶控制系统）	208
7	G06T（图像数据处理）	188
8	A61B[诊断；外科；鉴定（分析生物材料入 G01N，如 G01N 33/48）]	187
9	H01M（用于直接转变化学能为电能的方法或装置，例如电池组）	181
10	G02B[光学元件、系统或仪器（G02F 优先；专用于照明装置或系统的光学元件入 F21V1/00 至 F21V13/00；测量仪器见 G01 类的有关小类，例如，光学测距仪入 G01C；光学元件、系统或仪器的测试入 G01M11/00；眼镜入 G02C；摄影、放映或观看用的装置或设备入 G03B；声透镜入 G10K11/30；电子和离子"光学"入 H01J；X 射线"光学"入 H01J、H05G1/00；结构上与放电管相组合的光学元件入 H01J5/16，H01J29/89，H01J37/22；微波"光学"入 H01Q；光学元件与电视接收机的组合入 H04N5/72；彩色电视系统的光学系统或布置入 H04N9/00；特别适用于透明或反射区域的加热布置入 H05B3/84）]	174
	全省合计	11 963

资料来源：科技大数据湖北省重点实验室

表 3-151 2021年吉林省发明专利申请量优势企业和科研机构列表

序号	优势企业	发明专利申请量/件	序号	优势科研机构	发明专利申请量/件
1	中国第一汽车股份有限公司	980	1	吉林大学	2379

续表

序号	优势企业	发明专利申请量/件	序号	优势科研机构	发明专利申请量/件
2	一汽解放汽车有限公司	421	2	中国科学院长春光学精密机械与物理研究所	572
3	一汽奔腾轿车有限公司	290	3	长春工业大学	417
4	机械工业第九设计研究院有限公司	223	4	长春理工大学	317
5	中车长春轨道客车股份有限公司	213	5	中国科学院长春应用化学研究所	250
6	长春捷翼汽车零部件有限公司	91	6	东北电力大学	226
7	长光卫星技术股份有限公司	84	7	吉林建筑大学	175
8	吉林奥来德光电材料股份有限公司	74	8	吉林农业大学	150
9	长春海谱润斯科技股份有限公司	58	9	吉林化工学院	108
10	富奥汽车零部件股份有限公司	51	10	北华大学	107
11	长春富维安道拓汽车饰件系统有限公司	48	11	东北师范大学	104
12	吉林亿联银行股份有限公司	35	12	长春工程学院	94
12	大唐东北电力试验研究院有限公司	35	13	吉林师范大学	85
14	国网吉林省电力有限公司	33	14	中国科学院东北地理与农业生态研究所	84
14	楚天华通医药设备有限公司	33	15	吉林省农业科学院	83
16	吉林烟草工业有限责任公司	30	16	吉林建筑科技学院	76
17	吉林省电力科学研究院有限公司	26	17	吉林农业科技学院	68
18	长春一汽富晟集团有限公司	25	18	吉林工程技术师范学院	58
19	中国电建集团长春发电设备有限公司	24	19	长春大学	51
19	国网吉林省电力有限公司长春供电公司	24	20	延边大学	43
				长春汽车工业高等专科学校	43

资料来源：科技大数据湖北省重点实验室

表 3-152　2021 年吉林省获得国家科技奖励机构清单

序号	获奖机构	获奖数量/项		
		总计	主持	参与
1	吉林大学	2	1	1
2	长春博超汽车零部件股份有限公司	1	1	0
2	吉林省农业科学院	1	0	1

资料来源：科技大数据湖北省重点实验室

3.3.22　云南省

2021 年，云南省的基础研究竞争力指数为 42.4709，排名第 22 位。云南省的基础研究优势学科为多学科材料、植物学、环境科学、物理化学、电子与电气工程、化学工程、生物化学与分子生物学、能源与燃料、应用物理学、多学科化学。其中，多学科材料的高频词包括机械性能、微观结构、导热系数、第一性原理计算、锂离子电池；植物学的高频词包括分类、系统发育、新物种、形态学；环境科学的高频词包括砷、气候变化、吸附（表3-153）。综合本省各学科的发文数量和排名位次来看，2021年云南省基础研究在全国范围内较为突出的学科为真菌学、进化生物学、天文学与天体物理、生态学、古生物学、生物多样性保护、病毒学、植物学、热带医学、动物学等。

表3-153 2021年云南省基础研究优势学科及高频词

序号	活跃学科	SCI学科活跃度	高频词（词频）
1	多学科材料	6.47	机械性能（34）；微观结构（33）；导热系数（17）；第一性原理计算（11）；锂离子电池（11）
2	植物学	6.13	分类（46）；系统发育（25）；新物种（20）；形态学（15）
3	环境科学	5.46	砷（11）；气候变化（11）；吸附（11）
4	物理化学	4.54	—
5	电子与电气工程	4.13	深度学习（18）；特征提取（13）；遥感（12）；图像融合（12）；任务分析（10）
6	化学工程	3.88	吸附（16）
7	生物化学与分子生物学	3.85	细胞毒性（11）；细胞凋亡（11）
8	能源与燃料	3.61	可再生能源（10）
9	应用物理学	3.37	—
10	多学科化学	3.04	—

2021年，云南省争取国家自然科学基金项目总数为727项，全国排名第19位；项目经费总额为27 414万元，全国排名第20位。云南省发表SCI论文数量最多的学科为多学科材料（表3-154）；植物学领域的产–研合作率最高（表3-155）；云南省争取国家自然科学基金经费超过5000万元的有2个机构（表3-156）；云南省共有11个机构进入相关学科的ESI全球前1%行列（图3-28）；发明专利申请量共9851件（表3-157），主要专利权人如表3-158所示；获得国家科技奖励的机构如表3-159所示。

2021年，云南省地方财政科技投入经费61.8亿元，全国排名第22位；获得国家科技奖励4项，全国排名第22位。截至2021年12月，云南省拥有国家重点实验室7个；拥有院士13位，全国排名第19位。

表3-154 2021年云南省主要学科发文量、被引频次及国际合作情况

序号	学科	论文数/篇（全国排名，省内排名）	论文被引频次/次（全国排名，省内排名）	论文篇均被引频次/次（全国排名，省内排名）	国际合作率（全国排名，省内排名）	国际合作度（全国排名，省内排名）
1	多学科材料	628（24，1）	1039（24，1）	1.65（27，66）	0.15（18，64）	22.43（25，64）
2	植物学	502（9，2）	724（11，5）	1.44（21，84）	0.28（2，25）	11.67（17，25）
3	环境科学	442（22，3）	971（23，3）	2.2（24，36）	0.19（19，47）	13（21，47）
4	物理化学	374（24，4）	989（24，2）	2.64（26，17）	0.15（18，63）	19.68（24，63）
5	生物化学与分子生物学	335（19，5）	580（19，9）	1.73（14，58）	0.18（3，52）	13.4（25，52）

续表

序号	学科	论文数/篇（全国排名，省内排名）	论文被引频次/次（全国排名，省内排名）	论文篇均被引频次/次（全国排名，省内排名）	国际合作率（全国排名，省内排名）	国际合作度（全国排名，省内排名）
6	电子与电气工程	305（24,6）	284（24,19）	0.93（23,131）	0.1（29,89）	23.46（20,89）
7	化学工程	304（20,7）	743（23,4）	2.44（26,25）	0.14（20,70）	16.89（21,70）
8	应用物理学	303（24,8）	549（24,10）	1.81（25,55）	0.12（25,78）	17.82（22,78）
9	多学科化学	300（24,9）	624（24,7）	2.08（24,40）	0.15（14,61）	15（26,61）
10	能源与燃料	288（21,10）	691（24,6）	2.4（26,27）	0.15（24,62）	13.09（24,62）
11	冶金	217（21,11）	350（21,16）	1.61（24,71）	0.13（16,74）	16.69（24,74）
12	遗传学	210（14,12）	158（17,36）	0.75（25,147）	0.16（9,58）	8.75（28,58）
13	药学与药理学	209（21,13）	277（22,21）	1.33（19,93）	0.11（6,81）	16.08（29,81）
14	肿瘤学	207（22,14）	256（22,26）	1.24（17,103）	0.03（25,112）	103.5（1,112）
15	有机化学	195（15,15）	321（17,17）	1.65（21,67）	0.06（22,105）	27.86（9,105）
16	微生物学	189（11,16）	274（12,22）	1.45（12,81）	0.23（5,37）	9.95（19,37）
17	药物化学	185（11,17）	283（12,20）	1.53（22,76）	0.06（26,101）	30.83（5,101）
18	实验医学	181（22,18）	262（20,24）	1.45（13,82）	0.05（23,107）	30.17（18,107）
19	凝聚态物理	178（24,19）	405（21,11）	2.28（24,32）	0.13（23,73）	11.87（27,73）
20	环境工程	174（21,20）	583（24,8）	3.35（25,8）	0.1（29,87）	13.38（19,87）

注：学科排序同ESI学科固定排序
资料来源：科技大数据湖北省重点实验室

表3-155　2021年云南省主要学科产-学-研合作情况

序号	学科	产-研合作率（省内排名）	产-学合作率（省内排名）	学-研合作率（省内排名）
1	多学科材料	1.27（60）	3.34（57）	9.39（94）
2	植物学	3.98（25）	3.98（48）	21.12（39）
3	环境科学	2.94（32）	4.07（46）	15.84（56）
4	物理化学	0.8（69）	2.67（63）	5.88（123）
5	生物化学与分子生物学	1.79（47）	2.39（70）	19.7（46）
6	电子与电气工程	0.66（73）	5.25（36）	8.52（100）
7	化学工程	0.99（65）	1.97（80）	3.62（138）
8	应用物理学	1.32（58）	2.64（66）	10.56（87）
9	多学科化学	1.33（57）	2.67（64）	10.33（90）
10	能源与燃料	0.69（70）	3.47（54）	7.99（108）
11	冶金	1.84（46）	5.53（35）	4.61（132）
12	遗传学	2.86（33）	4.29（41）	15.24（57）
13	药学与药理学	0.96（66）	0.96（95）	7.18（111）
14	肿瘤学	1.45（54）	5.8（32）	12.08（78）
15	有机化学	0.51（75）	3.08（61）	10.77（86）
16	微生物学	2.12（40）	1.59（86）	14.81（59）

续表

序号	学科	产-研合作率（省内排名）	产-学合作率（省内排名）	学-研合作率（省内排名）
17	药物化学	2.7（34）	3.78（51）	11.35（83）
18	实验医学	0.55（74）	1.66（85）	5.52（127）
19	凝聚态物理	1.12（64）	2.25（73）	7.3（110）
20	环境工程	1.15（63）	1.15（94）	5.17（131）

资料来源：科技大数据湖北省重点实验室

表3-156　2021年云南省争取国家自然科学基金项目经费三十强机构

序号	机构名称	项目数量/项（排名）	项目经费/万元（排名）	发文量/篇（排名）	论文被引频次/次（排名）	发明专利申请量/件（排名）
1	云南大学	133（80）	5 187（82）	1 173（130）	2 130（144）	229（457）
2	昆明理工大学	141（72）	5 142（85）	1 977（81）	3 608（90）	1 622（46）
3	昆明医科大学	97（104）	3 385（126）	663（213）	739（298）	42（2 751）
4	西南林业大学	40（244）	1 488（268）	275（388）	447（405）	118（910）
5	云南师范大学	40（244）	1 457（273）	380（313）	564（351）	102（1 053）
6	云南农业大学	41（241）	1 416（280）	296（370）	301（490）	140（762）
7	中国科学院昆明植物研究所	31（298）	1 373（287）	365（321）	622（328）	59（1 879）
8	中国科学院昆明动物研究所	30（302）	1 310（297）	145（552）	355（451）	17（7 226）
9	中国科学院西双版纳热带植物园	18（432）	934（377）	200（477）	371（443）	11（11 675）
10	大理大学	22（380）	772（425）	158（527）	146（634）	30（3 910）
11	中国科学院云南天文台	14（501）	721（439）	95（666）	108（719）	15（8 285）
12	云南中医药大学	19（418）	684（453）	16（1 413）	10（1 963）	59（1 879）
13	云南省第一人民医院	13（522）	462（554）	47（892）	41（1 014）	13（9 690）
14	云南财经大学	14（501）	435（567）	98（656）	234（541）	17（7 226）
15	云南省农业科学院	11（552）	384（590）	69（773）	62（864）	—
16	昆明学院	10（572）	349（614）	97（660）	74（817）	52（2 134）
17	云南民族大学	8（625）	272（677）	109（620）	121（691）	44（2 605）
18	中国林业科学研究院资源昆虫研究所	4（801）	204（765）	11（1 693）	29（1 168）	6（24 219）
19	中国医学科学院医学生物学研究所	5（749）	202（770）	83（707）	279（501）	13（9 690）
20	玉溪师范学院	5（749）	170（816）	29（1 088）	21（1 357）	—
21	昆明贵金属研究所	3（875）	102（954）	15（1 454）	7（2 393）	7（20 499）
22	云南省地质调查局	2（968）	96（958）	—	—	—
23	曲靖师范学院	3（875）	95（960）	77（731）	74（817）	27（4 404）
24	楚雄师范学院	2（968）	70（1 046）	13（1 549）	10（1 963）	—
25	云南省热带作物科学研究所	2（968）	68（1 052）	6（2 368）	2（4 542）	32（3 674）
26	红河学院	2（968）	68（1 052）	39（968）	105（733）	22（5 416）
27	云南省第三人民医院	2（968）	67（1 058）	—	—	1（138 140）
28	云南省烟草农业科学研究院	2（968）	65（1 060）	31（1 059）	25（1 264）	67（1 656）

续表

序号	机构名称	项目数量/项（排名）	项目经费/万元（排名）	发文量/篇（排名）	论文被引频次/次（排名）	发明专利申请量/件（排名）
29	云南省疾病预防控制中心	2（968）	62（1 068）	10（1 800）	6（2 611）	—
30	云南省气候中心	1（1 141）	36（1 218）	—	—	—

资料来源：科技大数据湖北省重点实验室

机构	机构综合排名	农业科学	化学	临床医学	工程科学	环境生态学	材料科学	微生物学	分子生物与基因	药理学与毒物学	植物与动物科学	机构进入ESI学科数
中国医学科学院医学生物学研究所	2103	—	—	—	—	—	—	—	445	—	—	1
中国科学院昆明动物研究所	5182	—	—	—	—	977	—	—	—	928	1273	3
中国科学院西双版纳热带植物园	5395	—	—	—	—	19	—	—	—	—	906	2
中国科学院昆明植物研究所	5871	—	580	—	—	978	—	—	—	1014	629	4
云南师范大学	6706	—	1566	—	15	—	—	—	—	—	—	2
云南省农业科学院	6930	—	—	—	—	—	—	—	—	—	953	1
云南农业大学	7052	—	—	—	—	—	—	—	—	—	1199	1
昆明理工大学	7206	919	581	—	1257	976	708	—	—	—	556	6
云南大学	7253	—	1567	—	14	11	8	—	—	—	1336	5
昆明医科大学	7308	—	—	2897	—	—	—	—	—	1078	—	2
大理大学	7329	—	—	—	—	—	—	—	—	—	701	1

图 3-28　2021 年云南省各机构进入 ESI 全球前 1%的学科及排名

资料来源：科技大数据湖北省重点实验室

表 3-157　2021 年云南省发明专利申请量十强技术领域

序号	IPC 号（技术领域）	发明专利申请量/件
1	G06F（电子数字数据处理）	552
2	G01N（小类中化学分析方法或化学检测方法）	411
3	A61K［医用、牙科用或梳妆用的配制品（专门适用于将药品制成特殊的物理或服用形式的装置或方法 A61J 3/00；空气除臭，消毒或灭菌，或者绷带、敷料、吸收垫或外科用品的化学方面，或材料的使用入 A61L；肥皂组合物入 C11D）］	369
4	G06Q（专门适用于行政、商业、金融、管理、监督或预测目的的数据处理系统或方法；其他类目不包含的专门适用于行政、商业、金融、管理、监督或预测目的的处理系统或方法）	367
5	A01G（园艺；蔬菜、花卉、稻、果树、葡萄、啤酒花或海菜的栽培；林业；浇水（水果、蔬菜、啤酒花等类植物的采摘入 A01D46/00；繁殖单细胞藻类入 C12N1/12）］	314
6	C12N［微生物或酶；其组合物（杀生剂、害虫驱避剂或引诱剂，或含有微生物、病毒、微生物真菌、酶、发酵物的植物生长调节剂，或从微生物或动物材料产生或提取制得的物质入 A01N63/00；药品入 A61K；肥料入 C05F）；繁殖、保藏或维持微生物；变异或遗传工程；培养基（微生物学的试验介质入 C12Q1/00）］	269
7	G01R（G01T 物理测定方法；其设备）	245
8	G06K（数据处理）	168
9	C22B［金属的生产或精炼（金属粉末或其悬浮物的制取入 B22F 9/00；电解法或电泳法生产金属入 C25）；原材料的预处理］	161
10	A24B（吸烟或嚼烟的制造或制备；烟草，鼻烟）	156
	全省合计	9851

资料来源：科技大数据湖北省重点实验室

表 3-158　2021 年云南省发明专利申请量优势企业和科研机构列表

序号	优势企业	发明专利申请量/件	序号	优势科研机构	发明专利申请量/件
1	云南电网有限责任公司电力科学研究院	468	1	昆明理工大学	1622
2	云南中烟工业有限责任公司	282	2	云南大学	229
3	红云红河烟草（集团）有限责任公司	251	3	云南农业大学	140
4	华能澜沧江水电股份有限公司	107	4	西南林业大学	118
5	云南电网有限责任公司	106	5	云南师范大学	100
6	云南电网有限责任公司信息中心	54	6	云南省烟草农业科学研究院	67
7	红塔烟草（集团）有限责任公司	53	7	中国科学院昆明植物研究所	59
8	中国南方电网有限责任公司超高压输电公司昆明局	46	7	云南中医药大学	59
8	云南电网有限责任公司昆明供电局	46	9	昆明学院	52
10	中国铁建高新装备股份有限公司	44	10	云南民族大学	44
11	北方夜视技术股份有限公司	40	11	昆明医科大学	42
12	昆明生物制造研究院有限公司	30	12	云南省热带作物科学研究所	32
12	昆明电力交易中心有限责任公司	30	13	大理大学	30
14	中国电建集团昆明勘测设计研究院有限公司	29	14	曲靖师范学院	27
14	武钢集团昆明钢铁股份有限公司	29	15	红河学院	22
16	中国南方电网有限责任公司超高压输电公司大理局	27	16	云南省农业科学院农业环境资源研究所	19
16	云南昆钢电子信息科技有限公司	27	17	中国科学院昆明动物研究所	17
16	云南电网有限责任公司曲靖供电局	27	17	云南财经大学	17
19	云南腾云信息产业有限公司	25	17	昆明物理研究所	17
19	昭通亮风台信息科技有限公司	25	20	中国科学院云南天文台	15
			20	北京航空航天大学云南创新研究院	15

资料来源：科技大数据湖北省重点实验室

表 3-159　2021 年云南省获得国家科技奖励机构清单

序号	获奖机构	获奖数量/项 总计	主持	参与
1	云南金瑞种业有限公司	1	0	1
1	昆明物理研究所	1	0	1
1	云南省农业科学院粮食作物研究所	1	0	1
1	西南林业大学	1	0	1
1	云南大学	1	1	0

资料来源：科技大数据湖北省重点实验室

3.3.23 广西壮族自治区

2021年，广西壮族自治区的基础研究竞争力指数为42.4513，排名第23位。广西壮族自治区的基础研究优势学科为多学科材料、电子与电气工程、物理化学、环境科学、应用物理学、计算机信息系统、肿瘤学、化学工程、通信、纳米科学与技术。其中，多学科材料的高频词包括微观结构、机械性能、摩擦纳米发电机、耐腐蚀性能、锂离子电池等；电子与电气工程的高频词包括特征提取、深度学习、数学模型、分析模型、相关性；物理化学的高频词包括氧化还原反应、锂离子电池、摩擦纳米发电机、吸附、析氧反应（表3-160）。综合全自治区各学科的发文数量和排名位次来看，2021年广西壮族自治区基础研究在全国范围内较为突出的学科为纸质和木质材料、生殖生物学、医学检验技术、进化生物学、法学、林业、口腔医学、热带医学等。

表3-160 2021年广西壮族自治区基础研究优势学科及高频词

序号	活跃学科	SCI学科活跃度	高频词（词频）
1	多学科材料	7.64	微观结构（30）；机械性能（28）；摩擦纳米发电机（19）；耐腐蚀性能（14）；锂离子电池（12）；磁性（11）；电子结构（10）
2	电子与电气工程	6.50	特征提取（27）；深度学习（22）；数学模型（19）；分析模型（10）；相关性（10）
3	物理化学	5.24	氧化还原反应（16）；锂离子电池（15）；摩擦纳米发电机（13）；吸附（12）；析氧反应（11）
4	环境科学	4.96	吸附（13）；微生物群落（11）
5	应用物理学	4.26	摩擦纳米发电机（15）；微观结构（10）
6	计算机信息系统	3.52	特征提取（19）；深度学习（15）；数学模型（13）
7	肿瘤学	3.48	预后（38）；肝细胞癌（36）；生物标志物（17）；鼻咽癌（16）；生存（15）；荟萃分析（12）；大肠癌（12）；肿瘤微环境（11）；自噬（10）；肝细胞癌（HCC）（10）
8	化学工程	3.35	吸附（16）
9	通信	3.28	特征提取（18）；深度学习（13）；数学模型（13）
10	纳米科学与技术	3.10	摩擦纳米发电机（18）

2021年，广西壮族自治区争取国家自然科学基金项目总数为653项，全国排名第20位；项目经费总额为23 916万元，全国排名第22位。广西壮族自治区发表SCI论文数量最多的学科为多学科材料（表3-161）；应用物理学领域的产-研合作率最高（表3-162）；广西壮族自治区争取国家自然科学基金经费超过5000万元的有1个机构（表3-163）；广西壮族自治区共有6个机构进入相关学科的ESI全球前1%行列（图3-29）；发明专利申请量共13 324件（表3-164），主要专利权人如表3-165所示；获得国家科技奖励的机构如表3-166所示。

2021年，广西壮族自治区地方财政科技投入经费70.63亿元，全国排名第21位；获得国家科技奖励4项，全国排名第22位。截至2021年12月，广西壮族自治区拥有国家重点实验室3个；拥有院士2位，全国排名第26位。

表 3-161　2021 年广西壮族自治区主要学科发文量、被引频次及国际合作情况

序号	学科	论文数/篇（全国排名，自治区内排名）	论文被引频次/次（全国排名，自治区内排名）	论文篇均被引频次/次（全国排名，自治区内排名）	国际合作率（全国排名，自治区内排名）	国际合作度（全国排名，自治区内排名）
1	多学科材料	814（23，1）	1789（22，1）	2.2（20，45）	0.15（20，74）	32.56（21，74）
2	电子与电气工程	513（20，2）	697（19，9）	1.36（18，98）	0.14（25，78）	24.43（19，78）
3	物理化学	477（23，3）	1519（23，2）	3.18（22，21）	0.19（10，53）	19.08（25，53）
4	环境科学	425（23，4）	985（22，5）	2.32（22，40）	0.13（30，80）	20.24（17，80）
5	应用物理学	418（22，5）	990（19，4）	2.37（14，38）	0.15（16，72）	16.72（25，72）
6	多学科化学	347（23，6）	660（23，10）	1.9（26，61）	0.16（13，71）	15.77（24，71）
7	肿瘤学	339（20，7）	410（20，13）	1.21（19，112）	0.06（20，106）	33.9（22，106）
8	生物化学与分子生物学	274（21，8）	425（20，12）	1.55（21，83）	0.15（17，75）	16.12（23，75）
9	计算机信息系统	270（20，9）	290（20，22）	1.07（19，125）	0.21（18，42）	10.38（25，42）
10	纳米科学与技术	253（22，10）	852（20，7）	3.37（19，18）	0.21（10，41）	12.65（23，41）
11	能源与燃料	251（22，11）	750（22，8）	2.99（13，29）	0.2（13，47）	10.91（27，47）
12	通信	228（20，12）	217（20，32）	0.95（20，144）	0.19（22，51）	10.86（22，51）
13	化学工程	226（24，13）	1036（21，3）	4.58（1，7）	0.23（1，34）	10.76（27，34）
14	实验医学	220（21，14）	227（22，30）	1.03（25，129）	0.05（21，109）	55（3，109）
15	凝聚态物理	214（21，15）	391（22，15）	1.83（27，65）	0.12（24，86）	15.29（23，86）
16	人工智能	203（20，16）	396（19，14）	1.95（13，58）	0.19（21，55）	12.69（22，55）
17	药学与药理学	201（22，17）	301（21，20）	1.5（11，89）	0.12（3，84）	22.33（19，84）
18	生物技术与应用微生物学	185（20，18）	315（21，18）	1.7（20，72）	0.09（28，97）	23.13（10，97）
19	遗传学	179（18，19）	137（19，46）	0.77（24，161）	0.12（19，85）	14.92（18，85）
20	分析化学	178（22，20）	302（22，19）	1.7（22，73）	0.09（12，95）	14.83（27，95）

注：学科排序同 ESI 学科固定排序
资料来源：科技大数据湖北省重点实验室

表 3-162　2021 年广西壮族自治区主要学科产–学–研合作情况

序号	学科	产-研合作率（自治区内排名）	产-学合作率（自治区内排名）	学-研合作率（自治区内排名）
1	多学科材料	1.35（43）	4.42（34）	10.44（72）
2	电子与电气工程	1.36（42）	3.7（41）	7.6（91）
3	物理化学	0.84（56）	2.31（76）	9.22（78）
4	环境科学	0.94（52）	2.82（65）	16.47（47）
5	应用物理学	1.67（30）	3.35（49）	9.57（75）
6	多学科化学	1.15（50）	3.17（55）	13.26（57）
7	肿瘤学	1.18（49）	2.36（74）	6.19（110）
8	生物化学与分子生物学	1.09（51）	2.19（79）	12.41（65）
9	计算机信息系统	0.74（57）	2.22（78）	5.56（119）
10	纳米科学与技术	0.4（64）	3.16（56）	14.62（50）

续表

序号	学科	产-研合作率（自治区内排名）	产-学合作率（自治区内排名）	学-研合作率（自治区内排名）
11	能源与燃料	1.59（35）	3.59（43）	13.55（56）
12	通信	0.88（54）	3.95（38）	4.82（129）
13	化学工程	0.88（53）	1.77（83）	5.75（117）
14	实验医学	0（65）	0（99）	4.09（134）
15	凝聚态物理	0.47（63）	1.4（89）	8.88（82）
16	人工智能	0（65）	2.46（72）	4.93（128）
17	药学与药理学	0.5（62）	1.49（88）	4.98（127）
18	生物技术与应用微生物学	1.62（34）	3.24（51）	10.81（70）
19	遗传学	0.56（61）	1.68（84）	12.85（61）
20	分析化学	0.56（60）	1.12（94）	5.06（126）

资料来源：科技大数据湖北省重点实验室

表3-163　2021年广西壮族自治区争取国家自然科学基金项目经费三十四强机构

序号	机构名称	项目数量/项（排名）	项目经费/万元（排名）	发文量/篇（排名）	论文被引频次/次（排名）	发明专利申请量/件（排名）
1	广西大学	131（82）	5 169（83）	2 115（75）	4 385（76）	607（145）
2	广西医科大学	95（108）	3 335（127）	1 067（137）	1 357（204）	42（2 751）
3	桂林电子科技大学	70（146）	2 717（158）	702（203）	1 292（208）	829（106）
4	桂林理工大学	61（171）	2 335（185）	756（190）	1 319（206）	528（172）
5	广西师范大学	53（196）	1 947（213）	531（249）	1 001（247）	192（549）
6	桂林医学院	55（191）	1 921（215）	214（460）	372（442）	39（2 988）
7	广西中医药大学	43（231）	1 447（275）	133（574）	123（689）	36（3 247）
8	广西壮族自治区农业科学院	23（365）	785（420）	64（798）	110（715）	318（317）
9	广西科技大学	21（393）	711（443）	184（500）	328（473）	112（954）
10	南宁师范大学	19（418）	626（476）	106（631）	115（704）	60（1 852）
11	广西民族大学	10（572）	357（608）	140（563）	367（447）	76（1 431）
12	右江民族医学院	10（572）	331（628）	96（663）	153（622）	22（5 416）
13	广西壮族自治区人民医院	9（597）	298（654）	73（749）	99（752）	5（30 258）
14	中国地质科学院岩溶地质研究所	5（749）	262（700）	27（1 121）	32（1 119）	13（9 690）
15	广西植物研究所	6（704）	215（738）	29（1 088）	22（1 342）	—
16	北部湾大学	4（801）	137（878）	66（781）	57（898）	82（1 336）
17	广西壮族自治区林业科学研究院	4（801）	135（880）	19（1 306）	12（1 774）	43（2 677）
18	玉林师范学院	4（801）	129（883）	95（666）	140（648）	55（2 019）
19	贺州学院	3（875）	104（951）	21（1 242）	54（911）	26（4 573）
20	广西科学院	3（875）	100（956）	27（1 121）	48（954）	54（2 053）
21	广西壮族自治区药用植物园	2（968）	89（995）	17（1 380）	17（1 497）	24（4 980）

续表

序号	机构名称	项目数量/项（排名）	项目经费/万元（排名）	发文量/篇（排名）	论文被引频次/次（排名）	发明专利申请量/件（排名）
22	桂林旅游学院	2（968）	74（1 043）	34（1 018）	70（829）	9（15 276）
23	广西财经学院	2（968）	65（1 060）	59（821）	47（959）	6（24 219）
24	广西壮族自治区中医药研究院	2（968）	64（1 067）	1（6 453）	0（8 464）	18（6 807）
25	广西壮族自治区肿瘤防治研究所	2（968）	62（1 068）	—	—	—
26	广西红树林研究中心	1（1 141）	58（1 154）	2（4 331）	0（8 464）	6（24 219）
27	百色学院	1（1 141）	37（1 217）	36（1 001）	30（1 154）	71（1 535）
28	广西壮族自治区兽医研究所	1（1 141）	35（1 220）	5（2 615）	2（4 542）	25（4 757）
29	广西壮族自治区水产科学研究院	1（1 141）	35（1 220）	2（4 331）	0（8 464）	30（3 910）
30	广西壮族自治区水利科学研究院	1（1 141）	35（1 220）	—	—	1（138 140）
31	广西壮族自治区水牛研究所	1（1 141）	35（1 220）	4（2 994）	2（4 542）	13（9 690）
32	桂林航天工业学院	1（1 141）	35（1 220）	43（937）	21（1 357）	108（984）
33	梧州学院	1（1 141）	35（1 220）	29（1 088）	16（1 540）	18（6 807）
34	河池学院	1（1 141）	35（1 220）	30（1 072）	39（1 034）	8（17 399）

资料来源：科技大数据湖北省重点实验室

	机构综合排名	农业科学	生物与生物化学	化学	临床医学	计算机科学	工程科学	环境生态学	材料科学	分子生物与基因	药理学与毒物学	植物与动物科学	机构进入ESI学科数
广西医科大学	6492	—	1157	—	3867	—	—	—	—	968	954	—	4
广西师范大学	6914	—	—	331	—	1539	—	—	—	—	—	—	2
桂林医学院	7163	—	—	—	3861	—	—	—	—	—	—	—	1
广西大学	7211	456	1165	332	—	—	1538	1156	890	—	—	1431	7
桂林理工大学	7334	—	—	337	—	—	—	—	887	—	—	—	2
桂林电子科技大学	7472	—	—	—	—	510	1534	—	888	—	—	—	3

图 3-29　2021 年广西壮族自治区各机构进入 ESI 全球前 1%的学科及排名

资料来源：科技大数据湖北省重点实验室

表 3-164　2021 年广西壮族自治区发明专利申请量十强技术领域

序号	IPC 号（技术领域）	发明专利申请量/件
1	G06F（电子数字数据处理）	609
2	G01N（小类中化学分析方法或化学检测方法）	500
3	G06Q（专门适用于行政、商业、金融、管理、监督或预测目的的数据处理系统或方法；其他类目不包含的专门适用于行政、商业、金融、管理、监督或预测目的的处理系统或方法）	394
4	A01G[园艺；蔬菜、花卉、稻、果树、葡萄、啤酒花或海菜的栽培；林业；浇水（水果、蔬菜、啤酒花等类植物的采摘入 A01D46/00；繁殖单细胞藻类入 C12N1/12）]	347
5	A61K[医用、牙科用或梳妆用的配制品（专门适用于将药品制成特殊的物理或服用形式的装置或方法 A61J 3/00；空气除臭，消毒或灭菌，或者绷带、敷料、吸收垫或外科用品的化学方面，或材料的使用入 A61L；肥皂组合物入 C11D）]	336
6	G01R（G01T 物理测定方法；其设备）	269

续表

序号	IPC 号（技术领域）	发明专利申请量/件
7	G06K（数据处理）	199
8	A23L[不包含在 A21D 或 A23B 至 A23J 小类中的食品、食料或非酒精饮料；它们的制备或处理，例如烹调、营养品质的改进、物理处理（不能为本小类完全包含的成型或加工入 A23P）；食品或食料的一般保存（用于烘焙的面粉或面团的保存入 A21D）]	197
9	C12N[微生物或酶；其组合物（杀生剂、害虫驱避剂或引诱剂，或含有微生物、病毒、微生物真菌、酶、发酵物的植物生长调节剂，或从微生物或动物材料产生或提取制得的物质入 A01N63/00；药品入 A61K；肥料入 C05F）；繁殖、保藏或维持微生物；变异或遗传工程；培养基（微生物学的试验介质入 C12Q1/00）]	195
10	G06T（图像数据处理）	188
	全自治区合计	13 324

资料来源：科技大数据湖北省重点实验室

表 3-165　2021 年广西壮族自治区发明专利申请量优势企业和科研机构列表

序号	优势企业	发明专利申请量/件	序号	优势科研机构	发明专利申请量/件
1	广西玉柴机器股份有限公司	584	1	桂林电子科技大学	829
2	东风柳州汽车有限公司	583	2	广西大学	607
3	上汽通用五菱汽车股份有限公司	409	3	桂林理工大学	528
4	广西电网有限责任公司电力科学研究院	342	4	广西壮族自治区农业科学院	318
5	广西电网有限责任公司南宁供电局	113	5	广西师范大学	192
6	广西电网有限责任公司	108	6	广西科技大学	112
7	北海惠科光电技术有限公司	104	7	桂林航天工业学院	108
8	广西北投交通养护科技集团有限公司	58	8	北部湾大学	82
9	广西交科集团有限公司	50	9	广西民族大学	76
9	桂林优利特医疗电子有限公司	50	10	百色学院	71
11	中国电子科技集团公司第三十四研究所	49	11	南宁师范大学	60
11	广西汽车集团有限公司	49	12	玉林师范学院	55
13	广西中烟工业有限责任公司	48	13	广西科学院	54
14	广西建工集团建筑机械制造有限责任公司	47	14	广西壮族自治区亚热带作物研究所（广西亚热带农产品加工研究所）	50
14	广西电网有限责任公司桂林供电局	47	15	柳州工学院	47
16	广西路桥工程集团有限公司	45	16	广西植物研究所	45
17	中船华南船舶机械有限公司	43	16	广西南亚热带农业科学研究所	45
17	广西电网有限责任公司柳州供电局	43	16	柳州铁道职业技术学院	45
19	桂林市啄木鸟医疗器械有限公司	41	19	广西壮族自治区林业科学研究院	43
20	南宁小欧技术开发有限公司	39	20	广西医科大学	42
20	广西电网有限责任公司北海供电局	39			

资料来源：科技大数据湖北省重点实验室

表 3-166　2021 年广西壮族自治区获得国家科技奖励机构清单

序号	获奖机构	获奖数量/项		
		总计	主持	参与
1	中国林业科学研究院热带林业实验中心	1	1	0
	柳州钢铁股份有限公司	1	0	1
	广西大学	1	0	1
	广西壮族自治区农业科学院玉米研究所	1	0	1

资料来源：科技大数据湖北省重点实验室

3.3.24　海南省

2021 年，海南省的基础研究竞争力指数为 40.0125，排名第 24 位。海南省的基础研究优势学科为植物学、环境科学、多学科材料、实验医学、肿瘤学、食品科学、应用化学、纳米科学与技术、多学科化学、生物化学与分子生物学。其中，植物学的高频词包括木薯、油棕、植原体、基因表达、褪黑激素等；环境科学的高频词包括吸附、气候变化（表 3-167）。综合全省各学科的发文数量和排名位次来看，2021 年海南省基础研究在全国范围内较为突出的学科为水生生物学、进化生物学、渔业、园艺、海洋学。

表 3-167　2021 年海南省基础研究优势学科及高频词

序号	活跃学科	SCI 学科活跃度	高频词（词频）
1	植物学	5.90	木薯（14）；油棕（6）；植原体（6）；基因表达（6）；褪黑激素（5）；转录因子（5）；橡胶树（5）；抗病性（5）；沉香木（5）；炭疽病（5）；非生物胁迫（5）
2	环境科学	5.76	吸附（5）；气候变化（5）
3	多学科材料	3.74	—
4	实验医学	3.57	PI3K（5）；自我效能感（5）
5	肿瘤学	3.50	预后（9）；大肠癌（6）肺癌（5）
6	食品科学	3.43	肠道菌群（5）
7	应用化学	3.36	—
8	纳米科学与技术	3.32	—
9	多学科化学	3.29	—
10	生物化学与分子生物学	3.22	—

2021 年，海南省争取国家自然科学基金项目总数为 261 项，项目经费总额为 8932 万元，全国排名均为第 28 位。海南省发表 SCI 论文数量最多的学科为植物学（表 3-168）；微生物学领域的产-研合作率最高（表 3-169）；海南省争取国家自然科学基金经费超过 5000 万元的有 1 个机构（表 3-170）；海南省共有 3 个机构进入相关学科的 ESI 全球前 1%行列（图 3-30）；发明专利申请量共 4282 件（表 3-171），主要专利权人如表 3-172 所示。

2021 年，海南省地方财政科技投入经费 40.47 亿元，全国排名第 25 位。截至 2021 年 12

月，海南省拥有国家重点实验室 2 个。

表 3-168 2021 年海南省主要学科发文量、被引频次及国际合作情况

序号	学科	论文数/篇（全国排名，省内排名）	论文被引频次/次（全国排名，省内排名）	论文篇均被引频次/次（全国排名，省内排名）	国际合作率（全国排名，省内排名）	国际合作度（全国排名，省内排名）
1	植物学	190（20，1）	248（21，6）	1.31（24，87）	0.17（20，36）	11.18（20，36）
2	环境科学	167（28，2）	398（27，1）	2.38（20，43）	0.29（3，17）	7.95（29，17）
3	实验医学	115（25，3）	78（27，25）	0.68（30，130）	0.03（28，71）	38.33（13，71）
4	肿瘤学	113（26，4）	133（25，14）	1.18（21，90）	0.03（27，70）	56.5（12，70）
5	多学科材料	112（28，5）	342（28，2）	3.05（4，24）	0.17（13，37）	8.62（30，37）
6	多学科化学	110（28，6）	260（27，5）	2.36（22，44）	0.13（24，47）	9.17（29，47）
7	生物化学与分子生物学	103（27，7）	164（27，10）	1.59（20，69）	0.08（29，60）	20.6（17，60）
8	遗传学	101（24，8）	102（24，19）	1.01（20，100）	0.08（25，59）	20.2（8，59）
9	食品科学	91（27，9）	241（22，8）	2.65（4，35）	0.04（27，66）	22.75（15，66）
10	药学与药理学	91（27，9）	92（27，22）	1.01（28，99）	0.07（26，62）	18.2（24，62）
11	应用化学	82（26，11）	261（25，4）	3.18（19，22）	0.02（29，72）	27.33（4，72）
12	生物技术与应用微生物学	81（27，12）	151（24，11）	1.86（13，62）	0.16（7，40）	9（29，40）
13	药物化学	78（24，13）	125（23，16）	1.6（20，68）	0.06（27，63）	19.5（10，63）
14	纳米科学与技术	78（26，13）	340（25，3）	4.36（2，13）	0.13（27，46）	8.67（26，46）
15	物理化学	76（29，15）	248（25，6）	3.26（20，21）	0.2（6，33）	5.85（30，33）
16	电子与电气工程	72（28，16）	102（27，19）	1.42（14，79）	0.17（18，38）	10.29（29，38）
17	应用物理学	69（28，17）	140（27，13）	2.03（22，53）	0.23（1，27）	5.31（30，27）
18	微生物学	68（24，18）	90（23，24）	1.32（18，85）	0.1（28，53）	22.67（3，53）
19	多学科	67（27，19）	65（27，29）	0.97（27，114）	0.25（9，25）	3.94（30，25）
20	计算机信息系统	63（28，20）	45（27，40）	0.71（28，125）	0.25（9，24）	7（29，24）

注：学科排序同 ESI 学科固定排序
资料来源：科技大数据湖北省重点实验室

表 3-169 2021 年海南省主要学科产-学-研合作情况

序号	学科	产-研合作率（省内排名）	产-学合作率（省内排名）	学-研合作率（省内排名）
1	植物学	1.58（39）	2.11（61）	14.74（84）
2	环境科学	1.8（35）	2.4（59）	27.54（43）
3	实验医学	0（47）	0（69）	4.35（126）
4	肿瘤学	0.88（46）	0.88（68）	6.19（120）
5	多学科材料	1.79（36）	4.46（45）	15.18（82）
6	多学科化学	0.91（45）	1.82（65）	12.73（94）
7	生物化学与分子生物学	1.94（34）	1.94（64）	18.45（74）
8	遗传学	2.97（25）	2.97（54）	21.78（62）
9	食品科学	2.2（32）	3.3（53）	26.37（44）
10	药学与药理学	0（47）	1.1（67）	5.49（123）

续表

序号	学科	产-研合作率（省内排名）	产-学合作率（省内排名）	学-研合作率（省内排名）
11	应用化学	1.22（44）	3.66（51）	18.29（75）
12	生物技术与应用微生物学	2.47（28）	3.7（49）	16.05（81）
13	药物化学	1.28（42）	2.56（57）	8.97（107）
14	纳米科学与技术	1.28（42）	2.56（57）	12.82（93）
15	物理化学	0（47）	2.63（56）	7.89（114）
16	电子与电气工程	1.39（41）	4.17（46）	12.5（95）
17	应用物理学	0（47）	2.9（55）	17.39（77）
18	微生物学	4.41（22）	5.88（38）	19.12（72）
19	多学科	1.49（40）	4.48（44）	16.42（80）
20	计算机信息系统	1.59（38）	6.35（36）	9.52（103）

资料来源：科技大数据湖北省重点实验室

表 3-170 2021年海南省争取国家自然科学基金项目经费十七强机构

序号	机构名称	项目数量/项（排名）	项目经费/万元（排名）	发文量/篇（排名）	论文被引频次/次（排名）	发明专利申请量/件（排名）
1	海南大学	149（61）	5 227（80）	1 055（143）	2 072（148）	580（156）
2	海南医学院	45（221）	1 569（253）	402（300）	426（411）	70（1 570）
3	海南师范大学	21（393）	781（422）	233（437）	260（513）	107（992）
4	中国科学院深海科学与工程研究所	10（572）	442（561）	69（773）	105（733）	17（7 226）
5	中国热带农业科学院热带生物技术研究所	5（749）	290（671）	42（945）	53（914）	50（2 231）
6	中国热带农业科学院环境与植物保护研究所	6（704）	263（697）	29（1 088）	14（1 631）	54（2 053）
7	海南热带海洋学院	7（662）	242（714）	32（1 044）	26（1 233）	34（3 448）
8	海口市人民医院	3（875）	103（952）	3（3 485）	0（8 464）	—
9	海南省中医院	3（875）	102（954）	2（4 331）	0（8 464）	—
10	中国热带农业科学院香料饮料研究所	2（968）	88（999）	10（1 800）	46（969）	9（15 276）
11	海南省农业科学院	2（968）	71（1 045）	9（1 917）	3（3 767）	—
12	海南省海洋与渔业科学院	2（968）	65（1 060）	4（2 994）	1（5 903）	19（6 385）
13	中国热带农业科学院热带作物品种资源研究所	2（968）	60（1 076）	18（1 341）	11（1 864）	70（1 570）
14	中国水产科学研究院三亚热带水产研究院	1（1 141）	34（1 252）	3（3 485）	2（4 542）	—
15	海南省第五人民医院	1（1 141）	33（1 265）	5（2 615）	0（8 464）	—
16	三亚中心医院	1（1 141）	32（1 268）	12（1 610）	11（1 864）	—
17	中国热带农业科学院科技信息研究所	1（1 141）	30（1 270）	1（6 453）	0（8 464）	1（138 140）

资料来源：科技大数据湖北省重点实验室

机构	机构综合排名	农业科学	化学	临床医学	工程科学	材料科学	植物与动物科学	机构进入ESI学科数
中国热带农业科学院	7014	531	—	—	—	—	1235	2
海南大学	7149	611	344	—	1529	884	1320	5
海南医学院	7297	—	—	3842	—	—	—	1

图 3-30　2021 年海南省各机构进入 ESI 全球前 1%的学科及排名

资料来源：科技大数据湖北省重点实验室

表 3-171　2021 年海南省发明专利申请量十强技术领域

序号	IPC 号（技术领域）	发明专利申请量/件
1	A61K[医用、牙科用或梳妆用的配制品（专门适用于将药品制成特殊的物理或服用形式的装置或方法 A61J 3/00；空气除臭，消毒或灭菌，或者绷带、敷料、吸收垫或外科用品的化学方面，或材料的使用入 A61L；肥皂组合物入 C11D)]	315
2	G01N（小类中化学分析方法或化学检测方法）	228
3	G06F（电子数字数据处理）	207
4	C12N[微生物或酶；其组合物（杀生剂、害虫驱避剂或引诱剂，或含有微生物、病毒、微生物真菌、酶、发酵物的植物生长调节剂，或从微生物或动物材料产生或提取制得的物质入 A01N63/00；药品入 A61K；肥料入 C05F）；繁殖、保藏或维持微生物；变异或遗传工程；培养基（微生物学的试验介质入 C12Q1/00)]	170
5	G06Q（专门适用于行政、商业、金融、管理、监督或预测目的的数据处理系统或方法；其他类目不包含的专门适用于行政、商业、金融、管理、监督或预测目的的处理系统或方法）	166
6	A01G[园艺；蔬菜、花卉、稻、果树、葡萄、啤酒花或海菜的栽培；林业；浇水（水果、蔬菜、啤酒花等类植物的采摘入 A01D46/00；繁殖单细胞藻类入 C12N1/12)	157
7	A23L[不包含在 A21D 或 A23B 至 A23J 小类中的食品、食料或非酒精饮料；它们的制备或处理，例如烹调、营养品质的改进、物理处理（不能为本小类完全包含的成型或加工入 A23P）；食品或食料的一般保存（用于烘焙的面粉或面团的保存入 A21D)]	102
8	A01K（畜牧业；禽类、鱼类、昆虫的管理；捕鱼；饲养或养殖其他类不包含的动物；动物的新品种）	82
9	C02F[水、废水、污水或污泥的处理（通过在物质中产生化学变化使有害的化学物质无害或降低危害的方法入 A62D 3/00；分离、沉淀箱或过滤设备入 B01D；有关处理水、废水或污水生产装置的水运容器的特殊设备，例如用于制备淡水入 B63J；为防止水的腐蚀用的添加物质入 C23F；放射性废液的处理入 G21F 9/04)]	82
10	C07D[杂环化合物（高分子化合物入 C08)]	76
	全省合计	4282

资料来源：科技大数据湖北省重点实验室

表 3-172　2021 年海南省发明专利申请量优势企业和科研机构列表

序号	优势企业	发明专利申请量/件	序号	优势科研机构	发明专利申请量/件
1	海南赛诺实业有限公司	62	1	海南大学	580
2	海南海灵化学制药有限公司	49	2	海南师范大学	107
3	海南必凯水性新材料有限公司	47	3	中国热带农业科学院热带作物品种资源研究所	70
4	海南电网有限责任公司电力科学研究院	43		海南医学院	70
5	中电积至（海南）信息技术有限公司	39	5	中国热带农业科学院橡胶研究所	63

续表

序号	优势企业	发明专利申请量/件	序号	优势科研机构	发明专利申请量/件
6	海南海神同洲制药有限公司	38	6	中国热带农业科学院环境与植物保护研究所	54
7	海南核电有限公司	32	7	中国热带农业科学院热带生物技术研究所	50
7	海南视联通信技术有限公司	32	8	海南科技职业大学	37
7	海南鑫开源医药科技有限公司	32	9	海南热带海洋学院	34
10	一飞（海南）科技有限公司	27	10	中国热带农业科学院海口实验站	28
10	海南太美航空股份有限公司	27	11	海南浙江大学研究院	21
12	海南通用康力制药有限公司	24	12	海南省海洋与渔业科学院	19
13	海南电网有限责任公司	22	13	中国科学院深海科学与工程研究所	17
13	海南葫芦娃药业集团股份有限公司	22	14	海南省林业科学研究院（海南省红树林研究院）	14
13	海南锦瑞制药有限公司	22	15	中国科学院声学研究所南海研究站	13
16	海南微氪生物科技股份有限公司	21	16	中国热带农业科学院椰子研究所	11
16	海南通用三洋药业有限公司	21	17	三亚学院	10
18	海南海力制药有限公司	20	18	中国热带农业科学院香料饮料研究所	9
18	海南瑞民农业科技有限公司	20	18	海南经贸职业技术学院	9
18	海南聚能科技创新研究院有限公司	20	20	中国热带农业科学院分析测试中心	7
			20	琼台师范学院	7

资料来源：科技大数据湖北省重点实验室

3.3.25 贵州省

2021年，贵州省的基础研究竞争力指数为40.0115，排名第25位。贵州省的基础研究优势学科为环境科学、多学科材料、生物化学与分子生物学、药学与药理学、电子与电气工程、物理化学、多学科化学、植物学、肿瘤学、能源与燃料。其中，环境科学的高频词包括重金属、喀斯特、土壤；多学科材料的高频词包括微观结构、机械性能（表3-173）。综合本省各学科的发文数量和排名位次来看，2021年贵州省基础研究在全国范围内较为突出的学科为真菌学、昆虫学、矿物学、地质学、危重病医学、地球化学与地球物理学、动物学等。

表3-173 2021年贵州省基础研究优势学科及高频词

序号	活跃学科	SCI学科活跃度	高频词（词频）
1	环境科学	4.94	重金属（29）；喀斯特（18）；土壤（11）
2	多学科材料	3.68	微观结构（17）；机械性能（12）
3	生物化学与分子生物学	2.84	—
4	药学与药理学	2.61	细胞凋亡（14）
5	电子与电气工程	2.61	特征抽取（11）

续表

序号	活跃学科	SCI学科活跃度	高频词（词频）
6	物理化学	2.60	密度泛函（18）；合成（10）
7	多学科化学	2.46	—
8	植物学	2.18	分类（15）
9	肿瘤学	2.14	预后（15）
10	能源与燃料	1.99	—

2021年，贵州省争取国家自然科学基金项目总数为570项，项目经费总额为20 436万元，全国排名均为第23位。贵州省发表SCI论文数量最多的学科为环境科学（表3-174）；能源与燃料领域的产-研合作率最高（表3-175）；贵州省争取国家自然科学基金经费超过5000万元的有1个机构（表3-176）；贵州省共有5个机构进入相关学科的ESI全球前1%行列（图3-31）；发明专利申请量共9452件（表3-177），主要专利权人如表3-178所示；获得国家科技奖励的机构如表3-179所示。

2021年，贵州省地方财政科技投入经费87.48亿元，全国排名第18位；获得国家科技奖励2项，全国排名第28位。截至2021年12月，贵州省拥有国家重点实验室6个；拥有院士4位，全国排名第25位。

表3-174　2021年贵州省主要学科发文量、被引频次及国际合作情况

序号	学科	论文数/篇（全国排名，省内排名）	论文被引频次/次（全国排名，省内排名）	论文篇均被引频次/次（全国排名，省内排名）	国际合作率（全国排名，省内排名）	国际合作度（全国排名，省内排名）
1	环境科学	368（24，1）	824（24，1）	2.24（23，27）	0.18（23，31）	12.27（24，31）
2	多学科材料	323（25，2）	403（27，2）	1.25（30，84）	0.09（27，71）	24.85（24，71）
3	多学科化学	245（25，3）	371（26，3）	1.51（28，65）	0.13（25，50）	15.31（25，50）
4	生物化学与分子生物学	200（24，4）	280（24，6）	1.4（27，70）	0.11（25，59）	20（19，59）
5	物理化学	192（26，5）	331（28，4）	1.72（30，55）	0.1（27，66）	13.71（28，66）
6	药学与药理学	183（23，6）	228（24，11）	1.25（25，85）	0.07（27，79）	18.3（23，79）
7	肿瘤学	172（23，7）	160（24，17）	0.93（28，117）	0.06（21，81）	21.5（28，81）
8	电子与电气工程	169（26，8）	172（25，74）	1.02（22，103）	0.08（30，74）	13（27，74）
9	植物学	161（24，9）	143（26，20）	0.89（29，123）	0.14（26，44）	13.42（14，44）
10	应用物理学	139（26，10）	147（26，19）	1.06（30，101）	0.06（30，80）	23.17（19，80）
11	实验医学	138（23，11）	125（24，24）	0.91（27，121）	0.04（26，93）	69（1，93）
12	多学科	134（26，12）	113（26，28）	0.84（30，130）	0.1（27，61）	8.38（26，61）
13	食品科学	118（24，13）	205（24，13）	1.74（25，52）	0.08（26，75）	13.11（23，75）
14	有机化学	116（19，14）	142（24，22）	1.22（27，87）	0.14（3，45）	12.89（24，45）
15	能源与燃料	113（26，15）	293（26，5）	2.59（25，19）	0.16（21，38）	10.27（29，38）
16	应用数学	113（23，15）	143（24，20）	1.27（8，80）	0.25（5，21）	8.07（28，21）
17	遗传学	112（21，17）	65（26，49）	0.58（28，160）	0.04（26，94）	28（1，94）
18	应用化学	105（25，18）	246（26，8）	2.34（30，22）	0.07（27，78）	15（22，78）

续表

序号	学科	论文数/篇（全国排名，省内排名）	论文被引频次/次（全国排名，省内排名）	论文篇均被引频次/次（全国排名，省内排名）	国际合作率（全国排名，省内排名）	国际合作度（全国排名，省内排名）
19	数学	105（23，18）	72（21，44）	0.69（10，145）	0.2（7，29）	11.67（15，29）
20	化学工程	104（26，20）	250（26，7）	2.4（27，21）	0.1（29，67）	10.4（28，67）

注：学科排序同 ESI 学科固定排序

资料来源：科技大数据湖北省重点实验室

表 3-175 2021 年贵州省主要学科产–学–研合作情况

序号	学科	产–研合作率（省内排名）	产–学合作率（省内排名）	学–研合作率（省内排名）
1	环境科学	1.63（40）	3.26（47）	16.03（47）
2	多学科材料	2.17（33）	3.41（46）	14.24（52）
3	多学科化学	0.82（54）	2.86（52）	9.39（70）
4	生物化学与分子生物学	1.5（42）	3（50）	11（66）
5	物理化学	2.08（35）	3.13（48）	11.98（56）
6	药学与药理学	0（57）	0（77）	1.64（117）
7	肿瘤学	0（57）	1.74（64）	2.33（114）
8	电子与电气工程	0.59（56）	4.14（40）	5.33（97）
9	植物学	0.62（55）	2.48（58）	11.18（62）
10	应用物理学	1.44（45）	2.88（51）	14.39（50）
11	实验医学	1.45（44）	1.45（69）	4.35（101）
12	多学科	1.49（43）	2.24（60）	16.42（44）
13	食品科学	1.69（39）	5.08（34）	9.32（71）
14	有机化学	0.86（53）	0.86（76）	5.17（98）
15	能源与燃料	2.65（30）	3.54（45）	7.08（84）
16	应用数学	0（57）	0（77）	2.65（113）
17	遗传学	0（57）	0.89（75）	8.04（76）
18	应用化学	1.9（38）	1.9（63）	3.81（107）
19	数学	0（57）	0（77）	0.95（119）
20	化学工程	1.92（36）	4.81（38）	5.77（92）

资料来源：科技大数据湖北省重点实验室

表 3-176 2021 年贵州省争取国家自然科学基金项目经费二十三强机构

序号	机构名称	项目数量/项（排名）	项目经费/万元（排名）	发文量/篇（排名）	论文被引频次/次（排名）	发明专利申请量/件（排名）
1	贵州大学	155（57）	5 549（77）	1 716（94）	2 607（116）	538（168）
2	贵州医科大学	96（107）	3 450（123）	527（251）	601（336）	60（1 852）
3	遵义医科大学	86（117）	3 029（138）	512（259）	542（355）	57（1 949）
4	中国科学院地球化学研究所	34（281）	1 613（246）	254（415）	464（395）	37（3 161）
5	贵州中医药大学	44（227）	1 492（267）	139（564）	132（666）	51（2 188）
6	贵州师范大学	33（287）	1 150（329）	370（320）	406（425）	55（2 019）
7	贵州民族大学	18（432）	622（478）	95（666）	88（776）	56（1 989）

续表

序号	机构名称	项目数量/项（排名）	项目经费/万元（排名）	发文量/篇（排名）	论文被引频次/次（排名）	发明专利申请量/件（排名）
8	贵州财经大学	19（418）	589（499）	135（572）	207（571）	6（24 219）
9	贵州省人民医院	17（444）	582（502）	93（676）	93（766）	24（4 980）
10	贵州理工学院	13（522）	434（569）	76（734）	98（757）	75（1 450）
11	贵州省农业科学院	9（597）	338（626）	31（1 059）	21（1 357）	—
12	贵阳学院	8（625）	282（675）	49（875）	49（945）	18（6 807）
13	茅台学院	7（662）	244（713）	12（1 610）	10（1 963）	32（3 674）
14	贵州科学院	6（704）	201（771）	17（1 380）	16（1 540）	—
15	铜仁学院	5（749）	175（805）	35（1 010）	65（849）	48（2 356）
16	六盘水师范学院	4（801）	139（871）	42（945）	28（1 194）	28（4 255）
17	贵州师范学院	4（801）	139（871）	4（2 994）	0（8 464）	43（2 677）
18	遵义师范学院	4（801）	133（882）	58（825）	40（1 022）	19（6 385）
19	贵州省烟草科学研究院	3（875）	105（948）	3（3 485）	0（8 464）	24（4 980）
20	黔南民族师范学院	2（968）	70（1 046）	28（1 104）	30（1 154）	11（11 675）
21	贵州省山地环境气候研究所	1（1 141）	35（1 220）	—	—	—
22	贵州省第二人民医院	1（1 141）	34（1 252）	1（6 453）	0（8 464）	—
23	贵阳市第一人民医院	1（1 141）	30（1 270）	5（2 615）	10（1 963）	—

资料来源：科技大数据湖北省重点实验室

	机构综合排名	农业科学	化学	临床医学	工程科学	环境生态学	地球科学	药理学与毒物学	植物与动物科学	机构进入ESI学科数
贵州省农业科学院	5620	—	—	—	—	—	—	—	176	1
中国科学院地球科学研究院贵阳分部（筹）	5843	—	—	—	—	1153	699	—	—	2
贵州医科大学	7528	—	—	3860	—	—	—	1052	—	2
贵州大学	7650	852	338	—	1533	—	—	—	1221	4
遵义医科大学	7654	—	—	4	—	—	—	1066	—	2

图3-31 2021年贵州省各机构进入ESI全球前1%的学科及排名

资料来源：科技大数据湖北省重点实验室

表3-177 2021年贵州省发明专利申请量十强技术领域

序号	IPC号（技术领域）	发明专利申请量/件
1	G06F（电子数字数据处理）	393
2	G01N（小类中化学分析方法或化学检测方法）	387
3	A61K［医用、牙科用或梳妆用的配制品（专门适用于将药品制成特殊的物理或服用形式的装置或方法A61J 3/00；空气除臭，消毒或灭菌，或者绷带、敷料、吸收垫或外科用品的化学方面，或材料的使用入A61L；肥皂组合物入C11D）］	335
4	A01G［园艺；蔬菜、花卉、稻、果树、葡萄、啤酒花或海菜的栽培；林业；浇水（水果、蔬菜、啤酒花等类植物的采摘入A01D46/00；繁殖单细胞藻类入C12N1/12）］	308
5	G06Q（专门适用于行政、商业、金融、管理、监督或预测目的的数据处理系统或方法；其他类目不包含的专门适用于行政、商业、金融、管理、监督目的的处理系统或方法）	303

续表

序号	IPC号（技术领域）	发明专利申请量/件
6	A23L[不包含在A21D或A23B至A23J小类中的食品、食料或非酒精饮料；它们的制备或处理，例如烹调、营养品质的改进、物理处理（不能为本小类完全包含的成型或加工入A23P）；食品或食料的一般保存（用于烘焙的面粉或面团的保存入A21D）]	198
7	G01R（G01T 物理测定方法；其设备）	167
8	C04B[石灰；氧化镁；矿渣；水泥；其组合物，例如：砂浆、混凝土或类似的建筑材料；人造石；陶瓷（微晶玻璃陶瓷入C03C 10/00）；耐火材料（难熔金属的合金入C22C）；天然石的处理]	166
9	A23F（咖啡；茶；其代用品；它们的制造、配制或泡制）	123
10	B01D[分离（用湿法从固体中分离固体入B03B、B03D，用风力跳汰机或摇床入B03B，用其他干法入B07；固体物料从固体物料或流体中的磁或静电分离，利用高压电场的分离入B03C；离心机、涡旋装置入B04B；涡旋装置入B04C；用于从含液物料中挤出液体的压力机本身入B30B 9/02）]	119
	全省合计	9452

资料来源：科技大数据湖北省重点实验室

表3-178　2021年贵州省发明专利申请量优势企业和科研机构列表

序号	优势企业	发明专利申请量/件	序号	优势科研机构	发明专利申请量/件
1	贵州电网有限责任公司	996	1	贵州大学	538
2	中国航发贵州黎阳航空动力有限公司	102	2	贵州理工学院	75
3	中国电建集团贵阳勘测设计研究院有限公司	86	3	贵州医科大学	60
4	中国水利水电第九工程局有限公司	85	4	遵义医科大学	57
5	中国电建集团贵州电力设计研究院有限公司	69	5	贵州民族大学	56
6	贵州航天天马机电科技有限公司	55	6	贵州师范大学	55
7	中国南方电网有限责任公司超高压输电公司贵阳局	54	7	贵州中医药大学	51
8	贵州梅岭电源有限公司	50	8	铜仁学院	48
9	贵州航天电子科技有限公司	46	9	中国科学院天然产物化学重点实验室（贵州医科大学天然产物化学重点实验室）	46
10	贵阳航空电机有限公司	41	10	贵州师范学院	43
11	贵州建工集团第一建筑工程有限责任公司	37	11	中国航发贵阳发动机设计研究所	42
12	中铁五局集团有限公司	34	12	贵州省材料产业技术研究院	40
12	贵州航天林泉电机有限公司	34	13	中国科学院地球化学研究所	37
14	遵义钛业股份有限公司	32	14	贵州省草业研究所	35
15	首钢水城钢铁（集团）有限责任公司	30	15	茅台学院	32
16	中国南方电网有限责任公司超高压输电公司天生桥局	28	16	六盘水师范学院	28
16	贵州省交通规划勘察设计研究院股份有限公司	28	17	贵州工程应用技术学院	24
16	贵州航天南海科技有限责任公司	28	17	贵州省烟草科学研究院	24
16	贵州航天电器股份有限公司	28	17	贵州省畜牧兽医研究所	24

续表

序号	优势企业	发明专利申请量/件	序号	优势科研机构	发明专利申请量/件
20	中国振华（集团）新云电子元器件有限责任公司（国营第四三二六厂）	27	20	贵州省生物研究所	21
	中国航空工业标准件制造有限责任公司	27			
	贵州航天风华精密设备有限公司	27			
	贵州茅台酒股份有限公司	27			

资料来源：科技大数据湖北省重点实验室

表3-179　2021年贵州省获得国家科技奖励机构清单

序号	获奖机构	获奖数量/项		
		总计	主持	参与
1	中国科学院地球化学研究所	1	1	0
	贵州省人民医院	1	0	1

资料来源：科技大数据湖北省重点实验室

3.3.26　山西省

2021年，山西省的基础研究竞争力指数为38.2246，排名第26位。山西省的基础研究优势学科为多学科材料、物理化学、电子与电气工程、化学工程、应用物理学、能源与燃料、环境科学、冶金、通信、计算机信息系统。其中，多学科材料的高频词包括微观结构、机械性能、石墨烯、超级电容器、动态再结晶、质地等；物理化学的高频词包括密度泛函理论、超级电容器、光催化、溶解度、微观结构、水分解等；电子与电气工程的高频词包括特征提取、数学模型、传感器、深度学习、故障诊断等（表3-180）。综合全省各学科的发文数量和排名位次来看，2021年山西省基础研究在全国范围内较为突出的学科为风湿病学、学科物理学、昆虫学、量子科技、光谱学。

表3-180　2021年山西省基础研究优势学科及高频词

序号	活跃学科	SCI学科活跃度	高频词（词频）
1	多学科材料	9.93	微观结构（70）；机械性能（49）；石墨烯（17）；超级电容器（17）；动态再结晶（15）；质地（15）；晶粒细化（14）；镁合金（12）；重结晶（10）；碳点（10）；分子动力学（10）；耐腐蚀性能（9）；数值模拟（8）；本构模型（8）；氧化（7）；选择性激光熔化（7）；光致发光（7）；吸附（7）；纳米复合材料（7）；硬度（6）；铝合金（6）；自供电（6）；氧化锌（6）；阳极氧化（6）；细胞成像（6）；腐蚀（6）；镍钛合金（5）；金属有机框架（5）；抗菌能力（5）；生物材料（5）；金属合金（5）；能量储存与转换（5）
2	物理化学	7.65	密度泛函理论（32）；超级电容器（15）；光催化（13）；溶解度（11）；微观结构（11）；水分解（10）；析氧反应（9）；析氢反应（9）；电催化（9）；机械性能（9）；异质结构（8）；稳定性（8）；吸附（8）；二氧化碳减排（8）；氧空位（7）；碳点（7）；可见光（6）；配位聚合物（6）；热力学（6）；金属有机框架（6）；多相催化（5）；热力学性质（5）；甲醇（5）；泡沫镍（5）；微波吸收（5）；整体水分解（5）；DFT计算（5）；核壳结构（5）；合成（5）；ZSM-5（5）；DSC（5）；费托合成（5）；磁性（5）
3	电子与电气工程	6.14	特征提取（24）；数学模型（17）；传感器（16）；深度学习（13）；故障诊断（12）；许可证（7）；优化（7）；训练（7）；图像处理（8）；光纤传感器（8）；振动（7）；灵敏度（7）；影像重建（7）；DNA计算（7）；不确定性（7）；预测模型（6）；图像分割（6）；光纤（6）；卷积（6）；物联网（6）；微机电系统（6）；变换（5）；机器学习（5）；空间

续表

序号	活跃学科	SCI学科活跃度	高频词（词频）
3	电子与电气工程	6.14	分辨率（5）；图像去噪（5）；光纤激光器（5）；卷积神经网络（5）；振荡器（5）；相关性（5）；温度传感器（5）；混沌激光（5）；微机械设备（5）
4	化学工程	5.45	吸附（10）；光催化（10）；煤炭（8）；热解（7）；氧空位（7）；费托合成（6）；密度泛函理论（6）；合成气（5）；催化（5）；二氧化碳吸附（5）；催化性能（5）；分离（5）；气体分离（5）；析氢反应（5）；黏度（5）；DSC（5）；多相催化（5）
5	应用物理学	5.06	微观结构（13）；传感器（13）；异质结构（6）；石墨烯（6）；能量储存与转换（5）；生物相容性（5）；金属合金（5）；灵敏度（5）；纳米复合材料（5）；生物材料（5）；DNA计算（5）；法诺共振（5）；微机电系统（5）
6	能源与燃料	4.21	密度泛函理论（8）；制氢（7）煤炭（6）储氢（5）
7	环境科学	4.20	氟化物（10）；微生物群落（9）；细菌群落（8）；镉（8）；吸附（7）；气候变化（5）；厌氧氨氧化（5）
8	冶金	4.07	微观结构（47）；机械性能（44）；动态再结晶（13）；晶粒细化（11）；重结晶（10）；质地（10）；镁合金（9）；腐蚀（8）；镍钛合金（6）；沉淀强化（6）；微观结构演变（6）；抗菌能力（5）；复合材料（5）；阳极氧化（5）；本构模型（5）；选择性激光熔化（5）；耐腐蚀性能（5）；数值模拟（5）；分子动力学（5）
9	通信	3.46	特征提取（18）；许可证（9）；故障诊断（8）；深度学习（8）；数学模型（7）；物联网（6）；不确定性（6）；训练（6）；优化（5）；传感器（5）；影像重建（5）；空间分辨率（5）
10	计算机信息系统	3.44	特征提取（19）；许可证（9）；物联网（8）；深度学习（8）；故障诊断（8）；训练（7）；数学模型（7）；不确定性（6）；影像重建（6）；图像分割（5）

2021年，山西省争取国家自然科学基金项目总数为401项，项目经费总额为16 589万元，全国排名均为第24位。山西省发表SCI论文数量最多的学科为多学科材料（表3-181）；能源与燃料领域的产-学合作率最高（表3-182）；山西省争取国家自然科学基金经费超过5000万元的有1个机构（表3-183）；山西省共有8个机构进入相关学科的ESI全球前1%行列（图3-32）；发明专利申请量共9585件（表3-184），主要专利权人如表3-185所示；获得国家科技奖励的机构如表3-186所示。

2021年，山西省地方财政科技投入经费83.6亿元，全国排名第19位；获得国家科技奖励9项，全国排名第17位。截至2021年12月，山西省拥有国家重点实验室7个；拥有院士6位，全国排名第23位。

表3-181 2021年山西省主要学科发文量、被引频次及国际合作情况

序号	学科	论文数/篇（全国排名，省内排名）	论文被引频次/次（全国排名，省内排名）	论文篇均被引频次/次（全国排名，省内排名）	国际合作率（全国排名，省内排名）	国际合作度（全国排名，省内排名）
1	多学科材料	986（19，1）	1827（21，1）	1.85（23，55）	0.14（23，64）	42.87（17，64）
2	物理化学	692（19，2）	1711（21，2）	2.47（27，31）	0.13（24，66）	27.68（18，66）
3	应用物理学	460（20，3）	801（22，5）	1.74（26，62）	0.15（20，57）	21.9（20，57）
4	化学工程	445（19，4）	1263（19，3）	2.84（24，19）	0.21（7，29）	24.72（12，29）
5	电子与电气工程	392（22，5）	643（20，8）	1.64（11，66）	0.14（22，58）	17.04（23，58）
6	多学科化学	359（21，6）	696（22，6）	1.94（25，52）	0.13（23，68）	21.12（20，68）
7	能源与燃料	336（20，7）	907（19，4）	2.7（23，23）	0.18（17，38）	13.44（23，38）
8	冶金	328（17，8）	575（18，11）	1.75（20，61）	0.12（19，76）	25.23（10，76）

续表

序号	学科	论文数/篇（全国排名，省内排名）	论文被引频次/次（全国排名，省内排名）	论文篇均被引频次/次（全国排名，省内排名）	国际合作率（全国排名，省内排名）	国际合作度（全国排名，省内排名）
9	环境科学	326（26，9）	647（26，7）	1.98（27，47）	0.15（28，56）	12.07（25，56）
10	光学	294（18，10）	295（18，20）	1（16，112）	0.11（12，83）	18.38（22，83）
11	纳米科学与技术	287（19，11）	640（22，9）	2.23（26，39）	0.16（23，51）	17.94（21，51）
12	分析化学	213（19，12）	414（19，13）	1.94（12，51）	0.07（21，98）	19.36（22，98）
13	凝聚态物理	207（22，13）	382（24，15）	1.85（26，58）	0.14（22，59）	14.79（24，59）
14	仪器与仪表	191（19，14）	381（17，16）	1.99（6，46）	0.11（19，82）	12.73（23，82）
15	多学科物理学	189（15，15）	129（20，39）	0.68（27，153）	0.1（23，88）	12.6（15，88）
16	生物化学与分子生物学	175（25，16）	262（25，21）	1.5（24，76）	0.17（10，46）	11.67（26，46）
17	计算机信息系统	167（22，17）	395（18，14）	2.37（1，34）	0.2（19，32）	11.93（24，32）
18	应用化学	158（21，18）	373（24，17）	2.36（29，36）	0.1（22，87）	26.33（5，87）
19	电化学	154（19，19）	469（18，12）	3.05（5，15）	0.08（25，93）	14（19，93）
20	无机与核化学	151（18，20）	197（19，24）	1.3（28，87）	0.05（24，103）	30.2（3，103）

注：学科排序同 ESI 学科固定排序

资料来源：科技大数据湖北省重点实验室

表 3-182 2021 年山西省主要学科产–学–研合作情况

序号	学科	产–研合作率（省内排名）	产–学合作率（省内排名）	学–研合作率（省内排名）
1	多学科材料	0.91（55）	3.55（39）	8.42（93）
2	物理化学	1.16（44）	2.75（48）	9.83（81）
3	应用物理学	0.87（57）	2.61（50）	8.91（90）
4	化学工程	1.35（42）	3.37（40）	6.97（103）
5	电子与电气工程	0.51（65）	3.06（44）	5.61（118）
6	多学科化学	1.11（47）	2.79（47）	11.42（65）
7	能源与燃料	2.98（26）	5.95（25）	12.8（54）
8	冶金	0.91（54）	3.35（41）	4.57（129）
9	环境科学	1.53（37）	2.15（60）	12.88（52）
10	光学	0.34（66）	1.02（79）	12.59（56）
11	纳米科学与技术	1.05（51）	2.09（62）	11.5（64）
12	分析化学	1.41（39）	2.35（56）	3.29（137）
13	凝聚态物理	0.97（53）	3.86（34）	10.14（77）
14	仪器与仪表	0.52（64）	2.09（61）	4.19（132）
15	多学科物理学	1.06（49）	1.06（78）	6.88（106）
16	生物化学与分子生物学	1.14（46）	1.71（67）	8（95）
17	计算机信息系统	0.6（63）	2.99（45）	5.99（114）
18	应用化学	0.63（62）	1.9（65）	6.96（104）
19	电化学	0.65（61）	2.6（51）	5.84（115）
20	无机与核化学	0.66（59）	0.66（86）	4.64（128）

资料来源：科技大数据湖北省重点实验室

表 3-183　2021 年山西省争取国家自然科学基金项目经费二十强机构

序号	机构名称	项目数量/项（排名）	项目经费/万元（排名）	发文量/篇（排名）	论文被引频次/次（排名）	发明专利申请量/件（排名）
1	太原理工大学	125（83）	5 048（87）	1 520（103）	2 651（114）	1 069（71）
2	山西大学	67（151）	3 188（131）	994（151）	1 576（183）	362（269）
3	山西医科大学	59（180）	2 397（182）	877（167）	921（262）	41（2 818）
4	中北大学	45（221）	1 705（233）	1 064（138）	2 283（135）	605（147）
5	山西农业大学	29（309）	1 066（346）	411（293）	485（384）	128（833）
6	中国科学院山西煤炭化学研究所	16（456）	921（381）	229（440）	605（334）	103（1 043）
7	山西财经大学	16（456）	508（526）	143（556）	202（576）	4（40 345）
8	太原科技大学	10（572）	483（537）	379（314）	609（333）	221（474）
9	山西师范大学	9（597）	410（577）	264（403）	353（454）	12（10 554）
10	山西中医药大学	6（704）	205（759）	44（925）	29（1 168）	35（3 338）
11	太原师范学院	6（704）	180（785）	92（680）	128（677）	20（6 013）
12	中国辐射防护研究院	2（968）	125（885）	12（1 610）	7（2 393）	119（900）
13	山西高等创新研究院	3（875）	113（931）	—	—	3（54 930）
14	太原工业学院	2（968）	60（1076）	53（848）	35（1 072）	35（3 338）
15	山西工程技术学院	1（1 141）	30（1 270）	11（1 693）	5（2 911）	11（11 675）
16	山西省中医院	1（1 141）	30（1 270）	9（1 917）	9（2 077）	—
17	晋中学院	1（1 141）	30（1 270）	37（988）	32（1 119）	10（12 937）
18	运城学院	1（1 141）	30（1 270）	41（956）	41（1 014）	11（11 675）
19	长治医学院	1（1 141）	30（1 270）	66（781）	58（889）	10（12 937）
20	长治学院	1（1 141）	30（1 270）	33（1 031）	45（976）	7（20 499）

资料来源：科技大数据湖北省重点实验室

机构	机构综合排名	农业科学	化学	临床医学	计算机科学	工程科学	环境生态学	材料科学	药理学与毒物学	物理学	植物与动物科学	机构进入ESI学科数
中国科学院山西煤炭化学研究所	3869	—	462	—	—	1392	—	794	—	—	—	3
山西大学	6783	973	905	—	298	826	673	470	—	823	1148	8
太原理工大学	6982	—	978	—	—	729	—	417	—	—	—	3
山西医科大学	7442	—	—	1508	—	—	—	—	1082	—	—	2
山西农业大学	7515	684	—	—	—	—	—	—	—	—	1397	2
中北大学	7562	—	760	—	—	1014	—	587	—	—	—	3
山西师范大学	7569	—	904	—	—	—	—	—	—	—	—	1
太原科技大学	7673	—	—	—	—	730	—	—	—	—	—	1

图 3-32　2021 年山西省各机构进入 ESI 全球前 1%的学科及排名

资料来源：科技大数据湖北省重点实验室

表 3-184　2021 年山西省发明专利申请量十强技术领域

序号	IPC 号（技术领域）	发明专利申请量/件
1	G01N（小类中化学分析方法或化学检测方法）	475
2	G06F（电子数字数据处理）	300
3	E21D［竖井；隧道；平硐；地下室（土壤调节材料或土壤稳定材料入 C09K 17/00；采矿或采石用的钻机、开采机械、截道机入 E21C；安全装置、运输、救护、通风或排水入 E21F）］	214
4	A61K［医用、牙科用或梳妆用的配制品（专门适用于将药品制成特殊的物理或服用形式的装置或方法 A61J 3/00；空气除臭，消毒或灭菌，或者绷带、敷料、吸收垫或外科用品的化学方面，或材料的使用入 A61L；肥皂组合物入 C11D）］	198
5	B01J（化学或物理方法，例如，催化作用或胶体化学；其有关设备）	194
6	B01D［分离（用湿法从固体中分离固体入 B03B、B03D，用风力跳汰机或摇床入 B03B，用其他干法入 B07；固体物料从固体物料或流体中的磁或静电分离，利用高压电场的分离入 B03C；离心机、涡旋装置入 B04B；涡旋装置入 B04C；用于从含液物料中挤出液体的压力机本身入 B30B 9/02）］	175
7	G06Q（专门适用于行政、商业、金融、管理、监督或预测目的的数据处理系统或方法；其他类目不包含的专门适用于行政、商业、金融、管理、监督或预测目的的处理系统或方法）	171
8	C04B［石灰；氧化镁；矿渣；水泥；其组合物，例如：砂浆、混凝土或类似的建筑材料；人造石；陶瓷（微晶玻璃陶瓷入 C03C 10/00；耐火材料（难熔金属的合金入 C22C）；天然石的处理］	170
9	B65G［运输或贮存装置，例如装载或倾卸用输送机、车间输送机系统或气动管道输送机（包装用的入 B65B；搬运薄的或细丝状材料如纸张或细丝入 B65H；起重机入 B66C；便携式或可移动的举升或牵引器具，如升降机入 B66D；用于装载或卸载目的的升降货物的装置，如叉车，入 B66F9/00；不包括在其他类目中的瓶子、罐、罐头、木桶、桶或类似容器的排空入 B67C9/00；液体分配或转移入 B67D；将压缩的、液化的或固体化的气体灌入容器或从容器内排出入 F17C；流体用管道系统入 F17D）］	142
10	A23L［不包含在 A21D 或 A23B 至 A23J 小类中的食品、食料或非酒精饮料；它们的制备或处理，例如烹调、营养品质的改进、物理处理（不能为本小类完全包含的成型或加工入 A23P）；食品或食料的一般保存（用于烘焙的面粉或面团的保存入 A21D）］	125
	全省合计	9585

资料来源：科技大数据湖北省重点实验室

表 3-185　2021 年山西省发明专利申请量优势企业和科研机构列表

序号	优势企业	发明专利申请量/件	序号	优势科研机构	发明专利申请量/件
1	中国煤炭科工集团太原研究院有限公司	299	1	太原理工大学	1069
2	山西太钢不锈钢股份有限公司	140	2	中北大学	605
3	山西三友和智慧信息技术股份有限公司	123	3	山西大学	362
4	国网山西省电力公司电力科学研究院	92	4	太原科技大学	221
5	中铁十二局集团有限公司	75	5	山西农业大学	128
6	山西省交通科技研发有限公司	70	6	中国辐射防护研究院	119
7	中铁三局集团有限公司	62	7	中国科学院山西煤炭化学研究所	103
8	中车永济电机有限公司	58	8	吕梁学院	55
9	中车大同电力机车有限公司	57	9	山西医科大学	41
10	太原重工股份有限公司	52	10	太原工业学院	35
11	中车太原机车车辆有限公司	47	10	山西中医药大学	35
11	山西汾西重工有限责任公司	47	12	山西大同大学	27

续表

序号	优势企业	发明专利申请量/件	序号	优势科研机构	发明专利申请量/件
13	山西四建集团有限公司	35	13	忻州师范学院	22
14	山西新华防化装备研究院有限公司	34	14	太原师范学院	20
14	精英数智科技股份有限公司	34	15	山西师范大学	12
16	山西江淮重工有限责任公司	31	15	山西省农业科学院园艺研究所	12
17	中船重工电机科技股份有限公司	30	17	山西工程技术学院	11
17	山西三建集团有限公司	30	17	山西省农业科学院果树研究所	11
19	大运汽车股份有限公司	29	17	运城学院	11
20	山西柴油机工业有限责任公司	27	20	山西省农业科学院棉花研究所	10
			20	晋中学院	10
			20	长治医学院	10

资料来源：科技大数据湖北省重点实验室

表3-186　2021年山西省获得国家科技奖励机构清单

序号	获奖机构	获奖数量/项		
		总计	主持	参与
1	山西大学	2	2	0
1	山西潞安矿业（集团）有限责任公司	2	0	2
3	中铁十二局集团有限公司	1	0	1
3	山西天宇环保技术有限公司	1	0	1
3	山西大地民基生态环境股份有限公司	1	0	1
3	山西新华化工有限责任公司	1	0	1
3	山西华仁通电力科技有限公司	1	0	1
3	太原理工大学	1	0	1
3	中国科学院山西煤炭化学研究所	1	0	1
3	山西平朔煤矸石发电有限责任公司	1	0	1
3	中铁十七局集团有限公司	1	0	1
3	山西省农业科学院农业环境与资源研究所	1	0	1
3	山西太钢不锈钢股份有限公司	1	0	1

资料来源：科技大数据湖北省重点实验室

3.3.27　宁夏回族自治区

2021年，宁夏回族自治区的基础研究竞争力指数为37.2600，排名第27位。宁夏回族自治区的基础研究优势学科为物理化学、能源与燃料、多学科材料、眼科学、环境科学、药学与药理学、化学工程、应用数学、实验医学、食品科学。其中，物理化学的高频词包括光催化、析氢、光催化析氢、S型异质结、助催化剂等；能源与燃料的高频词包括光催化、S型异质结、析氢（表3-187）。综合全自治区各学科的发文数量和排名位次来看，2021年宁夏回族自治区基础研究在全国范围内无突出的学科。

表 3-187　2021 年宁夏回族自治区基础研究优势学科及高频词

序号	活跃学科	SCI 学科活跃度	高频词（词频）
1	物理化学	5.99	光催化（12）；析氢（10）；光催化析氢（10）；S 型异质结（9）；助催化剂（6）；p-n 异质结（5）；异质结（5）
2	能源与燃料	4.24	光催化（6）；S 型异质结（5）；析氢（5）
3	多学科材料	4.06	—
4	眼科学	3.80	—
5	环境科学	3.54	—
6	药学与药理学	3.49	—
7	化学工程	3.45	—
8	应用数学	3.10	固定点（6）
9	实验医学	3.08	细胞凋亡（5）
10	食品科学	2.85	—

宁夏回族自治区争取国家自然科学基金项目总数为 159 项，项目经费总额为 5456 万元，全国排名均为第 29 位。宁夏回族自治区发表 SCI 论文数量最多的学科为物理化学（表 3-188）；植物学领域的产-研合作率最高（表 3-189）；宁夏回族自治区争取国家自然科学基金经费超过 2000 万元的有 1 个机构（表 3-190）。宁夏回族自治区共有 2 个机构进入相关学科的 ESI 全球前 1%行列（图 3-33）；发明专利申请量共 2876 件（表 3-191），主要专利权人如表 3-192 所示；获得国家科技奖励的科研机构如表 3-193 所示。

2021 年，宁夏回族自治区地方财政科技投入经费 28.98 亿元，全国排名第 29 位；获得国家科技奖励 4 项，全国排名第 22 位。截至 2021 年 12 月，宁夏回族自治区拥有国家重点实验室 3 个；拥有院士 2 位，全国排名第 26 位。

表 3-188　2021 年宁夏回族自治区主要学科发文量、被引频次及国际合作情况

序号	学科	论文数/篇（全国排名,自治区内排名）	论文被引频次/次（全国排名,自治区内排名）	论文篇均被引频次/次（全国排名,自治区内排名）	国际合作率（全国排名,自治区内排名）	国际合作度（全国排名,自治区内排名）
1	物理化学	107（28，1）	515（25，1）	4.81（1，4）	0.04（30，49）	26.75（19，49）
2	多学科材料	99（29，2）	177（29，4）	1.79（25，30）	0.08（29，36）	14.14（27，36）
3	多学科化学	90（29，3）	139（29，5）	1.54（27，34）	0.06（30，43）	22.5（19，43）
4	能源与燃料	76（28，4）	277（27，2）	3.64（4，8）	0.04（30，48）	25.33（12，48）
5	环境科学	65（29，5）	71（29，13）	1.09（30，54）	0.14（29，24）	13（21，24）
6	药学与药理学	63（29，6）	67（28，15）	1.06（27，56）	0.05（30，46）	31.5（11，46）
7	应用数学	59（28，7）	57（27，17）	0.97（22，66）	0.24（10，12）	8.43（27，12）
8	化学工程	57（28，8）	195（27，3）	3.42（14，9）	0.05（30，44）	19（18，44）
9	实验医学	55（29，9）	75（28，11）	1.36（15，44）	0.09（11，34）	27.5（21，34）
10	食品科学	45（29，10）	121（28，6）	2.69（3，14）	0.02（29，53）	45（1，53）
11	应用物理学	44（29，11）	121（29，6）	2.75（8，12）	0.07（29，39）	14.67（27，39）

续表

序号	学科	论文数/篇（全国排名，自治区内排名）	论文被引频次/次（全国排名，自治区内排名）	论文篇均被引频次/次（全国排名，自治区内排名）	国际合作率（全国排名，自治区内排名）	国际合作度（全国排名，自治区内排名）
12	电子与电气工程	43（29，12）	33（29，32）	0.77（28，74）	0.14（24，23）	8.6（30，23）
13	生物化学与分子生物学	40（29，13）	76（29，10）	1.9（7，26）	0.05（30，45）	20（19，45）
14	多学科	40（29，13）	39（29，23）	0.98（26，65）	0.28（7，8）	4.44（29，8）
15	肿瘤学	39（29，15）	55（29，18）	1.41（7，39）	0.03（28，52）	39（19，52）
16	植物学	36（30，16）	30（30，34）	0.83（30，71）	0.03（31，51）	36（1，51）
17	跨学科应用数学	33（28，17）	12（29，52）	0.36（30，111）	0.21（9，15）	11（18，15）
18	人工智能	32（28，18）	60（27，16）	1.88（16，28）	0.06（30，41）	16（17，41）
19	数学	31（28，19）	10（29，57）	0.32（29，118）	0.26（3，10）	6.2（28，10）
20	生物技术与应用微生物学	29（30，20）	38（29，25）	1.31（26，46）	0.03（31，50）	29（3，50）

注：学科排序同 ESI 学科固定排序
资料来源：科技大数据湖北省重点实验室

表 3-189　2021 年宁夏回族自治区主要学科产–学–研合作情况

序号	学科	产-研合作率（自治区内排名）	产-学合作率（自治区内排名）	学-研合作率（自治区内排名）
1	物理化学	1.87（14）	1.87（33）	4.67（77）
2	多学科材料	3.03（11）	5.05（22）	9.09（59）
3	多学科化学	0（15）	4.44（26）	7.78（64）
4	能源与燃料	2.63（12）	6.58（18）	6.58（70）
5	环境科学	3.08（10）	3.08（31）	13.85（39）
6	药学与药理学	0（15）	0（34）	1.59（83）
7	应用数学	0（15）	0（34）	0（84）
8	化学工程	0（15）	3.51（30）	5.26（73）
9	实验医学	0（15）	0（34）	1.82（82）
10	食品科学	0（15）	0（34）	17.78（28）
11	应用物理学	2.27（13）	4.55（25）	11.36（49）
12	电子与电气工程	0（15）	11.63（10）	9.3（58）
13	生物化学与分子生物学	0（15）	2.5（32）	12.5（43）
14	多学科	0（15）	0（34）	15（34）
15	肿瘤学	0（15）	0（34）	10.26（55）
16	植物学	5.56（5）	8.33（14）	8.33（61）
17	跨学科应用数学	0（15）	0（34）	3.03（81）
18	人工智能	0（15）	0（34）	3.13（80）
19	数学	0（15）	0（34）	0（84）
20	生物技术与应用微生物学	0（15）	0（34）	10.34（54）

资料来源：科技大数据湖北省重点实验室

表 3-190 2021 年宁夏回族自治区争取国家自然科学基金项目经费八强机构

序号	机构名称	项目数量/项（排名）	项目经费/万元（排名）	发文量/篇（排名）	论文被引频次/次（排名）	发明专利申请量/件（排名）
1	宁夏大学	67（151）	2 335（185）	458（275）	541（356）	138（784）
2	宁夏医科大学	54（192）	1 846（219）	394（305）	478（388）	64（1 742）
3	北方民族大学	27（329）	909（385）	323（346）	897（270）	104（1 034）
4	宁夏师范学院	4（801）	126（884）	28（1 104）	20（1 390）	8（17 399）
5	宁夏农林科学院园艺研究所	2（968）	70（1 046）	—	—	1（138 140）
6	宁夏回族自治区气象科学研究所	2（968）	70（1 046）	1（6 453）	0（8 464）	—
7	宁夏农林科学院植物保护研究所	2（968）	65（1 060）	—	—	—
8	宁夏农林科学院枸杞科学研究所	1（1 141）	35（1 220）	1（6 453）	1（5 903）	15（8 285）

资料来源：科技大数据湖北省重点实验室

	机构综合排名	化学	临床医学	工程科学	药理学与毒物学	机构进入 ESI 学科数
宁夏医科大学	6715	—	2195	—	939	2
宁夏大学	7620	754	—	1025	—	2

图 3-33 2021 年宁夏回族自治区各机构进入 ESI 全球前 1%的学科及排名
资料来源：科技大数据湖北省重点实验室

表 3-191 2021 年宁夏回族自治区发明专利申请量十强技术领域

序号	IPC 号（技术领域）	发明专利申请量/件
1	G01N（小类中化学分析方法或化学检测方法）	100
2	C07C［无环或碳环化合物（高分子化合物入 C08；有机化合物的电解或电泳生产入 C25B 3/00，C25B 7/00）］	99
3	G01R（G01T 物理测定方法；其设备）	87
4	A61K［医用、牙科用或梳妆用的配制品（专门适用于将药品制成特殊的物理或服用形式的装置或方法 A61J 3/00；空气除臭，消毒或灭菌，或者绷带、敷料、吸收垫或外科用品的化学方面，或材料的使用入 A61L；肥皂组合物入 C11D）］	85
5	A01G［园艺；蔬菜、花卉、稻、果树、葡萄、啤酒花或海菜的栽培；林业；浇水（水果、蔬菜、啤酒花等类植物的采摘入 A01D46/00；繁殖单细胞藻类入 C12N1/12）］	83
6	G06F（电子数字数据处理）	77
7	G06Q（专门适用于行政、商业、金融、管理、监督或预测目的的数据处理系统或方法；其他类目不包含的专门适用于行政、商业、金融、管理、监督或预测目的的处理系统或方法）	74
8	B01D［分离（用湿法从固体中分离固体入 B03B、B03D，用风力跳汰机或摇床入 B03B，用其他干法入 B07；固体物料从固体物料或流体中的磁或静电分离，利用高压电场的分离入 B03C；离心机、涡旋装置入 B04B；涡旋装置入 B04C；用于从含液物料中挤出液体的压力机本身入 B30B 9/02）］	73
9	B01J（化学或物理方法，例如，催化作用或胶体化学；其有关设备）	72
10	B65G［运输或贮存装置，例如装载或倾卸用输送机、车间输送机系统或气动管道输送机（包装用的入 B65B；搬运薄的或细丝状材料如纸张或细丝入 B65H；起重机入 B66C；便携式或可移动的举升或牵引器具，如升降机入 B66D；用于装载或卸载目的的升降货物的装置，如叉车，入 B66F9/00；不包括在其他类目中的瓶子、罐、罐头、木桶、桶或类似容器的排除入 B67C9/00；液体分配或转移入 B67D；将压缩的、液化的或固体化的气体灌入容器或从容器内排出入 F17C；流体用管道系统入 F17D）］	70
	全自治区合计	2876

资料来源：科技大数据湖北省重点实验室

表 3-192 2021 年宁夏回族自治区发明专利申请量优势企业和科研机构列表

序号	优势企业	发明专利申请量/件	序号	优势科研机构	发明专利申请量/件
1	国家能源集团宁夏煤业有限责任公司	96	1	宁夏大学	138
2	国网宁夏电力有限公司电力科学研究院	90	2	北方民族大学	104
3	宁夏清研高分子新材料有限公司	50	3	宁夏医科大学	64
4	共享智能铸造产业创新中心有限公司	48	4	宁夏农产品质量标准与检测技术研究所（宁夏农产品质量监测中心）	29
5	国网宁夏电力有限公司	39	5	宁夏农林科学院植物保护研究所（宁夏植物病虫害防治重点实验室）	24
6	共享智能装备有限公司	35	6	宁夏农林科学院农作物研究所（宁夏回族自治区农作物育种中心）	17
7	银川特锐宝信息技术服务有限公司	33		宁夏农林科学院园艺研究所（宁夏设施农业工程技术研究中心）	17
8	共享装备股份有限公司	30	8	宁夏农林科学院枸杞科学研究所	15
9	宁夏天地奔牛实业集团有限公司	28	9	宁夏农林科学院农业生物技术研究中心（宁夏农业生物技术重点实验室）	10
10	宁夏隆基宁光仪表股份有限公司	26	10	宁夏建设职业技术学院	9
11	国网宁夏电力有限公司检修公司	25		宁夏计量质量检验检测研究院	9
12	宁夏共享机床辅机有限公司	23	12	宁夏农林科学院动物科学研究所（宁夏草畜工程技术研究中心）	8
	宁夏小牛自动化设备有限公司	23		宁夏师范学院	8
14	共享铸钢有限公司	22	14	宁夏农林科学院荒漠化治理研究所（宁夏防沙治沙与水土保持重点实验室）	7
	国网宁夏电力有限公司营销服务中心（国网宁夏电力有限公司计量中心）	22	15	宁夏农林科学院固原分院	6
16	宁夏中欣晶圆半导体科技有限公司	20		宁夏职业技术学院（宁夏广播电视大学）	6
17	宁夏神耀科技有限责任公司	19	17	宁夏农林科学院农业资源与环境研究所（宁夏土壤与植物营养重点实验室）	5
18	国网宁夏电力有限公司经济技术研究院	17	18	宁夏理工学院	4
	宁夏瑞泰科技股份有限公司	17	19	宁夏农林科学院	3
20	宁夏东方钽业股份有限公司	15		宁夏农林科学院农业经济与信息技术研究所（宁夏农业科技图书馆）	3

资料来源：科技大数据湖北省重点实验室

表 3-193 2021 年宁夏回族自治区获得国家科技奖励机构清单

序号	获奖机构	获奖数量/项 总计	主持	参与
1	中国石油天然气股份有限公司宁夏石化分公司	1	0	1
	西北稀有金属材料研究院宁夏有限公司	1	0	1
	国家能源集团宁夏煤业有限责任公司	1	1	0
	宁夏天地奔牛实业集团有限公司	1	0	1

资料来源：科技大数据湖北省重点实验室

3.3.28 青海省

2021年，青海省的基础研究竞争力指数为37.2139，排名第28位。青海省的基础研究优势学科为计算机跨学科应用、环境科学、多学科材料、土壤学、遗传学、植物学、多学科地球科学、药学与药理学、肿瘤学、实验医学。其中，遗传学的高频词包括系统发育分析、叶绿体基因组（表3-194）。综合全省各学科的发文数量和排名位次来看，2021年青海省基础研究在全国范围内较为突出的学科为寄生物学。

表3-194 2021年青海省基础研究优势学科及高频词

序号	活跃学科	SCI学科活跃度	高频词（词频）
1	计算机跨学科应用	2.85	—
2	环境科学	2.57	—
3	多学科材料	2.32	微观结构（5）
4	土壤学	2.17	—
5	遗传学	2.09	系统发育分析（34）；叶绿体基因组（30）；线粒体基因组（5）
6	植物学	1.96	—
7	多学科地球科学	1.87	—
8	药学与药理学	1.86	—
9	肿瘤学	1.79	胃癌（5）
10	实验医学	1.72	—

2021年，青海省争取国家自然科学基金项目总数为80项，项目经费总额为2977万元，全国排名均为第30位。青海省发表SCI论文数量最多的学科为遗传学（表3-195）；电子与电气工程领域的产-研合作率最高（表3-196）；青海省争取国家自然科学基金经费超过1000万元的有1个机构（表3-197）。青海省没有机构进入相关学科的ESI全球前1%行列；发明专利申请量共1430件（表3-198），主要专利权人如表3-199所示；获得国家科技奖励的机构如表3-200所示。

2021年，青海省地方财政科技投入经费10亿元，全国排名第30位；获得国家科技奖励2项，全国排名第28位。截至2021年12月，青海省拥有国家重点实验室2个；拥有院士2位，全国排名第26位。

表3-195 2021年青海省主要学科发文量、被引频次及国际合作情况

序号	学科	论文数/篇（全国排名，省内排名）	论文被引频次/次（全国排名，省内排名）	论文篇均被引频次/次（全国排名，省内排名）	国际合作率（全国排名，省内排名）	国际合作度（全国排名，省内排名）
1	遗传学	64（28，1）	18（29，34）	0.28（30，104）	0.09（22，35）	12.8（23，35）
2	环境科学	60（30，2）	67（30，3）	1.12（29，54）	0.17（27，20）	7.5（30，20）
3	多学科材料	55（30，3）	90（30，1）	1.64（28，27）	0.15（21，26）	13.75（28，26）

续表

序号	学科	论文数/篇（全国排名，省内排名）	论文被引频次/次（全国排名，省内排名）	论文篇均被引频次/次（全国排名，省内排名）	国际合作率（全国排名，省内排名）	国际合作度（全国排名，省内排名）
4	多学科化学	41（30，4）	24（30，23）	0.59（31，80）	0.15（20，25）	8.2（30，25）
5	电子与电气工程	38（30，5）	27（30，17）	0.71（29，77）	0.16（19，23）	12.67（28，23）
6	肿瘤学	38（30，5）	47（30，9）	1.24（16，48）	0（30，46）	0（30，46）
7	药学与药理学	37（30，7）	49（30，8）	1.32（20，44）	0.08（21，37）	12.33（30，37）
8	植物学	37（29，7）	59（29，4）	1.59（14，30）	0.16（23，21）	4.63（29，21）
9	物理化学	35（30，9）	59（30，4）	1.69（31，23）	0.14（21，27）	8.75（29，27）
10	多学科地球科学	35（28，9）	57（27，6）	1.63（18，28）	0.17（26，19）	5（26，19）
11	实验医学	35（30，9）	40（30，12）	1.14（22，51）	0.03（27，45）	17.5（28，45）
12	生物技术与应用微生物学	33（29，12）	36（30，13）	1.09（29，55）	0.3（1，7）	3.67（31，7）
13	生物化学与分子生物学	31（30，13）	22（30，24）	0.71（31，78）	0.19（2，16）	6.2（29，16）
14	计算机信息系统	31（29，13）	9（29，53）	0.29（31，102）	0.23（16，13）	7.75（28，13）
15	通信	30（29，15）	8（29，54）	0.27（30，105）	0.23（15，12）	7.5（26，12）
16	应用物理学	25（30，16）	41（30，11）	1.64（27，26）	0.16（12，22）	12.5（29，22）
17	多学科	23（30，17）	26（30，18）	1.13（22，52）	0.13（25，29）	11.5（20，29）
18	化学工程	22（30，18）	26（30，18）	1.18（30，49）	0.14（24，28）	7.33（30，28）
19	计算机科学理论与方法	21（28，19）	6（29，64）	0.29（30，103）	0（30，46）	0（30，46）
20	分析化学	20（30，20）	19（30，30）	0.95（31，68）	0.05（25，44）	20（19，44）

注：学科排序同 ESI 学科固定排序
资料来源：科技大数据湖北省重点实验室

表 3-196　2021 年青海省主要学科产–学–研合作情况

序号	学科	产-研合作率（省内排名）	产-学合作率（省内排名）	学-研合作率（省内排名）
1	遗传学	1.56（20）	1.56（38）	18.75（66）
2	环境科学	0（21）	5（30）	56.67（21）
3	多学科材料	1.82（19）	10.91（19）	12.73（78）
4	多学科化学	0（21）	0（39）	26.83（52）
5	电子与电气工程	10.53（9）	31.58（13）	13.16（77）
6	肿瘤学	2.63（18）	0（39）	7.89（90）
7	药学与药理学	0（21）	0（39）	0（94）
8	植物学	0（21）	0（39）	10.81（84）
9	物理化学	0（21）	2.86（36）	31.43（46）
10	多学科地球科学	2.86（17）	2.86（36）	54.29（23）
11	实验医学	0（21）	0（39）	5.71（92）
12	生物技术与应用微生物学	0（21）	0（39）	12.12（81）
13	生物化学与分子生物学	0（21）	3.23（34）	29.03（47）
14	计算机信息系统	0（21）	3.23（34）	6.45（91）

续表

序号	学科	产-研合作率（省内排名）	产-学合作率（省内排名）	学-研合作率（省内排名）
15	通信	0（21）	3.33（33）	3.33（93）
16	应用物理学	0（21）	4（32）	16（72）
17	多学科	0（21）	4.35（31）	43.48（29）
18	化学工程	0（21）	0（39）	36.36（37）
19	计算机科学理论与方法	0（21）	0（39）	9.52（88）
20	分析化学	0（21）	0（39）	10（86）

资料来源：科技大数据湖北省重点实验室

表 3-197　2021 年青海省争取国家自然科学基金项目经费十强机构

序号	机构名称	项目数量/项（排名）	项目经费/万元（排名）	发文量/篇（排名）	论文被引频次/次（排名）	发明专利申请量/件（排名）
1	青海大学	39（250）	1 340（292）	365（321）	369（445）	87（1 248）
2	青海师范大学	16（456）	596（495）	125（595）	139（649）	44（2 605）
3	中国科学院西北高原生物研究所	8（625）	377（595）	93（676）	110（715）	55（2 019）
4	青海省农林科学院	5（749）	198（778）	—	—	18（6 807）
5	中国科学院青海盐湖研究所	2（968）	120（893）	82（715）	87（778）	46（2 471）
6	青海民族大学	3（875）	107（945）	54（843）	73（821）	22（5 416）
7	青海省畜牧兽医科学院	3（875）	105（948）	—	—	5（30 258）
8	青海省人民医院	2（968）	65（1 060）	45（919）	27（1 211）	4（40 345）
9	青海省人工影响天气办公室	1（1 141）	35（1 220）	—	—	—
10	青海省气象科学研究所	1（1 141）	34（1 252）	—	—	2（80 328）

资料来源：科技大数据湖北省重点实验室

表 3-198　2021 年青海省发明专利申请量十强技术领域

序号	IPC 号（技术领域）	发明专利申请量/件
1	G01N（小类中化学分析方法或化学检测方法）	81
2	G06F（电子数字数据处理）	63
3	G06Q（专门适用于行政、商业、金融、管理、监督或预测目的的数据处理系统或方法；其他类目不包含的专门适用于行政、商业、金融、管理、监督或预测目的的处理系统或方法）	55
4	A61K［医用、牙科用或梳妆用的配制品（专门适用于将药品制成特殊的物理或服用形式的装置或方法 A61J 3/00；空气除臭，消毒或灭菌，或者绷带、敷料、吸收垫或外科用品的化学方面，或材料的使用入 A61L；肥皂组合物入 C11D）］	52
5	H02J（供电或配电的电路装置或系统；电能存储系统）	40
6	B01D［分离（用湿法从固体中分离固体入 B03B、B03D，用风力跳汰机或摇床入 B03B，用其他干法入 B07；固体物料从固体物料或流体中的磁或静电分离，利用高压电场的分离入 B03C；离心机、涡旋装置入 B04B；涡旋装置入 B04C；用于从含液物料中挤出液体的压力机本身入 B30B 9/02）］	29
7	G01R（G01T 物理测定方法；其设备）	27
8	A23L［不包含在 A21D 或 A23B 至 A23J 小类中的食品、食料或非酒精饮料；它们的制备或处理，例如烹调、营养品质的改进、物理处理（不能为本小类完全包含的成型或加工入 A23P）；食品或食料的一般保存（用于烘焙的面粉或面团的保存入 A21D）］	26

续表

序号	IPC 号（技术领域）	发明专利申请量/件
9	C02F[水、废水、污水或污泥的处理（通过在物质中产生化学变化使有害的化学物质无害或降低危害的方法入 A62D 3/00；分离、沉淀箱或过滤设备入 B01D；有关处理水、废水或污水生产装置的水运容器的特殊设备，例如用于制备淡水入 B63J；为防止水的腐蚀用的添加物质入 C23F；放射性废液的处理入 G21F 9/04）]	26
10	E02D[基础；挖方；填方（专用于水利工程的入 E02B）；地下或水下结构物]	26
	全省合计	1430

资料来源：科技大数据湖北省重点实验室

表 3-199　2021 年青海省发明专利申请量优势企业和科研机构列表

序号	优势企业	发明专利申请量/件	序号	优势科研机构	发明专利申请量/件
1	中国水利水电第四工程局有限公司	42	1	青海大学	87
2	国网青海省电力公司	35	2	中国科学院西北高原生物研究所	55
3	国网青海省电力公司信息通信公司	33	3	中国科学院青海盐湖研究所	46
4	华能青海发电有限公司新能源分公司	19	4	青海师范大学	44
5	国网青海省电力公司经济技术研究院	18	5	青海民族大学	22
5	青海送变电工程有限公司	18	6	青海省农林科学院	18
7	亚洲硅业（青海）股份有限公司	16	7	青海省地质调查院（青海省地质矿产研究院、青海省地质遥感中心）	5
7	国网青海省电力公司检修公司	16	8	青海省畜牧兽医科学院	5
7	国网青海省电力公司黄化供电公司	16	9	青海交通职业技术学院	4
10	青海西钢特殊钢科技开发有限公司	15	10	海西州农牧业技术推广服务中心（海西州农村经济经营服务站、柴达木生物研究所）	3
11	国家电投集团黄河上游水电开发有限责任公司	14	11	青海建筑职业技术学院	2
11	国网青海省电力公司海西供电公司	14	11	青海柴达木职业技术学院（海西蒙古族藏族自治州职业技术学校）	2
11	国网青海省电力公司西宁供电公司	14	11	青海省核工业核地质研究院（青海省核工业检测试验中心）	2
14	国网青海省电力公司海东供电公司	13	11	青海省气象科学研究所	2
14	青海格茫公路管理有限公司	13	11	青海高等职业技术学院（海东省中等职业技术学校）	2
16	西部矿业股份有限公司	12	16	西宁城市职业技术学院	1
16	青海盐湖工业股份有限公司	12	16	青海卫生职业技术学院	1
16	青海绿能数据有限公司	12	16	青海省藏医药研究院	1
16	青海黄河上游水电开发有限责任公司西宁太阳能电力分公司	12			
20	国网青海省电力公司海北供电公司	10			
20	国网青海省电力公司海南供电公司	10			
20	国网青海省电力公司清洁能源发展研究院	10			

资料来源：科技大数据湖北省重点实验室

表 3-200 2021年青海省获得国家科技奖励机构清单

序号	获奖机构	获奖数量/项 总计	主持	参与
1	中国科学院紫金山天文台青海观测站	1	1	0
	青海地方铁路建设投资有限公司	1	0	1

资料来源：科技大数据湖北省重点实验室

3.3.29 新疆维吾尔自治区

2021年，新疆维吾尔自治区的基础研究竞争力指数为36.9082，排名第29位。新疆维吾尔自治区的基础研究优势学科为环境科学、控制论、多学科材料、电子与电气工程、物理化学、植物学、能源与燃料、应用物理学、多学科化学、化学工程。其中，环境科学的高频词包括中亚、气候变化、新疆、人类活动、咸海等；控制论的高频词包括同步性；多学科材料的高频词包括微观结构、氧化锌、焊接、超级电容器、抗拉强度等（表3-201）。综合全自治区各学科的发文数量和排名位次来看，2021年新疆维吾尔自治区基础研究在全国范围内较为突出的学科为石油工程、寄生物学、天文学与天体物理、生态学、农艺学等。

表 3-201 2021年新疆维吾尔自治区基础研究优势学科及高频词

序号	活跃学科	SCI学科活跃度	高频词（词频）
1	环境科学	7.48	中亚（16）；气候变化（14）；新疆（10）；人类活动（8）；咸海（7）；驱动因素（7）；生态系统服务（6）；土地利用（6）；四环素（5）；遥感（5）；塔里木河流域（5）
2	控制论	4.84	同步性（6）
3	多学科材料	4.30	微观结构（14）；氧化锌（6）；焊接（5）；超级电容器（5）；抗拉强度（5）；电气特性（5）
4	电子与电气工程	4.17	特征提取（16）；深度学习（10）；任务分析（8）；注意力机制（8）；语义（7）；传感器（6）；计算建模（6）；图像处理（6）；训练（5）；数据模型（5）；氧化锌（5）；遥感（5）；图像分类（5）
5	物理化学	3.85	析氢反应（11）；光催化（7）；水分解（5）；锂离子电池（5）；密度泛函理论（5）；电催化（5）
6	植物学	3.70	棉布（13）；光合作用（9）；陆地棉（6）；抗旱性（5）
7	能源与燃料	3.07	—
8	应用物理学	3.04	微观结构（9）；氧化锌（6）；焊接（5）
9	多学科化学	2.96	—
10	化学工程	2.90	—

2021年，新疆维吾尔自治区争取国家自然科学基金项目总数为329项，项目经费总额为11 921万元，全国排名均为第26位。新疆维吾尔自治区发表SCI论文数量最多的学科为环境科学（表3-202）；能源与燃料领域的产-学合作率最高（表3-203）；新疆维吾尔自治区争取国家自然科学基金经费超过2000万元的有2个机构（表3-204）；新疆维吾尔自治区共有4个机构进入相关学科的ESI全球前1%行列（图3-34）；发明专利申请量共3821件（表3-205），主要专利权人如表3-206所示；获得国家科技奖励的机构如表3-207所示。

2021年，新疆维吾尔自治区地方财政科技投入经费42.8亿元，全国排名第24位；获得国家科技奖励5项，全国排名第21位。截至2021年12月，新疆维吾尔自治区拥有国家重点实验室3个；拥有院士11位，全国排名第21位。

表3-202　2021年新疆维吾尔自治区主要学科发文量、被引频次及国际合作情况

序号	学科	论文数/篇（全国排名，自治区内排名）	论文被引频次/次（全国排名，自治区内排名）	论文篇均被引频次/次（全国排名，自治区内排名）	国际合作率（全国排名，自治区内排名）	国际合作度（全国排名，自治区内排名）
1	环境科学	354（25，1）	760（25，1）	2.15（25，29）	0.22（12，18）	11.42（26，18）
2	多学科材料	248（27，2）	441（26，4）	1.78（26，38）	0.09（26，54）	12.4（29，54）
3	物理化学	177（27，3）	506（26，2）	2.86（24，15）	0.08（28，62）	16.09（26，62）
4	电子与电气工程	175（25，4）	151（26，16）	0.86（27，106）	0.11（28，42）	13.46（26，42）
5	多学科化学	173（26，5）	465（25，3）	2.69（19，16）	0.1（28，48）	10.81（27，48）
6	植物学	168（23，6）	238（22，9）	1.42（22，59）	0.21（14，20）	11.2（19，20）
7	能源与燃料	150（25，7）	328（25，5）	2.19（27，28）	0.08（28，61）	18.75（17，61）
8	应用物理学	150（25，7）	244（25，8）	1.63（28，45）	0.09（27，58）	15（26，58）
9	多学科	138（24，9）	147（23，18）	1.07（23，83）	0.1（29，50）	12.55（18，50）
10	化学工程	127（25，10）	278（25，6）	2.19（28，27）	0.11（27，45）	14.11（25，45）
11	多学科地球科学	123（20，11）	211（19，11）	1.72（14，40）	0.3（10，11）	5.86（24，11）
12	食品科学	113（25，12）	184（27，12）	1.63（27，44）	0.03（28，90）	37.67（3，90）
13	肿瘤学	110（27，13）	107（27，30）	0.97（27，96）	0.03（26，89）	55（13，89）
14	实验医学	109（26，14）	123（25，23）	1.13（23，75）	0.04（25，85）	54.5（4，85）
15	药学与药理学	105（26，15）	113（26，18）	1.08（26，80）	0.06（29，71）	21（20，71）
16	生物化学与分子生物学	104（26，16）	171（26，15）	1.64（17，43）	0.11（27，47）	20.8（16，47）
17	水资源	100（21，17）	147（21，18）	1.47（23，54）	0.26（9，15）	6.67（25，15）
18	生物技术与应用微生物学	95（25，18）	141（25，20）	1.48（23，52）	0.09（27，53）	11.88（26，53）
19	应用数学	92（26，19）	54（28，49）	0.59（27，127）	0.09（29，57）	30.67（1，57）
20	有机化学	81（23，20）	150（23，17）	1.85（17，34）	0.2（1，22）	20.25（17，22）

注：学科排序同ESI学科固定排序

资料来源：科技大数据湖北省重点实验室

表3-203　2021年新疆维吾尔自治区主要学科产–学–研合作情况

序号	学科	产–研合作率（自治区内排名）	产–学合作率（自治区内排名）	学–研合作率（自治区内排名）
1	环境科学	3.39（32）	5.08（37）	20.34（44）
2	多学科材料	3.23（33）	5.24（35）	10.89（89）
3	物理化学	0.56（50）	2.82（59）	9.04（99）
4	电子与电气工程	2.86（35）	9.71（22）	11.43（85）
5	多学科化学	0.58（49）	1.73（69）	14.45（70）
6	植物学	2.38（39）	2.98（57）	14.29（71）

续表

序号	学科	产-研合作率（自治区内排名）	产-学合作率（自治区内排名）	学-研合作率（自治区内排名）
7	能源与燃料	4.67（22）	27.33（7）	13.33（75）
8	应用物理学	2.67（38）	3.33（56）	11.33（86）
9	多学科	1.45（44）	2.17（64）	18.84（50）
10	化学工程	0.79（48）	12.6（15）	8.66（101）
11	多学科地球科学	8.94（11）	12.2（16）	29.27（31）
12	食品科学	4.42（23）	4.42（43）	15.04（66）
13	肿瘤学	2.73（36）	3.64（52）	6.36（113）
14	实验医学	0（51）	0（75）	1.83（130）
15	药学与药理学	0（51）	0.95（74）	6.67（111）
16	生物化学与分子生物学	3.85（28）	3.85（49）	12.5（77）
17	水资源	1（47）	2（66）	19（48）
18	生物技术与应用微生物学	0（51）	2.11（65）	11.58（83）
19	应用数学	0（51）	0（75）	2.17（129）
20	有机化学	0（51）	0（75）	8.64（102）

资料来源：科技大数据湖北省重点实验室

表3-204　2021年新疆维吾尔自治区争取国家自然科学基金项目经费二十八强机构

序号	机构名称	项目数量/项（排名）	项目经费/万元（排名）	发文量/篇（排名）	论文被引频次/次（排名）	发明专利申请量/件（排名）
1	石河子大学	79（126）	2 781（154）	756（190）	1 058（243）	331（297）
2	新疆大学	62（162）	2 194（195）	1 042（145）	1 660（173）	185（568）
3	新疆医科大学	50（203）	1 727（231）	537（246）	415（420）	17（7 226）
4	中国科学院新疆生态与地理研究所	23（365）	1 012（357）	285（380）	486（380）	42（2 751）
5	新疆农业大学	25（348）	844（397）	180（504）	221（558）	91（1 194）
6	新疆师范大学	16（456）	553（513）	106（631）	132（666）	12（10 554）
7	中国科学院新疆理化技术研究所	12（541）	540（517）	183（502）	586（339）	101（1 071）
8	塔里木大学	14（501）	481（540）	73（749）	49（945）	180（582）
9	中国科学院新疆天文台	6（704）	314（644）	48（888）	60（873）	18（6 807）
10	新疆农业科学院	8（625）	280（676）	30（1 072）	21（1 357）	3（54 930）
11	新疆工程学院	4（801）	163（823）	13（1 549）	6（2 611）	22（5 416）
12	新疆维吾尔自治区人民医院	4（801）	159（824）	78（726）	45（976）	72（1 516）
13	新疆财经大学	5（749）	145（862）	4（2 994）	3（3 767）	2（80 328）
14	伊犁师范大学	3（875）	105（948）	20（1 273）	16（1 540）	7（20 499）
15	中国气象局乌鲁木齐沙漠气象研究所	2（968）	86（1 024）	25（1 167）	26（1 233）	5（30 258）
16	和田地区人民医院	2（968）	68（1 052）	—	—	2（80 328）
17	喀什地区第一人民医院	2（968）	68（1 052）	15（1 454）	10（1 963）	3（54 930）
18	喀什大学	2（968）	65（1 060）	2（4 331）	1（5 903）	2（80 328）

续表

序号	机构名称	项目数量/项（排名）	项目经费/万元（排名）	发文量/篇（排名）	论文被引频次/次（排名）	发明专利申请量/件（排名）
19	新疆维吾尔自治区气象台	1（1 141）	36（1 218）	—	—	—
20	克拉玛依市中心医院	1（1 141）	35（1 220）	2（4 331）	0（8 464）	1（138 140）
21	新疆生产建设兵团第六师农业科学研究所	1（1 141）	35（1 220）	—	—	—
22	新疆畜牧科学院	1（1 141）	35（1 220）	2（4 331）	2（4 542）	—
23	新疆维吾尔自治区中药民族药研究所	1（1 141）	35（1 220）	—	—	10（12 937）
24	新疆维吾尔自治区药物研究所	1（1 141）	35（1 220）	1（6 453）	4（3 292）	4（40 345）
25	新疆维吾尔自治区维吾尔医药研究所	1（1 141）	34（1 252）	—	—	4（40 345）
26	中国人民解放军新疆军区总医院	1（1 141）	30（1 270）	3（3 485）	1（5 903）	3（54 930）
27	新疆农垦科学院	1（1 141）	30（1 270）	10（1 800）	3（3 767）	44（2 605）
28	新疆维吾尔自治区地震局	1（1 141）	30（1 270）	1（6 453）	0（8 464）	—

资料来源：科技大数据湖北省重点实验室

	机构综合排名	农业科学	化学	临床医学	工程科学	环境生态学	地球科学	材料科学	植物与动物科学	机构进入ESI学科数
中国科学院新疆生态与地理研究所	5958	813	—	—	—	20	5	—	1362	4
新疆医科大学	7227	—	—	54	—	—	—	—	—	1
石河子大学	7307	642	911	1493	—	—	—	—	1496	4
新疆大学	7319	—	1549	—	30	—	—	19	—	3

图 3-34　2021 年新疆维吾尔自治区各机构进入 ESI 全球前 1% 的学科及排名
资料来源：科技大数据湖北省重点实验室

表 3-205　2021 年新疆维吾尔自治区发明专利申请量十强技术领域

序号	IPC 号（技术领域）	发明专利申请量/件
1	G01N（小类中化学分析方法或化学检测方法）	180
2	A01G[园艺；蔬菜、花卉、稻、果树、葡萄、啤酒花或海菜的栽培；林业；浇水（水果、蔬菜、啤酒花等类植物的采摘入 A01D46/00；繁殖单细胞藻类入 C12N1/12）]	138
3	A61K[医用、牙科用或梳妆用的配制品（专门适用于将药品制成特殊的物理或服用形式的装置或方法 A61J 3/00；空气除臭，消毒或灭菌，或者绷带、敷料、吸收垫或外科用品的化学方面，或材料的使用入 A61L；肥皂组合物入 C11D）]	130
4	G06F（电子数字数据处理）	130
5	G06Q（专门适用于行政、商业、金融、管理、监督或预测目的的数据处理系统或方法；其他类目不包含的专门适用于行政、商业、金融、管理、监督或预测目的的处理系统或方法）	92
6	C12N[微生物或酶；其组合物（杀生剂、害虫驱避剂或引诱剂，或含有微生物、病毒、微生物真菌、酶、发酵物的植物生长调节剂，或从微生物或动物材料产生或提取制得的物质入 A01N63/00；药品入 A61K；肥料入 C05F）；繁殖、保藏或维持微生物；变异或遗传工程；培养基（微生物学的试验介质入 C12Q1/00）]	79
7	A23L[不包含在 A21D 或 A23B 至 A23J 小类中的食品、食料或非酒精饮料；它们的制备或处理，例如烹调、营养品质的改进、物理处理（不能为本小类完全包含的成型或加工入 A23P）；食品或食料的一般保存（用于烘焙的面粉或面团的保存入 A21D）]	72
8	A01C[种植；播种；施肥（与一般整地结合的入 A01B 49/04；农业机械或农具的部件、零件或附件一般入 A01B 51/00 至 A01B 75/00）]	70

续表

序号	IPC 号（技术领域）	发明专利申请量/件
9	B01D［分离（用湿法从固体中分离固体入B03B、B03D，用风力跳汰机或摇床入B03B，用其他干法入B07；固体物料从固体物料或流体中的磁或静电分离，利用高压电场的分离入B03C；离心机、涡旋装置入B04B；涡旋装置入B04C；用于从含液物料中挤出液体的压力机本身入B30B 9/02］	70
10	C02F［水、废水、污水或污泥的处理（通过在物质中产生化学变化使有害的化学物质无害或降低危害的方法入A62D 3/00；分离、沉淀箱或过滤设备入B01D；有关处理水、废水或污水生产装置的水运容器的特殊设备，例如用于制备淡水入B63J；为防止水的腐蚀用的添加物质入C23F；放射性废液的处理入G21F 9/04）］	67
11	G01R（G01T 物理测定方法；其设备）	67
	全自治区合计	3821

资料来源：科技大数据湖北省重点实验室

表 3-206　2021 年新疆维吾尔自治区发明专利申请量优势企业和科研机构列表

序号	优势企业	发明专利申请量/件	序号	优势科研机构	发明专利申请量/件
1	新疆八一钢铁股份有限公司	134	1	石河子大学	331
2	国网新疆电力有限公司电力科学研究院	89	2	新疆大学	185
3	新疆爱华盈通信息技术有限公司	69	3	塔里木大学	180
4	中建新疆建工（集团）有限公司	44	4	中国科学院新疆理化技术研究所	101
5	国网新疆电力有限公司信息通信公司	38	5	新疆农业大学	91
6	国网新疆电力有限公司乌鲁木齐供电公司	30	6	新疆农垦科学院	44
7	国网新疆电力有限公司经济技术研究院	26	7	中国科学院新疆生态与地理研究所	42
7	新疆金风科技股份有限公司	26	8	新疆农业科学院农业机械化研究所	32
9	上海电气研砼（木垒）建筑科技有限公司	18	9	新疆工程学院	22
9	新疆晶硕新材料有限公司	18	10	中国科学院新疆天文台	18
11	伊犁川宁生物技术股份有限公司	17	11	新疆医科大学	17
11	国网新疆电力有限公司检修公司	17	12	新疆畜牧科学院畜牧研究所	14
13	国网新疆电力有限公司吐鲁番供电公司	16	13	新疆师范大学	12
13	国网新疆电力有限公司喀什供电公司	16	13	新疆畜牧科学院畜牧业质量标准研究所（新疆维吾尔自治区种羊与羊毛羊绒质量安全监督检验中心）	12
15	中国石油化工股份有限公司西北油田分公司	14	13	新疆维吾尔自治区计量测试研究院	12
16	国网新疆电力有限公司昌吉供电公司	13	16	新疆农业科学院园艺作物研究所	10
16	国网新疆电力有限公司营销服务中心（资金集约中心、计量中心）	13	16	新疆水利水电科学研究院	10
16	国网新疆电力有限公司阿勒泰供电公司	13	16	新疆维吾尔自治区中药民族药研究所	10
16	德蓝水技术股份有限公司	13	19	新疆维吾尔自治区产品质量监督检验研究院	9

续表

序号	优势企业	发明专利申请量/件	序号	优势科研机构	发明专利申请量/件
16	新疆大全新能源股份有限公司	13	20	新疆农业科学院微生物应用研究所（中国新疆—亚美尼亚生物工程研究开发中心）	8
				新疆农业职业技术学院	8
				新疆理工学院	8

资料来源：科技大数据湖北省重点实验室

表3-207　2021年新疆维吾尔自治区获得国家科技奖励机构清单

序号	获奖机构	获奖数量/项		
		总计	主持	参与
1	新疆天业（集团）有限公司	1	1	0
	新疆金风科技股份有限公司	1	1	0
	中国石油化工股份有限公司西北油田分公司	1	0	1
	新疆农业科学院粮食作物研究所	1	0	1
	新疆农业科学院农业质量标准与检测技术研究所	1	0	1

资料来源：科技大数据湖北省重点实验室

3.3.30　内蒙古自治区

2021年，内蒙古自治区的基础研究竞争力指数为32.6970，排名第30位。内蒙古自治区的基础研究优势学科为多学科材料、物理化学、环境科学、电子与电气工程、临床心理学、应用物理学、能源与燃料、冶金、多学科化学、环境工程。其中，多学科材料的高频词包括微观结构、机械性能、EBSD、第一原则、氧化锌；物理化学的高频词包括超级电容器、机械性能、密度、钙钛矿、黏度等；环境科学的高频词包括氧化应激、气候变化、土壤湿度、内蒙古、沙漠草原等（表3-208）。综合全自治区各学科的发文数量和排名位次来看，2021年内蒙古自治区基础研究在全国范围内较为突出的学科为乳品与动物学、外科学、纸质和木质材料等。

表3-208　2021年内蒙古自治区基础研究优势学科及高频词

序号	活跃学科	SCI学科活跃度	高频词（词频）
1	多学科材料	7.11	微观结构（16）；机械性能（9）；EBSD（6）；第一原则（5）；氧化锌（5）
2	物理化学	5.63	超级电容器（6）；机械性能（6）；密度（6）；钙钛矿（5）；黏度（5）；微观结构（5）；光催化（5）；储能（5）；静电纺丝（5）；析氢反应（5）；电催化（5）；密度泛函理论（5）
3	环境科学	5.13	氧化应激（6）；气候变化（6）；土壤湿度（5）；内蒙古（5）；沙漠草原（5）
4	电子与电气工程	3.69	—
5	临床心理学	3.22	—
6	应用物理学	3.08	—

续表

序号	活跃学科	SCI 学科活跃度	高频词（词频）
7	能源与燃料	2.84	—
8	冶金	2.78	微观结构（11）；机械性能（5）
9	多学科化学	2.67	—
10	环境工程	2.65	—

2021年，内蒙古自治区争取国家自然科学基金项目总数为294项，项目经费总额为10 427万元，全国排名均为第27位。内蒙古自治区发表SCI论文数量最多的学科为多学科材料（表3-209）；肿瘤学领域的产–研合作率最高（表3-210）；内蒙古自治区争取国家自然科学基金经费超过2000万元的有2个机构（表3-211）；内蒙古自治区共有5个机构进入相关学科的ESI全球前1%行列（图3-35）；发明专利申请量共5262件（表3-212），主要专利权人如表3-213所示；获得国家科技奖励的机构如表3-214所示。

2021年，内蒙古自治区地方财政科技投入经费35亿元，全国排名第27位；获得国家科技奖励3项，全国排名第25位。截至2021年12月，内蒙古自治区拥有国家重点实验室3个；拥有院士2位，全国排名第26位。

表3-209 2021年内蒙古自治区主要学科发文量、被引频次及国际合作情况

序号	学科	论文数/篇（全国排名，自治区内排名）	论文被引频次/次（全国排名，自治区内排名）	论文篇均被引频次/次（全国排名，自治区内排名）	国际合作率（全国排名，自治区内排名）	国际合作度（全国排名，自治区内排名）
1	多学科材料	308（26，1）	465（25，2）	1.51（29，38）	0.08（28，52）	18.12（26，52）
2	物理化学	218（25，2）	488（27，1）	2.24（28，11）	0.12（26，36）	15.57（27，36）
3	环境科学	181（27，3）	331（28，3）	1.83（28，26）	0.18（22，19）	9.05（28，19）
4	电子与电气工程	128（27，4）	76（28，22）	0.59（30，131）	0.13（27，33）	14.22（25，33）
5	多学科化学	123（27，5）	184（28，5）	1.5（30，44）	0.11（27，39）	9.46（28，39）
6	应用物理学	123（27，6）	125（28，9）	1.02（31，74）	0.09（26，51）	13.67（28，51）
7	外科学	108（18，7）	89（19，18）	0.82（14，107）	0.01（28，74）	108（2，74）
8	能源与燃料	101（27，8）	165（28，7）	1.63（29，32）	0.15（25，27）	11.22（25，27）
9	冶金	97（26，9）	139（25，8）	1.43（27，47）	0.07（27，58）	19.4（16，58）
10	凝聚态物理	94（25，10）	95（26，16）	1.01（30，75）	0.1（28，47）	13.43（25，47）
11	食品科学	89（28，11）	98（29，15）	1.1（31，67）	0.11（24，40）	14.83（21，40）
12	药学与药理学	86（28，12）	58（29，30）	0.67（31，120）	0.07（28，60）	17.2（26，60）
13	纳米科学与技术	84（25，13）	109（27，11）	1.3（30，53）	0.1（28，48）	8.4（27，48）
14	生物化学与分子生物学	83（28，14）	105（28，12）	1.27（29，34）	0.12（23，34）	9.22（28，34）
15	化学工程	80（27，15）	169（28，13）	2.11（29，13）	0.08（28，45）	13.33（26，45）
16	应用数学	71（27，16）	102（26，14）	1.44（3，46）	0.23（11，15）	4.73（29，15）
17	植物学	70（28，17）	80（28，21）	1.14（26，62）	0.16（24，25）	2.8（31，25）

续表

序号	学科	论文数/篇（全国排名,自治区内排名）	论文被引频次/次（全国排名,自治区内排名）	论文篇均被引频次/次（全国排名,自治区内排名）	国际合作率（全国排名,自治区内排名）	国际合作度（全国排名,自治区内排名）
18	环境工程	67（26,18）	188（27,4）	2.81（27,7）	0.12（28,35）	8.38（28,35）
19	计算机信息系统	66（27,19）	42（28,41）	0.64（29,126）	0.23（15,14）	13.2（23,14）
20	肿瘤学	64（28,20）	59（28,27）	0.92（29,98）	0.08（13,56）	9.14（29,56）

注：学科排序同 ESI 学科固定排序

资料来源：科技大数据湖北省重点实验室

表 3-210　2021 年内蒙古自治区主要学科产–学–研合作情况

序号	学科	产–研合作率（自治区内排名）	产–学合作率（自治区内排名）	学–研合作率（自治区内排名）
1	多学科材料	2.27（42）	3.57（57）	11.04（72）
2	物理化学	2.29（41）	2.75（69）	10.09（76）
3	环境科学	2.76（36）	4.97（49）	15.47（49）
4	电子与电气工程	2.34（40）	3.91（53）	10.16（75）
5	多学科化学	0.81（53）	3.25（66）	13.01（62）
6	应用物理学	0.81（53）	2.44（72）	14.63（55）
7	外科学	0（55）	0.93（79）	0（116）
8	能源与燃料	4.95（26）	9.9（25）	13.86（58）
9	冶金	5.15（24）	6.19（40）	11.34（68）
10	凝聚态物理	1.06（52）	1.06（78）	14.89（54）
11	食品科学	0（55）	3.37（63）	7.87（92）
12	药学与药理学	0（55）	0（80）	8.14（89）
13	纳米科学与技术	1.19（51）	3.57（57）	8.33（85）
14	生物化学与分子生物学	0（55）	1.2（77）	8.43（84）
15	化学工程	3.75（31）	7.5（30）	10（77）
16	应用数学	0（55）	0（80）	5.63（103）
17	植物学	1.43（50）	1.43（76）	21.43（30）
18	环境工程	2.99（35）	5.97（41）	5.97（101）
19	计算机信息系统	1.52（49）	1.52（75）	12.12（65）
20	肿瘤学	6.25（15）	6.25（37）	15.63（48）

资料来源：科技大数据湖北省重点实验室

表 3-211　2021 年内蒙古自治区争取国家自然科学基金项目经费二十二强机构

序号	机构名称	项目数量/项（排名）	项目经费/万元（排名）	发文量/篇（排名）	论文被引频次/次（排名）	发明专利申请量/件（排名）
1	内蒙古大学	71（141）	2 495（175）	564（236）	918（264）	115（932）
2	内蒙古农业大学	70（146）	2 416（180）	430（286）	428（410）	153（701）
3	内蒙古工业大学	30（302）	1 049（350）	365（321）	484（385）	315（324）

续表

序号	机构名称	项目数量/项（排名）	项目经费/万元（排名）	发文量/篇（排名）	论文被引频次/次（排名）	发明专利申请量/件（排名）
4	内蒙古科技大学	22（380）	769（427）	333（336）	381（439）	128（833）
5	内蒙古医科大学	20（402）	705（445）	253（417）	187（585）	17（7 226）
6	内蒙古民族大学	20（402）	699（449）	126（592）	143（641）	64（1 742）
7	内蒙古师范大学	16（456）	616（485）	167（515）	229（545）	18（6 807）
8	内蒙古科技大学包头医学院	10（572）	363（601）	47（892）	82（790）	3（54 930）
9	内蒙古自治区农牧业科学院	7（662）	245（712）	8（2 031）	29（1 168）	54（2 053）
10	中国农业科学院草原研究所	4（801）	176（799）	16（1 413）	10（1 963）	23（5 188）
11	内蒙古自治区人民医院	3（875）	125（885）	43（937）	34（1 090）	4（40 345）
12	水利部牧区水利科学研究所	2（968）	115（924）	3（3 485）	1（5 903）	34（3 448）
13	赤峰学院	3（875）	109（940）	50（871）	33（1 105）	10（12 937）
14	呼和浩特民族学院	3（875）	96（958）	2（4 331）	2（4 542）	—
15	内蒙古财经大学	3（875）	89（995）	34（1 018）	44（984）	1（138 140）
16	中国林业科学研究院沙漠林业实验中心	2（968）	88（999）	1（6 453）	0（8 464）	1（138 140）
17	内蒙古自治区国际蒙医医院	2（968）	68（1 052）	2（4 331）	2（4 542）	—
18	河套学院	2（968）	66（1 059）	22（1 216）	11（1 864）	8（17 399）
19	内蒙古科技大学包头师范学院	1（1 141）	35（1 220）	22（1 216）	8（2 229）	7（20 499）
20	鄂尔多斯应用技术学院	1（1 141）	35（1 220）	12（1 610）	8（2 229）	25（4 757）
21	呼和浩特市第一医院	1（1 141）	34（1 252）	—	—	—
22	赤峰市医院	1（1 141）	34（1 252）	9（1 917）	13（1 699）	3（54 930）

资料来源：科技大数据湖北省重点实验室

机构	机构综合排名	农业科学	化学	临床医学	计算机科学	工程科学	环境生态学	植物与动物科学	机构进入ESI学科数
中国移动通信集团有限公司	5564	—	—	—	578	—	—	—	1
内蒙古大学	6983	—	438	—	—	1413	1090	—	3
内蒙古医科大学	7103	—	—	3433	—	—	—	—	1
内蒙古农业大学	7600	662	—	—	—	—	—	1517	2
内蒙古工业大学	7808	—	—	—	—	1412	—	—	1

图 3-35　2021 年内蒙古自治区各机构进入 ESI 全球前 1% 的学科及排名

资料来源：科技大数据湖北省重点实验室

表 3-212　2021 年内蒙古自治区发明专利申请量十强技术领域

序号	IPC 号（技术领域）	发明专利申请量/件
1	G01N（小类中化学分析方法或化学检测方法）	225
2	G06F（电子数字数据处理）	175
3	G06Q（专门适用于行政、商业、金融、管理、监督或预测目的的数据处理系统或方法；其他类目不包含的专门适用于行政、商业、金融、管理、监督目的的处理系统或方法）	164

续表

序号	IPC 号（技术领域）	发明专利申请量/件
4	A61K[医用、牙科用或梳妆用的配制品（专门适用于将药品制成特殊的物理或服用形式的装置或方法 A61J 3/00；空气除臭，消毒或灭菌，或者绷带、敷料、吸收垫或外科用品的化学方面，或材料的使用入 A61L；肥皂组合物入 C11D]］	145
5	A01G[园艺；蔬菜、花卉、稻、果树、葡萄、啤酒花或海菜的栽培；林业；浇水（水果、蔬菜、啤酒花等类植物的采摘入 A01D46/00；繁殖单细胞藻类入 C12N1/12）]	139
6	C02F[水、废水、污水或污泥的处理（通过在物质中产生化学变化使有害的化学物质无害或降低危害的方法入 A62D 3/00；分离、沉淀箱或过滤设备入 B01D；有关处理水、废水或污水生产装置的水运容器的特殊设备，例如用于制备淡水入 B63J；为防止水的腐蚀用的添加物质入 C23F；放射性废液的处理入 G21F 9/04）]	139
7	C22C[合金（合金的处理入 C21D、C22F）]	115
8	B01D[分离（用湿法从固体中分离固体入 B03B、B03D，用风力跳汰机或摇床入 B03B，用其他干法入 B07；固体物料从固体物料或流体中的磁或静电分离，利用高压电场的分离入 B03C；离心机、涡旋装置入 B04B；涡旋装置入 B04C；用于从含液物料中挤出液体的压力机本身入 B30B 9/02）]	98
9	C04B[石灰；氧化镁；矿渣；水泥；其组合物，例如：砂浆、混凝土或类似的建筑材料；人造石；陶瓷（微晶玻璃陶瓷入 C03C 10/00）；耐火材料（难熔金属的合金入 C22C）；天然石的处理]	85
10	B01J[化学或物理方法，例如，催化作用或胶体化学；其有关设备]	77
	全自治区合计	5262

资料来源：科技大数据湖北省重点实验室

表3-213 2021年内蒙古自治区发明专利申请量优势企业和科研机构列表

序号	优势企业	发明专利申请量/件	序号	优势科研机构	发明专利申请量/件
1	包头钢铁（集团）有限责任公司	275	1	内蒙古工业大学	315
2	内蒙古电力（集团）有限责任公司内蒙古电力科学研究院分公司	98	2	内蒙古农业大学	153
3	内蒙古联晟新能源材料有限公司	75	3	内蒙古科技大学	128
4	国能神东煤炭集团有限责任公司	66	4	内蒙古大学	115
5	扎赉诺尔煤业有限责任公司	45	5	内蒙古民族大学	64
6	国网内蒙古东部电力有限公司电力科学研究院	44	6	内蒙古自治区农牧业科学院	54
7	华能伊敏煤电有限责任公司	38	7	水利部牧区水利科学研究所	34
8	内蒙古伊利实业集团股份有限公司	37	8	鄂尔多斯应用技术学院	25
9	内蒙古第一机械集团股份有限公司	36	9	中国农业科学院草原研究所	23
10	内蒙古北方重工业集团有限公司	30		包头稀土研究院	23
	神华准格尔能源有限责任公司	30	11	内蒙古师范大学	18
12	国网内蒙古东部电力有限公司呼伦贝尔供电公司	29	12	内蒙古医科大学	17
13	中国二冶集团有限公司	26	13	内蒙古自治区林业科学研究院	15
	内蒙古鄂尔多斯电力冶金集团股份有限公司	26	14	内蒙古金属材料研究所	14
15	国网内蒙古东部电力有限公司	24		呼伦贝尔学院	14

续表

序号	优势企业	发明专利申请量/件	序号	优势科研机构	发明专利申请量/件
16	华能通辽风力发电有限公司	22	16	内蒙合成化工研究所	11
17	神华北电胜利能源有限公司	17		鄂尔多斯市紫荆创新研究院	11
18	内蒙古蒙牛乳业（集团）股份有限公司	16	18	巴彦淖尔市农牧业科学研究院	10
	北方魏家峁煤电有限责任公司	16		赤峰学院	10
20	包头美科硅能源有限公司	15		鄂尔多斯职业学院	10
	华能伊敏煤电有限责任公司汇流河热电分公司	15			
	呼伦贝尔东北阜丰生物科技有限公司	15			

资料来源：科技大数据湖北省重点实验室

表 3-214 2021 年内蒙古自治区获得国家科技奖励机构清单

序号	获奖机构	获奖数量/项		
		总计	主持	参与
1	内蒙古伊泰集团有限公司	1	0	1
	内蒙古伊利实业集团股份有限公司	1	0	1
	内蒙古蒙牛乳业（集团）股份有限公司	1	0	1
	内蒙古农业大学	1	1	0

资料来源：科技大数据湖北省重点实验室

3.3.31 西藏自治区

2021 年，西藏自治区的基础研究竞争力指数为 30.0826，排名第 31 位。西藏自治区的基础研究优势学科为药学与药理学、生物化学与分子生物学、植物学、微生物学、免疫学、遗传学、环境与职业健康。综合全自治区各学科的发文数量和排名位次来看，2021 年西藏自治区基础研究在全国范围内无突出的学科。

2021 年，西藏自治区争取国家自然科学基金项目总数为 28 项，项目经费总额为 942 万元，全国排名均为第 31 位。西藏自治区发表 SCI 论文数量最多的学科为环境科学（表 3-215）；乳品与动物学领域的产-研合作率最高（表 3-216）；西藏自治区争取国家自然科学基金经费超过 200 万元的有 1 个机构（表 3-217）；西藏自治区没有机构进入相关学科的 ESI 全球前 1%行列；发明专利申请量共 434 件（表 3-218），主要专利权人如表 3-219 所示；获得国家科技奖励的科研机构如表 3-220 所示。

2021 年，西藏自治区地方财政科技投入经费 8.99 亿元，全国排名第 31 位；获得国家科技奖励 1 项，全国排名第 30 位。截至 2021 年 12 月，西藏自治区拥有国家重点实验室 1 个；拥有院士 1 位，全国排名第 30 位。

表 3-215 2021 年西藏自治区主要学科发文量、被引频次及国际合作情况

序号	学科	论文数/篇（全国排名，自治区内排名）	论文被引频次/次（全国排名，自治区内排名）	论文篇均被引频次/次（全国排名，自治区内排名）	国际合作率（全国排名，自治区内排名）	国际合作度（全国排名，自治区内排名）
1	环境科学	11（31，1）	5（31，11）	0.45（31，45）	0.09（31，12）	11（27，12）
2	食品科学	9（31，2）	20（30，1）	2.22（13，9）	0（30，13）	0（30，13）
3	电子与电气工程	8（31，3）	3（31，24）	0.38（31，46）	0.38（1，7）	4（31，7）
4	遗传学	8（31，3）	2（31，27）	0.25（31，48）	0（27，13）	0（31，13）
5	植物学	8（31，3）	6（31，5）	0.75（31，35）	0.13（30，11）	4（30，11）
6	微生物学	7（31，6）	4（31，15）	0.57（30，36）	0.43（1，5）	1.75（30，5）
7	生物技术与应用微生物学	6（31，7）	6（31，5）	1（30，22）	0.17（4，10）	6（30，10）
8	多学科化学	6（31，7）	9（31，4）	1.5（29，19）	0（31，13）	0（31，13）
9	生物化学与分子生物学	5（31，9）	6（31，5）	1.2（30，21）	0（31，13）	0（31，13）
10	能源与燃料	5（31，9）	4（31，15）	0.8（31，31）	0（31，13）	0（31，13）
11	免疫学	5（31，9）	4（31，15）	0.8（31，31）	0.4（1，6）	1.67（29，6）
12	药学与药理学	5（31，9）	4（31，15）	0.8（30，31）	0（31，13）	0（31，13）
13	水资源	5（31，9）	4（31，15）	0.8（31，31）	0（30，13）	0（29，13）
14	乳品与动物学	4（31，14）	2（31，27）	0.5（27，37）	0.25（7，9）	4（24，9）
15	环境工程	4（31，14）	2（31，27）	0.5（30，37）	0（31，13）	0（31，13）
16	绿色与可持续科技	4（31，14）	0（31，50）	0（31，50）	0（31，13）	0（31，13）
17	多学科材料	4（31，14）	4（31，15）	1（31，22）	0（31，13）	0（31，13）
18	环境与职业健康	4（31，14）	2（31，27）	0.5（31，37）	0.25（14，9）	4（28，9）
19	通信	4（31，14）	1（31，41）	0.25（31，48）	0.75（1，2）	2（29，2）
20	兽医学	4（31，14）	2（31，27）	0.5（27，37）	0.25（3，9）	4（24，9）

注：学科排序同 ESI 学科固定排序
资料来源：科技大数据湖北省重点实验室

表 3-216 2021 年西藏自治区主要学科产–学–研合作情况

序号	学科	产–研合作率（自治区内排名）	产–学合作率（自治区内排名）	学–研合作率（自治区内排名）
1	环境科学	0（6）	9.09（12）	72.73（16）
2	食品科学	11.11（5）	33.33（3）	44.44（25）
3	电子与电气工程	0（6）	12.5（9）	25（29）
4	遗传学	12.5（4）	12.5（9）	50（18）
5	植物学	0（6）	12.5（9）	50（18）
6	微生物学	14.29（3）	14.29（8）	42.86（26）
7	生物技术与应用微生物学	0（6）	0（13）	33.33（27）
8	多学科化学	0（6）	0（13）	0（34）
9	生物化学与分子生物学	0（6）	0（13）	0（34）
10	能源与燃料	0（6）	20（6）	20（32）

续表

序号	学科	产-研合作率（自治区内排名）	产-学合作率（自治区内排名）	学-研合作率（自治区内排名）
11	免疫学	0（6）	0（13）	0（34）
12	药学与药理学	0（6）	20（6）	0（34）
13	水资源	0（6）	0（13）	20（32）
14	乳品与动物学	25（2）	25（5）	75（15）
15	环境工程	0（6）	0（13）	0（34）
16	绿色与可持续科技	0（6）	0（13）	0（34）
17	多学科材料	0（6）	0（13）	50（18）
18	环境与职业健康	0（6）	0（13）	25（29）
19	通信	0（6）	0（13）	25（29）
20	兽医学	0（6）	0（13）	50（18）

资料来源：科技大数据湖北省重点实验室

表 3-217　2021 年西藏自治区争取国家自然科学基金项目经费九强机构

序号	机构名称	项目数量/项（排名）	项目经费/万元（排名）	发文量/篇（排名）	论文被引频次/次（排名）	发明专利申请量/件（排名）
1	西藏大学	7（662）	247（710）	37（988）	25（1 264）	27（4 404）
2	西藏农牧学院	5（749）	177（795）	33（1 031）	27（1 211）	18（6 807）
3	西藏自治区农牧科学院	3（875）	106（947）	9（1 917）	12（1 774）	—
4	中国人民解放军西藏军区总医院	2（968）	60（1 076）	—	—	1（138 140）
5	拉萨市人民医院	2（968）	50（1 206）	4（2 994）	6（2 611）	—
6	西藏高原大气环境科学研究所	1（1 141）	35（1 220）	—	—	—
7	林芝市人民医院	1（1 141）	34（1 252）	—	—	—
8	西藏自治区人民医院	1（1 141）	34（1 252）	1（6 453）	0（8 464）	1（138 140）
9	西藏藏医药大学	1（1 141）	34（1 252）	—	—	9（15 276）

资料来源：科技大数据湖北省重点实验室

表 3-218　2021 年西藏自治区发明专利申请量十强技术领域

序号	IPC 号（技术领域）	发明专利申请量/件
1	A61K[医用、牙科用或梳妆用的配制品（专门适用于将药品制成特殊的物理或服用形式的装置或方法 A61J 3/00；空气除臭，消毒或灭菌，或者绷带、敷料、吸收垫或外科用品的化学方面，或材料的使用入 A61L；肥皂组合物入 C11D）]	43
2	G06F（电子数字数据处理）	32
3	A01G[园艺；蔬菜、花卉、稻、果树、葡萄、啤酒花或海菜的栽培；林业；浇水（水果、蔬菜、啤酒花等类植物的采摘入 A01D46/00；繁殖单细胞藻类入 C12N1/12）]	18
4	G01N（小类中化学分析方法或化学检测方法）	17
5	A23L[不包含在 A21D 或 A23B 至 A23J 小类中的食品、食料或非酒精饮料；它们的制备或处理，例如烹调、营养品质的改进、物理处理（不能为本小类完全包含的成型或加工入 A23P）；食品或食料的一般保存（用于烘焙的面粉或面团的保存入 A21D）]	15
6	C12Q[包含酶、核酸或微生物的测定或检验方法（免疫检测入 G01N33/53）；其所用的组合物或试纸；这种组合物的制备方法；在微生物学方法或酶学方法中的条件反应控制]	10

续表

序号	IPC 号（技术领域）	发明专利申请量/件
7	C02F[水、废水、污水或污泥的处理（通过在物质中产生化学变化使有害的化学物质无害或降低危害的方法入 A62D 3/00；分离、沉淀箱或过滤设备入 B01D；有关处理水、废水或污水生产装置的水运容器的特殊设备，例如用于制备淡水入 B63J；为防止水的腐蚀用的添加物质入 C23F；放射性废液的处理入 G21F 9/04）]	9
8	H02J（供电或配电的电路装置或系统；电能存储系统）	9
9	A01K（畜牧业；禽类、鱼类、昆虫的管理；捕鱼；饲养或养殖其他类不包含的动物；动物的新品种）	8
10	G06Q（专门适用于行政、商业、金融、管理、监督或预测目的的数据处理系统或方法；其他类目不包含的专门适用于行政、商业、金融、管理、监督或预测目的的处理系统或方法）	8
	全自治区合计	434

资料来源：科技大数据湖北省重点实验室

表 3-219　2021 年西藏自治区发明专利申请量优势企业和科研机构列表

序号	优势企业	发明专利申请量/件	序号	优势科研机构	发明专利申请量/件
1	西藏宁算科技集团有限公司	30	1	西藏大学	27
2	华能西藏雅鲁藏布江水电开发投资有限公司	16	2	西藏农牧学院	18
3	西藏天虹科技股份有限责任公司	8	3	西藏自治区农牧科学院畜牧兽医研究所	11
4	国网西藏电力有限公司	6	4	西藏自治区农牧科学院农业资源与环境研究所	9
4	西藏涛扬建设工程有限公司	6	4	西藏藏医药大学	9
4	西藏电建成勘院工程有限公司	6	6	西藏自治区农牧科学院农业研究所	6
7	海思科医药集团股份有限公司	5	6	西藏自治区农牧科学院蔬菜研究所	6
7	芒康雷曼实业有限公司	5	8	西藏自治区农牧科学院农业质量标准与检测研究所	4
7	西藏央科生物科技有限公司	5	9	西藏自治区农牧科学院水产科学研究所	3
7	西藏新好科技有限公司	5	9	西藏自治区高原生物研究所	3
7	西藏梅朵物语生物科技有限公司	5	11	西藏职业技术学院	2
12	中国烟草总公司西藏自治区公司	4	11	西藏自治区农牧科学院农产品开发与食品科学研究所	2
12	国网西藏电力有限公司经济技术研究院	4	11	西藏自治区农牧科学院草业科学研究所	2
12	西藏先锋绿能环保科技股份有限公司	4	14	西藏高原生物研究所	1
12	西藏友氧健康科技有限公司	4			
12	西藏藏建实业有限公司	4			
12	西藏藏建科技股份有限公司	4			
12	西藏道一科技设备有限公司	4			
19	中关村至臻环保股份有限公司	3			
19	华电西藏能源有限公司大古水电分公司	3			

续表

序号	优势企业	发明专利申请量/件	序号	优势科研机构	发明专利申请量/件
19	国网西藏电力有限公司信息通信公司	3			
	国网西藏电力有限公司电力科学研究院	3			
	林周县众陶联供应链服务有限公司	3			
	西藏九泰生物科技有限公司	3			
	西藏俊富环境恢复有限公司	3			
	西藏华泰龙矿业开发有限公司	3			
	西藏戈壁田园农业科技股份有限公司	3			
	西藏氧源科技开发有限公司	3			
	西藏神猴药业有限责任公司	3			
	西藏福帝食品有限公司	3			
	西藏达热瓦青稞酒业股份有限公司	3			
	西藏鹰山科技有限公司	3			

资料来源：科技大数据湖北省重点实验室

表 3-220　2021 年西藏自治区获得国家科技奖励机构清单

序号	获奖机构	获奖数量/项		
		总计	主持	参与
1	西藏大学	1	1	0

资料来源：科技大数据湖北省重点实验室